高等学校自动化类专业系列教材

现代电器及PLC控制技术
（S7-1200）

贾超 主编

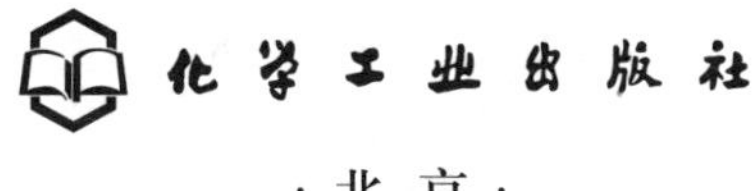

·北京·

内容简介

本书在介绍常用低压电器及电气控制线路设计方法的基础上，以西门子 S7-1200 系列 PLC 作为主线、TIA 博途软件及 STEP 7 编程系统作为实验平台，系统地介绍了 PLC 的基础理论、编程指令、通信网络及工业应用等知识。读者通过本书可掌握现代电器基础理论、PLC 控制技术等方面内容，从而对“现代电器及 PLC 控制技术”的整体知识结构形成快速、深入的了解。

全书注重理论知识与工程实践的结合，对工程中经常用到的各类控制线路、PLC 指令、网络通信方式，都配以经过实践检验的设计实例，且重点突出，层次分明，注重知识的系统性、先进性和针对性，难度由浅入深，可供高等院校电气工程及其自动化、自动化、机械设计制造及其自动化等专业学生学习参考，也可作为广大工程技术人员培训和自学用书。

图书在版编目（CIP）数据

现代电器及 PLC 控制技术：S7-1200/贾超主编. —北京：化学工业出版社，2023.2
高等学校自动化类专业系列教材
ISBN 978-7-122-42541-6

Ⅰ. ①现… Ⅱ. ①贾… Ⅲ. ①电器控制系统-高等学校-教材②PLC 技术-高等学校-教材 Ⅳ. ①TM571

中国版本图书馆 CIP 数据核字（2022）第 215475 号

责任编辑：郝英华　　文字编辑：吴开亮
责任校对：张茜越　　装帧设计：史利平

出版发行：化学工业出版社（北京市东城区青年湖南街 13 号　邮政编码 100011）
印　　刷：北京云浩印刷有限责任公司
装　　订：三河市振勇印装有限公司
787mm×1092mm　1/16　印张 17　字数 436 千字　　2023 年 2 月北京第 1 版第 1 次印刷

购书咨询：010-64518888　　售后服务：010-64518899
网　　址：http://www.cip.com.cn
凡购买本书，如有缺损质量问题，本社销售中心负责调换。

定　　价：58.00 元

现代电器及 PLC 控制技术
（S7-1200）

编 写 人 员

主　编：贾 超

参　编：史 涛　于 航

康军　赵 岩

前言

SIMATIC S7 系列可编程控制器（PLC）是西门子公司全集成自动化系统中的控制核心，是产品集成性和开放性的重要体现。其以便捷的控制编程方式、稳定的工作性能、较短的开发周期等优点广泛应用于石油化工、智慧农业、运动控制及过程控制等各个领域。而作为 PLC 控制的理论基础，常用低压电器及电气控制线路又是所有初学者必须掌握的核心内容。因此，各类高等院校极其重视“现代电器及 PLC 控制技术”的理论知识培养及实践能力培训。

然而，现代电器技术、PLC 控制技术的发展日新月异，要把握这一领域的最新发展趋势，不仅需要掌握传统的基础知识，还要紧跟时代潮流，瞄准最新的理论、标准和技术。例如：近年来，有关电气图形符号和文字符号的国家标准变化比较大，而在绘制电气线路图时，电器元件的图形符号和文字符号又必须符合国家标准的规定，不能采用旧符号和任何非标准符号；在 PLC 控制领域，即使是占市场主导地位之一的 SIMATIC S7 系列本身，也经历了从 S7-200 到 S7-300/400、再到 S7-1200/1500 等一系列技术的更新和提升，需要不断了解最新型号 PLC 的功能和特点，才能掌握最前沿的控制技术。

为全面贯彻党的二十大精神，本书结合产业发展及人才培养的需求，参照国家最新标准介绍常用低压电器及电气控制线路设计方法，以西门子 S7-1200 系列 PLC 作为主线，以 TIA 博途（TIA Protal）软件及 STEP 7 编程系统作为实验平台，系统地介绍了 PLC 的基础理论、编程指令、通信网络及工业应用等知识。即使是初学者阅读本书，亦可较为快速地同时掌握传统理论知识及最新前沿技术两方面内容，从而对“现代电器及 PLC 控制技术”的整体知识结构形成比较深入的了解。全书非常注重理论知识与工程实践的结合，力图对工程中经常用到的每一条控制线路、每一条 PLC 指令、每一种网络通信方式，都配以经过实践检验的设计实例，使读者在实践中加深对相关理论及方法的认识，提高 PLC 系统的设计能力。书中的实例、电子课件及习题参考答案，均可提供给读者参考。习题参考答案读者可扫描每章末的二维码获取，电子课件及实例可登录 www.cipedu.com.cn 注册后下载使用。

本书由贾超主编，史涛、于航、康军、赵岩老师参编。其中，第 1、2 章由史涛编写，分别介绍了常用低压电器的基本原理、应用方法，常用电气控制线路的设计及绘制原则；第 3~5 章由于航编写，分别介绍了可编程控制器基础、西门子 S7-1200 PLC 的硬件结构与功能及程序设计基础，对 PLC 的基本组成、基本功能、调试方法、组态配置、选型问题、编程语言及数据类型做了详细的说明；第 6 章由康军、赵岩编写，详细介绍了 S7-1200 PLC 的编程语言与指令系统，并以工程实例为基础进行详细分析；第 7、8 章由贾超编写，分别介绍了 S7-1200 PLC 的用户程序结构与通信网络；第 9 章由康军、赵岩编写，通过基于 S7-1200 PLC 的系统设计实例分析，给出了智慧农业灌溉系统的相关设计方法。

本书重点突出，层次分明，注重知识的系统性、先进性和针对性，注重理论与实际相结合，培养工程应用能力，难度由浅入深，可供高等院校电气工程及其自动化、自动化、机械设计制造及其自动化等专业学生学习参考，也可作为广大工程技术人员培训和自学用书。

本书在筹备时期，特别得到了董恩增教授的大力支持；在撰写和出版过程中，亦得到了谷海青老师的持续关注和帮助；特别地，本书的成稿及出版还得到了化学工业出版社编辑的悉心指导及作者所在单位的领导和同仁的全力支持与帮助；此外，研究生上官铉岳、宋子健、刘晓华、王泓锟、邵志亮等同学，为书中的相关实例做了大量实验验证工作，且为本书的前期撰写工作提供了大力的支持，在此向他们表示衷心的感谢！

最后，本书的出版还得到了科特迪瓦鲁班工坊建设项目的大力支持，在此一并表示感谢。本书亦可作为鲁班工坊培训项目的重要参考用书。

由于作者水平有限，不妥之处在所难免，希望广大读者批评指正！

编者

2023 年 1 月

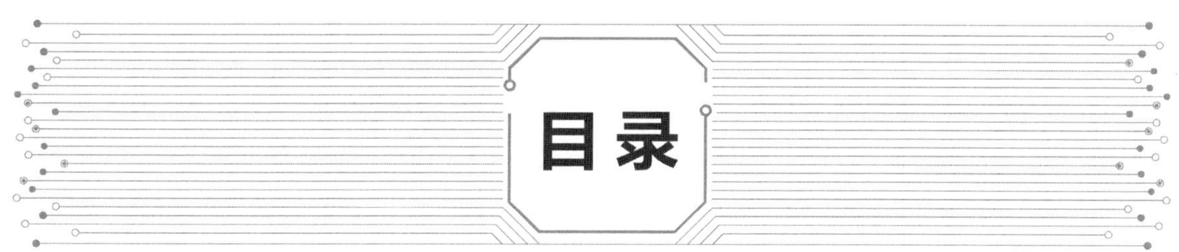

第1章　常用低压电器

第2章　常用电气控制线路

第 3 章 可编程控制器基础

第 4 章 西门子 S7-1200 PLC 的硬件结构与功能

第 5 章　S7-1200 PLC 程序设计基础

第 6 章　S7-1200 PLC 的编程语言与指令系统

第 7 章　S7-1200 PLC 的用户程序结构

第 8 章 基于 S7-1200 PLC 的通信网络

第 9 章　基于 S7-1200 PLC 的系统设计实例

参考文献

第 1 章 常用低压电器

本章要点

◆ 了解电气和电器的概念，区别二者的应用范畴。

◆ 掌握常用低压电器元件的工作原理、选择和使用，能够对电器元件的常见故障进行分析排查，为进行电气控制线路设计打好基础。

◆ 在课程学习过程中增强职业安全意识。

本章重点是掌握电磁式低压电器的工作原理，明确不同低压电器之间的特点和区别。

1.1 概述

1.1.1 电器

（1）电器的概念

电器单指设备，是一种控制电能的工具，凡是根据外界特定的信号和要求，自动或手动地接通或断开电路，断续或连续地改变电路参数，实现对电路的切换、控制、保护、检测、变换和调节的电气设备均称为电器。

（2）电器的分类

① 按工作电压等级分类

低压电器：工作于交流 1200V 及以下、直流 1500V 及以下电路中的电器。

高压电器：工作于交流 1200V 以上、直流 1500V 以上电路中的电器。

② 按工作原理分类

采用电磁原理制成的电器称为电磁式电器，如电磁式继电器、交流接触器等。

依靠外力或其他非电量的变化而动作的电器称为非电量控制电器，如按钮、热继电器等。

③ 按动作类型分类

手动电器：需要人工直接进行操作才能完成指令任务的电器，如按钮、刀开关等。

自动电器：能根据外界信号的变化自动完成指令任务的电器，如接触器、继电器、熔断器等。

④ 按有无触点分类　有触点电器、无触点电器、混合式电器。

⑤ 按使用场合分类　有工业用电器、特殊工矿用电器、民用电器、其他场合用电器。

⑥ 按电器组合分类　单个电器、成套电器与自动化装配。

（3）常用的低压电器及其结构

① 常用的低压电器　见表1-1。

表1-1　常用的低压电器

类　别	举　例
接触器	直流接触器、交流接触器
继电器	电磁式继电器、热继电器、时间继电器、速度继电器、液位继电器、温度继电器、压力继电器、固态继电器
开关电器	低压断路器、刀开关
主令电器	行程开关、接近开关、转换开关、控制按钮
熔断器	插入式、螺旋式、封闭式、快速式
执行电器	电磁阀、电磁铁、电磁离合器
信号电器	蜂鸣器、电铃、指示灯

② 低压电器的结构　目前，电磁式低压电器在电气控制系统中使用最多，一般而言，这种类型的低压电器由三个主要部分组成：触点装置、灭弧装置、电磁机构，有些电器还设有短路环。

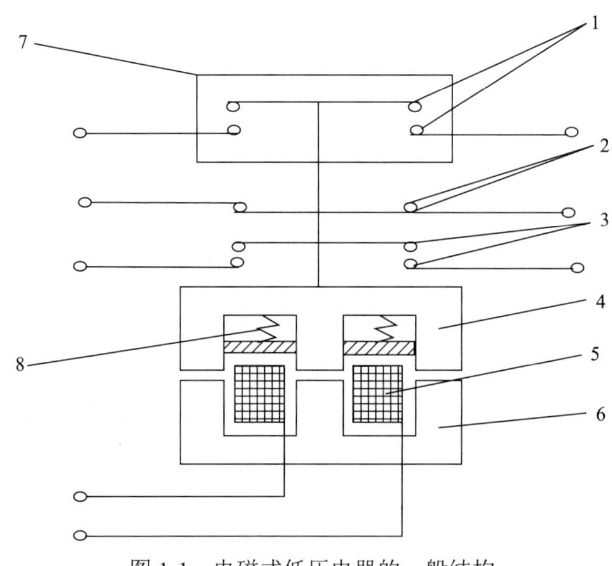

图1-1　电磁式低压电器的一般结构

1—主触点；2—常闭辅助触点；3—常开辅助触点；4—动铁芯；5—线圈（吸引线圈）；6—静铁芯；7—灭弧罩；8—弹簧

1.1.2 电气

（1）电气的概念

电气是电能生产、传输、分配、使用和电工装备制造等学科或工程领域的统称。它是以电能、电气设备和电气技术为手段来创造、维持与改善限定空间和环境的一门学科，涵盖电能的转换、利用和研究三个方面，包括基础理论、应用技术、设施设备等。电气是广义词，指一种行业、一种专业或一种技术，而不具体指某种产品。

（2）电气控制技术

① 传统的电气控制技术——继电器-接触器控制技术　传统的电气控制系统是指由接触器、继电器、主令电器和保护电器等元件用导线按照一定的控制逻辑连接而成的系统。该系统的优点是结构简单、控制电路成本低廉、维护容易、抗干扰能力强；缺点是接线方式固定，若控制方案改变，则需拆线重新连接，更换元器件的灵活性差，系统体积较大、工作频率低，触点容易损坏，可靠性差，且控制装置是专用的，通用性差。

② 现代的电气控制技术——PLC 控制技术　PLC 控制技术是计算机技术与继电器-接触器控制技术相结合的控制技术；但是 PLC 设备的输入、输出仍与低压电器密切相关。基于 PLC 的电气控制具有很多优点，例如：可靠性高、抗干扰能力强；适用性强，应用灵活；编程方便，易于应用，功能强大，且扩展能力强；系统设计、安装、调试方便；体积小、重量轻，易于实现机电一体化。缺点是成本略高。

1.2 接触器

接触器是一种用于频繁地接通或断开交直流电路、大容量控制电路等大电流电路的自动切换电器，具有远距离操作功能和失压（欠压）保护功能，但是不具备过载和短路保护功能。其最主要的用途是控制电机的启动、停止、制动和调速等。

接触器按照流过触点电流的性质可分为交流接触器和直流接触器；按驱动原理可分为电磁式、气动式、液压式，其中电磁式应用最为广泛。本书中如不加说明均以电磁式为例。

1.2.1 接触器的结构

以交流接触器为例进行说明，图 1-2 为交流接触器示意图，它由五部分构成。

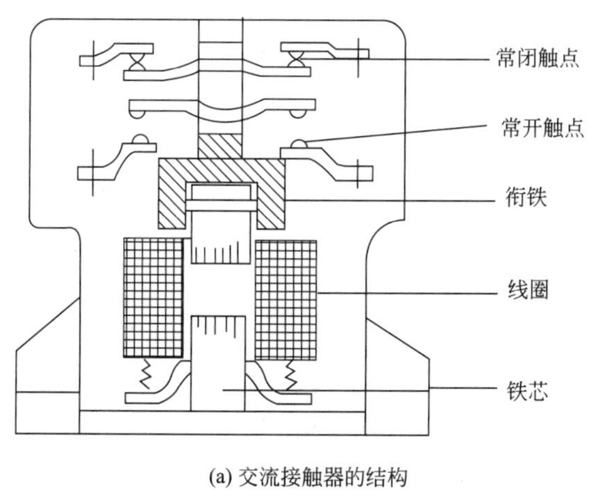

(a) 交流接触器的结构

(b)实物图

图 1-2　交流接触器

① 电磁机构：由线圈、铁芯、衔铁构成，可以在通电情况下将电磁能转换成机械能，带动触

点动作。

② 触点系统：接触器的执行部件，用来接通或断开电路，分为主触点和辅助触点两类。前者主要用于接通或分断主电路，可以通过较大电流，常用的是动合触点；后者主要用于控制电路，起到电气联锁或其他逻辑控制作用，只能通过小电流。线圈未得电时，处于断开状态的触点称为动合触点，习惯称作常开触点；反之，线圈未得电而处于闭合状态的触点称为动断触点，习惯称作常闭触点。

③ 灭弧系统：在触点分断的瞬间，由于触点间距很小，电场强度很大，触点间会产生大量的带电离子，从而形成电弧，给电路带来一定的影响。常用的灭弧装置有灭弧罩、灭弧栅等。

④ 反力装置：该装置一般由释放弹簧和触点弹簧构成。线圈失电时释放弹簧使衔铁复位，触点弹簧使触点复位。

⑤ 支架和底座：用来固定和安装接触器。

1.2.2 接触器的工作原理

交流接触器的线圈通电后，线圈电流会产生磁场，衔铁在电磁力引力下带动触点动作：常开的主触点闭合，接通主电路；同时，常开的辅助触点闭合，常闭的辅助触点断开。当线圈失电或电压显著降低时，电磁力消失或减小（小于弹簧反力），衔铁在释放弹簧的作用下回到初始位置，使主触点、辅助触点恢复到原来的状态。

1.2.3 接触器符号

接触器符号如图 1-3 所示。

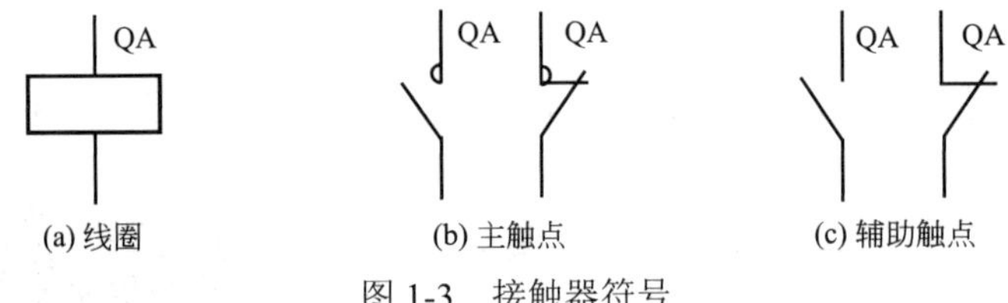

图 1-3 接触器符号

1.2.4 接触器的主要参数

① 额定电压：指主触点的额定工作电压。

交流接触器：127V、220V、380V、500V。

直流接触器：110V、220V、440V。

② 额定电流：指主触点的额定工作电流。

交流接触器：5A、10A、20A、40A、60A、100A、150A、250A、400A、600A。

直流接触器：40A、80A、100A、150A、250A、400A、600A。

③ 吸引线圈（线圈）额定电压：

交流接触器：36V、110（127）V、220V、380V。

直流接触器：24V、48V、220V、440V。

④ 寿命：

机械寿命：1000 万次以上。

电气寿命：100 万次以上。

⑤ 操作频率：300 次/h、600 次/h、1200 次/h。

1.2.5 接触器的选择

① 接触器的类型选择　根据接触器所控制的负载性质（直流/交流负载），选择接触器类型（直流/交流接触器）。

② 额定电压选择　接触器主触点额定电压应不小于被控制负载电路的额定电压。

③ 接触器额定电流选择　接触器的额定电流应不小于所控制电路的额定电流。对于电动机可以按照下列公式来估算，即

$$I_c = \frac{P_e \times 10^3}{KU_e}$$

式中，I_c为接触器主触点电流，A；P_e为电动机额定功率，kW；U_e为电动机额定电压，V；K为经验系数，一般取 1～1.4。

接触器的额定电流应大于所计算的 I_c，当然也可以查阅手册根据技术参数来确定。如果接触器应用在频繁启动、制动和正反转场合，则额定电流应降低一个等级选用。

④ 吸引线圈额定电压与频率选择　吸引线圈的额定电压与频率应与控制电路选用的电压、频率一致。

⑤ 接触器触点数量、种类选择　触点数量和种类应满足主电路和控制电路的要求。

1.2.6 接触器型号含义

接触器型号含义如图 1-4 所示。

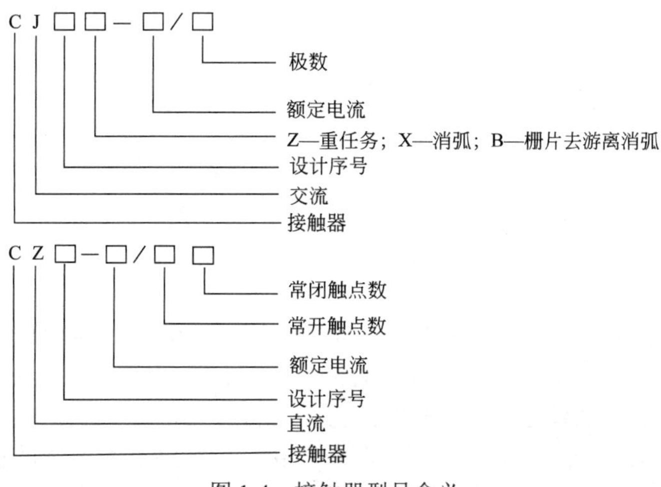

图 1-4　接触器型号含义

1.3 继电器

继电器是一种根据外界输入的一定信号来控制电路中电流通断的自动切换电器，输入信号可以为电量也可以为非电量。继电器一般由感测机构、中间机构和执行机构组成，当感应元件中的输入量（如电流、电压、温度、压力等）变化时，感测机构把检测到的电量或非电量传递给中间机构，中间机构将检测值与设定值进行比较，当达到设定值时继电器开始动作，执行机构则接通或断开控制电路。其触点通常接在控制电路中完成一定逻辑控制。

继电器的种类繁多，常用的有电流继电器、电压继电器、时间继电器、热继电器、速度继电器以及温度继电器、压力继电器、计数继电器、频率继电器等。

继电器与接触器工作原理相似，都是电磁式器件，由电磁机构和触点系统组成。它们用来实现自动接通或断开电路，但由于自身结构的区别，仍有许多不同之处，其主要区别在于：继电器一般用于控制小电流的电路，触点额定电流不大于 5A，不加灭弧装置，无主辅触点之分；接触器一般用于控制大电流的主电路，主触点额定电流不小于 5A，往往有灭弧装置，有主触点和辅助触点；接触器一般只能对电压的变化作出反应，而各种继电器可以在相应的各种电量或非电量作用下动作。

1.3.1 电磁式继电器

电磁式继电器按使用特点一般可分为中间继电器、电磁式电流继电器（以下简称电流继电器）和电磁式电压继电器（以下简称电压继电器）。

（1）中间继电器

中间继电器的结构与电压继电器类似，是用来转换控制信号的中间元件，它的触点数量较多、动作灵敏。按电压分为两类：一类是用于交直流电路中的 JZ 系列；另一类是只用于直流操作的各种继电保护电路中的 DZ 系列。

中间继电器的主要技术参数有额定电压、额定电流、触点对数以及线圈电压种类和规格等。选用时要注意线圈的电压种类和电压等级应与控制电路一致。另外，要根据控制电路的需求来确定触点的形式和数量，当一个中间继电器的触点数量不够用时，可以将两个中间继电器并联使用，以增加触点的数量。

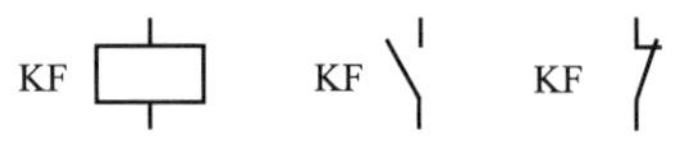

(a)线圈　(b)常开触点　(c)常闭触点

图 1-5　中间继电器图形符号和文字符号

中间继电器的主要用途有两个：一是当电压或电流继电器触点容量不够时，可借助中间继电器来控制，即中间继电器作为执行元件；二是当其他继电器或接触器触点容量不够时，可用中间继电器来切换电路。中间继电器图形符号和文字符号如图 1-5 所示。

（2）电流继电器

电流继电器的线圈串于被测量电路中，根据电流的变化而动作。为降低负载效应和减少对被测量电路参数的影响，线圈匝数少、导线粗、阻抗小。电流继电器除用于电流型保护的场合外，还经常用于按电流原则控制的场合。电流继电器有欠电流继电器和过电流继电器两种。

① 欠电流继电器。线圈中的电流为额定电流的 30%～65%时欠电流继电器吸合，当线圈中的电流降至额定电流 10%～20%时欠电流继电器释放。所以，在电路正常工作时，欠电流继电器始

终是吸合的。当电路由于某种原因使电流降至额定电流的 20%以下时，欠电流继电器释放，发出信号，从而改变电路的状态。

② 过电流继电器。其结构、原理与欠电流继电器相同，只不过吸合值与释放值不同。过电流继电器吸引线圈的匝数很少。直流过电流继电器的吸合值为 70%～300%额定电流，交流过电流继电器的吸合值为 110%～400%额定电流。应当注意，过电流继电器在正常情况下（即电流在额定值附近时）是释放的，当电路发生过载或短路故障时，过电流继电器才吸合；吸合后立即使所控制的接触器或电路断开，然后自己也释放。由于过电流继电器具有短时工作的特点，因此交流过电流继电器不用装短路环。

（3）电压继电器

电压继电器的结构与电流继电器相同，只不过把线圈并接于被测电路，线圈的匝数多、导线细、阻抗大。电压继电器根据所接线路电压值的变化，处于吸合或释放状态。过电压继电器在电路电压正常时释放，发生过压[>(1.1～1.5)U_e]故障时吸合；欠（零）压（失压）继电器在电路电压正常时吸合，发生欠压[(0.4～0.7)U_e]、零压[(5%～25%)U_e以下]时释放。

电流继电器和电压继电器的文字符号仍为 KF，图形符号中的触点也和中间继电器一样，只是线圈不同，如图 1-6 所示。

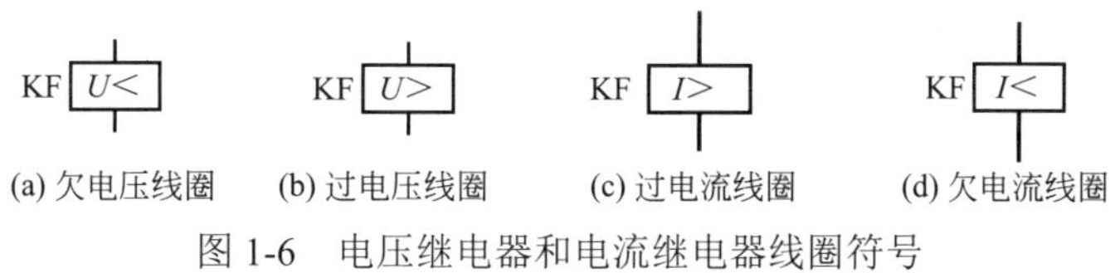

(a) 欠电压线圈　(b) 过电压线圈　(c) 过电流线圈　(d) 欠电流线圈

图 1-6　电压继电器和电流继电器线圈符号

1.3.2　时间继电器

时间继电器是电气控制系统中一类非常重要的元器件，在许多控制系统中，需要使用时间继电器来实现延时控制。它是一种利用电磁原理或机械动作原理来延迟触点接通或分断的自动控制电器。其特点是，自吸引线圈得到信号起至触点动作中间有一段延时。时间继电器一般用于以时间为函数的电动机启动过程控制中。

时间继电器延时方式有两种：通电延时、断电延时。通电延时：接收输入信号后延迟一定时间，输出信号才发生变化；当输入信号消失后，输出瞬时复原。断电延时：接收输入信号时，瞬时产生相应的输出信号；当输入信号消失后，延迟一定时间，输出才复原。

常用的时间继电器主要有空气阻尼式时间继电器、直流电磁式时间继电器、电动式时间继电器、电子式时间继电器、数字式时间继电器等。

空气阻尼式时间继电器又称气囊式时间继电器，是利用气囊中的空气通过小孔节流的原理来产生延时动作的。空气阻尼式时间继电器结构简单，价格低廉，延时时间可达上百秒，但是延时误差较大，难以精确地整定延时时间，常用在延时精度要求不高的交流控制电路中。

直流电磁式时间继电器是用阻尼的方法来延缓磁通变化的速度，以达到延时目的的时间继电器。其具有结构简单、运行可靠、寿命长、允许通电次数多等优点，但体积和重量较大。它仅适用于直流电路，延时时间较短。

电动式时间继电器由同步电动机、减速齿轮机构、电磁离合系统及执行机构组成，其延时精度高，延时可调范围大（由几分钟到几小时），但结构复杂，价格高。

随着电子技术的发展，电子式时间继电器在时间继电器中已成为主流产品，采用大规模集成电路技术的电子智能式数字显示时间继电器，具有多种工作模式，不但可以实现长延时时间，而且延时精度高，体积小，调节方便，使用寿命长，使得控制系统更加简单可靠。

数字式时间继电器较晶体管式时间继电器具有延时范围可成倍增加，调节精度可提高两个数量级以上，控制功率和体积更小的特点。这类时间继电器功能特别强，有通电延时、断电延时、定时吸合、循环延时等多种延时形式和十几种延时范围供用户选择。

时间继电器图形符号和文字符号如图 1-7 所示，线圈有通电延时、断电延时两种类型，延时触点有通电延时闭合常开触点、通电延时断开常闭触点、断电延时断开常开触点、断电延时闭合常闭触点。

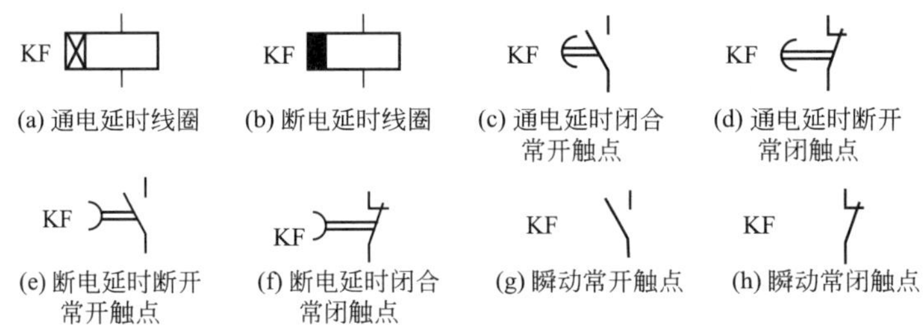

图 1-7　时间继电器图形符号和文字符号

时间继电器选用时应从以下几方面考虑：

① 电流种类和电压等级：线圈的电流种类和电压等级应与控制电路的相同。

② 延时方式：根据控制电路的要求来选择延时方式，即通电延时型和断电延时型。

③ 触点形式和数量：根据控制电路要求来选择触点形式及触点数量。

④ 延时精度：电磁阻尼式时间继电器用于延时精度不高的场合，晶体管式时间继电器适用于延时精度高的场合。

⑤ 操作频率：时间继电器的操作频率不宜过高，否则会影响其寿命，甚至导致失调。

1.3.3 热继电器

在电力拖动系统中，如果三相交流电动机处于长期带负荷欠电压运行、长期过载运行或长期单相运行等非正常情况，会使得电动机绕组过热甚至烧坏。热继电器是利用电流的热效应原理及发热元件的热膨胀原理设计而成，对电动机或其他用电设备进行过载保护的控制电器，主要用于电动机的过载保护、断相保护、电流不平衡运行的保护以及其他用电设备发热状态的控制。需要注意的是，热继电器不能做瞬时过载保护，也不能承担短路保护任务。

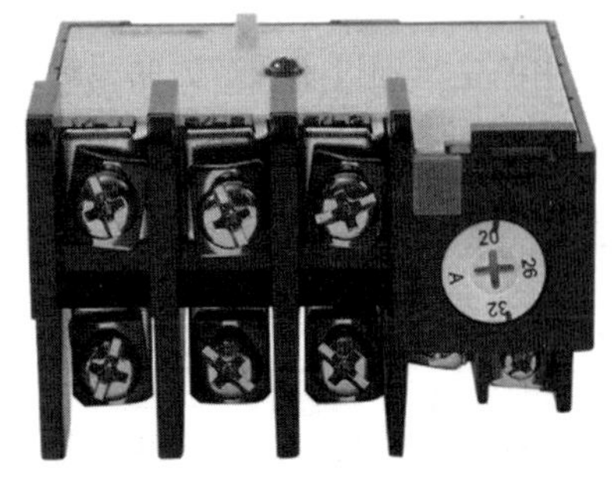

图 1-8　热继电器实物图

热继电器按极数划分，可分为单极式热继电器、两极式热继电器和三极式热继电器，三极式热继电器又有不带断相保护和带断相保护两种类型；按复位方式分，热继电器有自动复位式和手动复位式。热继电器实物图如图 1-8 所示。

（1）热继电器的结构及工作原理

热继电器主要由热元件、双金属片、触点系统等组成。双金属片是热继电器的感测元件，由两种不同线膨胀系数的金属片经机械碾压而成，结构原理如图 1-9 所示。

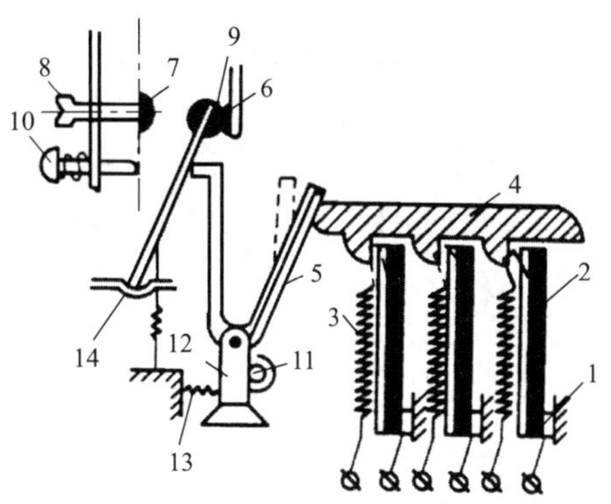

图 1-9 热继电器的结构原理图

1—支撑件；2—双金属片；3—热元件；4—导板；5—补偿双金属片；6,7,9—触点；8—复位螺钉；10—按钮；11—调节旋钮；12—支撑件；13—压簧；14—推杆

热元件由双金属片及其上的电阻丝组成，电阻丝发热时可把热能传递到双金属片上。当热元件与电动机定子绕组串接时，定子绕组电流即为流过热元件的电流；当电动机正常运行时，热元件产生的热量虽能使双金属片弯曲，但还不足以使热继电器动作；当电动机过载时，热元件产生的热量增大，使双金属片弯曲位移增大，经过一定时间后，双金属片弯曲到推动导板，并通过补偿双金属片与推杆将触点 9 和 6 分开，触点 9 和 6 串于接触器线圈回路，断开后使接触器线圈失电，接触器主触点断开电动机电源以保护电动机。

调节旋钮是用来调节整定电流的，调节旋钮改变了补偿双金属片与导板间的距离，也就是改变了热继电器动作时主双金属片所需的弯曲位移，即改变了整定电流。

补偿双金属片可在规定范围内补偿环境温度对热继电器的影响。如周围环境温度升高，则双金属片向右弯曲的程度加大，此时补偿双金属片也向右弯曲，使导板与补偿双金属片的距离不变，从而使环境温度变化获得补偿。

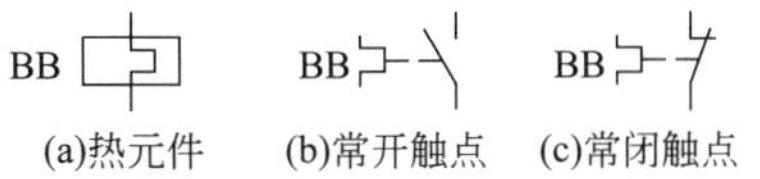

BB　BB　BB

(a)热元件　(b)常开触点　(c)常闭触点

图 1-10 热继电器图形符号和文字符号

热继电器的图形符号和文字符号如图 1-10 所示。

（2）热继电器保护特性

当电动机运行中出现过载电流时，必将引起绕组发热。根据热平衡关系，电动机通电时间与其过载电流的平方成反比，故电动机的过载特性具有反时限特性，如图 1-11 中的曲线 1 所示，图中β为电动机工作电流与额定电流之比。

为了适应电动机的过载特性而又起到过载保护作用，要求热继电器也应具有如同电动机过载特性那样的反时限特性。为此，热继电器中有电阻性发热元件，利用过载电流流过电阻性发热元件时产生的热效应使感测元件动作，带动触点动作来实现保护作用。热继电器中通过的过载电流与其触点动作时间之间的关系，称作热继电器的保护特性，如图 1-11 中的曲线 2 所示。

考虑各种误差影响，电动机的过载特性和热继电器的保护特性都是一条带状线。

当电动机出现过载时，图 1-11 中曲线 1 的下方是安全的。如果发生过载，热继电器就会在电动机未达到允许的过载极限之前动作切断电动机电源，从而完成保护作用。

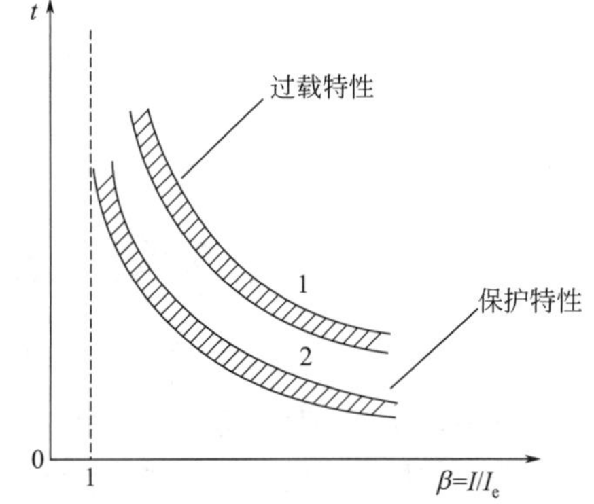

图 1-11 热继电器保护特性与电动机过载特性

（3）热继电器的选用原则

热继电器的参数关乎电动机过载保护的可靠性，选用时应按电动机形式、工作环境、启动情况及负荷情况等综合加以考虑。

① 选择热继电器作为电动机的过载保护时，应使选择的热继电器的安秒特性位于电动机的过载特性之下，并尽可能地接近，甚至重合，以充分发挥电动机的能力，同时使电动机在短时过载和启动时不受影响。

② 热继电器的选择：一般轻载启动、长期工作的电动机或间断长期工作的电动机，应选择二相结构的热继电器；三角形联结的电动机，应选用带断相保护装置的热继电器；电源电压的均衡性较差或无人看管的电动机，或多台电动机的功率差别较显著时，应选择三相结构的热继电器。

③ 热继电器的额定电流的选择：原则上热继电器的额定电流应按电动机的额定电流选择。但对于过载能力较差的电动机，其配用的热继电器的额定电流应适当小些，通常选取热继电器的额定电流为电动机额定电流的 60%～80%；在不频繁启动电动机的场合，要保证热继电器在电动机的启动过程中不产生误动作，通常当电动机启动电流为其额定电流的 6 倍以及启动时间不超过 6s 且很少连续启动时，就可按电动机的额定电流选取热继电器的额定电流。

④ 热元件的额定电流的选择：热继电器的热元件额定电流应略大于所保护电动机的额定电流。

⑤ 热元件的整定电流的选择：根据热继电器的型号和热元件的额定电流选择。一般将热继电器的整定电流调整到等于电动机的额定电流；对过载能力差的电动机，热元件整定电流调整到电动机额定电流的 0.6～0.8 倍；对启动时间较长、拖动冲击性负载或不允许停车的电动机，热元件的整定电流调整到电动机额定电流的 1.1～1.15 倍。

1.3.4 速度继电器

速度继电器又称为反接制动继电器，它依靠电动机的转速信号和电磁感应原理来控制触点动作，转速达到设定值时速度继电器触点动作，再通过接触器实现对电动机的制动控制。其主要由定子、转子和触点系统等构成，如图 1-12 所示。

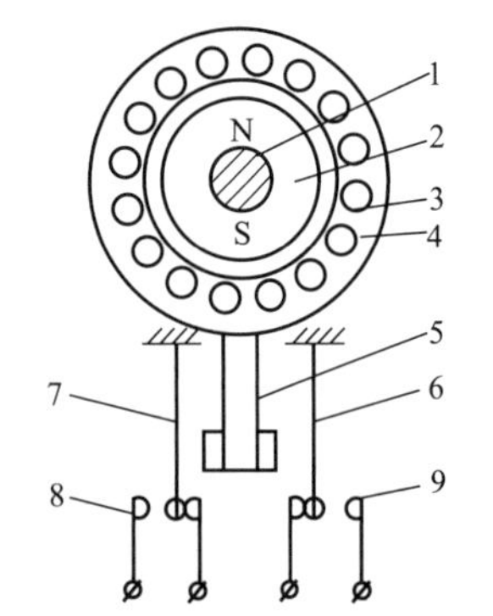

图 1-12 速度继电器结构图

1—转轴；2—转子；3—定子；4—绕组；5—摆锤；6,7—簧片；8,9—静触点

定子是一个笼型空心圆环，由硅钢片叠成，并嵌有笼型导条；转子是一个圆柱形永久磁铁；触点系统有正向运转时动作和反向运转时动作的触点各一组，每组分别有一对常闭和常开触点。

电动机旋转时，与电动机同轴相连的速度继电器的转子旋转，产生旋转磁场，从而在定子笼型短路绕组中产生感应电流，感应电流与永久磁铁的旋转磁场相互作用产生电磁转矩，从而使定子随永久磁铁转动的方向偏转；定子偏转到一定角度时，摆锤推动簧片，使触点动作。

速度继电器图形符号和文字符号如图 1-13 所示。

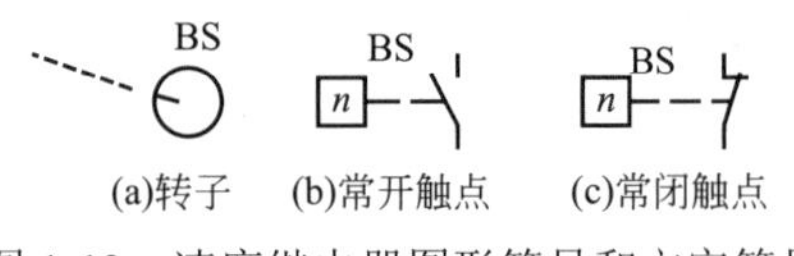

图 1-13 速度继电器图形符号和文字符号

1.4 低压断路器和刀开关

低压断路器也称为自动开关或空气开关，属于开关电器的一种，广泛应用于配电系统和电力拖动控制系统中。它既可用来接通和分断负载电路，也可用来对电路或电气设备发生的短路、严重过载及欠电压、失电压等进行保护，还可以用于不频繁地启动电动机。其功能相当于闸刀开关、过

电流继电器、欠电压继电器、热继电器及漏电保护器等电器部分功能的总和，是低压配电系统中一种重要的保护电器，其外观如图 1-14 所示。

图 1-14　低压断路器外观

刀开关又称闸刀开关，是结构较为简单、应用十分广泛的一类手动操作电器。它主要由操作手柄、触刀、静插座和绝缘底板等组成。

刀开关在低压电路中用于不频繁地接通和切断电源，或用于隔离线路与电源，故又称“隔离开关”。切断电源时会产生电弧，必须注意在安装刀开关时应将操作手柄朝上，不得平装或倒装。安装方向正确，可使作用在电弧上的电动力和热空气上升的方向一致，电弧被迅速拉长而熄灭；否则电弧不易熄灭，严重时会使触刀及刀片烧坏，甚至造成极间短路，有时还可产生误动作，导致人身伤害和设备故障。

刀开关的种类有很多。按刀的极数可分为单极刀开关、双极刀开关和三极刀开关；按刀的转换方向可分为单掷刀开关和双掷刀开关；按操作方式可分为直接手柄操作式刀开关和远距离连杆操作式刀开关；按灭弧情况可分为有灭弧罩刀开关和无灭弧罩刀开关；按封装方式可分为开启式刀开关和封闭式刀开关。刀开关的图形符号和文字符号如图 1-15 所示。

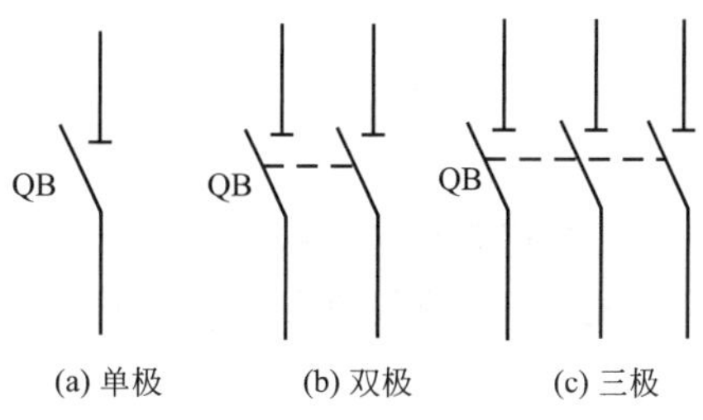

图 1-15　刀开关图形符号和文字符号

随着低压断路器功能的不断提升，在低压配电系统中，断路器逐步取代了过去常用的闸刀开关和熔断器的组合。下面着重介绍低压断路器。

1.4.1　低压断路器结构及工作原理

低压断路器主要有框架式 DW 系列和塑壳式 DZ 系列两大类，它们的基本构造和原理相同，主要由触点系统、灭弧装置和各种脱扣器等组成，如图 1-16 所示。

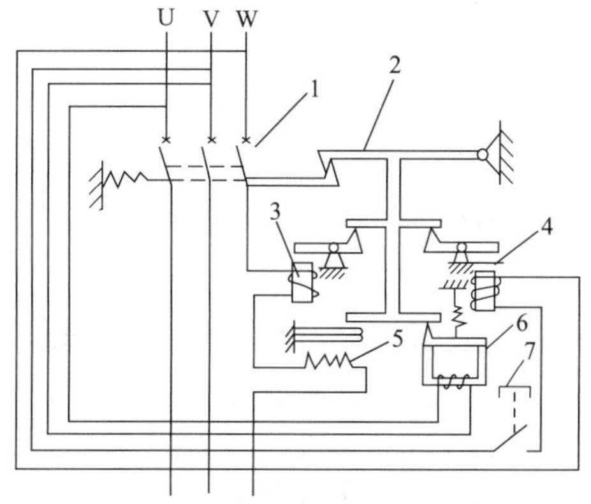

图 1-16　低压断路器的原理示意图

1—主触点；2—自由脱扣器；3—过电流脱扣器；4—分励脱扣器；5—热脱扣器；6—失压脱扣器；7—按钮

低压断路器的主触点是靠手动操作或电动合闸的，主触点闭合后，自由脱扣器机构将主触点锁在合闸位置上，过电流脱扣器的线圈和热脱扣器的热元件与主电路串联，失压脱扣器的线圈和电源并联。过电流脱扣器实现过电流保护，当流过低压断路器的电流在整定值以内时，过电流脱扣器所产生的电磁力不足以吸动衔铁；当电流超过整定值时，其在强电磁力作用下克服弹簧拉力使自由脱扣器机构动作，低压断路器跳闸。热脱扣器用于过载保护，当电路过载时，热脱扣器的热元件发热使双金属片向上弯曲，推动自由脱扣器机构动作。当电路欠电压时，失压脱扣器的衔铁释放，使自由脱扣器机构动作。分励脱扣器常用于远程控制，按下启动按钮，使线圈得电，衔铁带动自由脱扣器机构动作，使主触点断开。

1.4.2 低压断路器的参数

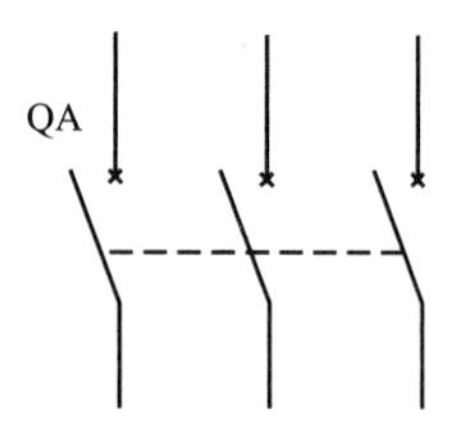

图 1-17 低压断路器图形符号和文字符号

低压断路器的图形符号与文字符号如图 1-17 所示，其主要参数包括以下 4 个。

① 额定电压：低压断路器在长期工作时的允许电压，通常等于或大于线路的额定电压。

② 额定电流：低压断路器在长期工作时的允许持续电流。

③ 通断能力：指低压断路器在规定的电压、频率以及规定的线路参数下，所能接通和分断的短路电流值。

④ 分断时间：指低压断路器切断故障电流所需的时间。

1.4.3 低压断路器的选用

① 低压断路器额定电压、额定电流应该大于或等于线路、设备的额定电压、额定电流。

② 低压断路器热脱扣器的整定电流应与所控制的负载额定电流一致。

③ 低压断路器失压脱扣器额定电压应等于线路额定电压。

④ 低压断路器极限通断能力大于线路最大短路电流的有效值。

⑤ 过电流脱扣器的额定电流 $I_Z \geqslant kI_q$，I_q 为单台电动机的启动电流，k 为安全系数，一般取 1.5～1.7；对于多台电动机，$I_Z \geqslant kI_{qmax}+\Sigma I_e$，$I_{qmax}$ 为最大一台电动机启动电流，ΣI_e 为其他电动机额定电流之和。

⑥ 低压断路器的长延时脱扣电流应小于导线允许的持续电流。

1.4.4 低压断路器典型产品

低压断路器主要分类方法是以结构形式分类，即分为开启式低压断路器和装置式低压断路器两种。开启式低压断路器又称为框架式低压断路器或万能式低压断路器，装置式低压断路器又称为塑料壳式低压断路器。

（1）装置式低压断路器

装置式低压断路器有绝缘塑料外壳，内装触点系统、灭弧室及脱扣器等，可手动或电动(对大容量低压断路器而言)合闸。其有较强的分断能力和动稳定性，有较完善的选择性保护功能，广泛用于配电线路。目前常用的有DZ15、DZ20、DZX19和C45N（目前已升级为C65N）等系列产品。其中，C45N（C65N）低压断路器具有体积小、分断能力强、限流性能好、操作轻便、型号规格齐全，以及可以方便地在单极结构基础上组合成二极、三极、四极低压断路器的优点，广泛使用在60A及以下的民用照明支干线及支路中(多用于住宅用户的进线开关及商场照明支路开关)。

（2）框架式低压断路器

框架式低压断路器一般容量较大，具有较强的短路分断能力和动稳定性。其适合在交流50Hz、额定电压380V的配电网络中作为配电干线的主保护。框架式低压断路器主要由触点系统、操作机构、过电流脱扣器、分励脱扣器及失压脱扣器、附件及框架等部分组成，全部组件进行绝缘后装于框架结构底座中。目前我国常用的有DW15、ME、AE、AH等系列的框架式低压断路器。DW15系列框架式低压断路器是我国自行研制生产的，全系列具有1000A、1500A、2500A和4000A等几个型号。ME、AE、AH等系列框架式低压断路器是利用引进技术生产的。它们的规格型号较为齐全（ME开关电流等级从630～5000A共13个等级），额定分断能力较DW15更强，常用于低压配电干线的主保护。

（3）智能化断路器

智能化断路器综合了现代高电压零飞弧技术、电子技术、电气自动化技术、网络通信技术、计算机及软件技术等，采用模块化结构，完全突破了传统低压断路器的许多不足，集保护、测量、监控于一体。国内生产的智能化断路器有框架式智能化断路器和塑料外壳式智能化断路器两种。框架式智能化断路器主要用作智能化自动配电系统中的主断路器，塑料外壳式智能化断路器主要用在配电网络中分配电能和用于线路及电源设备的控制与保护，亦可用于三相笼型异步电动机的控制。智能化断路器的特征是采用了以微处理器或单片机为核心的智能控制器（智能脱扣器），它不仅具备普通低压断路器的各种保护功能，同时还具有实时显示电路中的各种电气参数（电流、电压、功率、功率因数等）、对电路进行在线监视、自行调节、可测量、可试验、自诊断、可通信等功能，能够对各种保护功能的动作参数进行显示、设定和修改，保护电路动作时的故障参数能够存储在非易失存储器中以便查询。目前国内众多厂家推出了智能化断路器，如天津百利的TW30与TM30系列、正泰的NA1与NM1系列、上海精益的HA1与HM3系列等。

1.5 熔断器

熔断器是低压配电网络和电力拖动系统中主要用来作短路保护的电器，结构简单、使用方便、价格低廉。使用时将熔断器串接在被保护电路中，当线路、电气设备发生短路或严重过载时，流经熔断器的电流超过规定值时，其本身产生的热量使熔体熔断，从而分断电路，使线路或电气设备脱离电源以达到保护的目的。

1.5.1 熔断器的保护特性和技术参数

（1）熔断器的保护特性

熔断器的保护特性亦称安秒特性，是指熔体的熔化电流与熔化时间之间的关系，它和热继电

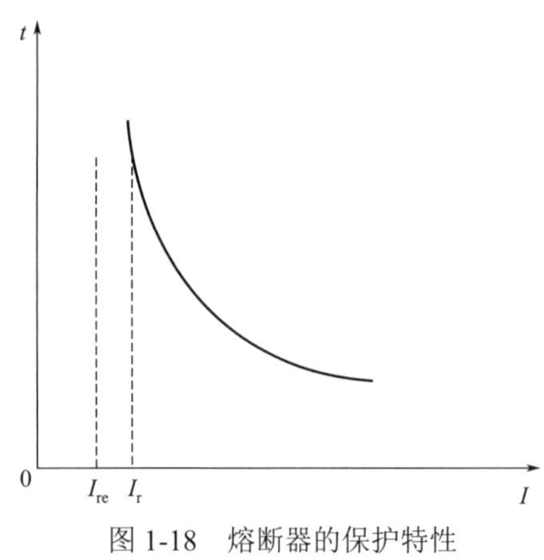

图 1-18 熔断器的保护特性

器的保护特性一样，也具有反时限特性，如图 1-18 所示。在熔断器的保护特性中有一个最小熔化电流 I_r，只有通过熔体的电流大于或等于该值时，熔体才能够在一定时间内熔化。根据对熔断器的要求，熔体的额定电流 I_{re} 应小于最小熔化电流。熔断器的额定电流与最小熔化电流之比称为熔化系数β。此系数是熔断器保护小倍数过载的灵敏度指标，其值主要取决于熔体的材料和结构及其工作温度。从过载保护来看，β 值越小，对小倍数过载越有利。熔断器的熔断时间等于熔化时间与燃弧时间之和。由于燃弧时间很短，可以忽略不计，因此保护特性也就是熔断器的弧前电流与时间之间的关系特性。为了保证熔断器在其额定电流下不熔断，一般在其特性曲线上留有一条 10%～20%的误差带，即选用时留有 10%～20%的裕度。

（2）熔断器的技术参数

① 额定电压：是从灭弧的角度出发，保证熔断器能长期正常工作的电压。

② 额定电流：指熔断器长期工作时，温升不超过规定值时所能承受的电流。为了减少熔断管的规格，一般熔断管的额定电流等级较少，而熔体的额定电流等级比较多，即在一个额定电流等级的熔断管内可以装不同额定电流等级的熔体，但熔体的额定电流最大不能超过熔断管的额定电流。

③ 极限分断能力：指熔断器在额定电压和功率因数（或时间常数）条件下能熔断的最大电流值（一般指短路电流值）。

1.5.2 熔断器的型号与电气符号

熔断器的型号意义、文字符号和图形符号见图 1-19。

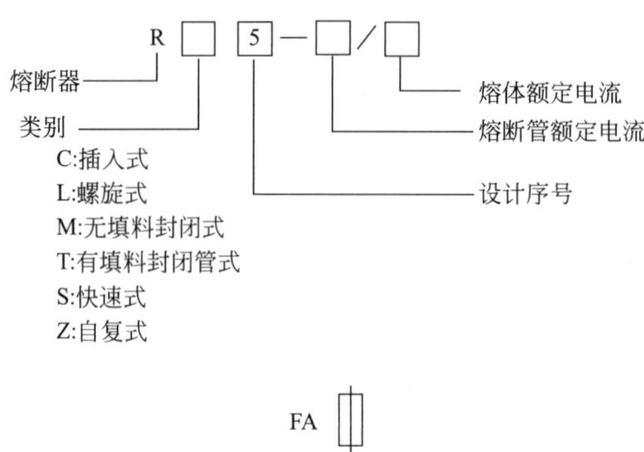

图 1-19 熔断器的型号意义、文字符号和图形符号

1.5.3 熔断器的类型

① 插入式熔断器：它常用于380V及以下电压等级的线路末端，作为配电支线或电气设备的短路保护用。

② 螺旋式熔断器：熔体的上端盖有一熔断指示器，一旦熔体熔断，熔断指示器马上弹出，可透过瓷帽上的玻璃孔观察到，它常用于机床电气控制设备中。螺旋式熔断器的分断电流较大，可用于电压等级500V及以下、电流等级200A以下的电路中，作短路保护。

③ 封闭式熔断器：封闭式熔断器分有填料封闭管式熔断器和无填料封闭式熔断器两种。有填料封闭管式熔断器一般用方形瓷管，内装石英砂及熔体，分断能力强，用于电压等级500V以下、电流等级1kA以下的电路中。无填料封闭式熔断器将熔体装入封闭式圆筒中，分断能力稍弱，用于电压等级500V以下、电流等级600A以下的电力网或配电设备中。

④ 快速式熔断器：此类熔断器主要用作半导体整流元件或整流装置的短路保护。由于半导体整流元件的过载能力很弱，只能在极短时间内承受较大的过载电流，因此要求短路保护具有快速熔断的能力。快速式熔断器的结构和有填料封闭管式熔断器基本相同，但熔体材料和形状不同，它是以银片冲制的有V形深槽的变截面熔体。

⑤ 自复式熔断器：采用金属钠制作熔体，在常温下具有高电导率。当电路发生短路故障时，短路电流产生高温使钠迅速汽化，气态钠呈现高阻态，从而限制了短路电流。当短路电流消失后，温度下降，金属钠恢复原来的良好导电性能。自复式熔断器只能限制短路电流，不能真正分断电路。其优点是不必更换熔体，能重复使用。

不同类型熔断器实物如图1-20所示。

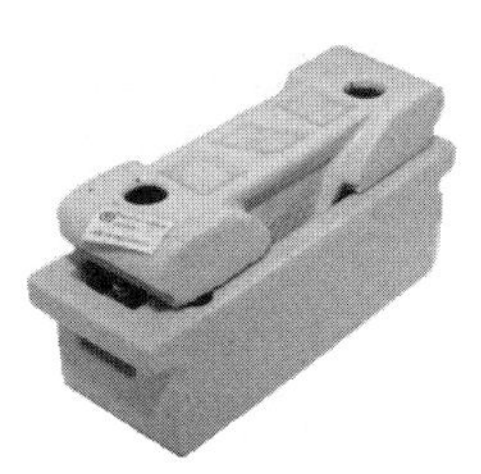
(a)插入式熔断器

(b)螺旋式熔断器

(c)有填料封闭管式熔断器

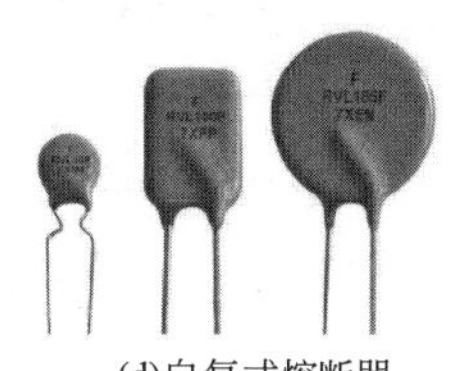
(d)自复式熔断器

图1-20 不同类型熔断器实物

1.5.4 熔断器的选择

① 根据使用环境和负载性质选择适当类型的熔断器。在选用熔断器时，注意其防护形式应满足生产环境的要求。例如：对于容量较小的照明线路或电动机的简易保护，可采用RC1A系列半封闭式熔断器；在开关柜或配电屏中，可采用RM系列无填料封闭式熔断器；对于短路电流相当大或有易燃气体的地方，应采用RTO系列有填料封闭管式熔断器；机床控制线路中，应采用RL1系列螺旋式熔断器；对于硅整流元件及晶体管的保护，应采用RLS或RS系列的快速式熔断器等。

② 熔断管的额定电压必须大于或等于线路的额定电压。

③ 熔断管的额定电流必须大于或等于线路的额定电流。熔断管的额定电流必须大于或等于所

装熔体的额定电流。

一般情况应按上述选择熔断管的额定电流，但有时熔断管的额定电流可选大一级的，也可选小一级的。例如：60A 的熔体，既可选 60A 的熔断管，也可选用 100A 的熔断管，此时可按电路是否常有小倍数过载电流来确定，若常有小倍数过载电流，应选用大一级的熔断管，以免其温升过高。

④ 熔断器的分断能力应大于电路可能出现的最大短路电流。

⑤ 一条线路有几台电动机运行时，总熔体的额定电流可按下式计算：

总熔体额定电流≥（1.5～2.5）×最大容量电动机的额定电流+其余电动机额定电流的总和

应该指出，熔体的额定电流不得大于变压器的额定电流，否则，短路时可能烧毁变压器。

⑥ 在多级保护的场所，为实现选择性保护，应考虑到熔断器保护特性的误差，在通过相同电流时，电路上一级熔断器的熔断时间，应为下一级熔断器的 3 倍以上。当上下级采用同一型号熔断管时，其熔体电流等级以相差两级为宜；如果采用不同型号的熔断管，则应根据保护特性曲线（图 1-18）上给出的熔断时间选择。

1.6 主令电器

主令电器是在自动控制系统中发出指令的电器，用来控制接触器、继电器或其他电器的线圈，使电路接通或分断，从而实现对电动机和其他生产机械的控制。主令电器应用广泛、种类繁多，本节介绍几种常见的主令电器。

1.6.1 控制按钮

控制按钮是一种短时接通或分断小电流电路的电器，它不直接去控制主电路的通断，而是手动发出“指令”去控制接触器、继电器等电器。控制按钮的结构可以根据不同的控制和操作需要，制作成不同的形式，如按钮式、旋转式、钥匙式、自锁式、旋钮式、保护式、紧急式等。其中旋钮式控制按钮和钥匙式控制按钮又称为选择开关（不能自动复位）；钥匙式控制按钮还具有安全保护功能，有钥匙的人员才能进行开关操作。图 1-21 为控制按钮结构示意图和实物图。

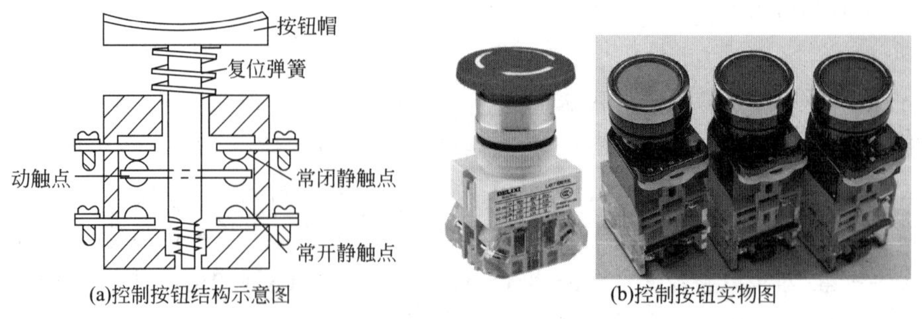

(a)控制按钮结构示意图　(b)控制按钮实物图

图 1-21　控制按钮结构示意图和实物图

控制按钮一般由按钮帽、复位弹簧、动/静触点和外壳等部分构成。其一般为复合式结构，即同时具有常开、常闭触点。按下控制按钮时，常闭触点先断开，然后常开触点闭合。外力消失后在复位弹簧的作用下，常开触点断开，常闭触点复位。实际应用时，控制按钮的触点形式和数量根据需要装配成不同的形式。

为了标明各个控制按钮的作用，通常将其按照常用的功能标为红、绿、黄、蓝、黑等不同颜色。一般红色表示停止或紧急停止，绿色表示启动系统或设备，黄色表示可以抑制或中断非正常情况下的工作周期，蓝色表示以上颜色未包括的功能，黑色一般无特定功能，可用于停止和分断上述以外的任何情况等。

SF SF SF

(a)常开按钮（启动按钮） (b)常闭按钮（停止按钮） (c)复合按钮

图 1-22 控制按钮的图形符号和文字符号

控制按钮的图形符号和文字符号如图 1-22 所示。

1.6.2 行程开关

行程开关又称限位开关或位置开关，是一种利用生产机械部件的运动碰撞来发出控制指令的主令电器，经常安装在工作机械的行程终点处，以限制其行程，其实物及图形符号和文字符号如图 1-23 所示。需要说明的是，如果通过一定的外力而经过微小的行程使触点动作，这样的电器就称为微动开关，从某种意义上来说，微动开关就是尺寸微小的行程开关，由于其体积小、动作灵敏，适合在小型机构中应用。

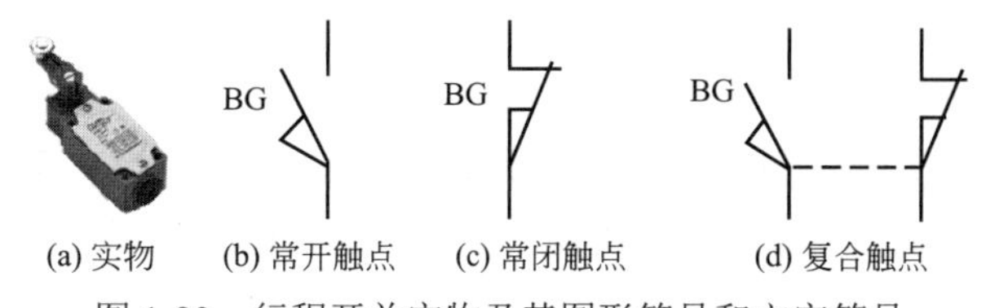

(a) 实物 (b) 常开触点 (c) 常闭触点 (d) 复合触点

图 1-23 行程开关实物及其图形符号和文字符号

行程开关的常见故障分析：

① 挡铁碰撞行程开关，触点不动作。故障原因可能是行程开关的安装位置不当，或是触点接触不良，或触点的连接线脱落。

② 杠杆偏转后触点未动。故障原因可能是行程开关安装位置太低或机械卡阻。

③ 行程开关复位后动断触点不能闭合。故障原因可能是以下几种情况：触杆被杂物卡住、动触点脱落、弹簧弹力减退或被卡住、触点偏斜。

1.6.3 接近开关

接近开关是一种无须与运动部件进行机械直接接触就可以操作的位置开关，当物体靠近接近开关的感应头到达动作距离时，不需要机械接触及施加任何压力即可使接近开关动作，从而驱动直流电器或给计算机（如 PLC）装置提供控制信号。接近开关是一种开关型传感器（即无触点开关），它既有行程开关、微动开关的特性，同时也具有传感性能，且动作可靠，性能稳定，频率响

图1-24 接近开关实物及电气符号

应快，应用寿命长，抗干扰能力强等，并具有防水、防振、耐腐蚀等特点。随着电子技术的发展，非接触式接近开关的应用已远超出一般行程控制和限位保护的范畴，如高速计数、液位测量及控制、速度测量等。其实物及电气符号如图1-24所示。

根据工作原理的不同，接近开关对物体的“感知”方法也不同，常见的接近开关有以下几种。

（1）无源接近开关

这种开关不需要电源，通过磁力感应控制开关的闭合状态。当磁体或者铁质触发器靠近开关磁场时，和开关内部磁力作用控制开关闭合。其特点是不需要电源，非接触式，免维护，环保。

（2）涡流式接近开关

这种开关有时也叫电感式接近开关。导电物体在接近这个能产生电磁场的接近开关时，内部产生涡流。这个涡流反作用于接近开关，使开关内部电路参数发生变化，由此识别出有无导电物体移近，进而控制开关的通或断。这种接近开关抗干扰性能好，开关频率大于200Hz，所能检测的物体必须是导电体（一般只能感应金属），应用在各种机械设备上做位置检测、计数信号拾取等。

（3）电容式接近开关

这种开关在测量时通常是构成电容器的一个极板，而另一个极板是接近开关的外壳。这个外壳在测量过程中通常是接地或与设备的机壳连接。当有物体移向接近开关时，不论它是否为导体，由于它的接近，总会使电容器的介电常数发生变化，从而使电容量发生变化，使得和测量头相连的电路状态也随之发生变化，由此便可控制接近开关的接通或断开。这种接近开关检测的对象不限于导体，还可以是绝缘的液体或粉状物等。

（4）霍尔接近开关

霍尔元件是一种磁敏元件。利用霍尔元件做成的开关叫作霍尔接近开关。当磁性物件移近霍尔接近开关时，开关检测面上的霍尔元件因产生霍尔效应而使开关内部电路状态发生变化，由此识别附近有无磁性物体存在，进而控制开关的通或断。这种接近开关的检测对象必须是磁性物体。

（5）光电式接近开关

利用光电效应做成的开关叫光电式接近开关。将发光器件与光电器件按一定方向装在同一个检测头内。当有反光面（被检测物体）接近时，光电器件接收到反射光后便将信号输出，由此光电式接近开关便可“感知”有物体接近。

（6）其他类型

当观察者或系统与波源的距离发生改变时，接收到的波的频率会发生偏移，这种现象称为多普勒效应。声呐和雷达就是利用这个效应制成的。利用多普勒效应可制成超声波接近开关、微波接近开关等。当有物体移近时，接近开关接收到的反射信号会产生多普勒频移，由此可以识别出有无物体接近。

1.6.4 光电开关

光电开关是光电式接近开关的简称，也是一种非接触式检测电器，它利用被检测物对光束的遮挡或反射作用，由同步回路接通电路，从而检测物体的有无。它克服了常规接近开关作用距离短、不能直接检测金属物体的缺点，所有能反射光线（或者对光线有遮挡作用）的物体均可以被检测。光电开关将输入电流转换为光信号在发射器上射出，接收器再根据接收到的光线的强弱或有无来对目标物体进行探测。其由于体积小、精度高、响应速度快、抗电磁干扰能力强等特点，被广泛应用于物位检测、计数、速度测量等，如安防系统中常见的光电开关烟雾报警器，工业中经常用它来计数机械臂的运动次数。

光电开关是现代微电子技术发展的产物，具有以下特点：

① 具有自诊断稳定工作区指示功能，可及时告知工作状态是否可靠；

② 对射式、反射式、镜面反射式光电开关都有防止相互干扰的功能，安装方便；

③ 对 ES 外同步（外诊断）控制端进行设置，可在运行前预检光电开关是否正常工作，并可随时接收计算机或可编程控制器的中断或检测指令，外诊断与自诊断的适当组合可使光电开关智能化；

④ 响应速度快，高速光电开关的响应速度可达到毫秒级甚至更快，每分钟可进行几十万次检测操作，能检出高速移动的微小物体；

⑤ 采用专用集成电路和先进的表面安装工艺（SMT），具有很高的可靠性；

⑥ 体积小、重量轻，安装调试简单，并具有短路保护功能。

光电开关按检测方式可分为反射式光电开关、对射式光电开关、镜面反射式光电开关。

① 反射式光电开关　当反射式光电开关发射光束时，目标产生漫反射，发射器和接收器构成单个标准部件，当有足够的组合光返回接收器时，开关状态发生变化，作用距离的典型值一般为3m。特征：有效作用距离由目标的反射能力、表面性质和颜色决定；较小的装配开支，当该开关由单个元件组成时，通常可以实现粗定位；采用背景抑制功能调节测量距离；对目标上的灰尘和目标变化了的反射性能敏感。

② 对射式光电开关　其由发射器和接收器组成，结构上两者是相互分离的，在光束被中断的情况下会产生一个开关信号，位于同一轴线上的光电开关可以相互分隔达 50m。特征：辨别不透明的反光物体；有效作用距离大；不易受干扰，可以可靠合适地使用在野外或者有灰尘的环境中；装置的消耗高，两个单元都必须敷设电缆。

③ 镜面反射式光电开关　其由发射器和接收器构成，这是一种标准配置，从发射器发出的光束在对面的反射镜上被反射，即返回接收器，当光束被中断时会产生一个开关信号。光的通过时间是信号持续时间的两倍，有效作用距离为 0.1～20m。特征：辨别不透明的物体；借助反射镜部件，形成大的有效作用距离范围；不易受干扰，可以可靠、合适地使用在野外或者有灰尘的环境中。

1.6.5 转换开关

转换开关是一种多挡式、控制多回路的主令电器，具有多触点、多转换开关位置、体积小、性能可靠、操作方便、安装灵活等优点，多用作机床电气控制线路中电源的引入开关，起隔离电源的作用，也常作为电压表、电流表的换相开关，还可作为直接控制小容量异步电动机不频繁启动和停止的控制开关。

目前常用的转换开关主要有两大类，即万能转换开关和组合开关，两者的结构和工作原理基本相似。转换开关按结构可分为普通型、开启型和防护组合型等；按用途又分为主令控制和电动机控制两种。

转换开关一般采用组合式结构设计，由操作结构、定位装置、触点系统等组成，并由各自的凸轮控制其通断。定位装置采用棘轮棘爪式结构，不同的棘轮和凸轮可组成不同的定位模式，从而得到不同的开关状态，即手柄在不同的转换角度时，触点的状态是不同的。

常见的转换开关有 LW5、LW6、LW8、LW12、HZ5、HZ10、CA10、VK 等系列，图 1-25 为 LW12 系列转换开关某一层的结构示意图与实物图。

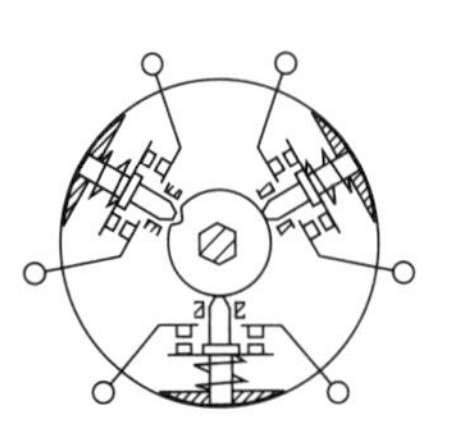

(a) LW12系列转换开关某一层结构示意图

(b) 实物图

图 1-25　LW12 系列转换开关某一层结构示意图与实物图

转换开关是由多组相同结构的触点组件叠装而成的，LW12 系列转换开关由操作结构、面板、手柄和数个触点底座等主要部件组成，用螺栓构成一个整体。触点底座有 1～12 层，其中每层触点底座最多可装 4 对触点，并由触点底座中间的凸轮进行控制。操作时手柄带动转轴和凸轮一起旋转，由于每层凸轮的形状不同，因此当手柄转到不同位置时，通过凸轮的作用，可使触点按所需要的规律接通和分断。

转换开关的图形符号如图 1-26 所示。由于其触点的分合状态与手柄的位置有关，因此在图 1-26 中除画出触点圆形符号之外，还应有手柄位置与触点分合状态的表示方法。其表示方法有两种：一种是用在电路图中画虚线和画“•”表示，如图 1-26（a）所示，即用两条竖线（虚线）表示手柄的位置，触点接通就在代表该位置虚线上的触点下面用“•”表示；另一种是用表格形式表示，如图 1-26（b）所示，表中的“×”表示触点闭合，空白表示断开。

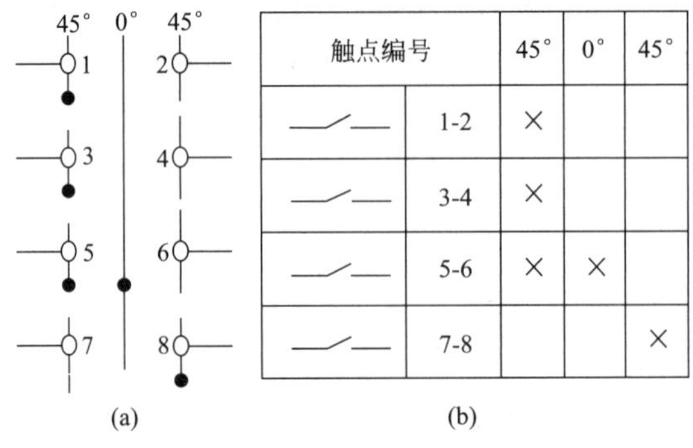

触点编号		45°	0°	45°
	1-2	×		
	3-4	×		
	5-6	×	×	
	7-8			×

(b)

图 1-26　转换开关的图形符号

习　题

1. 简述“电气”与“电器”两个词语的含义及区别。
2. 接触器和中间继电器的区别有哪些？

3. 电磁式低压电器主要由哪几部分组成？各部分的作用是什么？

4. 接触器的作用是什么？根据结构特征如何区分交、直流接触器？

5. 常用的灭弧方法有哪些？

6. 若交流电磁线圈误接入直流电源，或直流电磁线圈误接入交流电源，会出现什么问题？为什么？

7. 说明热继电器和熔断器保护功能的不同之处。

8. 中间继电器与接触器有何异同？

9. 控制按钮、转换开关、行程开关、接近开关、光电开关在电路中各起什么作用？

参考答案

第 2 章

常用电气控制线路

本章要点

◆ 掌握常用电气控制线路的分析。

◆ 学会电气控制线路的设计，为进行电气工程项目设计及 PLC 系统设计打好基础。

◆ 在课程学习中培养学生精益求精的工匠精神，增强民族自豪感和使命感。

本章重点是掌握常用的电机保护措施、经典的电气控制线路以及自锁、联锁、互锁等概念。

在各行各业广泛使用的电气设备与生产机械中，大部分都以电动机作为动力来进行拖动。电动机是通过某种自动控制方式来进行控制的，最常见的是继电器-接触器控制方式，又称电气控制。

电气控制线路是将各种有触点的接触器、继电器、按钮、行程开关、保护元件等器件通过导线按一定方式连接起来组成的自动控制线路。其主要作用是实现对电力拖动系统的启动、调速、反转和制动等运行性能的控制；实现对电力拖动系统的保护；满足生产工艺的要求；实现生产过程自动化。其特点：路线简单，设计、安装、调整、维修方便，便于掌握，价格低廉，运行可靠。因此，电气控制线路在工矿企业各种生产机械的电气控制领域中得到广泛的应用。

2.1 电气控制线路的绘制

电气控制线路是用导线将电动机、电器、仪表等电器元件按一定的要求和方法连接起来，并实现某种控制要求的电气线路。为了表达生产设备电气控制系统的结构、原理等设计意图，便于电器元件的安装、调整、使用和维修，将电气控制线路中各电器元件及其连接线路用一定的图表达出来。在图上用不同的图形符号来表示各种电器元件，用不同的文字符号来进一步说明图形符号所代表的电器元件的基本名称、用途、主要特征及编号等。因此，电气控制线路应根据简明易懂的原则，采用统一规定的图形符号、文字符号和标准画法进行绘制。

2.1.1 常用电气图形符号和文字符号

在绘制电气控制线路图时，电器元件的图形符号和文字符号必须符合国家标准的规定，不能采用旧符号和任何非标准符号。一般来说，国家标准是在国际电工委员会(IEC)和国际标准化组织(ISO)所颁布标准的基础上制定的。近几年，有关电气图形符号和文字符号的国家标准变化比较大。《电气图用图形符号》（GB/T 4728—1985）内容更改较大,而《电气技术中的文字符号制订通则》（GB/T 7159—1987）早已废止。目前和电气制图相关的主要国家标准有以下几个：

①《电气简图用图形符号》(GB/T 4728—2008、GB/T 4728—2018)；

②《电气设备用图形符号》(GB/T 5465—2008、GB/T 5465—2009)；

③《简图用图形符号》(GB/T 20063—2006、GB/T 20063—2009)；

④《工业系统、装置与设备以及工业产品结构原则与参照代号》(GB/T 5094—2005、GB/T 5094—2018)；

⑤《技术产品及技术产品文件结构原则 字母代码 按项目用途和任务划分的主类和子类》(GB/T 20939—2007)；

⑥《电气技术用文件的编制》(GB/T 6988)。

最新版国家标准《电气简图用图形符号》（GB/T 4728）的具体内容包括以下 13 项：

① GB/T 4728. 1—2018，第 1 部分：一般要求；

② GB/T 4728. 2—2018，第 2 部分：符号要素、限定符号和其他常用符号；

③ GB/T 4728. 3—2018，第 3 部分：导体和连接件；

④ GB/T 4728. 4—2018，第 4 部分：基本无源元件；

⑤ GB/T 4728. 5—2018，第 5 部分：半导体管和电子管；

⑥ GB/T 4728. 6—2008，第 6 部分：电能的发生与转换；

⑦ GB/T 4728. 7—2008，第 7 部分：开关、控制和保护器件；

⑧ GB/T 4728. 8—2008，第 8 部分：测量仪表、灯和信号器件；

⑨ GB/T 4728. 9—2008，第 9 部分：电信：交换和外围设备；

⑩ GB/T 4728. 10—2008，第 10 部分：电信：传输；

⑪ GB/T 4728. 11—2008，第 11 部分：建筑安装平面布置图；

⑫ GB/T 4728. 12—2008，第 12 部分：二进制逻辑元件；

⑬ GB/T 4728. 13—2008，第 13 部分：模拟元件。

最新的国家标准《电气设备用图形符号》（GB/T 5465）的具体内容包括：

① GB/T 5465. 1—2009，第 1 部分：概述与分类；

② GB/T 5465. 2—2008，第 2 部分：图形符号。

本书参考了《简图用图形符号》（GB/T 20063），和本书有关的部分内容包括：

① GB/T 20063. 2—2006，第 2 部分：符号的一般应用；

② GB/T 20063. 4—2006，第 4 部分：调节器及其相关设备；

③ GB/T 20063. 5—2006，第 5 部分：测量与控制装置；

④ GB/T 20063. 6—2006，第 6 部分：测量与控制功能；

⑤ GB/T 20063. 7—2006，第 7 部分：基本机械构件；

⑥ GB/T 20063. 8—2006，第 8 部分：阀与阻尼器。

电气元器件的文字符号一般由两个字母组成，第一个字母在《工业系统、装置与设备以及工业产品结构原则与参照代号 第 2 部分：项目的分类与分类码》（GB/T 5094. 2—2018）中给出，而第二个字母在《技术产品及技术产品文件结构原则 字母代码 按项目用途和任务划分的主类和子类》（GB/T 20939—2007）中给出。本书采用最新的文字符号来标注各电气元器件，某些元器件的文字符号存在多个选择，若相关组织在国家标准的基础上有统一的规定，表 2-3 中的文字符号可能还会发生一些改变。

需要指出的是，技术的发展使得专业领域的界限趋于模糊化，机电结合越来越紧密。GB/T 5094.2—2018 和 GB/T 20939—2007 中给出的文字符号也适用于机械、液压、气动等领域。

电气元器件的第一个字母，即 GB/T 5094. 2—2018 中项目的字母代码如表 2-1 所列。

表 2-1 GB/T 5094. 2—2018 中项目的字母代码（主类）

代码	项目的预期用途或任务
A	两种或两种以上的用途或任务
B	把某一输入变量（物理性质、条件或事件）转换为供进一步处理的信号
C	能量、信息或材料的存储
D	为将来标准化备用
E	提供辐射能或热能
F	直接防止（自动）能量流、信号流、人身或设备发生危险的或意外的情况，包括用于防护的系统和设备
G	启动能量流或材料流，产生用作信息载体或参考源的信号
H	生产一种新型材料或产品
J	为将来标准化备用
K	处理（接收、加工和提供）信号或信息（用于防护的物体除外，见 F 类）
L	为将来标准化备用
M	提供驱动用机械能（旋转或线性机械运动）
N	为将来标准化备用
P	提供信息
Q	受控切换或改变能量流、信号流（对于控制电路中的信号，请参见 K 类和 S 类）或材料流
R	限制或稳定能量、信息或材料的运动或流动
S	把手动操作转变为进一步处理的信号
T	保持能量性质不变的能量变换，已建立的信号保持信息内容不变的变换，材料形态或形状的变换
U	保持物体在一定的位置
V	材料或产品的处理（包括预处理和后处理）
W	从一地到另一地导引或输送能量、信号、材料或产品
X	连接物
Y	为将来标准化备用
Z	为将来标准化备用

电气元器件的第二个字母，即 GB/T 20939—2007 中子类字母的代码如表 2-2 所列。表 2-1 中定义的主类在表 2-2 中被细分成子类。

注意：主类字母代码 B 的子类字母代码是按 ISO 3511-1 定义的。从表 2-2 可以看出和电气元器件关系密切的子类字母代码是 A～K。

表 2-2　GB/T 20939—2007 中子类字母的代码

子类字母代码	项目、任务基于	子类字母代码	项目、任务基于
		L	
A		M	
B		N	
C	电能	P	
D		Q	
E		R	机械工程
		S	结构工程
		T	（非电工程）
F		U	
G		V	
H	信息、信号	W	
J		X	
K		Y	
		Z	组合任务

电气控制线路中的图形和文字符号必须符合最新的国家标准。在综合几个最新的国家标准的基础上，经过筛选后，在表 2-3 中列出了一些常用的电气图形符号和文字符号。

表 2-3　电气控制线路中常用的电气图形符号和文字符号

名称	图形符号	文字符号		说明
		新国标(GB/T 5094.2—2018、GB/T 20939—2007)	旧国标(GB/T 7159—1987)	
1. 电源				
正极	+	—	—	正极
负极	–	—	—	负极
中性（中性线）	N	—	—	中性（中性线）
中间线	M	—	—	中间线
直流系统电源线	L+ L–	—	—	直流系统正电源线 直流系统负电源线
交流系统电源三相	L1 L2 L3	—	—	交流系统电源第一相 交流系统电源第二相 交流系统电源第三相
交流系统设备三相	U V W	—	—	交流系统设备端第一相 交流系统设备端第二相 交流系统设备端第三相
2. 接地和接地壳、等电位				
				一般接地符号

续表

名称	图形符号		文字符号：新国标(GB/T 5094.2—2018、GB/T 20939—2007)	文字符号：旧国标(GB/T 7159—1987)	说明
2. 接地和接地壳、等电位					
接地			XE	PE	保护接地
					外壳接地
					屏蔽层接地
					接机壳、接底板
3. 导体和连接器件					
导线	3		WD	W	连线、连接、连线组 示例：导线、电缆、电线、传输通路，如用单线表示一组导线，导线的数目可以相应数量的短斜线或一条短斜线后加导线的数字表示
					屏蔽导线
					绞合导线
端子			XD	X	连接、连接点
					端子
	水平画法				装置端子
	垂直画法				
					连接孔端子
4. 基本无源元件					
电阻			RA	R	电阻器一般符号
					可调电阻器
					带滑动触点的电位器
					光敏电阻

续表

名称	图形符号	文字符号		说明
		新国标(GB/T 5094.2—2018、GB/T 20939—2007)	旧国标(GB/T 7159—1987)	
4. 基本无源元件				
电感		RA	L	电感器、线圈、绕组、扼流圈
电容		CA	C	电容器一般符号
5. 半导体器件				
二极管		RA	V	半导体二极管一般符号
光电二极管				光电二极管
发光二极管		PG	VL	发光二极管一般符号
三极晶体闸流管		QA	VR	反向阻断三极晶体闸流管，P 型控制极（阴极测受控）
				反向导通三极晶体闸流管，N 型控制极（阳极测受控）
				反向导通三极晶体闸流管，P 型控制极（阴极测受控）
				双向三极晶体闸流管
三极管		KF	VT	PNP 半导体管
				NPN 半导体管
光敏三极管			V	光敏三极管（PNP 型）
光耦合器				光耦合器 光隔离器

续表

名称	图形符号	文字符号 新国标(GB/T 5094.2—2018、GB/T 20939—2007)	文字符号 旧国标(GB/T 7159—1987)	说明
6. 电能的发生和转换				
电动机	*	MA 电动机	M	电动机的一般符号： 符号内的星号“*”用下述字母之一代替：C—旋转变流机；G—发电机；GS—同步发电机；M—电动机；MG—能作为发电机或电动机使用的电机；MS—同步电动机
		GA 电动机	G	
	M 3~	MA	MA	三相笼型异步电动机
	M	MA	M	步进电动机
	MS 3~	MA	MV	三相永磁同步交流电动机
双绕组变压器	样式 1	TA	T	双绕组变压器 画出铁芯
	样式 2	TA	T	双绕组变压器
自耦变压器	样式 1	TA	TA	自耦变压器
	样式 2	TA	TA	自耦变压器
电抗器		RA	L	扼流圈 电抗器
电流互感器	样式 1	BE	TA	电流互感器 脉冲变压器
	样式 2	BE	TA	电流互感器 脉冲变压器

续表

名称	图形符号	文字符号 新国标(GB/T 5094.2—2018、GB/T 20939—2007)	文字符号 旧国标 (GB/T 7159—1987)	说明
6. 电能的发生和转换				
电压互感器	样式 1	 BE	TV	电压互感器
	样式 2 			
7. 触点				
触点	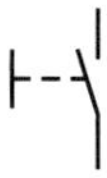	KF	KA KM KT KI KV 等	动合（常开）触点 本符号也可用作开关的一般符号
				 动断（常闭）触点
延时动作触点			 KT	当操作器件被吸合时延时闭合的动合触点
				 当操作器件被释放时延时断开的动合触点
				 当操作器件被吸合时延时断开的动断触点
				 当操作器件被释放时延时闭合的动断触点
8. 开关及开关部件				
单极开关	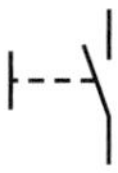	SF	S	手动操作开关一般符号
			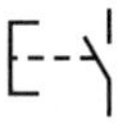 SB	具有动合触点且自动复位的按钮
				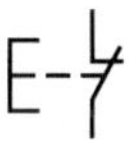 具有动断触点且自动复位的按钮
			 SA	具有动合触点但无自动复位的拉拔开关
				 具有动合触点但无自动复位的旋转开关

续表

名称	图形符号	文字符号		说明
		新国标(GB/T 5094.2—2018、GB/T 20939—2007)	旧国标(GB/T 7159—1987)	
8. 开关及开关部件				
单极开关		SF	SA	钥匙动合开关
				钥匙动断开关
位置开关		BG	SQ	位置开关、动合触点
				位置开关、动断触点
电力开关器件		QA	KM	接触器的主动合触点（在非动作位置触点断开）
				接触器的主动断触点（在非动作位置触点闭合）
			QF	断路器
		QB	QS	隔离开关
	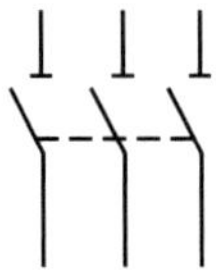			三极隔离开关
				负荷开关 负荷隔离开关
				具有由内装的量度继电器或脱扣器触发的自动释放功能的负荷开关

续表

名称	图形符号	文字符号		说明
		新国标(GB/T 5094.2—2018、GB/T 20939—2007)	旧国标(GB/T 7159—1987)	
9. 检测传感器类开关				
开关及触点	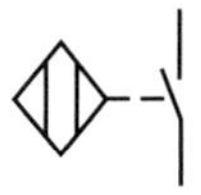	BG	SQ	接近开关
			SL	液位开关
	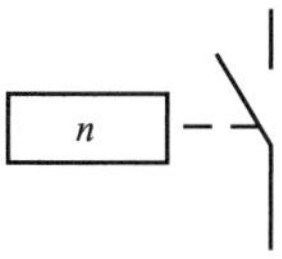 n	BS	KS	速度继电器触点
		BB	FR	热继电器常闭触点
	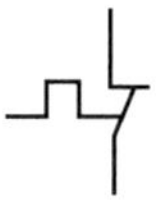	BT	ST	热敏自动开关（例如双金属片）
	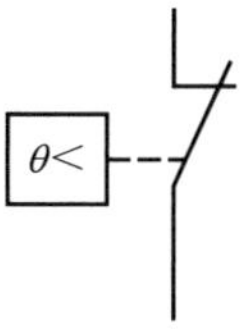 $\theta<$			温度控制开关（当温度低于设定值时动作），把符号“<”改为“>”后，就表示当温度高于设定值时动作
	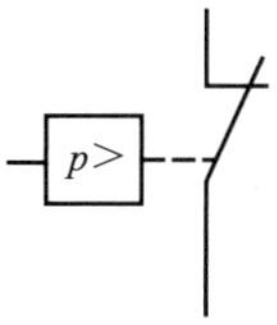 $p>$	BP	SP	压力控制开关（当压力大于设定值时动作）
	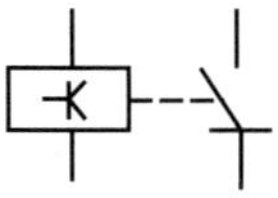	KF	SSR	固态继电器触点
	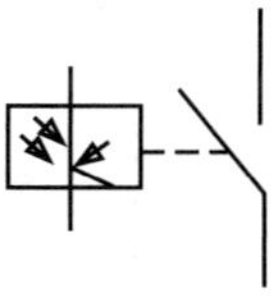		SP	光电开关

续表

<table>
<tr><th rowspan="2">名称</th><th rowspan="2">图形符号</th><th colspan="2">文字符号</th><th rowspan="2">说明</th></tr>
<tr><th>新国标(GB/T 5094.2—2018、GB/T 20939—2007)</th><th>旧国标(GB/T 7159—1987)</th></tr>
<tr><td colspan="5">10. 继电器操作</td></tr>
<tr><td rowspan="12">线圈</td><td rowspan="3"> 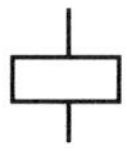</td><td>QA</td><td>KM</td><td>接触器线圈</td></tr>
<tr><td>MB</td><td>YA</td><td>电磁铁线圈</td></tr>
<tr><td rowspan="6">KF</td><td>K</td><td>电磁式继电器线圈一般符号</td></tr>
<tr><td></td><td rowspan="2">KT</td><td>延时释放继电器的线圈</td></tr>
<tr><td></td><td>延时吸合继电器的线圈</td></tr>
<tr><td>$U<$</td><td>KV</td><td>欠电压继电器线圈，把符号“<”改为“>”表示过电压继电器线圈</td></tr>
<tr><td>$I>$</td><td>KI</td><td>过电流继电器线圈，把符号“>”改为“<”表示欠电流继电器线圈</td></tr>
<tr><td></td><td>SSR</td><td>固态继电器驱动器件</td></tr>
<tr><td></td><td>BB</td><td>FR</td><td>热继电器驱动器件</td></tr>
<tr><td></td><td rowspan="2">MB</td><td>YV</td><td>电磁阀</td></tr>
<tr><td></td><td>YB</td><td>电磁制动器（处于未开动状态）</td></tr>
<tr><td colspan="5">11. 熔断器和熔断器式开关</td></tr>
<tr><td>熔断器</td><td> </td><td>FA</td><td>FU</td><td>熔断器一般符号</td></tr>
<tr><td rowspan="2">熔断器式开关</td><td> </td><td rowspan="2">QA</td><td rowspan="2">QKF</td><td>熔断器式开关</td></tr>
<tr><td></td><td>熔断器式隔离开关</td></tr>
</table>

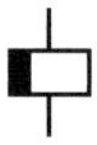

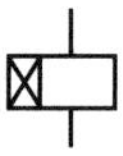

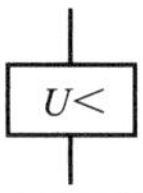

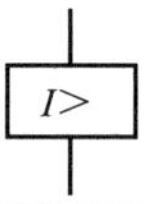

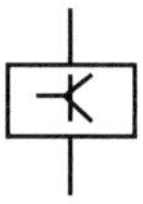

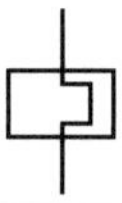

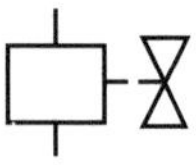

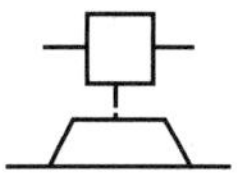

续表

名称	图形符号	文字符号		说明
		新国标(GB/T 5094.2—2018、GB/T 20939—2007)	旧国标(GB/T 7159—1987)	
12. 指示仪表				
指示仪表		PG	PV	电压表
			PA	检流计
13. 灯和信号器件				
灯、信号器件		EA 照明灯	EL	灯一般符号，信号灯一般符号
		PG 指示灯	HL	
		PG	HL	闪光信号灯
		PB	HA	电铃
			HZ	蜂鸣器
14. 测量传感器及变送器				
传感器	* / *	B	—	星号可用字母代替，前者还可以用图形符号代替。尖端表示感应或进入端
变送器	* ** / */**	TF	—	星号可用字母代替，前者还可以用图形符号代替,后者用图形符号时放在下边空白处。双星号用输出量字母代替
压力变送器	p/U	BP	SP	输出为电压信号的压力变送器通用符号。输出若为电流信号，可把图中文字改为p/I，可在方框下部的空白处增加小图标表示传感器的类型
流量计	P f/I P	BF	F	输出为电流信号的流量计通用符号。输出若为电压信号，可把图中文字改为f/U。图中 P 的线段表示管线。可在方框下部的空白处增加小图标表示传感器的类型
温度变送器	θ/U +	BT	ST	输出为电压信号的热电偶型温度变送器，输出若为电流信号，可把图中文字改为θ/I。若为其他类型变送器，可更改方框下部的小图标

2.1.2 电气控制线路的绘制原则

电气控制线路的表示一般有三种：电气原理图（简称原理图）、电气安装接线图（简称安装图）和电器元件布置图。按电器元件的布置位置和实际接线，用规定的图形符号绘制的图形称作安装图。安装图便于安装、检修和调试电器元件。根据电路工作原理，用规定的图形符号绘制的图形称作原理图。原理图能够清楚地表明电路功能，便于分析系统的工作原理。本章重点介绍电气原理图。

电气原理图根据控制线路原理绘制而成，是电气工程设计、项目检修的基本手段和工具。电气原理图结构简单、层次分明，便于阅读和分析控制线路的工作原理、工作特性。

在电气原理图中，只包括所有电器元件的导电部件和接线端点之间的相互关系，不按照各电器元件的实际位置和实际走线情况来绘制，也不反映元器件的大小。

电气原理图一般分为主电路和辅助电路两个部分。主电路是电气控制线路中强电流通过的部分，是由电动机及与它相连接的电器元件（如组合开关、接触器的主触点、热继电器的热元件、熔断器等）所组成的线路图。辅助电路包括控制电路、照明电路、信号电路及保护电路等。辅助电路中通过的电流较小。控制电路由按钮、接触器和继电器的吸引线圈和辅助触点以及热继电器的触点等组成。这种线路能够清楚地表明电路的功能，对于分析电路的工作原理十分方便。

绘制电气原理图应遵循以下原则。

① 所有电动机、电器元件等都采用国家统一规定的图形符号和文字符号来表示。

② 主电路用粗实线绘制在图面的左侧或上方，辅助电路用细实线绘制在图面的右侧或下方。无论是主电路还是辅助电路或其元件，均应按功能布置，尽可能按动作顺序排列。对因果次序清楚的简图，尤其是电路图和逻辑图，其布局顺序应该是从左到右、从上到下。

③ 在原理图中，同一电器的不同部分（如线圈、触点）分散在图中，为了表示是同一电器，要在电器的不同部分使用同一文字符号来标明。对于几个同类电器，在表示名称的文字符号后或下标处加上一个数字序号，以示区别，如 QA1、QA2 等。

④ 所有电器的可动部分均以自然状态画出。自然状态是指各种电器在没有通电和没有外力作用时的状态。对于接触器、电磁式继电器等是指线圈未加电压，而对于按钮、行程开关等则是指其尚未被压合。

⑤ 原理图上应尽可能减少线条和避免线条交叉。各导线之间有电的联系时，在导线的交点处画一个实心圆点。根据图面布置的需要，可以将图形符号旋转 90°或 180°或 45°绘制，即图面可以水平布置或者垂直布置，也可以采用斜的交叉线。

一般来说，绘制原理图要求层次分明，各电器元件及其触点的安排要合理，并应保证电气控制线路运行可靠，节省连接导线，以及施工、维修方便。

2.1.3 阅读和分析电气控制线路图的方法

阅读电气控制线路图的方法主要有两种，即查线读图法和逻辑代数法。这里重点介绍查线读图法，通过对某个电气控制线路的具体剖析，学习阅读和分析电气控制线路图的方法。

在此有必要对执行元件、信号元件、控制元件和附加元件的作用和功能加以说明，因为电气控制线路主要是由它们组成的。

执行元件主要是用来操纵机器的执行机构。这类元件包括电动机、电磁离合器、电磁阀、电磁铁等。

信号元件用于把控制线路以外的其他物理量（非电量，如机械位移、压力等）的变化转换为电信号或实现电信号的变换，以作为控制信号。这类元件包括压力继电器、电流继电器和主令电器等。

控制元件对信号元件的信号以及自身的触点信号进行逻辑运算，以控制执行元件按要求进行工作。控制元件包括接触器、继电器等。在某些情况下，信号元件可用来直接控制执行元件。

附加元件主要用来改变执行元件（特别是电动机）的工作特性，这类元件包括电阻器、电抗器及各类启动器等。

下面以某车间车床的电气原理图为例（图 2-1），介绍分析电气原理图的方法。

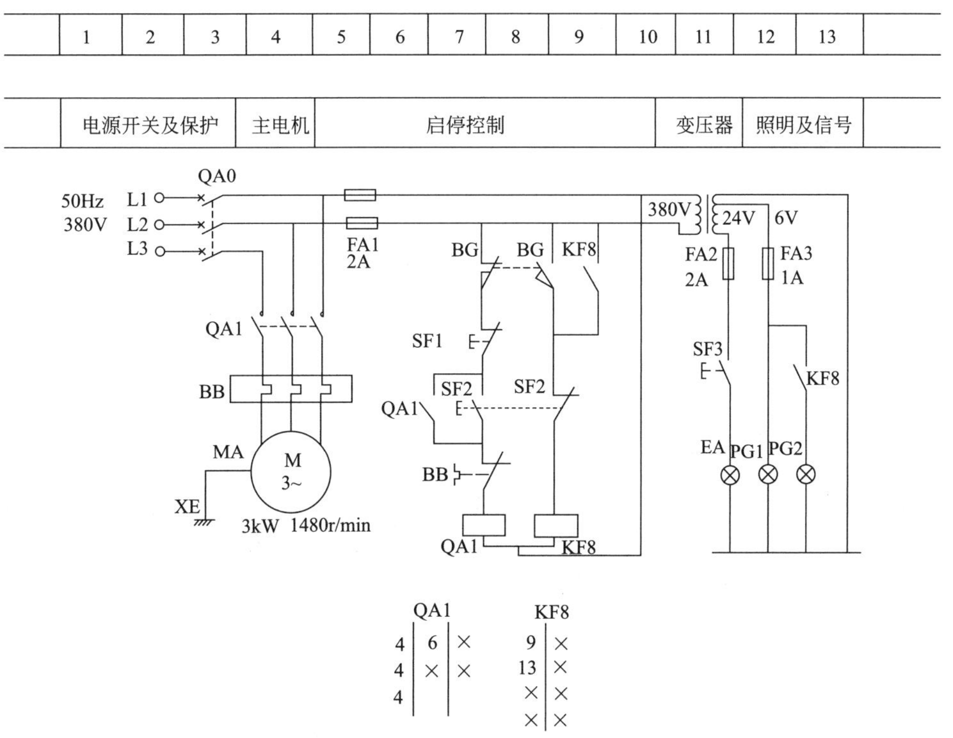

图 2-1 某车间车床电气原理图

2.1.3.1 电气原理图图面区域的划分

在电气原理图上方用 1,2,3,…数字进行图区编号，它是为了便于检索电气线路、方便阅读分析、避免遗漏而设置的。图区编号下方的文字表明该区域下方元件或电路的功能，使读者能清楚地知道图形中某部分电路的实现功能。

2.1.3.2 继电器、接触器触点位置的索引

电气原理图中，接触器和继电器的线圈与触点用文字符号加序号进行区分表示，在原理图相

应线圈下方，给出相应触点的索引代码，且对未使用的触点用“×”表明，有时也可采用省略的表示方法。

对接触器 QA1，上述表示法中各栏的含义见表 2-4。

表 2-4　QA1 触点位置的索引

左栏	中栏	右栏
主触点所在的图区号	辅助常开触点所在的图区号	辅助常闭触点所在的图区号

对继电器 KF8，上述表示法中各栏的含义见表 2-5。

表 2-5　KF8 触点位置的索引

左栏	右栏
辅助常开触点所在的图区号	辅助常闭触点所在的图区号

2.1.3.3　电气原理图的绘制

常见的绘制电气原理图的软件有 SuperWORKS（上海利驰软件有限公司产品）、AutoCAD、EPLAN 等，具体使用哪款软件要根据项目实际情况和个人习惯来确定。用软件绘制电气原理图时，一般要遵循以下几条原则。

① 原理图一般分主电路和辅助电路两部分画出。主电路指从电源到电动机绕组的电流通过的路径。辅助电路包括控制电路、照明电路、信号电路及保护电路等，由继电器的线圈和触点、接触器的线圈和触点、按钮等元件组成。通常主电路用粗实线画在左边（或上方），辅助电路用细实线画在右边（或下方）。

② 各电器元件图形符号和文字符号采用国家规定的统一标准来画。属于同一电器的线圈和触点，都要采用同一文字符号表示。对于同类型的电器，在同一电路中的表示可用在文字符号后或下标处加注阿拉伯数字来区分。例如电气原理图中有两个接触器，可以用文字符号 QA1、QA2 进行区分。

③ 各电器元件的各部件在电气控制线路中的位置，应根据便于阅读的原则安排。同一电器元件的各部件根据需要可不在一起，但文字符号要相同。

④ 电气原理图中，各电器的触点状态都应按电路未通电或电器未受外力作用时的常态画出。例如继电器、接触器的触点，按吸引线圈不通电时的状态画出，按钮、行程开关的触点，按不受外力作用时的状态画出等。

⑤ 无论是主电路还是控制电路，各电器元件一般按动作顺序从上到下、从左到右依次排列，可水平布置或垂直布置。

⑥ 画电气原理图时，应尽可能减少线条和避免线条交叉。有直接电联系的导线交叉处画黑圆点，无直接电联系的导线交叉处不能画黑圆点。

2.1.3.4　电气原理图的分析

（1）了解生产工艺与执行电器的关系

电气控制线路是为生产机械和工艺过程服务的，不熟悉、不清楚被控对象和它的动作情况，就很难正确分析电气控制线路。因此在分析电气控制线路之前应该充分了解生产机械要完成哪些动作，这些动作之间又有什么联系，即熟悉生产机械的工艺情况。必要时可以画出简单的工艺流程图，明确各个动作的关系。此外，还应进一步明确生产机械的动作与执行电器的关系，为分析电气控制线路提供线索和方便。

（2）分析主电路

在分析电气控制线路时，一般应先从电动机着手，即从主电路看有哪些控制元件的主触点、电阻等，然后根据其组合规律就可以大致判断电动机是否有正反转控制、是否有制动控制、是否要求调速等。这样在分析控制电路的工作原理时，就能做到心中有数、有的放矢。

在图 2-1 所示的电气控制线路的主电路中，拖动电动机 MA 的电路主要由低压断路器 QA0、接触器 QA1 的主触点和热继电器 BB 组成。从图中可以断定，拖动电动机 MA 采用全压直接启动方式,热继电器 BB 作电动机 MA 的过载保护。

（3）读图和分析控制电路

在控制电路中，根据主电路的控制元件主触点文字符号，找到有关的控制环节以及环节间的相互联系。对控制电路通常是由上往下或由左往右阅读。然后设想按动了操作按钮，查对线路，观察有哪些元件受控制动作。逐一查看这些动作元件的触点又是如何控制其他元件动作的，进而查看被控机械设备或被控对象有何运动。还要继续追查执行元件带动机械运动时，会使哪些信号元件状态发生变化，再查对线路，看执行元件如何动作……在读图过程中，特别要注意元器件相互间的联系和制约关系，直至将线路全部看懂为止。

无论多么复杂的电气控制线路，都是由一些基本的电气控制环节构成的。在分析线路时要善于化整为零、积零为整，可以把控制电路分解成与主电路的构成情况相对应的几个基本环节，一个环节一个环节地分析。还应注意那些满足特殊要求的部分，然后把各环节串起来，这样就不难读懂全图了。

如图 2-1 所示，停止按钮 SF1 和启动按钮 SF2（复合按钮）、接触器 QA1、热继电器触点 BB 构成直接启动电路。其控制过程如下：合上低压断路器 QA0,按启动按钮 SF2,接触器 QA1 吸引线圈得电,其主触点 QA1 闭合,电动机 MA 启动;由于接触器的辅助触点 QA1 并接于启动按钮 SF2,因此当松手断开启动按钮后,吸引线圈 QA1 通过其辅助触点可以继续保持通电,维持其吸合状态;而当车床的限位开关 BG 被触发，KF8 线圈得电并自保，使得信号灯 PG2 点亮。图 2-1 中熔断器 FA1、FA2、FA3 对控制电路起短路保护作用。

2.2 三相异步电动机典型启动控制线路

三相异步电动机结构简单，价格低廉，坚固耐用，制造、使用和维修方便，并且它还具有较高的效率及接近于恒速的负载特性，故能满足绝大部分工农业生产机械的拖动要求，因而它是各类电动机中产量最大、应用最广的一种电动机。它的主要缺点是功率因数小、调速性能差，但由于交流电子调速技术的迅猛发展，其调速性能有了长足的进步，这必将进一步扩大它的应用范围。这类电动机常见的启动方式有手动控制、点动控制、多地控制、自锁控制、点动+自锁控制、联锁控制、互锁控制、限位控制等。本节将介绍典型的启动控制线路。

2.2.1 启保停控制线路

三相异步电动机的启保停控制线路是常用的最简单、最基本的电气控制线路，可以实现电动机的启动、停止、自锁保护功能，如图 2-2 所示。

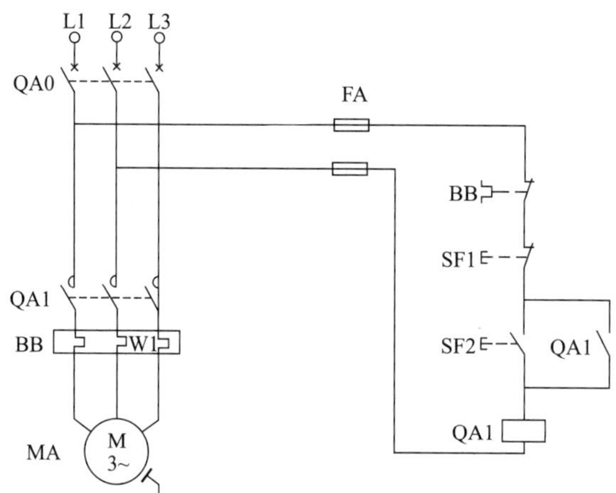

图 2-2 电动机启保停控制线路图

控制线路图中主电路由低压断路器 QA0、接触器 QA1 的主触点、热继电器 BB 的热元件与电动机 MA 构成；控制电路由熔断器 FA、启动按钮 SF2、停止按钮 SF1、接触器 QA1 的线圈及其常开辅助触点、热继电器 BB 的常闭触点等构成。

启动时，首先合上低压断路器 QA0，按下启动按钮 SF2，接触器线圈 QA1 得电，其主触点闭合，电动机得电运转，其辅助常开触点也闭合，这样当松开启动按钮 SF2 后，接触器线圈仍能通过其辅助触点保持通电状态，这种依靠接触器本身辅助触点使其线圈保持通电的现象称作自锁（或自保），这个触点称为自锁（自保）触点。

按停止按钮 SF1，接触器 QA1 线圈失电，其主触点断开，从而切断电动机三相电源，电动机停止运行；同时接触器自锁触点也断开，控制回路解除自锁。松开停止按钮 SF1,控制电路又回到启动前的状态。

图 2-2 中电路保护作用如下。

（1）短路保护

当控制线路发生短路故障时，控制线路应能迅速切除电源，低压断路器 QA0 可以完成主电路的短路保护任务，熔断器 FA 完成控制线路的短路保护任务。

（2）过载保护

电动机长期过载运行会造成电动机绕组温度超过其允许值而损坏，通常要采取过载保护。过载保护由热继电器 BB 完成。热继电器由于热惯性很大，即使热元件流过较大的电流，在电动机启动时间不长的情况下，也是不会动作的。只有当过载时间比较长时，热继电器才动作，即常闭触点 BB 断开，接触器 QA1 线圈失电，其主触点 QA1 断开主电路，电动机停止运转，实现电动机的过载保护。

（3）欠压和失压保护

欠压和失压保护通过接触器 QA1 的自锁触点来实现。在电动机正常运行中，由于某种原因使电源电压消失或降低，当电源电压低于接触器线圈的释放电压时，接触器释放，自锁触点断开，同时主触点断开，切断电动机电源，电动机停转。如果电源电压恢复正常，由于自锁解除，电动机不会自行启动，避免了意外事故发生。只有在操作人员再次按下启动按钮 SF2 后电动机才能启动。

以上三种保护是三相异步电动机常用的保护方法，它对保证三相异步电动机安全运行至关重要。

2.2.2　电动机的点动控制线路和多地控制线路

点动控制线路是用按钮和接触器控制电动机的最简单的电气控制线路，如图 2-3（a）所示为实现点动控制的控制电路。将按钮按下时电动机就运转，按钮松开后电动机就停止的控制方式称为点动控制，常用于机床刀架、横梁、立柱等快速移动和机床对刀调试等场合。

有些机械和生产设备需要在两个或两个以上的地点进行操作，这时就要设计采用多地控制线路。图 2-3（b）所示就是实现两地控制的控制电路，有启动、停止两组按钮，而且这两组按钮的连接原则是：接通电路使用的常开启动按钮为并联形式，即逻辑“或”的关系；断开电路使用的常闭停止按钮为串联形式，即逻辑“与非”的关系。这一原则也适用于三地或更多地点的控制。

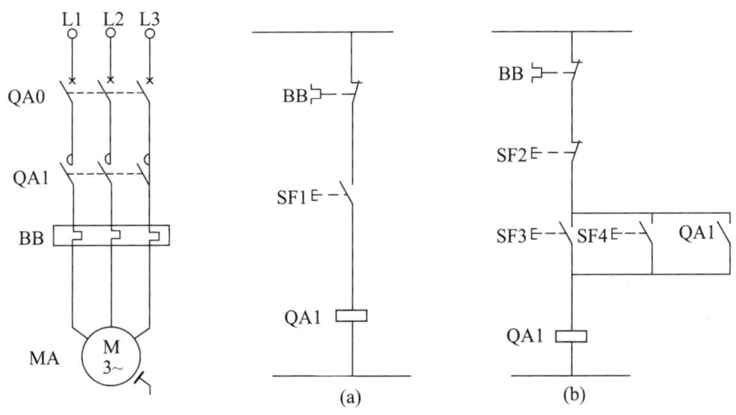

图 2-3　点动控制和多地控制

2.2.3　电动机的正、反转控制线路

在工业生产实际中，往往要求电气控制线路能对电动机进行正、反转控制。例如，常常通过电动机的正、反转来控制机床主轴的正、反转，或工作台的前进与后退，或起重机起吊重物的上升与下降，以及电梯的升、降等，由此满足生产加工的要求。电动机正、反转控制分为手动控制和自动控制两种。

由三相异步电动机转动原理可知，若要电动机可逆运行，只需将接于电动机定子的三相电源中的任意两相对调即可。由于此时定子绕组的相序改变了，旋转磁场方向就相应发生变化，因而转子中感应电势、电流以及产生的电磁转矩都要改变方向，最终电动机的转子就逆转了。这也正是电动机正、反转控制线路的主要任务。

（1）具有互锁功能的正、反转控制线路

具有互锁功能的正、反转控制线路如图 2-4 所示。

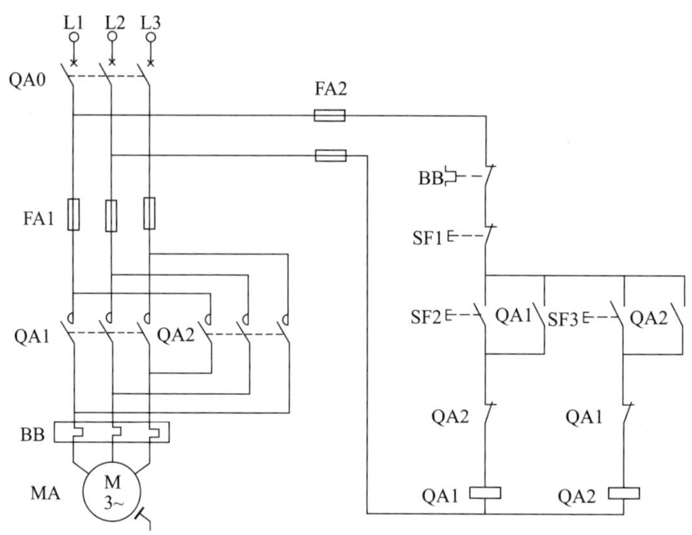

图 2-4 具有互锁功能的正、反转控制线路

电路原理图中采用 QA1 和 QA2 两个接触器实现电动机三相电源的换相，正转用接触器 QA1，反转用接触器 QA2。当接触器 QA1 的 3 对主触点接通时，三相电源的相序按 L1、L2、L3 接入电动机。而当 QA2 的 3 个主触点接通时，三相电源的相序按 L3、L2、L1 接入电动机，交换了 L1 和 L3 两相电源，实现电动机反转。

正转控制时，按下按钮 SF2,接触器 QA1 线圈得电吸合，QA1 主触点闭合，电动机 MA 启动正转，同时 QA1 的自锁触点闭合，联锁触点断开。

反转控制时，必须先按停止按钮 SF1，接触器 QA1 线圈失电释放，QA1 主触点复位，电动机 MA 断电。然后按下反转按钮 SF3,接触器 QA2 线圈得电吸合，QA2 主触点闭合，电动机 MA 启动反转，同时 QA2 自锁触点闭合，联锁触点断开。

该线路中如果要改变电动机的转向，必须先按停止按钮 SF1 使电动机停止，然后再按反转按钮 SF3 才能使电动机反转，故该线路的缺点是操作不方便。

如图 2-4 所示，在 QA1 接触器线圈电路串联了 QA2 常闭触点，在 QA2 接触器线圈电路串联了 QA1 的常闭触点，这样当 QA1 接触器线圈得电后，SF2 按钮将不再起作用；当 QA2 接触器线圈得电后，SF3 按钮将不再起作用。将其中一个接触器的常闭触点串入另一个接触器线圈电路中，当任一接触器线圈先带电后，即使按下相反方向按钮，另一接触器也无法得电，这种联锁称作互锁。

（2）具有按钮联锁功能的正、反转控制线路

具有按钮联锁功能的正、反转控制线路采用了复合按钮，如图 2-5 所示。

当按下反转按钮 SF3 时，则使接在正转控制线路中的 SF3 常闭触点先断开，正转接触器 QA1 线圈失电，电动机断电。按钮 SF3 的常开触点闭合，使反转接触器 QA2 线圈得电，电动机 MA 反转启动。由正转运行转换成反转运行时，可不按停止按钮 SF1 而直接按反转按钮 SF3 进行反转启动；同理，由反转运行转换成正转运行时，直接按正转按钮 SF2 即可。

相比于图 2-4 的原理，图 2-5 的线路操作方便，缺点是机械连接复杂，设计不够完善，有可能产生短路故障。如果 QA1 主触点发生熔焊故障而分断不开时，按反转按钮 SF3 换向，则会产生短路故障。

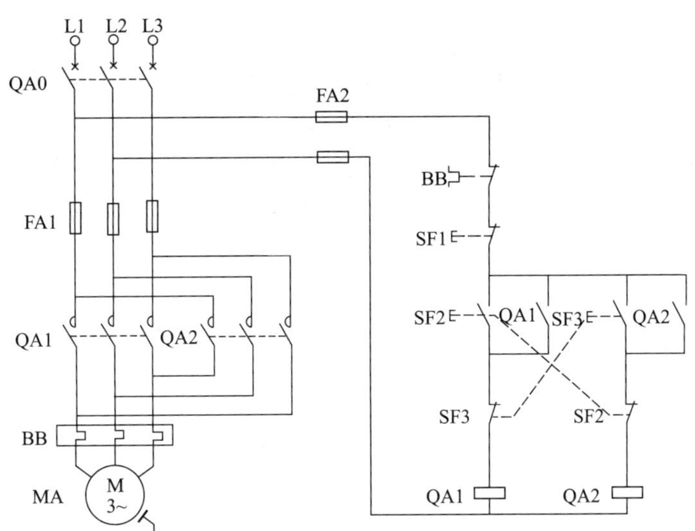

图 2-5　具有按钮联锁功能的正、反转控制线路

（3）复合联锁的正、反转控制线路

把具有互锁功能的正、反转控制线路和具有按钮联锁功能的正、反转控制线路进行组合得到按钮接触器复合联锁的正、反转控制线路，如图 2-6 所示。

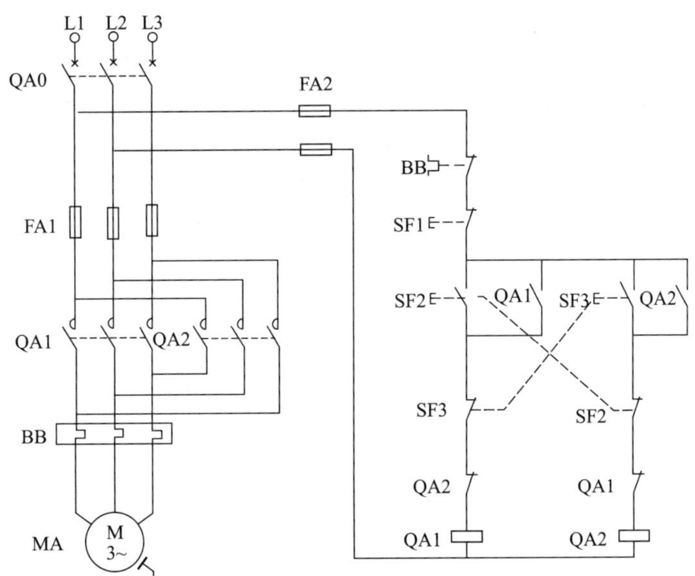

图 2-6　复合联锁的正、反转控制线路

该控制线路既有 SF2、SF3 复合按钮的机械联锁，又利用 QA1 和 QA2 的常闭触点实现了正、反转的互锁控制。在电动机运行过程中，可以在不按停止按钮的前提下，而直接由反转按钮动作进行反向启动，不但提高了系统操作的便利性，也提高了系统的安全性能。该控制线路的分析过程与具有按钮联锁功能的正、反转控制线路类似，在此不再叙述。

2.2.4 顺序启停控制线路

工业生产中常要求各种运动部件之间能够按顺序工作。例如，在厂矿车间运用皮带运输物料的工艺，需要逆着物料的运输方向将皮带电动机按顺序以一定时间间隔依次启动，而停止工序时，需要顺着物料的运输方向将电动机依次间隔一定时间停止，以防止物料堆积压坏皮带。再如，某车床主轴转动时要求油泵先给齿轮箱提供润滑油，即要求保证油泵电动机启动后主拖动电动机才允许启动，而主拖动电动机停止后油泵电动机才能停止，也就是被控对象对控制线路提出了按顺序工作的联锁要求，如图 2-7 所示，MA1 为油泵电动机，MA2 为主拖动电动机。将控制油泵电动机的接触器 QA1 的常开辅助触点串接在控制主拖动电动机的接触器 QA2 的线圈电路中，可以实现按顺序启动工作的联锁要求；而将接触器 QA2 的常开辅助触点与油泵电动机的停止按钮并联可以实现顺序停止的要求。当然也可以使用时间继电器来完成上述功能，读者可以自行设计。

顺序启停控制线路的控制规律可以总结为：把控制电动机先启动的接触器的常开辅助触点串联在控制后启动电动机的接触器线圈电路中，用两个（或多个）停止按钮控制电动机的停止顺序，或者将先停电动机的接触器常开辅助触点与后停电动机的停止按钮并联即可。掌握了上述规律，设计顺序控制线路就不是一件难事了。

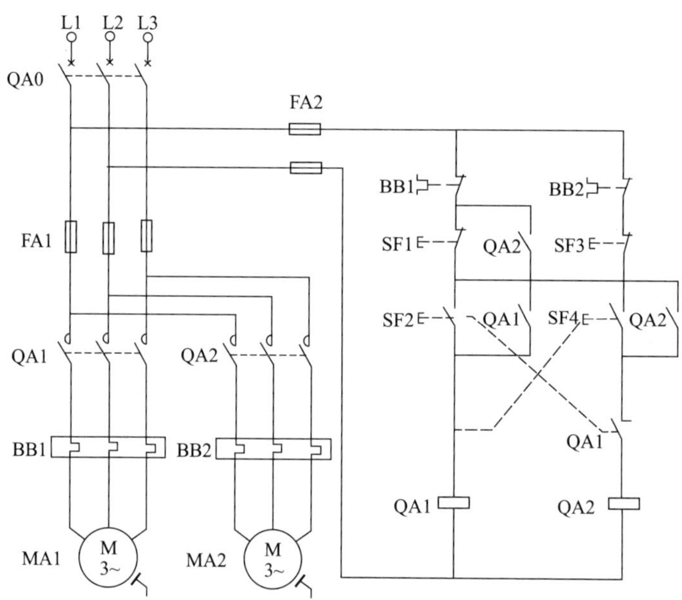

图 2-7 电动机顺序启停控制线路

2.2.5 自动往复控制线路

在工业生产中，一些机械设备需要自动往复运行，如车床的刀架、龙门刨床等。这类可逆的运行线路可以按行程控制的原则来进行设计，也就是利用限位开关（行程开关）来检测机械结构的运动位置，自动发出控制信号来控制电动机的正、反转，实现机件的往复运动。

图 2-8 和图 2-9 分别为某机床工作台自动往复运动示意图和控制线路。行程开关 BG1 放在左

端需要反向的位置，BG2 放在右端需要反向的位置，BG3、BG4 分别为左、右超限限位保护用的行程开关，挡铁装在运动部件（工作台）上。工作时，按正向或反向启动按钮，如按正向启动按钮 SF2，接触器 QA1 通电吸合并自锁，电动机作正向旋转并带动工作台左移。当工作台移至左端并碰到 BG1 时，将 BG1 压下，其常闭触点断开来切断 QA1 接触器线圈电路；同时，使其常开触点闭合，接通反转接触器 QA2 线圈电路。此时电动机由正向旋转变为反向旋转，带动工作台向右移动，直到压下 BG2 限位开关，电动机由反转变为正转，工作台向左移动。因此工作台实现自动的往复循环运动。

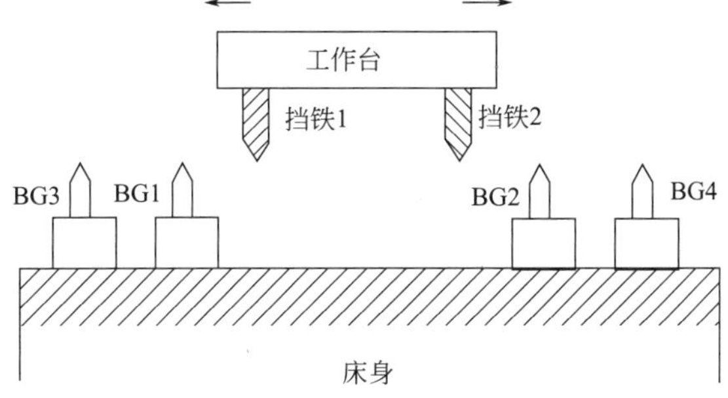

图 2-8　某机床工作台自动往复运动示意图

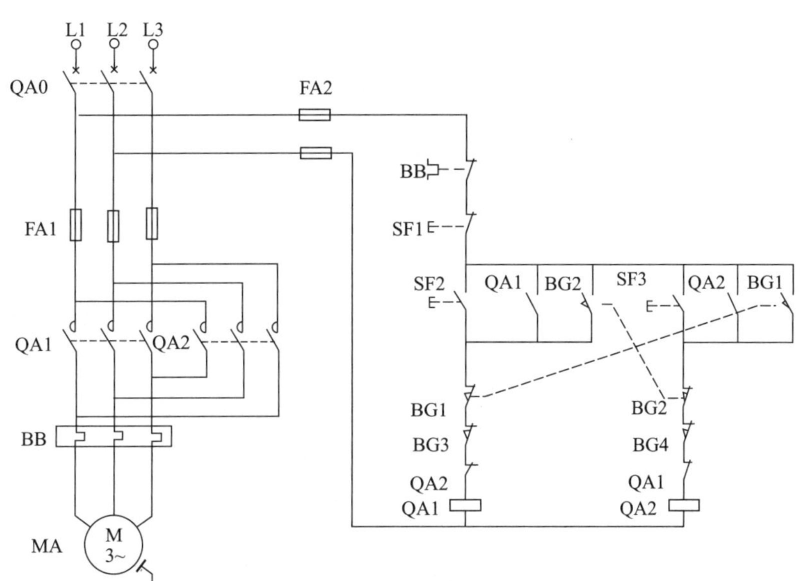

图 2-9　某机床工作台自动往复控制线路

2.3　三相笼型异步电动机降压启动控制线路

笼型异步电动机采用全压直接启动时，控制线路简单，维修工作量较少。但是，并不是所有异步电动机在任何情况下都可以采用全压启动，这是因为异步电动机的全压启动电流一般可以达到额定电流的 4～7 倍。过大的启动电流会降低电动机寿命，致使变压器二次电压大幅度下降，电动机本身的启动转矩减小，甚至使电动机根本无法启动，还要影响同一供电网络中其他设备的正常工作。有时为了限制和减少启动转矩对机械设备的冲击作用，允许全压启动的电动机，也多采用降压启动方式。笼型异步电动机降压启动的方法有以下几种：定子电路串电阻或电抗降压启动、自耦变压器降压启动、Y-△降压启动、延边三角形降压启动等。使用这些方法都是为了限制启动电流（一般降低电压后的启动电流为电动机额定电流的 2～3 倍），减小供电干线的电压降，保障各用户的电气设备正常运行。其中，定子电路串电阻或电抗降压启动和延边三角形降压启动方法已基本不用，常用的方法有 Y-△降压启动和使用启动器。下面以 Y-△降压启动为例进行介绍。

启动时将电动机定子绕组接成 Y 形，加到电动机的每相绕组上的电压为额定值的$1/\sqrt{3}$,从而减小了启动电流对电网的影响。当转速接近额定转速时，定子绕组改接成△形，使电动机在额定电压下正常运转，图 2-10 所示为 Y-△降压启动控制线路。这一线路的设计思想是按时间原则控制启动过程，待启动结束后，按预先整定的时间换接成△形接法。

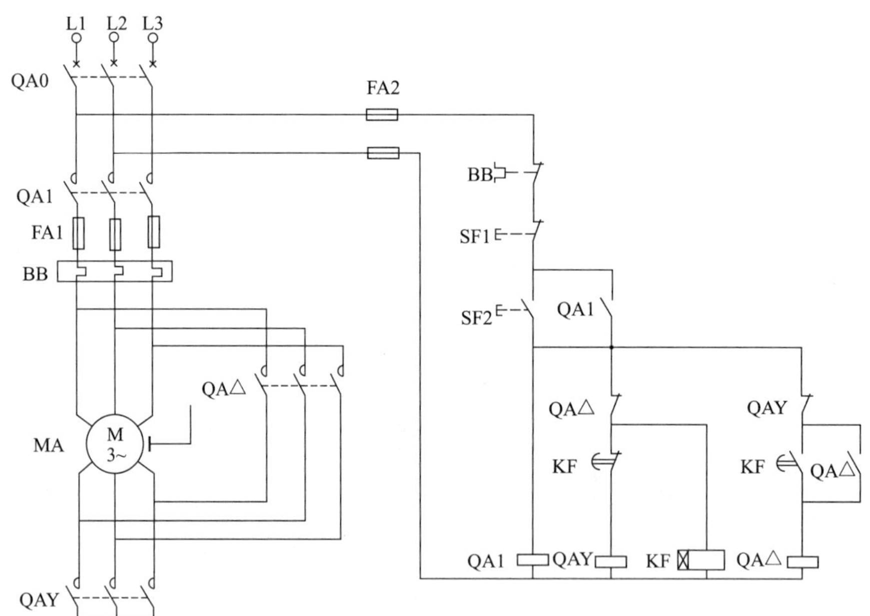

图 2-10　Y-△降压启动控制线路

当启动电动机时，合上自动开关 QA0，按下启动按钮 SF2，接触器 QA1、QAY 与时间继电器 KF 的线圈同时得电，接触器 QAY 的主触点将电动机定子绕组接成 Y 形并经过 QA1 的主触点接至电源，电动机降压启动。当 KF 的延时时间到，其常闭触点断开，常开触点闭合，QAY 线圈失电，QA△线圈得电，电动机主回路转换接成△形接法，电动机投入正常运转。

Y-△降压启动的优点是 Y 形启动电流降为原来△形接法直接启动时的 1/3，启动电流为电动机额定电流的 2 倍左右，启动电流特性好、结构简单、价格低。缺点是启动转矩也相应下降为原来△形直接启动时的 1/3，转矩特性差。因而本线路适用于电动机空载或轻载启动的场合。

工程上通常还采用 Y-△启动器来替代上述电路，其启动原理与上述相同。

2.4　三相笼型异步电动机制动控制线路

三相笼型异步电动机从切断电源到安全停止旋转，由于惯性的作用总要经过一段时间，这样就使得非生产时间拖长，影响了劳动生产率，不能适应某些生产机械的工艺要求。在实际生产中，为了保证工作设备的可靠性和人身安全，又为了实现快速、准确停车，缩短辅助时间，提高生产机械效率，对要求停转的电动机采取措施，强迫其迅速停车，这就叫“制动”。三相笼型异步电动机的制动方法分为两类，即机械制动和电气制动。机械制动包括电磁抱闸制动、电磁离合器制动等。电气制动包括反接制动、能耗制动、回馈制动等。实现制动的控制线路是多种多样的，本节仅介绍常用的反接制动控制线路。

反接制动是利用改变电动机电源电压相序，使电动机迅速停止转动的一种电气制动方法。由于电源电压相序改变，定子绕组产生的旋转磁场方向也发生改变，即与原方向相反；而转子仍按原方向惯性旋转，于是在转子电路中产生了与原方向相反的电流。根据载流导体在磁场中受力的原理可知，此时转子要受到一个与原转动方向相反的力矩作用，从而使电动机转速迅速下降，实现制动。反接制动的关键是，当电动机转速接近零时，能自动地立即将电源切断，以免电动机反向启动。为此按转速原则进行制动控制，即借助速度继电器来检测电动机转速的迅速变化，当制动到接近零速时（100r/min），由速度继电器自动切断电源。

反接制动原理是利用改变电动机的电源电压相序，使定子绕组产生与电动机正常运行方向相反的旋转磁场，从而产生制动转矩。由于反接制动时，转子与旋转磁场的相对速度接近于 2 倍的同步转速，所以定子绕组中流过的反接制动电流相当于全电压直接启动时电流的 2 倍，因此反接制动虽然制动迅速、效果好，但冲击效应较大。为避免对电动机及机械传动系统造成过大冲击，延长其使用寿命，一般在 10kW 以上电动机的定子电路中串接对称电阻或不对称电阻，以限制制动转矩和制动电流，这个电阻称为反接制动电阻。

在图 2-11 中，按下启动按钮 SF2，接触器 QA1 线圈通电并自锁，电动机通电运行；当电动机转速升高到一定数值时，速度继电器 BS 的常开触点闭合，QA1 和 QA2 实现互锁，为反接制动做

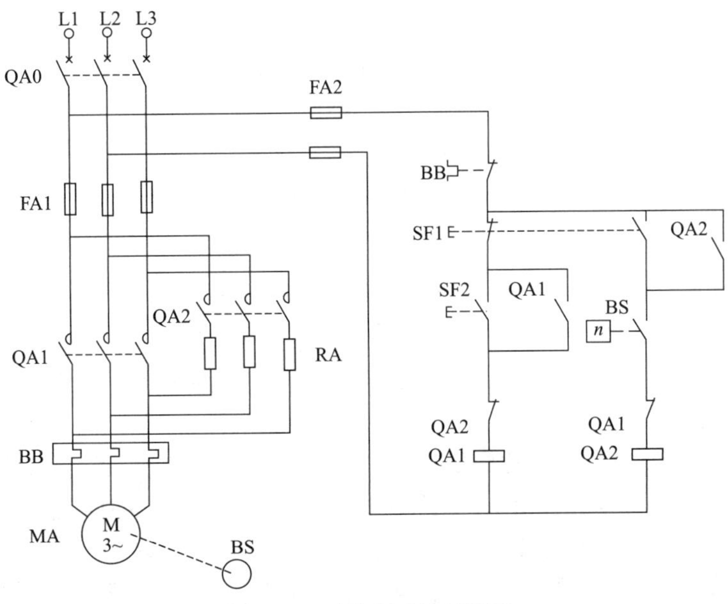

图 2-11　反接制动控制线路

好了准备；停车时，按下停止按钮 SF1，其常闭触点断开，接触器 QA1 线圈断电，电动机脱离电源，取消和 QA2 的互锁；此时由于惯性作用，电动机的转速还很高，BS 的常开触点仍然处于闭合状态，所以当 SF1 按钮按下时，反接制动接触器 QA2 线圈通电并自锁，其主触点闭合，使电动机定子绕组得到与正常运转相序相反的三相交流电源，电动机进入反接制动状态，转速迅速下降；当电动机转速低于速度继电器动作值时，速度继电器常开触点复位，接触器 QA2 所在电路被切断，反接制动结束。

2.5 电气控制系统的设计

2.5.1 电气控制系统的设计原则

电气控制系统的设计一般包括确定拖动方案、选择电动机容量和设计电气控制线路。电气控制线路的设计又分为主电路设计和控制电路设计。一般情况下，电气控制线路设计主要指的是控制电路的设计。电气控制线路的设计一般采用经验设计法和逻辑设计法两种方法。在电气控制系统设计中应遵循以下几个原则。

① 最大限度地满足生产设备和生产工艺对电气控制系统的要求。设计者需要熟悉生产工艺对电气控制系统的总体设计要求，熟知被控对象的工作特性和技术要求，掌握各种控制电器和电气设备的工作原理和性能。

② 设计的电气控制线路应力求简单经济、便于实现。尽量缩短连接导线的长度和减少其数量，尽量减少电气控制线路中电源的种类。

③ 控制设备及电器元件选用合理。为保证电气控制线路工作时安全可靠，选用的各种器件应保证在满足技术要求的前提下性能优越、动作可靠、抗干扰能力强，尽可能选用相同或相近规格与型号的产品，以减少备品量。

④ 电气控制线路要有完善的保护措施。一旦发生故障，线路可安全、迅速地从电网切除，对电气设备起到保护作用。

2.5.2 经验设计法

经验设计法是指从满足生产工艺要求出发，按照电动机的控制方法，利用各种基本控制环节和基本控制原则，借鉴典型的电气控制线路，把它们综合地组合成一个整体。

这种设计方法比较简单，但要求设计人员必须熟悉电气控制线路，掌握多种典型线路的设计资料，同时具有丰富的设计经验。

经验设计法灵活性很大，对于比较复杂的线路，可能要经过多次反复修改才能得到符合要求的电气控制线路。另外，初步设计出来的电气控制线路可能有几种，这时要加以比较分析，反复地修改简化，甚至要通过实验加以验证，才能确定比较合理的设计方案。

经验设计法通常先用一些典型线路环节拼凑起来实现某些基本要求，而后根据生产工艺要求逐步完善其功能，并适当配置联锁和保护环节。进行具体线路设计时，一般先设计主电路，然后设计控制电路、信号电路、局部照明电路等。初步设计完成后，应当仔细地检查，看线路是否符合设计的要求，并进一步完善和简化，最后选择所用的电器的型号规格。

2.5.3 逻辑设计法

逻辑设计法是指以组合逻辑电路的方法和形式设计电气控制系统，这种设计方法既有严密可循的规律性、明确可行的设计步骤，又具有简便、直观和十分规范的特点，能够确定实现逻辑功能所必需的、最少的继电器的数目。

逻辑设计法是利用逻辑代数方法这一数学工具来分析、化简、设计线路的。在逻辑代数中，用“1”和“0”表示两种对立的状态。

分析继电器-接触器控制电路时，元件状态常以线圈通电或断电来判定。对于继电器、接触器、磁铁、电磁阀、电磁离合器等元件的线圈，通常规定通电为“1”状态，失电为“0”状态；对于按钮、行程开关等元件，规定压下时为“1”状态，复位时为“0”状态；对于元件的触点，规定触点闭合状态为“1”状态，触点断开状态为“0”状态。这样规定后，就可以利用逻辑代数的一些运算规律、公式和定律，将继电器-接触器控制系统设计得更为合理，线路形式简单，所用元件数量最少。

逻辑设计法的步骤：

① 首先分析电气控制任务和工艺需求，用逻辑变量表达元器件输入、输出状态，其中电器开关的逻辑函数以执行元件作为输出变量，而以检测信号、中间单元及输出逻辑变量的反馈触点作为逻辑变量。

② 根据工艺要求写出电气控制逻辑表达式（利用输入、输出关系）。

③ 依据逻辑代数运算法则的化简办法求出被控对象的逻辑方程，然后由逻辑方程画出电气原理图。

④ 最后进行检查修订，进一步完善安全、保护等辅助环节，得到经济合理、安全可靠的电气控制线路。

以电动机启保停控制线路为例来介绍逻辑设计法的思路，控制需求：系统需要设置启动按钮、停止按钮，用接触器实现电动机的通断。

根据设计需求选用器件，设计中用 SF1 为启动按钮，SF2 为停止按钮，QA 作为接触器，QA 的常开触点作为自保持信号，QA 的输出线圈作为输出。

根据控制逻辑，QA 得电的条件为按下启动按钮，然后线圈自保持，此二者为逻辑或的关系；SF2 停止按钮按下时线圈失电，作为逻辑与的关系；QA 线圈作为逻辑函数的输出。由此得到输出线圈的逻辑函数：

$$F_{QA}=\left(SF1+QA\right)\cdot\overline{SF2}$$

根据逻辑函数作出的对应的电气原理图如图 2-12 所示。

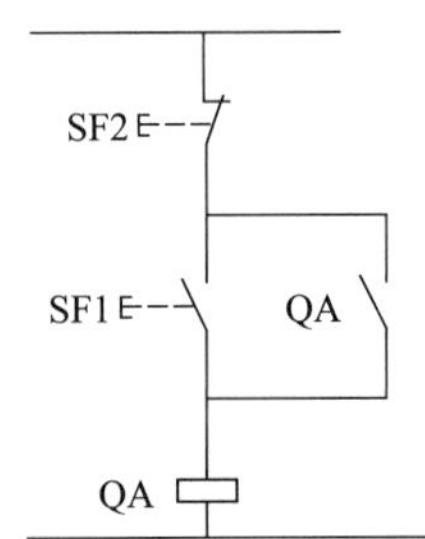

图 2-12 电动机启保停电气原理图

对于较大的、功能较为复杂的控制系统，如果能分成若干个互相联系的控制单元，用逻辑设计法先完成每个单元控制线路的设计，然后再用经验设计法把这些单元控制线路组合成一个整体，这才是切实可行的、简捷的设计方法。在实际电气控制线路设计中，逻辑设计法和经验设计法两种方法应当各取所长，配合应用。

2.5.4 电气控制设计中应注意的问题

电气控制设计中要考虑实际设备连接、安装的合理性，遵循电气设计的原则，不能仅仅考虑实现电路逻辑关系，应注意以下几方面：

① 设计控制电路时，应考虑各电器元件的安装位置，尽可能地减少连接导线的数量，缩短连接导线的长度。

图 2-13（a）所示的设计方案是不合理的，因为按钮一般安装在操作台上，而接触器安装在电气柜中，这样接线需从电气柜中两次引线接到操作台的按钮中；而如果采用图 2-13（b）所示的接线方式，将启动按钮和停止按钮串联后再与接触器线圈相连，就可减少一条引出线，且停止按钮与启动按钮之间连接导线大大缩短，因此图 2-13（b）所示的接线方式比较合理。

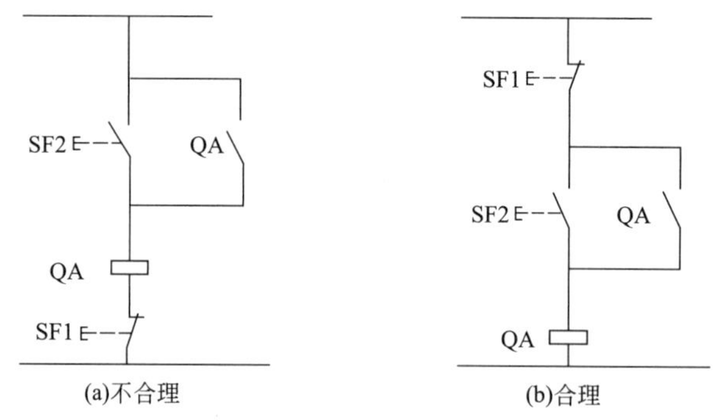

图 2-13 电器元件位置比较图

② 在控制电路中正确连接触点，应尽量将所有触点连接在线圈的左端或上端，线圈的右端或下端直接接到电源的另一条母线上，这样可以减少线路内产生虚假回路的可能性，还可以减少电气柜的引出线。

③ 当需要电磁器件线圈同时得电时，在交流控制电路中不能串联两个电器的线圈。如图 2-14（a）所示，因为每一个线圈上所分到的电压与线圈阻抗成正比，两个电器动作总是有先有后，不可能同时吸合。例如交流接触器 QA2 吸合，由于 QA2 的磁路闭合，线圈的电感显著增加，因而在该线圈上的电压降也显著增大，从而使另一接触器 QA1 的线圈电压达不到动作电压。正确连接如图 2-14（b）所示。

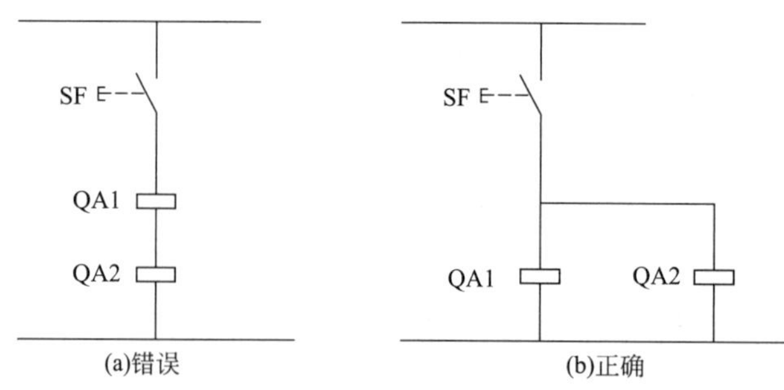

图 2-14 输出线圈的串并联连接方式

④ 元器件的连接，应尽量减少多个元件依次通电后才接通另一个电器元件的情况。如图2-15（a）所示，接触器QA3的接通要经过QA1、QA2两个常开触点。改接成图2-15（b）所示线路后，则每一个线圈通电只需要经过一个常开触点，可靠性提高。

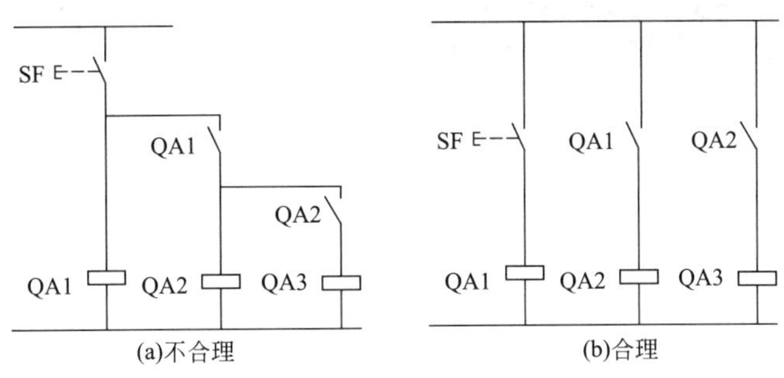

图2-15 输出线圈动作关联性比较

习 题

1. 电气控制线路图有哪几种，各自的主要作用是什么？

2. 什么是自锁环节？什么是互锁环节？举例说明。

3. 某三相笼型异步电动机可正、反向运转，要求Y－△降压启动。试设计主电路和控制电路，并要求有必要的保护。

4. Y－△降压启动方法有什么特点？说明其适用场合。

5. 有两台电动机，试设计一个既能分别启动、停止两台电动机，又能同时启动、停止两台电动机的控制线路。

6. 设计一个控制线路，要求第一台电动机启动10s后，第二台电动机自行启动；第二台电动机运行5s后，第一台电动机停止，同时第三台电动机自行启动；再运行15s，电动机全部停止。

7. 某机床主轴由一台三相笼型异步电动机拖动，润滑油泵由另一台三相笼型异步电动机拖动，均采用直接启动。工艺要求：主轴必须在润滑油泵启动后，才能启动；主轴为正向运转，为调试方便，要求能正、反向点动；主轴停止后，才允许润滑油泵停止；具有必要的电气保护。设计主电路和控制电路，并对设计的电路进行分析说明。

8. 设计一小车运行控制线路，小车由异步电动机拖动，其动作程序如下：

（1）小车由原位开始前进，到终端后自动停止；

（2）在终端停留2min后自动返回原位停止；

（3）在前进或后退途中任意位置都能停止或启动。

9. MA1和MA2均为三相笼型异步电动机，可直接启动，按下列要求设计主电路和控制电路：

（1）MA1先启动，经一段时间后MA2自行启动；

（2）MA2启动后，MA1立即停车；

（3）MA2能单独停车；

（4）MA1和MA2均能点动。

参考答案

第 3 章 可编程控制器基础

本章要点

- ◆ 掌握 PLC 的分类、特点和性能，与其他单片机、工控机等控制器的区别。
- ◆ 掌握 PLC 的基本组成和各部分的作用。
- ◆ 掌握 PLC 的工作原理，循环扫描的工作过程。

本章重点是掌握 PLC 的基本组成和循环扫描的工作过程。

3.1 PLC 的基础知识

3.1.1 可编程控制器的产生

继电器-接触器控制系统存在的主要缺点有：继电器控制线路是接线开关电路，实现控制的程序就在于线路接法本身，线路一旦确定，难以调整和更改，不能适应当前快速的技术进步和产品更新的要求；输出响应时间长，不能满足生产自动化程度不断提高的要求；控制要求复杂时，继电器-接触器控制系统会变得十分庞大笨重，难以实现。

1968 年，汽车制造商通用汽车公司为了实现汽车型号的不断翻新，想寻求一种新方法，用新的控制装置取代原继电器-接触器的控制装置，并进行公开招标。这次招标引起了工业界的密切注视，吸引了不少大公司前来投标，最后 DEC 公司（美国数字设备公司）一举中标，并于 1969 年研制成功第一台可编程控制器。这台 PLC 投运到汽车生产线后，取得了令人极为满意的效果，引发了效仿的热潮，从此可编程控制器技术得以迅猛的发展。

从 PLC 的产生背景来看，PLC 是代替继电器-接触器控制系统用于工业控制的一套系统。如图 3-1 所示，一个继电器-接触器控制系统包含输入设备、逻辑电路、输出设备 3 部分。输入设备主要包括各类按钮、转换开关、行程开关、光电开关、传感器等；输出设备则包括各种电磁阀线圈、接触器、信号指示灯等执行元件。将输入设备与输出设备联系起来的就是逻辑电路，一般由继电器、计数器、定时器的触点、线圈按照对应的逻辑关系连接而成，这样就可以根据一定的输入状态按照控制要求使执行机构完成控制动作。PLC 控制系统同样也包含这 3 部分，区别在于 PLC 的逻辑电路部分用 PLC 程序来实现，如图 3-2 所示，用户所编制的控制程序体现了特定的输入/输出逻辑关系。

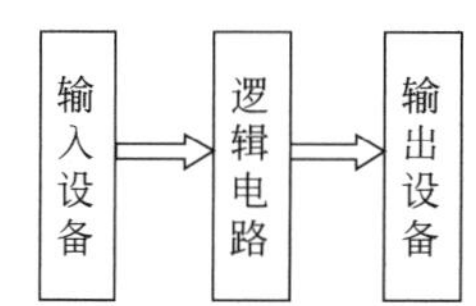

图 3-1　继电器-接触器控制系统组成图

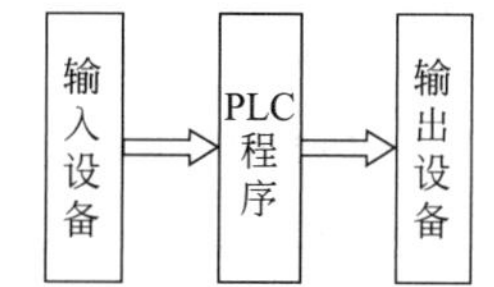

图 3-2　PLC 控制系统组成图

在 PLC 控制系统中，PLC 的硬件可以根据实际需要进行配置，而其软件则需要根据工艺和控制要求进行编程设计。PLC 采用的是可编程序的存储器，用来存储各种操作指令，如逻辑运算、顺序控制、定时、计数和算术运算等指令，并通过输入设备和输出设备（图 3-2）控制各种机械设备的生产过程。

3.1.2　PLC 简称的来历

在可编程控制器（Programmable Controller，PC）发展的初期，主要用来取代继电器-接触器控制系统，也用于开关量的逻辑控制。因此，可编程控制器也称为可编程逻辑控制器（Programmable Logic Controller，PLC）。

近 20 年，可编程控制器已发展成为具有逻辑控制、过程控制、运动控制、数据处理、联网通信等功能的名副其实的“多功能控制器”。显然，它的功能已远远超出逻辑控制、顺序控制的范围，因此可编程控制器简称为 PC 是合适的。但为了与“个人计算机”（Personal Computer，PC）区分，现仍将可编程控制器简称为 PLC，但不要将此误认为或理解为可编程逻辑控制器。

3.1.3　可编程控制器的定义

国际电工委员会（IEC）对 PLC 作了定义：“可编程控制器（即 PLC）是一种用数字运算来操作的电子系统，是专为在工业环境下应用而设计的工业控制器。它采用了可编程序的存储器，用来存储执行逻辑运算、顺序控制、定时、计数和算术运算等操作指令，并通过数字式、模拟式的输入和输出，控制各种类型的机械设备和生产过程。可编程控制器及相关的外部设备都按照易于与工业控制系统集成、易于扩展其功能的原则设计。”

3.2　PLC 的特点及技术性能指标

3.2.1　PLC 的分类

目前 PLC 的种类非常多，型号和规格也不统一，了解 PLC 的分类有助于 PLC 的选型和应用。

（1）按容量（I/O 点数）分类

按 I/O 点数可分为超小型机、小型机、中型机、大型机和超大型机 5 种类型。

超小型 PLC：I/O 点数小于 64 点的为超小型或微型 PLC。

小型 PLC：I/O 点数为 64 点以上、128 点以下的为小型 PLC。

中型 PLC：I/O 点数为 128 点以上、512 点以下的为中型 PLC。

大型 PLC：I/O 点数为 512 以上、8192 点以下的为大型 PLC。

超大型 PLC：I/O 点数超过 8192 点的为超大型 PLC。

（2）按结构形式分类

整体式 PLC：将电源、CPU（中央处理器）、I/O 接口等部件集中装在一个机箱内，具有结构紧凑、体积小、价格低等特点。

模块式 PLC：将 PLC 各组成部分分别做成若干个单独的模块，如 CPU 模块、I/O 模块、电源模块以及各种功能模块。

3.2.2 PLC 的主要功能

（1）开关逻辑和顺序控制

PLC 最主要的功能是完成开关逻辑运算和进行顺序逻辑控制，从而实现各种控制要求。

（2）模拟控制（A/D 和 D/A 控制）

在工业生产过程中，有许多连续变化的物理量需要进行控制，如温度、压力、流量、液位等，这些都属于模拟量。过去，PLC 主要用于逻辑运算控制，对于模拟量的控制主要靠仪表或分布式控制系统，目前大部分 PLC 产品都具备处理这类模拟量的功能，而且编程和使用方便。

（3）定时、计数控制

PLC 具有很强的定时、计数功能，它可以为用户提供数十甚至上百个定时器与计数器。对于定时器，定时间隔可以由用户加以设定；对于计数器，如果需要对频率较高的信号进行计数，则可以选择高速计数器。

（4）步进控制

PLC 为用户提供了一定数量的移位寄存器，利用移位寄存器可方便地完成步进控制功能。

（5）运动控制

在机械加工行业，可编程控制器与计算机数控（CNC）集成在一起，用以完成机床的运动控制。

（6）数据处理

大部分 PLC 都具有不同程度的数据处理能力，它不仅能进行算术运算、数据传送等操作，而且还能进行数据比较、数据转换、数据显示打印等操作，有些 PLC 还可以进行浮点运算和函数运算。

（7）通信联网

PLC 具有通信联网的功能，它使 PLC 与 PLC 之间、PLC 与上位计算机以及其他智能设备之间能够交换信息，形成一个统一的整体，实现分散集中控制。

3.2.3 PLC 与单片机、计算机的比较

目前，应用于控制场合的控制装置除了 PLC 以外，还包括单片机系统以及各种工业计算机等，它们拥有不同的特点，适用于不同的应用环境。

（1）可编程控制器与计算机的比较

学习难易程度不同。PLC 继承了继电器系统的基本格式和习惯，对于有继电器控制经验的人，学习起来更容易；学习计算机则需要更多的知识储备。

通用性不同。PLC 一般是由电器的制造厂家研制生产，各厂家的产品不通用。PC 是在通用计算机的基础上发展起来的，标准化程度高，兼容性强。

运行方式不同。PLC 不能直接使用 PC 的许多软件。PLC 一般具有模块结构，可针对不同对象进行组合和扩展。PC 可使用通用计算机的各种编程语言，对要求快速、实时性强、模型复杂的工业对象的控制占有优势，但它要求使用者具有一定计算机专业知识。

（2）可编程控制器与单片机的比较

单片机是指集成在一块芯片上的完整计算机系统，它具有一个完整计算机所需要的大部分部件：CPU、内存、内部和外部总线系统，目前大部分单片机还配有外存；同时集成诸如通信接口、定时器、实时时钟等外围设备。而现在最强大的单片机系统可以将声音、图像、网络、复杂的输入/输出系统集成在一块芯片上。它不单完成某一个逻辑功能，而是把一个计算机系统集成到一块芯片上。

采用单片机系统具有成本低、效率高的优点，但是由于稳定性和抗电磁干扰能力比较差，需要有相当的研发力量和行业经验才能使系统稳定。

3.3　可编程控制器的组成

PLC 被用来代替继电器-接触器控制系统，主要用于工业控制，其基本组成结构与计算机非常相似。从广义上讲，PLC 是一种特殊的工业控制计算机，只不过比一般的计算机具有更强的与工业过程相连接的接口和更直接的适用于控制要求的编程语言，故 PLC 与微机控制系统十分相似。如图 3-3 所示，PLC 的核心是中央处理器，即 CPU；存储器用来存放系统程序（也称操作系统程序）和用户程序；通过各种接口可以完成 CPU 与各种输入/输出设备、I/O 扩展单元、外部设备的连接与通信；在系统程序的支持下，CPU 解释并执行用户程序，实现设定的控制功能。

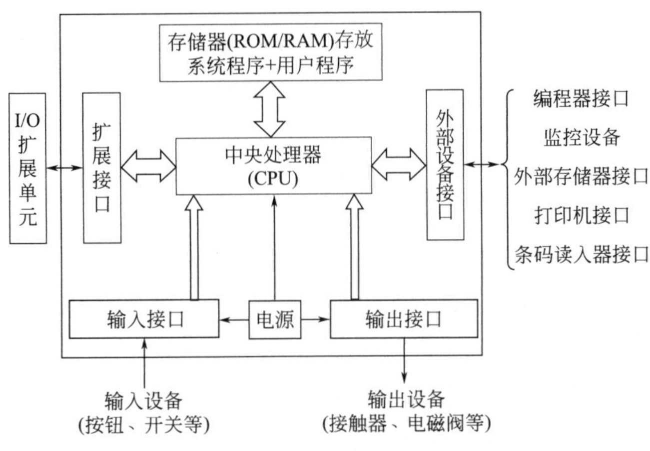

图 3-3　可编程控制器的组成

（1）中央处理器

① 接收从编程器输入的用户程序和数据，并将它们存入存储器。

② 诊断电源、PLC 内部电路的工作故障和编程中的语法错误。

③ 用循环扫描的方式接收输入设备的状态（即开关量信号）和数据（即模拟量信号）。

④ 逐条读取存储器中的指令，完成各种运算和操作。

⑤ 将运算结果存储下来，然后通过输出接口对输出设备进行有关的控制。

⑥ 与外部设备或计算机通信。

（2）存储器

存储器是用来储存系统程序、用户程序与数据的，故 PLC 的存储器有系统程序存储器和用户程序存储器两大类。

① 系统程序存储器　系统程序存储器使用 EPROM（可擦除可编程只读存储器），用以存放系统管理程序、监控程序及系统内部数据（系统程序存储器中的内容相当于计算机的操作系统）。PLC 出厂前已将其固化在只读存储器中，用户不能更改。

② 用户程序存储器　用户程序存储器通常由程序存储器和数据存储器组成。

程序存储器用于存放全部用户程序，其中的程序可读出并修改。

数据存储器用于存放用户程序运行中和 PLC 运行中的各种数据，如 I/O 状态、定时值、计数值、模拟量、各种状态标志的数据。由于这些数据在 PLC 运行中是不断变化的，不需要长久保存，故数据存储器采用随机存取存储器（RAM）。

（3）电源

PLC 的电源负责给 PLC 提供 CPU、存储器、输入/输出接口等内部电路工作需要的 5V DC 和 24V DC 电源。

许多 PLC 的直流电源采用直流开关稳压电源，不仅可提供多路独立的电压供内部电路使用，而且还可为输入设备提供 24V DC 标准电源 ，用于对外部按钮、传感器等供电。

（4）输入/输出（I/O）接口

PLC 的 I/O 接口是 PLC 与现场生产设备直接连接的端口。

PLC 外围设备（输入或输出）提供或需要的信号电平是多种多样的，而 PLC 内部 CPU 只能处理标准电平信号，故 I/O 接口要进行电平转换。PLC 的 I/O 接口与现场工业设备“直接连接”是 PLC 的特色之一。

输入接口用于接收现场的输入信号（如按钮、行程开关、传感器等的输入信号）；输出接口用于输出控制信号，以直接或间接地控制或驱动现场生产设备（如信号灯、接触器、电磁阀等）。

（5）扩展接口

扩展接口用于扩展 I/O 点数，当主机的 I/O 点数不能满足系统要求时，需要增加 I/O 扩展单元。

（6）外部设备接口

通信接口：在 PLC 的 CPU 单元或者专用的通信模块上，集成有 RS-232C 或 RS-422 通信接口，可与 PLC、上位机（计算机）、远程 I/O 设备、监视器、编程器等外部设备相连。

编程器接口：编程器接口是用于连接编程器的，PLC 本体通常是不带编程器的。

外部存储器接口：用于扩展用户程序存储区。

其他外部设备接口：包括条码读入器的接口、打印机接口等。

3.4　可编程控制器的工作原理

3.4.1　PLC如何代替继电器-接触器控制系统

下面举例说明PLC如何代替继电器-接触器控制系统。

如图3-4所示是笼型电动机的直接启动、停止控制线路。该图左边为主回路，右边为控制回路。控制回路中有两个输入，分别为启动按钮SB2、停止按钮SB1；一个输出，为接触器线圈KM。图中的输入和输出之间的逻辑关系由硬件连线实现。

当用PLC来完成这个控制任务时，可将输入设备接入PLC，用PLC的输出接口连接驱动输出设备，它们之间要满足的逻辑关系由用户编写程序实现。与图3-4等效的可编程控制器控制线路如图3-5所示。两个按钮的输入信号经过PLC的接线端子进入输入接口电路，PLC的输出经过输出接口、输出端子驱动接触器KM；用户程序采用的编程语言为梯形图语言，用于完成实际的控制要求。

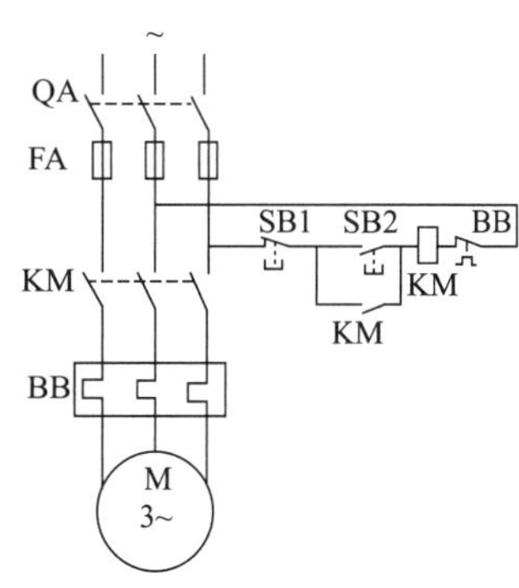

图3-4　笼型电动机直接启动、停止控制线路

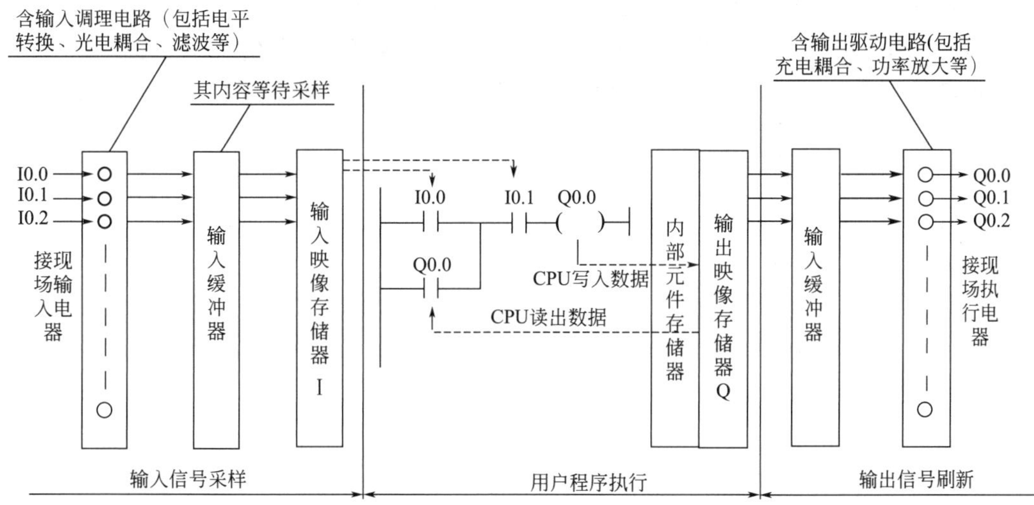

图3-5　可编程控制器控制线路

两个输入分别接入I0.0和I0.1端口，输出所用端口为Q0.0，图3-5中画出多个输入端口和输出端口，实际使用时可任意选用。输入、输出状态都是由存储器位来表示的，它们并不是物理上实际存在的继电器线圈，因此常称它们为“软元件”，它们的常开、常闭触点可以在程序中无限次使用。

3.4.2 可编程控制器的工作过程

PLC 系统采用“循环扫描”的工作方式。PLC 在运行时，其内部要进行一系列的操作，大致包括初始化处理、系统自诊断、通信与外设服务、输入信号采样、用户程序执行、输出信号刷新 6 个方面的内容，PLC 工作过程框图如图 3-6 所示。

图 3-6 PLC 工作过程框图

（1）PLC 对信息的处理方式

CPU 执行用户程序和其他计算机系统一样,也是采用“分时”原理，即一个时刻执行一个操作，并一个操作一个操作地顺序进行，这种分时操作过程叫作 “扫描”。若是周而复始的扫描就叫作“循环扫描”。只有被扫描到的程序（或指令）才会被执行或只有被扫描到的元件（线圈或触点）才会动作。因此 PLC 采用串行工作方式，即同一个器件的线圈和它的各触点动作不同时发生。

具体描述“循环扫描”：用户程序是由若干条指令组成的，指令在存储器内是按顺序排列的，CPU 从第一条指令开始顺序地逐条执行，执行完最后一条指令后又返回第一条指令，开始新一轮的扫描，周而复始。PLC 的循环扫描工作方式包括系统自诊断、通信与外设服务、输入信号采样、用户程序执行、输出信号刷新五个过程。

由以上可见，PLC 与继电器-接触器控制系统对信息的处理方式是不同的，它们的区别如下：

① 继电器-接触器控制系统 对信息的处理采用“并行”处理方式，只要电流形成通路，就可能有几个电器同时动作，同一继电器的所有触点的动作与线圈通电或断电同时发生。

② PLC 控制系统 对信息的处理采用“扫描”方式，它是顺序地、循环地逐条执行程序指令，在任何时候它只能执行一条指令（即正被扫描到的指令），即以“串行”处理方式工作，也就是说，在 PLC 的程序中，同一个器件的线圈通电或断电和它的各触点动作不同时发生，只有被扫描到的程序（或指令）才会被执行或只有被扫描到的元件（线圈或触点）才会动作。

（2）PLC 的扫描周期

扫描周期是指在正常循环扫描时,从扫描过程中的一点开始,经过顺序扫描又回到该点所需要的时间。例如，CPU 从第一条指令开始到扫描最后一条指令后又返回到第一条指令所用的时间就是一个扫描周期。

PLC 运行正常时，扫描周期的长短与下列因素有关：

① CPU 的运算速度。

② I/O 点的数量。

③ 外设服务的多少与时间（如编程器是否接上、通信服务及其占用时间等）。

④ 用户程序的长短。

⑤ 编程质量（如功能程序长短、使用的指令类别以及编程技巧等）。

（3）循环扫描的工作过程

根据 PLC 的工作方式，如果运行正常（系统自诊断正常），通信与外设服务暂不考虑，PLC 对用户程序进行循环扫描的过程可分为三个阶段，如图 3-7 所示。

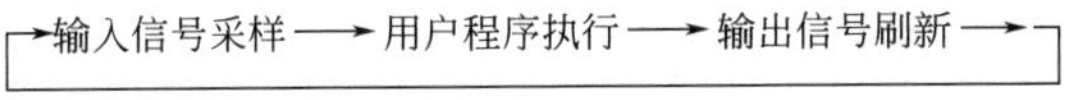

→输入信号采样——→用户程序执行——→输出信号刷新——→

图 3-7 PLC 循环扫描的工作过程框图

PLC 在每一次循环扫描中采样所有的输入信号，随后转入用户程序执行，最后把程序执行结果输出（即信号输出）以控制现场的设备，然后开始新一轮的扫描。

下面对 PLC 的循环扫描过程进行较为详细的分析，如图 3-8 所示。

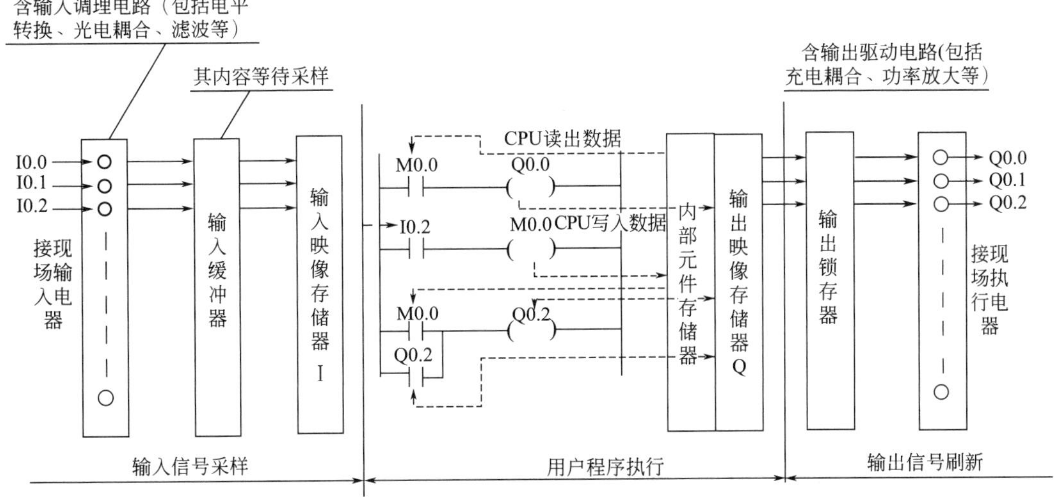

图 3-8 PLC 循环扫描的工作过程框图

① 输入信号采样阶段 在输入信号采样阶段，现场输入信号经 PLC 的输入端子由输入缓冲器进入输入映像存储器 I，这就是输入信号采样，也就是说，在用户程序执行前，PLC 首先扫描输入模块，将所有外部输入信号的状态读入（存入）到输入映像存储器 I 中，随后转入用户程序执行阶段并关闭输入信号采样。

在用户程序执行期间，即使外部输入信号的状态发生了变化，输入映像存储器 I 的内容也不会随之改变，这些变化只能在下一个扫描周期的输入信号采样阶段才能被读入，也就是说程序所采用输入映像存储器 I 的内容，在本工作周期内不会改变。

在循环扫描过程中，只有在采样时刻，输入映像存储器 I 暂存的输入信号状态才与输入信号一致，其他时间输入信号变化不会影响输入映像存储器 I 的内容。

② 用户程序执行阶段 在用户程序执行阶段，PLC 按“先左后右、从上到下”的次序从输入映像存储器 I、内部元件存储器和输出映像存储器 Q 中将有关元件的状态读出，经逻辑判断和算术运算，将每步的结果立即写入有关的存储器中。在用户程序执行阶段，CPU 的运算结果也不是直接送到实际输出点，而是存放在输出映像存储器 Q 中。

当用户程序完全扫描一遍后，所有的输出映像存储器Q被依次刷新，系统进入输出信号刷新阶段。

③ 输出信号刷新阶段 在执行完所有用户程序后，CPU 将输出映像存储器 Q 的内容经输出锁存器输出到输出端子上，去驱动外部负载，这步操作过程就称为输出信号刷新。输出锁存器一直将状态保持到下一个循环周期，而输出映像存储器 Q 在用户程序执行阶段是动态的。

（4）PLC 工作过程的特点

① PLC 采用集中采样、集中输出的工作方式，这种方式减少了外界干扰的影响。

② PLC的工作过程是循环扫描的过程，循环扫描时间的长短取决于指令执行速度、用户程序的长度等因素。

③ 输出对输入的响应有滞后现象。PLC采用集中采样、集中输出的工作方式，当输入信号采样阶段结束后，输入状态的变化将要等到下一个采样周期才能被接收，因此这个滞后时间的长短又主要取决于循环周期的长短。此外，影响滞后时间的因素还有输入电路滤波时间、输出电路的滞后时间等。

④ 输出映像存储器的内容取决于用户程序扫描执行的结果。

⑤ 输出锁存器的内容由上一次输出信号刷新期间输出映像存储器中的内容决定。

⑥ PLC当前实际的输出状态由输出锁存器的内容决定。

当系统规模较大、I/O点数众多、用户程序比较长时，单纯采用上面的循环扫描工作方式会使系统的响应速度明显降低，甚至会丢失、错漏高频输入信号，因此大多数大中型PLC在尽量提高用户程序指令执行速度的同时，也采取了一些其他措施来提高系统的响应速度。例如，采用固定周期输入信号采样、输出信号刷新，直接输入信号采样、直接输出信号刷新，中断输入、输出；或者开发本身带有CPU的智能I/O模块，与主机的CPU并行工作，分担一部分任务，从而提高整个系统的执行速度。

习 题

1. PLC与传统的继电器-接触器控制系统相比有哪些优点？
2. PLC是怎样进行分类的？
3. PLC的基本组成部分有哪些？各部分的主要作用是什么？
4. PLC与单片机控制系统相比有哪些异同？
5. PLC是按什么样的方式进行工作的？分为几个阶段？在每个阶段完成哪些控制任务？

参考答案

第 4 章 西门子 S7-1200 PLC 的硬件结构与功能

本章要点

- 熟悉并掌握 S7-1200 PLC 的 CPU 部件结构、技术参数。
- 熟悉并掌握 S7-1200 PLC 的 CPU 集成的 I/O 接口电路。
- 熟悉并掌握 S7-1200 PLC 的信号板和信号模块。
- 熟悉并掌握 S7-1200 PLC 的通信板、通信模块。

本章重点是熟悉并掌握 S7-1200 PLC 的 CPU 技术性能指标；集成的 I/O 接口、信号板、信号模块的具体选型和使用。

4.1 西门子 S7-1200 PLC 的 CPU

西门子 PLC 有迷你控制器 LOGO、S7-200、S7-300、S7-400、S7-200 SMART、S7-1200、S7-1500，它们的应用能力和 I/O 能力的关系如图 4-1 所示。

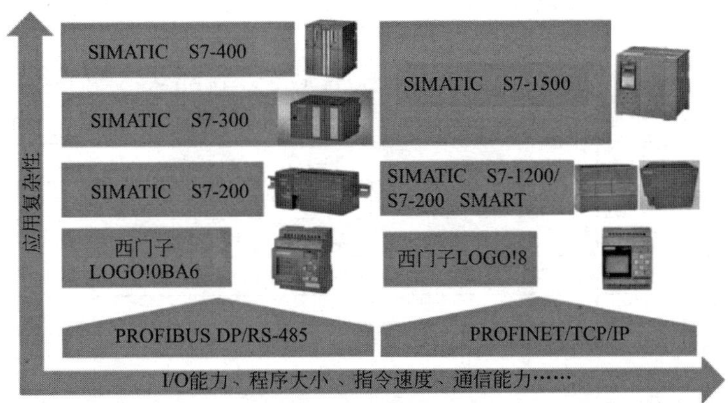

图 4-1 西门子系列产品定位：应用能力和 I/O 能力的关系

其中，S7-1200 PLC 是西门子公司最新推出的面向自动化系统的紧凑型自动化产品，定位是在原有的 S7-200 PLC 和 S7-300 PLC 之间，涵盖了 S7-200 PLC 的原有功能并且新增了许多功能，可以满足在更广泛领域的应用。

S7-1200 PLC 主要由 CPU 模块、信号板、信号模块、通信模块和编程软件组成，通过扩展连接输入/输出设备和通信接口，构成 S7-1200 PLC 控制系统。

西门子 S7-1200 PLC 的 CPU 将电源、微处理器、输入单元、输出单元、PROFINET 通信接口、高速运动控制 I/O 接口进行了组合，形成了功能强大的控制器。

西门子 S7-1200 PLC 的 CPU 部件结构说明如图 4-2 所示。

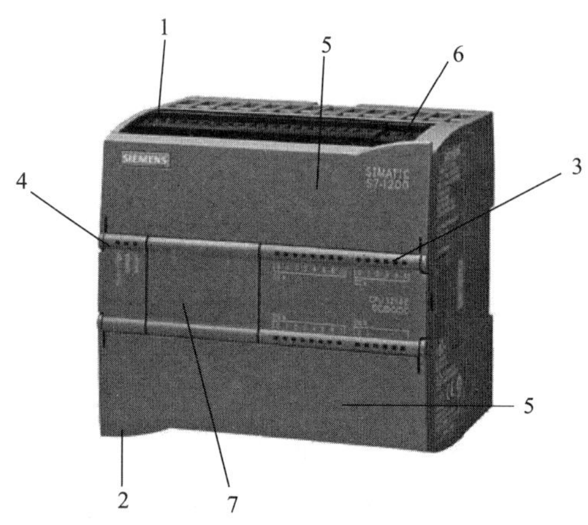

图 4-2 西门子 S7-1200 PLC 的 CPU 部件结构

1—电源接口；2—PROFINET 以太网接口的 RJ485 连接器；3—集成的 I/O 接口（输入/输出）的状态显示 LED；4—3 个指示 CPU 运行状态的 LED；5—可拆卸的接线端子板；6—存储卡插槽（在盖板下面）；7—安装信号板处

西门子 S7-1200 PLC 的 CPU 上可以安装一块 1AO 或 2DI/2DO 信号板，后者可以用于运动控制时的高速脉冲输入和高速脉冲输出，以弥补继电器型 CPU 不能输出高速脉冲的缺点。

（1）CPU 模块的技术规范

西门子 S7-1200 PLC 的 CPU 包括 CPU 1211C、CPU 1212C、CPU 1214C、CPU 1215C、CPU 1217C。CPU 1211C、CPU 1212C、CPU 1214C 的技术规范见表 4-1。

表 4-1 CPU 1211C、CPU 1212C、CPU 1214C 技术规范

特性	CPU 1211C	CPU 1212C	CPU 1214C
三种 CPU	DC/DC/DC，AC/DC/RLY，DC/DC/RLY		
集成的数字 I/O 点数	6 输入/4 输出	8 输入/6 输出	14 输入/10 输出
集成的模拟量输入点数	2 输入		
工作存储器/装载存储器	50KB/1MB	75KB/2MB	100KB/4MB
过程映像大小	1024B 输入（I），1024B 输出（Q）		
位存储器（M）	4096B		8192B
脉冲捕获输入点数	6	8	14
扩展模块个数	不含	2	8
高速计数器点数/最高频率	3/100kHz	3/100kHz 1/30kHz	3/100kHz 3/30kHz
高速脉冲输出点数/最高频率	2/100kHz（DC/DC/DC）		
传感器电源输出电流/mA	300	300	400
PROFINET	一个以太网通信接口，支持 PROFINET 通信		

根据 CPU 的电源电压、输入电压、输出电压的交、直流不同和电压大小不同，表 4-1 中的每种 CPU 有 3 种不同的电源配置方案，见表 4-2。

表 4-2　CPU 1211C、CPU 1212C、CPU 1214C 的三种电源配置方案

版本	电源电压	DI 输入电压	DO 输出电压	DO 输出电流
DC/DC/DC	24V DC	24V DC	24V DC	0.5A，MOSFET
AC/DC/RLY	85～264V AC	24V DC	5～30V DC 5～250V AC	2A，DC30W/AC22W
DC/DC/RLY	24V DC	24V DC	5～30V DC 5～250V AC	2A，DC30W/AC22W

（2）CPU 集成的工艺功能

S7-1200 PLC 的 CPU 集成的工艺功能包括高速计数与频率测量、高速脉冲输出、PWM（脉冲宽度调制）控制、运动控制和 PID 控制。

① 高速计数　最多可以组态 6 个使用 CPU 集成的或由信号板输入的高速计数器。

② 高速脉冲输出　最多可以组态 4 点由 CPU 集成的或由信号板输出的高速脉冲。CPU 1217C 的高速脉冲输出最高频率为 1MHz，其他 CPU 为 100kHz，信号板为 200kHz。

③ 运动控制　S7-1200 PLC 的高速输出可以用于伺服电机和步进电机精确速度和位置的控制。通过一个轴工艺对象和 PLCopen 运动控制命令，可以输出脉冲信号来控制步进电机速度、阀位置。PLCopen 是一个运动控制标准，支持绝对运动、相对运动和在线改变速度的运动，支持找原点和爬坡控制，用于步进电机和伺服电机的简单启动和试运行等。轴工艺对象有专用的组态窗口。

④ 用于闭环控制的 PID 功能　PID 功能用于对闭环控制。STEP 7 中有 PID 调试窗口，用于调节形象直观的曲线图；还支持 PID 参数的自整定功能，可以自动调节 PID 参数值。

4.1.1 PLC 的开关量输入/输出（I/O）接口

开关量的输入/输出（I/O）接口是 PLC 与工业现场设备相连接的接口。所谓开关量信号，就是能在瞬间产生跃变的阶跃信号。

（1）输入接口

输入接口接收现场输入电器的开关量输入信号，进行光电隔离，并通过电平转换将开关量输入信号转换成 CPU 所需的信号电平。它可接收的信号有两类，包括无源开关、有源开关。如按钮、接触器触点、行程开关等属于无源开关；而接近开关、晶体管开关电路等属于有源开关。

根据接收信号时可接纳的电源种类的不同，开关量输入接口又分为直流输入接口、交流输入接口和交直流输入接口 3 类。

由于输入接口电路是独立的，因此它的工作电源可以是由 PLC 内部提供，如图 4-3（a）所示，也可以是由 PLC 外部提供，如图 4-3（b）所示。通常这个工作电源为 24V DC，COM 为公共端。

当图 4-3 中 SF1 开关闭合时，该路所接入的输入端口 X0 所对应的光耦合器中的发光二极管点亮，光敏三极管饱和导通，该端口输入信号的“1”状态经数字量输入接口传送给 CPU 模块；SF1 开关断开时，光耦合器中的发光二极管熄灭，光敏三极管截止，X0 端口输入信号的“0”状态经数字量输入接口传送给 CPU 模块。

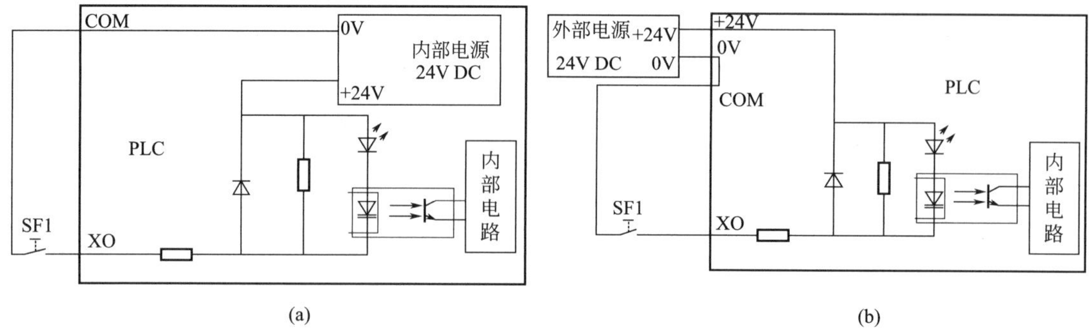

图 4-3 直流输入接口的等效电路

（2）输出接口

输出接口是 PLC 与外部负载之间的桥梁，能够将 PLC 向外输出的信号转换成可以驱动外部执行电路的控制信号，以便控制如接触器线圈等器件的通断电。

开关量输出有继电器输出、晶闸管输出和晶体管输出 3 种形式。

继电器输出可接交流或直流负载，电压负载范围宽，带负载能力强，每个端口最大的输出电流为 2A。导通压降小，承受瞬时过电压和过电流的能力较强，但吸合频率较慢，动作次数有一定的限制（由继电器的性质和寿命决定）。继电器输出接口的等效电路如图 4-4 所示。

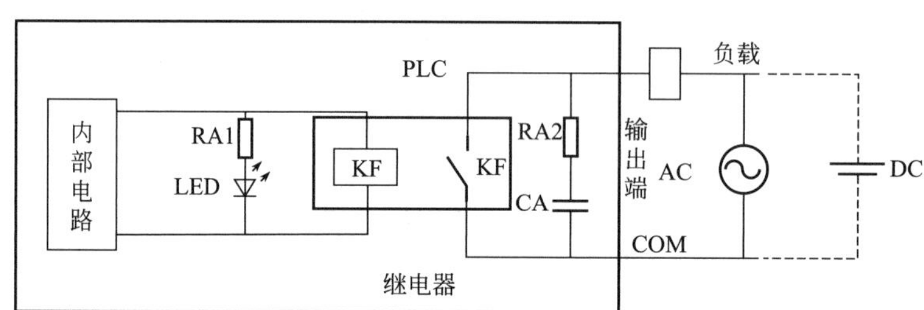

图 4-4 继电器输出接口的等效电路

晶闸管输出为可控硅输出，比较适中，可适应高频动作，可以连接交流负载，晶闸管输出接口的等效电路如图 4-5 所示。

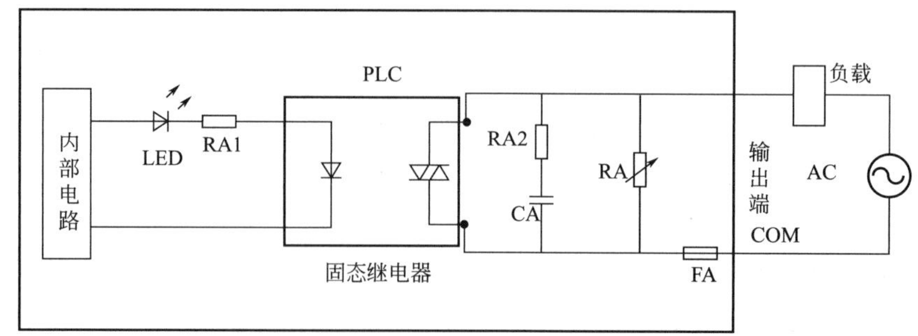

图 4-5 晶闸管输出接口的等效电路

晶体管输出的响应速度快，适用于高频动作，带负载能力弱，每个端口最大的输出电流为几十毫安，可连接直流负载。晶体管输出接口的等效电路如图 4-6 所示。

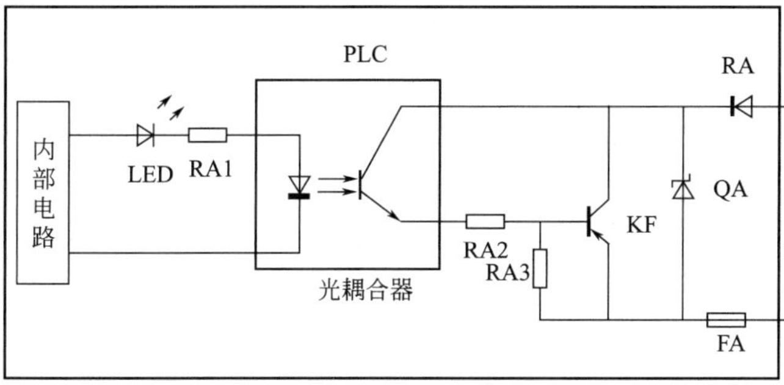

图 4-6　晶体管输出接口的等效电路图

（3）源型和漏型

由于 PLC 输入接口（输入模块）形式和外接传感器输出信号的多样性，在 PLC 输入接口（输入模块）接线前，要充分了解 PLC 输入接口的类型和传感器输出信号的形式，只有这样，才能确保 PLC 输入模块接线正确。

PLC 的输入接口（输入模块）
- 直流输入接口：源型输入；漏型输入
- 交流输入接口
- 交直流输入接口

PLC 直流输入接口的类型包括源型输入和漏型输入。西门子 PLC 的数字量输入端源型和漏型是根据 PLC 接线端子上开关量输入点的电流流向来区分的。

源型：电流从开关量输入点流出时，意为电流源头。

漏型：电流从开关量输入点流入时，意为电流流向处。

西门子 PLC 源型、漏型的定义与三菱 PLC 相反，三菱 PLC 的源型、漏型根据 COM 公共端电流流向来区分。

PLC 的输出接口（输出模块）
- 继电器输出接口——直流输出接口、交流输出接口
- 晶闸管输出接口——交流输出接口
- 晶体管输出接口——直流输出接口：源型输出；漏型输出

也就是说，PLC 晶体管输出接口的类型也分为源型和漏型两种。

在图 4-6 中，在用户程序执行阶段，当用户程序梯形图中的线圈 QX.X=1 时，CPU 模块内部的输出映像存储器 QX.X=1；在输出信号刷新阶段，CPU 将输出映像存储器 QX.X 的内容通过内部电路送到 DO 接口，这时光耦合器导通，进而使 QX.X 端子所对应的晶体管元件导通，负载电流通过输出端子流入 PLC 的输出端口，使外部负载得电工作。直流负载电源的“–”接的是晶体管输出接口的公共端 COM，这属于漏型输出。

4.1.2　输入设备输入信号的举例

PLC 的外接输入信号，除了按钮类的信号外，一些传感器还提供 NPN 和 PNP 集电极开路信号，如三线制接近开关传感器。三线制接近开关传感器分为 NPN 型和 PNP 型，一般有三条引出线，即电源线+V、0V 线、OUT 信号输出线。NPN 与 PNP 型传感器其实就是利用三极管（图 4-7）的饱和和截止，输出两种状态，属于开关型传

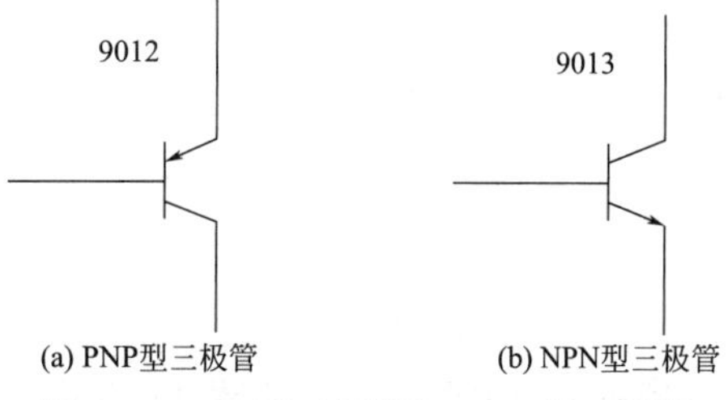

图 4-7　PNP 型三极管和 NPN 型三极管

感器，但输出信号是截然相反的，即高电平和低电平。NPN 型传感器输出的是低电平 0，PNP 型传感器输出的是高电平 1。

图 4-8 中，NPN 集电极开路输出电路的输出 OUT 端通过开关管和 0V 端连接，当传感器动作时，开关管饱和导通，OUT 端和 0V 端相通，输出 0V 低电平信号。

图 4-9 中，PNP 集电极开路输出电路的输出 OUT 端通过开关管和+V 端连接，当传感器动作时，开关管饱和导通，OUT 端和+V 端相通，输出+V 高电平信号。

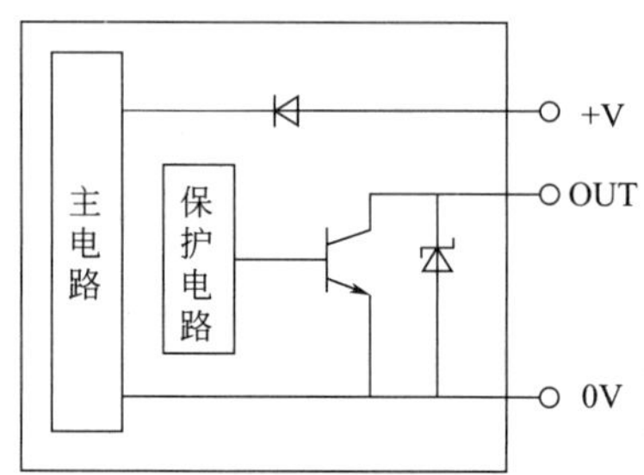

图 4-8 NPN 集电极开路输出

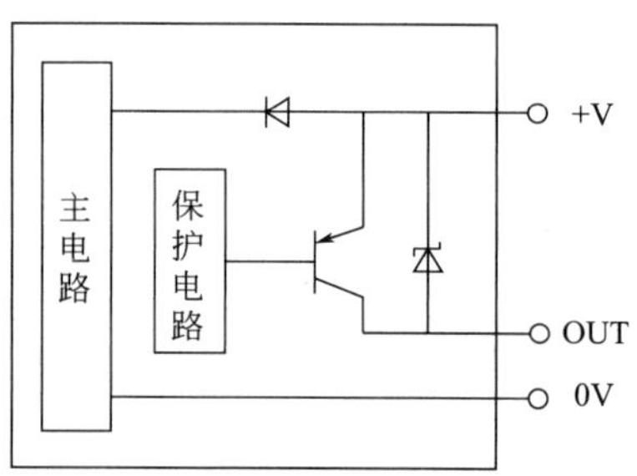

图 4-9 PNP 集电极开路输出

图 4-10 表示的是 NPN 型接近开关内部电路和用户电路的接线。棕色线接电源正端；蓝色线接电源 0V 端；黑色线为信号线，应接负载。对于 NPN 型接近开关，负载的另一端应接到电源正端；对于 PNP 型接近开关，负载的另一端应接到电源 0V 端。

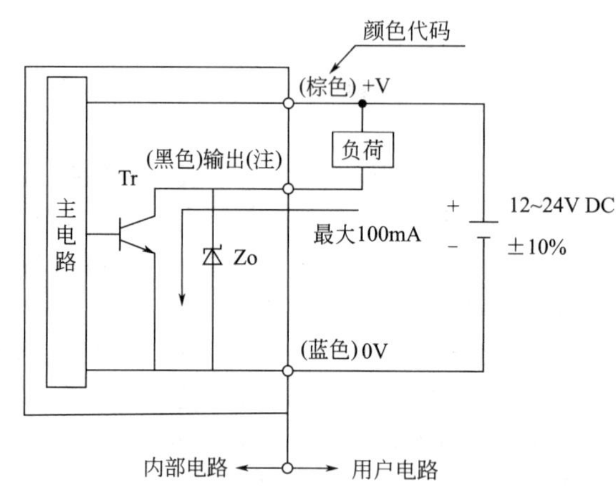

图 4-10 NPN 型接近开关内部电路和用户电路的接线

NPN 型传感器有信号触发时，信号输出线 OUT 线和 0V 线连接，相当于输出低电平 0V。

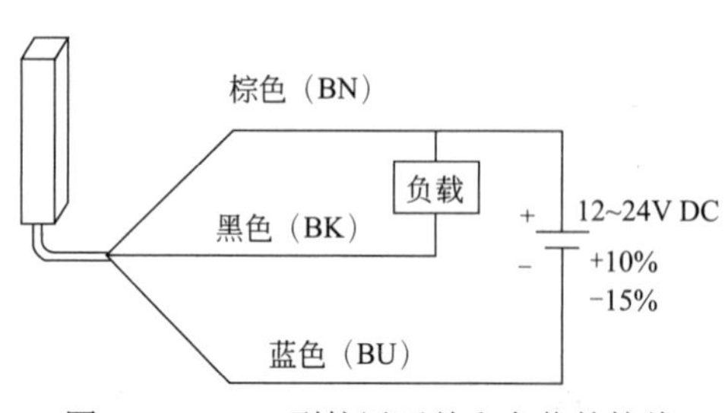

图 4-11 NPN 型接近开关和负载的接线

在图 4-11 中，NPN 型传感器的负载需要接在棕色线（V+）和黑色线（输出）之间。

当没有检测物时，常开型 NPN（NO）传感器：内部三极管不导通，输出高电平，指示灯灭，负载不工作。常闭型 NPN（NC）传感器：内部三极管导通，输出低电平，指示灯亮，负载工作。

当检测物靠近时，常开型 NPN（NO）传感器：内部三极管导通，输出低电平，指示灯亮，负载工作。常闭型 NPN（NC）传感器：内部三极管不导通，输出高电平，指示灯灭，负载不工作。

在图 4-12 中，接近开关的负载可以是信号灯、继电器线圈或 PLC 的数字量输入模块。

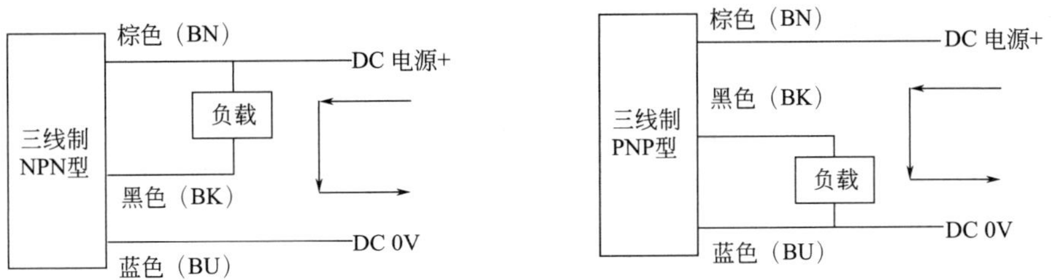

图 4-12　NPN 型、PNP 型接近开关和 PLC 的接线

4.1.3　PLC 与外部设备的接线

按钮类信号和漏型输入的 PLC 的接线方法、按钮类信号和源型输入的 PLC 的接线方法分别如图 4-13（a）、（b）所示。以 PLC 为基准，输入设备的电流流入 PLC 为漏型输入，流出 PLC 为源型输入。

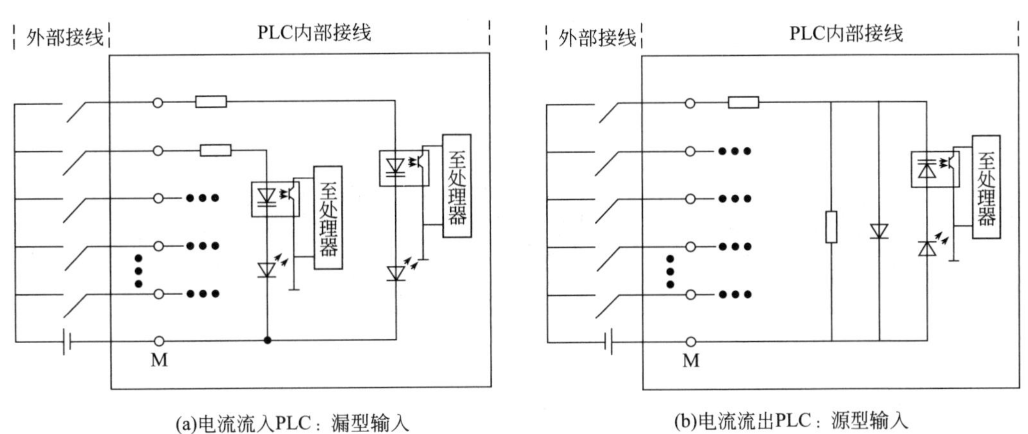

(a)电流流入PLC：漏型输入　　(b)电流流出PLC：源型输入

图 4-13　按钮类信号和 PLC 的接线方法

图 4-14 中，PNP 集电极开路输出为+V 高电平，当输出 OUT 端和 PLC 输入相连时，电流从 PLC 的输入端流入，从 PLC 的公共端流出，此即为 PLC 的漏型电路的形式，即 PNP 集电极开路输出只能接漏型或混合型输入电路形式的 PLC。

图 4-15 中，NPN 集电极开路输出为 0V 低电平，当输出 OUT 端和 PLC 输入相连时，电流从 PLC 的输入端流出，从 PLC 的公共端流入，此即为 PLC 的源型电路的形式，即 NPN 集电极开路输出只能接源型或混合型输入电路形式的 PLC。

需要特别注意，接到 PLC 数字量输入模块的三线制接近开关的选择：对于漏型 PLC 数字量输入模块，公共端接电源负极，电流从输入模块流入，此时，一定要选用 PNP 型接近开关；对于源型 PLC 数字量输入模块，公共端接电源正极，电流从输入模块流出，此时，一定要选用 NPN 型接近开关。

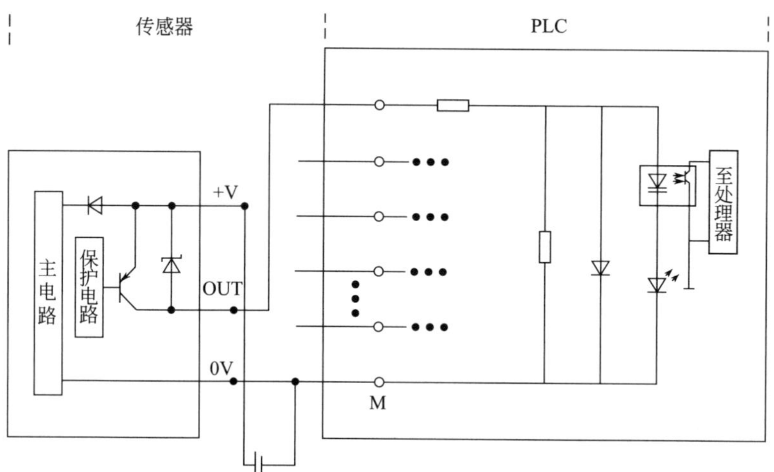

图 4-14　PNP 型接近开关与漏型输入的 PLC

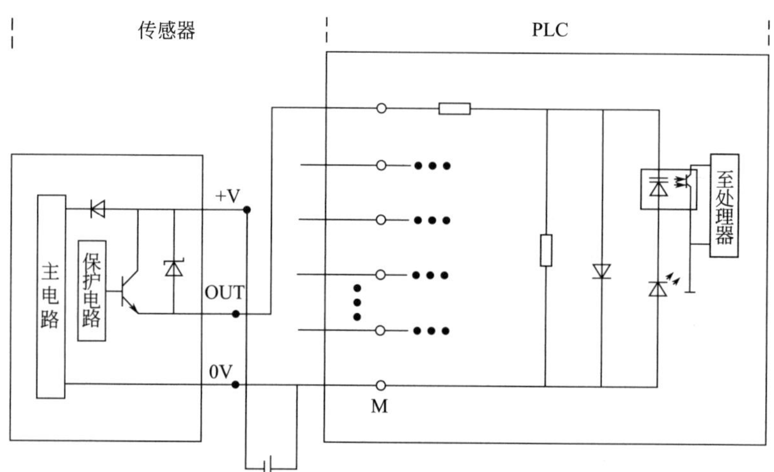

图 4-15　NPN 型接近开关与源型输入的 PLC

4.1.4　西门子 S7-1200 CPU 的外部接线图

如表 4-2 所示，CPU 1211C、CPU 1212C、CPU 1214C 的三种版本为 DC/DC/DC、AC/DC/RLY、DC/DC/RLY。

CPU 1214C AC/DC/RLY（继电器）型的外部接线图见图 4-16。其电源电压为 85～264V AC。输入回路如果使用 CPU 内置的 24V DC 传感器电源，则去除外接直流电源。漏型输入时，1M 端子连接传感器电源的“−”端子；源型输入时，1M 端子连接传感器电源的“+”端子。

图 4-17 是 CPU 1214C DC/DC/RLY（继电器）型的外部接线图，与 CPU 1214C AC/DC/RLY 外部接线图的区别是其电源电压为 24V DC。

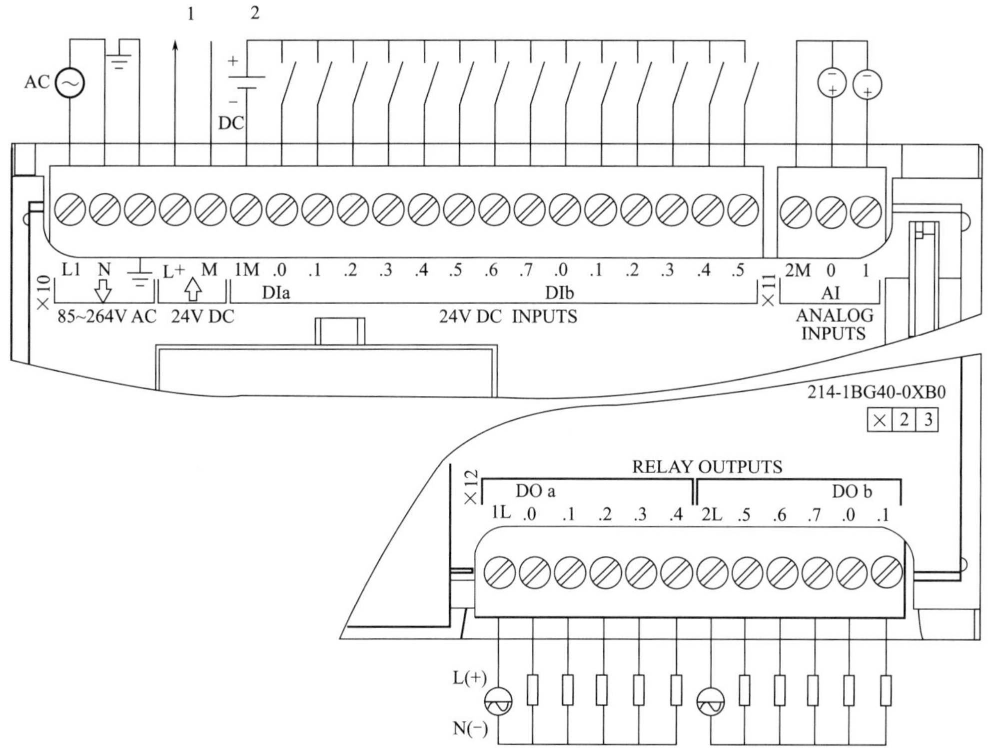

图 4-16　CPU 1214C AC/DC/RLY（继电器）型的外部接线图

1—24V DC 传感器电源；2—外接直流电源

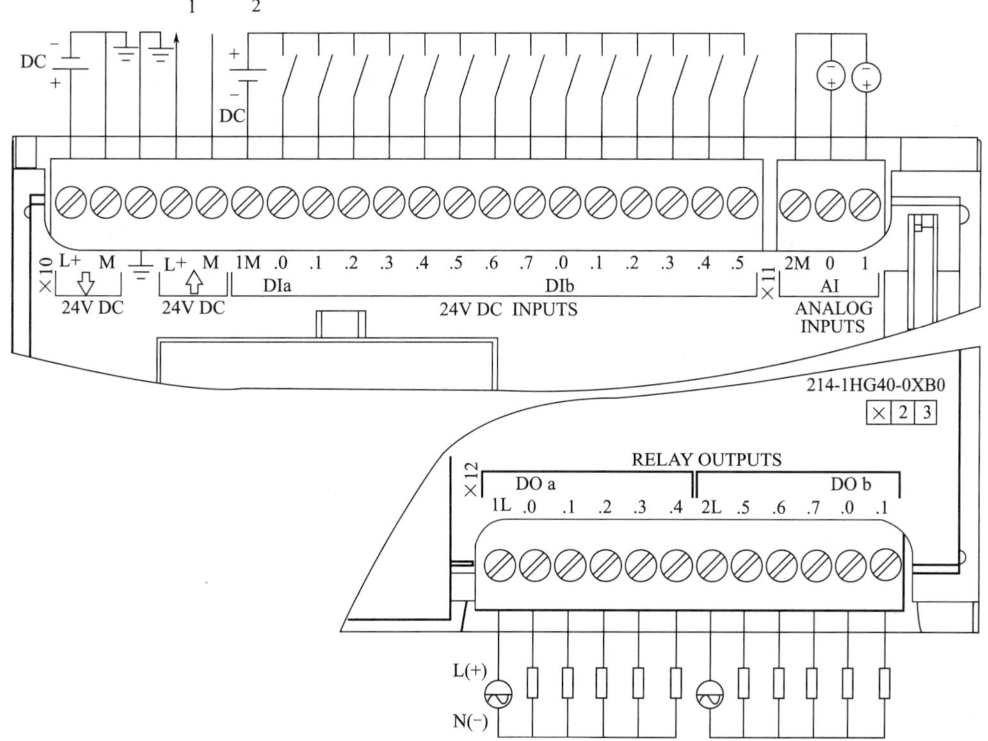

图 4-17　CPU 1214C DC/DC/RLY（继电器）型的外部接线图

1—24V DC 传感器电源；2—外接直流电源

CPU 1214C DC/DC/DC 的外部接线图见图 4-18，其电源电压、输入电压和输出电压均为 24V DC。输入回路可以使用内置的 24V DC 传感器电源。

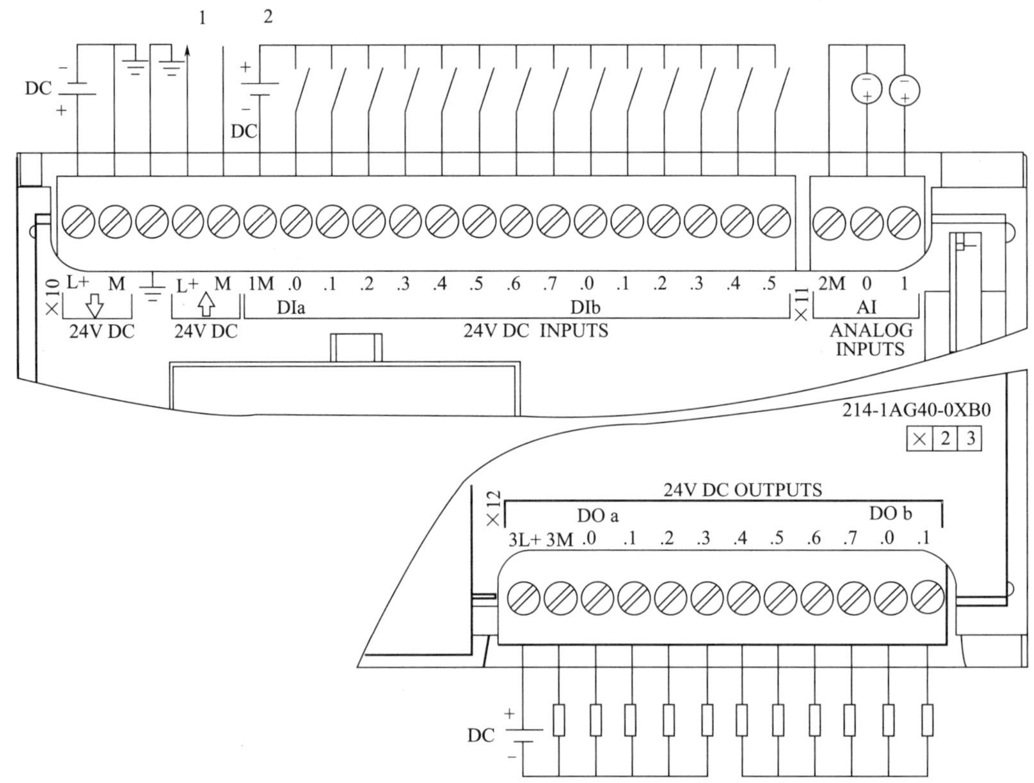

图 4-18　CPU 1214C DC/DC/DC 的外部接线图

1—24V DC 传感器电源；2—外接直流电源

4.2　西门子 S7-1200 PLC 的信号模块、信号板

S7-1200 PLC 允许通过信号板和信号模块扩展 I/O 设备。S7-1200 PLC 的各 CPU 模块只设置有少量的 DI/DO 和 AI/AO 接口，当系统容量比较大，系统需要连接的外部输入、输出设备较多时，可以通过信号板或信号模块进行扩展。

S7-1200 PLC 的各 CPU 模块都允许在正面连接一块信号板，用来扩展数字量或模拟量 I/O 点。安装信号板不影响 CPU 的安装尺寸，用于少量 I/O 点的扩展，适用于所有的 CPU 模块。除通过信号板进行少量 I/O 点的扩展外，S7-1200 PLC 也提供了各种信号模块（Signal Module，SM）进行较多点数的 I/O 扩展。

4.2.1　信号板

S7-1200 PLC 的所有 CPU 模块都可以安装一块信号板（Signal Board，SB），内嵌式安装，信号板直接插到 S7-1200 PLC CPU 前面的插座中，其外形及安装示意图如图 4-19 所示。

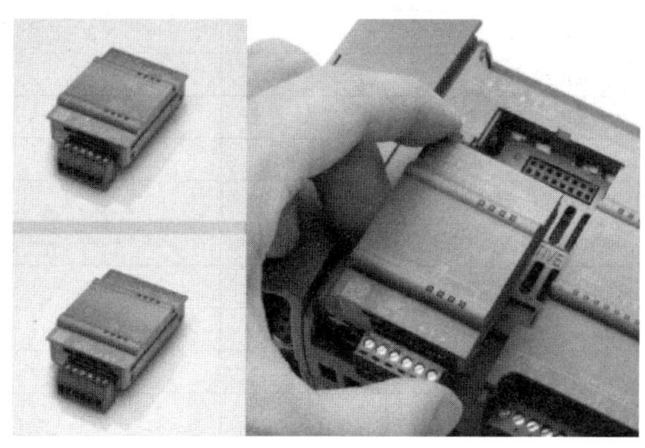

图 4-19　信号板外形、安装示意图

S7-1200 PLC 共有 5 种信号板，分别是：数字量输入/输出信号板 SB 1221、SB 1222、SB 1223（表 4-3），模拟量输入/输出信号板 SB 1231、SB 1232（表 4-4）。

表 4-3　S7-1200 PLC 数字量输入/输出信号板技术规范概要

型号		SB 1221		SB 1222		SB 1223	
额定电压		5V	24V	5V	24V	5V	24V
电流消耗	SM 总线	40mA	40mA	35mA	35mA	35mA	35mA
	5/24V DC	15mA/输入+15mA	7mA/输入+20mA	15mA	15mA	15mA/输入+15mA	7mA/输入+30mA
功耗		1.0W	1.5W	0.5W	0.5W	0.5W	1.0W
DI 点数		4	4	—	—	2	2
DO 点数		—	—	4	4	2	2

表 4-4　S7-1200 PLC 模拟量输入/输出信号板技术规范概要

型号	SB 1231		SB 1232	
额定电压	5V	24V	5V	24V
功耗	1.5W		1.5W	
AI 点数	1×12bit		—	
AO 点数	—		1×12bit	

4.2.2　数字量 I/O 模块

信号模块连接在 CPU 的右侧。CPU 1212C 可以扩展 2 个信号模块，CPU 1214C、CPU 1215C、CPU 1217C 都可以接受 8 个信号模块的扩展。信号模块不能与 CPU 1211C 一起使用。S7-1200 PLC 的数字量 I/O 模块有 SM 1221、SM 1222、SM 1223 等（表 4-5）。

表 4-5　数字量输入/输出模块

型号	DI	DO
SM 1221 8DI 24V DC	8	
SM 1221 16DI 24V DC	16	
SM 1222　DO8×24V DC		8
SM 1222　DO16×24V DC		16
SM 1222　DO8×继电器输出		8
SM 1222　DO16×继电器输出		16
SM 1223 8×24V DC 输入/8×24V DC 输出	8	8
SM 1223 16×24V DC 输入/16×24V DC 输出	16	16
SM 1223 8×24V DC 输入/8×继电器输出	8	8
SM 1223 16×24V DC 输入/16×继电器输出	16	16
SM 1223 8×120/230V AC 输入/8×继电器输出	8	8

PLC 的输出分为继电器输出、晶体管输出和晶闸管输出。继电器输出用于交、直流负载；晶体管输出用于直流负载，可以高速输出脉冲信号，用于伺服电机、步进电机驱动等；晶闸管输出用于交流负载，一般不常用。

4.2.3　模拟量 I/O 模块

S7-1200 PLC 的模拟量 I/O 模块有 SM 1231、SM 1232、SM 1234。

（1）模拟量变送器

生产过程中有大量连续变化的模拟量需要 PLC 来进行测量和控制。PLC 的 CPU 只能处理数字量，因此，在工业控制中（如压力、温度、流量等非电量输入信号，电机组的电流、电压强电电量输入信号），变送器用于将传感器提供的电量或非电量信号转换为标准量程的电流信号（如 4～20mA）或电压信号（如±0～10V），然后再通过 PLC 的模拟量输入模块的 A/D 转化器将其转换为数字量；而对于工业控制过程中的变频器、调节阀等执行机构，要求 PLC 输出模拟量信号，因此，PLC 的 CPU 在执行完用户程序后，会通过模拟量输出模块的 D/A 转换器，将 PLC 中的数字量转换为模拟量电压或电流，再去控制执行机构。

（2）S7-1200 PLC 的模拟量 I/O 模块的技术参数

模拟量 I/O 模块的模拟值位数反映了其分辨率，位数越多，分辨率越高（转换精度），见表 4-6。

表 4-6　模拟量 I/O 模块

型号	特征
CPU 集成模拟量输入	量程：0～10V，量程范围：0～27648
SM 1231 4×模拟量输入，13 位	量程可选：±10V、±5V 和 0～20mA、4～20mA 双极性满量程对应数字：–27648～+27648 单极性满量程对应数字：0～27648
SM 1231 8×模拟量输入，13 位	
SM 1231 4×模拟量输入，16 位	
SM 1232 2×13 位模拟量输出	0～20mA、4～20mA 电流输出
SM 1232 4×13 位模拟量输出	0～20mA、4～20mA 电流输出
SM 1232 2×14 位模拟量输出	–10～+10V 电压输出

续表

<table>
<tr><th>型号</th><th colspan="2">特征</th></tr>
<tr><td>SM 1232 4×14 位模拟量输出</td><td colspan="2">−10～+10V 电压输出</td></tr>
<tr><td>SM 1234 4×模拟量输入/2×模拟量输出</td><td colspan="2">AI 通道：量程±10V、±5V 和 0～20mA、4～20mA
双极性满量程对应数字：−27648～+27648
单极性满量程对应数字：0～27648
AO 通道：−10～+10V 电压输出</td></tr>
<tr><td>SM 1231 TC4×16 位</td><td>4 路热电偶模拟量输入</td><td>分辨率</td></tr>
<tr><td>SM 1231 TC8×16 位</td><td>8 路热电偶模拟量输入</td><td rowspan="3">0.1℃/0.1℉，模拟值为
15 位+符号位</td></tr>
<tr><td>SM 1231 RTD4×16 位</td><td>4 路热电阻模拟量输入</td></tr>
<tr><td>SM 1231 RTD8×16 位</td><td>8 路热电阻模拟量输入</td></tr>
</table>

热电偶是温度测量仪表中常用的测温元件，它直接测量温度，并把温度信号转换成热电势信号，通过电气仪表（二次仪表）转换成被测介质的温度。

热电阻是中低温区最常用的测温元件。热电阻是基于金属导体的电阻值随温度的升高而增加这一特性来进行温度测量的；但是热电阻需要电源激励，不能够瞬时测量温度的变化。

热电偶和热电阻输出的都是毫伏信号，通过温度变送器后以 4～20mA 的电流形式输入到 PLC 中，然后进行相应的显示和控制。

（3）模拟输入量转换后的模拟值表示方法

模拟量 I/O 模块中模拟量对应的数字称为模拟值，模拟值用 16 位二进制补码定点数来表示。最高位第 15 位为符号位，正数的符号位为 0，负数的符号位为 1。表 4-7 给出了输入电压范围为额定范围时，模拟量输入模块的模拟值与模拟量的对应关系。

表 4-7 SM 1231 模拟量输入模块的模拟值与模拟量的对应关系

<table>
<tr><th></th><th colspan="6">双极性</th><th colspan="6">单极性</th></tr>
<tr><td></td><td>百分比</td><td>十进制</td><td>十六进制</td><td>±5V</td><td>±10V</td><td>±20mA</td><td>百分比</td><td>十进制</td><td>十六进制</td><td>0～10V</td><td>0～20mA</td><td>4～20mA</td></tr>
<tr><td rowspan="3">正常范围</td><td>100%</td><td>27648</td><td>6C00H</td><td>5V</td><td>10V</td><td>20mA</td><td>100%</td><td>27648</td><td>6C00H</td><td>10V</td><td>20mA</td><td>20mA</td></tr>
<tr><td>0</td><td>0</td><td>0H</td><td>0</td><td>0</td><td>0</td><td>0</td><td>0</td><td>0H</td><td>0</td><td>0</td><td>4mA</td></tr>
<tr><td>−100%</td><td>−27648</td><td>9400H</td><td>−5V</td><td>−10V</td><td>−20mA</td><td></td><td></td><td></td><td></td><td></td><td></td></tr>
</table>

（4）将模拟量输入模块的输出值转换为实际的物理量

转换时，要考虑变送器的输入/输出量程，找出被测物理量与 A/D 转换后的数字之间的比例关系。

【例】压力变送器的量程为 0～10MPa，输出信号为 4～20mA 电流信号，模拟量输入模块的量程为 4～20mA，转换后的数字量为 0～27648，转换后得到的数字为 17321，求以 kPa 为单位的压力值。

解：0～10MPa（0～10000kPa）对应于转换后的数字 0～27648，转换公式为

$$\frac{27648}{N}=\frac{10000}{p}$$

p=10000×N/27648kPa，N=17321

p=6264.8kPa

注意，在运算时一定要先乘后除，否则会降低原始数据的精度。

4.3 集成的通信接口与通信模块

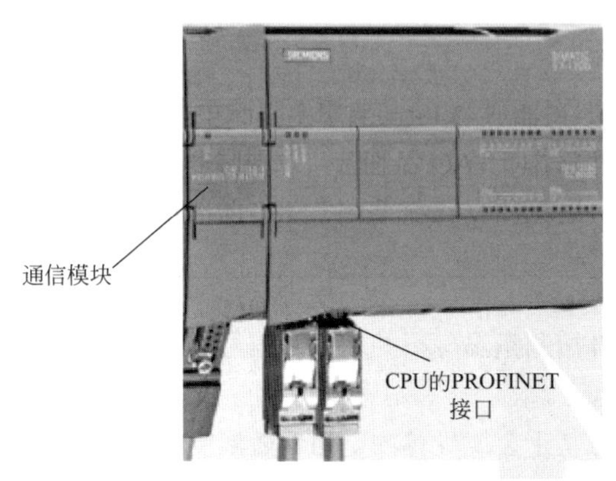

图 4-20 集成的通信接口与通信模块

S7-1200 PLC 具有强大的通信功能。通过 CPU 模块集成的通信接口与通信模块（图 4-20）可实现智能设备、PROFINET、PROFIBUS、点对点（PtP）通信、USS 通信、MODBUS RTU、AS-i 和 IO Link MATER 通信。

4.3.1 集成的 PROFINET 接口

实时工业以太网是现场总线的发展趋势，PROFINET 是基于工业以太网的现场总线，它使工业以太网应用到控制网络最底层的现场设备。

S7-1200 PLC 的 CPU 集成了 1～2 个 PROFINET 接口，支持 TCP/IP（传输控制协议/互联网协议）、ISO-on-TCP、UDP（用户数据报协议）和 S7 通信协议，可以与计算机、其他 S7 CPU、PROFINET I/O 设备，以及标准 TCP 设备的通信。

该接口使用 RJ 连接器，该连接器具有自动交叉网线（Auto-Cross-Over）功能。S7-1200 PLC 的 CPU 通过这个集成接口连接其他以太网设备或交换机，数据传输速率为 10Mbit/s、100Mbit/s。它支持最多 23 个以太网连接，其中 3 个连接用于与 HMI（人机接口）通信；1 个连接用于与编程设备（PG）通信；8 个连接用于与开放式用户通信；3 个连接用于使用 GET/PUT 指令的 S7 通信的服务器；8 个连接用于使用 GET/PUT 指令的 S7 通信的客户端。

紧凑型交换机模块 CSM 1277 具有用于连接终端设备或其他网段的 4 个 RJ-45 连接器，能以线性（总线）、星形拓扑结构，将 S7-1200 PLC 连接到工业以太网。它安装在 S7-1200 PLC 的导轨上，不需要组态。使用 CSM 1277 设备可以有效降低具有交换功能的工业以太网线性或星形网络的安装成本。在图 4-21 中，S7-1200 PLC 的 CPU、编程器、人机接口（HMI）通过 CSM 1277 进行通信。在图 4-22 中，多台 S7-1200 PLC 和编程器通过 CSM 1277 进行通信。

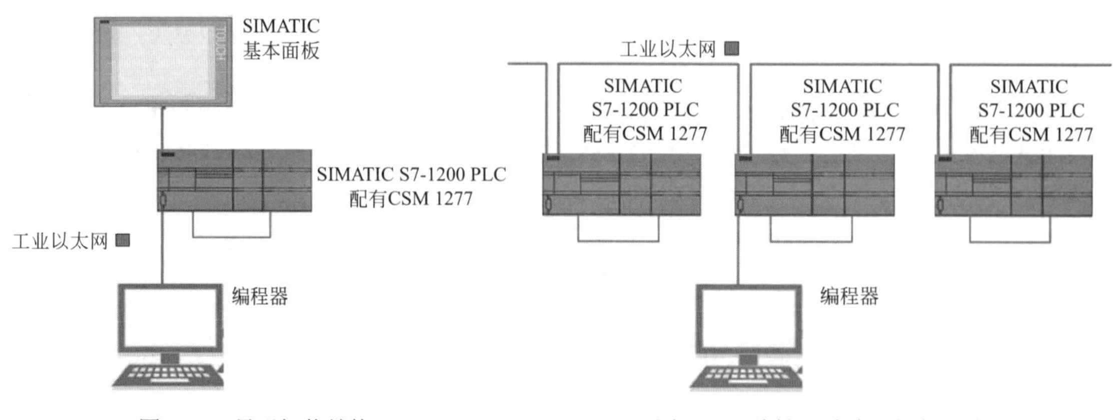

图 4-21 星形拓扑结构　　图 4-22 线性（总线）拓扑结构

4.3.2　通信模块

S7-1200 PLC 最多可以增加 3 个通信模块（CM）或通信处理器（CP），它们安装在 CPU 模块的左边。如图 4-20 所示，CPU 模块在插槽 1 中，3 个通信模块可分别插在插槽 101、102、103 中。

（1）PROFIBUS 通信与通信模块

PROFIBUS 是目前国际通用的现场总线标准之一。S7-1200 PLC 从固件版本 V2.0 开始，STEP 7 从版本 V11.0 开始，支持 PROFIBUS-DP 通信。

通过使用 PROFIBUS-DP 主站模块 CM 1243-5，S7-1200 PLC 可以和其他 CPU、PROFIBUS-DP 从站设备、编程设备和人机界面通信。CM 1243-5 可以作为 S7 通信的客户端或服务器。

通过使用 PROFIBUS-DP 从站模块 CM 1243-5，S7-1200 PLC 可以作为一个智能 DP 从站设备与 PROFIBUS-DP 主站设备通信。

（2）点对点（PtP）通信与通信模块

通过点对点（Point to Point，PtP）通信，S7-1200 PLC 可以直接发送信息到外部设备，例如打印机；可以从其他设备接收信息，如扫描仪、条形码阅读器，RFID（射频识别）；可以与 GPS（全球定位系统）装置等其他类型的设备交换信息。

S7-1200 PLC CPU 模块利用通信模块 CM 1241 实现点对点高速串行通信，可执行的协议有 ASCII、USS 协议、MODBUS RTU 主站协议和从站协议。CM 1241 通信模块有三种，分别是 RS-232、RS-485、RS-422/485 通信接口。

S7-1200 PLC 通过 CM 1241 通信模块 RS-485 接口（图 4-23）或者 CB 1241 通信板 RS-485 接口（图 4-24），可以与支持 MODBUS RTU 协议和 USS 协议的设备进行通信。S7-1200 PLC 可以作为 MODBUS 主站或从站。

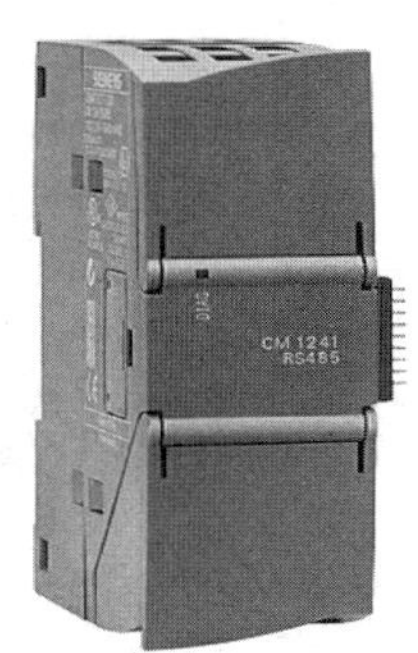

图 4-23　CM 1241 通信模块 RS-485 接口

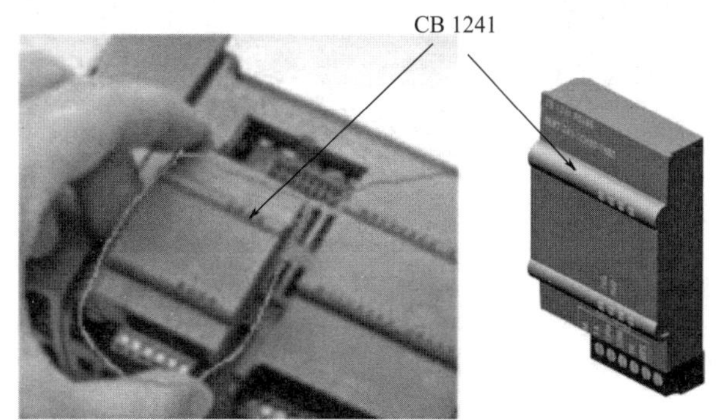

图 4-24　CB 1241 通信板 RS-485 接口

（3）AS-i 通信与通信模块

执行器传感器接口（Actuator Sensor Interface，AS-i）是用于现场自动化设备的双向数据通信网络，位于自动化网络的最底层。AS-i 适用于需要传送开关量的传感器和执行器，例如各种光电开关、接近开关、温度开关、压力开关的状态，控制各种阀门、声光报警器、继电器、接触器等；AS-i 也适用于模拟量数据的传送。

AS-i 属于单主站主从式网络，即每个网段只能有一个主站；支持总线供电，即两根电缆同时作为信号线和电源线。主站是网络通信的中心，负责网络的初始化，设置从站的地址和参数等。

S7-1200 PLC 的 AS-i 主站模块为 CM 1243-2，可配置 31 个标准开关量、模拟量从站或 62 个 A/B 类开关量、模拟量从站。

（4）远程控制通信与通信模块

通过使用 GPRS（通用分组无线业务）通信处理器 CP 1241-7，S7-1200 PLC CPU 可以与中央控制站、其他远程站、移动设备［SMS（短消息）］、远程服务的编程设备、使用开放式用户通信的其他通信设备进行无线通信。

（5）IO-Link 主站模块

IO-Link 是 IEC 61131-9 中定义的用于传感器、执行器的点对点通信接口。IO-Link 主站模块 SM 1278 用于连接 S7-1200 CPU 和 IO-Link 设备，有 4 个 IO-Link 端口，同时具有信号模块和通信模块的功能。

习 题

1. S7-1200 PLC 的 CPU 121X 系列有哪些产品？分别可以扩展几个信号模块？
2. S7-1200 PLC 的 CPU 有哪三种版本？集成有哪些功能？
3. PLC 的直流输入接口有哪几种？西门子 PLC 的数字量输入接口端的源型和漏型是如何定义的？
4. S7-1200 PLC 有几种信号板？各有几个 I/O 通道？
5. PLC 的数字量输出有哪几种？分别适合带什么类型负载？
6. S7-1200 PLC 的模拟量 I/O 模块有哪三种？其模拟电压、电流值的范围（典型值）各是多少？
7. S7-1200 PLC 的 CPU 模块上集成的是什么通信接口？有何用途？
8. S7-1200 PLC 最多可以扩展几个通信模块？分别是哪几种通信模块？

参考答案

第5章 S7-1200 PLC 程序设计基础

本章要点

- 掌握利用 TIA Portal 软件进行项目开发的步骤和建立项目、硬件组态的方法。
- 熟悉 S7-1200 PLC 的 CPU 的存储区分布，存储器的编址方式。
- 在 TIA Portal 软件中使用变量表进行程序设计。
- 程序设计完成后，进行仿真和调试。

本章重点是熟悉 TIA Portal 的开发环境，掌握在 TIA Portal 软件中进行 PLC 程序设计的基本方法。

5.1 TIA 博途使用入门与硬件组态

5.1.1 西门子 TIA Portal 软件介绍

（1）TIA Portal 软件简介

TIA Portal（简称博途）软件是西门子公司发布的全集成自动化软件。它是业内首个采用统一的工程组态和软件项目环境开发的自动化软件，几乎适用于所有的自动化任务。通过这个全新的工程技术软件平台，用户能够快速、直观地开发和调试自动化系统，可对西门子公司全集成自动化中涉及的所有自动化和驱动产品进行组态、编程和调试。

博途有 4 个版本：Basic、Comfort、Advanced、Professional。

（2）软件组成

博途软件的专业版（Professional）由 5 个部分组成：用于硬件组态和 PLC 程序编写的 SIMATIC STEP 7；用于仿真调试的 SIMATIC S7-PLCSIM；用于组态可视化监控系统、支持触摸屏和 PC 工作站的 SIMATIC WinCC；用于设置和调试变频器的 SINAMICS Startdrive；用于故障安全型 S7 系统的 STEP 7 Safety。

（3）用户程序的开发步骤

S7-1200 PLC 使用博途软件开发用户程序的步骤与普通 PLC 的用户程序开发步骤基本相同，

主要步骤如下：

① 新建项目；

② 硬件组态；

③ PLC 编程；

④ 编译下载；

⑤ 仿真调试。

5.1.2 项目视图的结构

博途提供了两种不同的项目视图：根据工具功能组织的面向任务的 Portal 视图，如图 5-1 所示；根据项目中各元素组织的面向项目的视图（项目视图），如图 5-2 所示。用户可以切换 Portal 视图和项目视图。

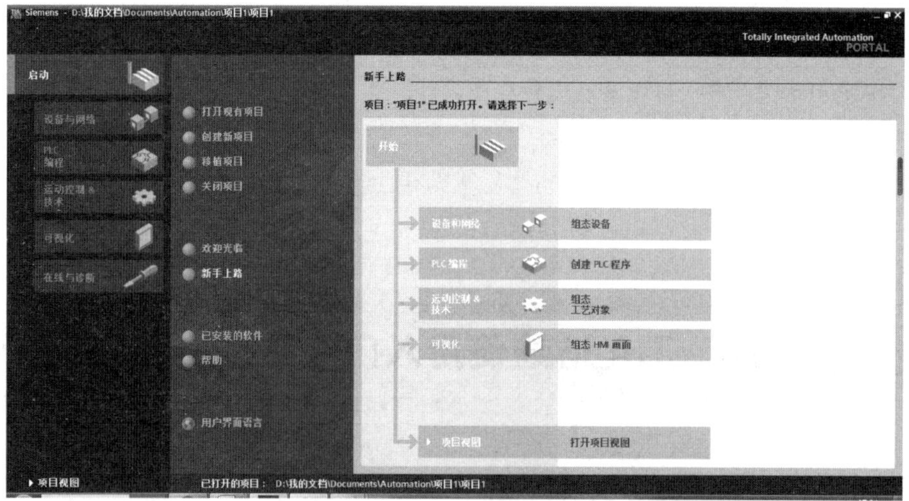

图 5-1　Portal 视图

图 5-2　项目视图

项目视图的功能更强，因而大多数用户选择在项目视图下进行硬件组态、编程、可视化监控画面设计、仿真调试、在线监控等操作。

5.1.3　创建项目与硬件组态的方法

（1）新建一个项目

在项目视图（图 5-2）中，执行“项目”下拉菜单中的“新建”命令，出现“创建新项目”对话框，可以修改项目名称和保存项目的路径。单击“创建”按钮，生成项目。

（2）设备组态及网络组态

“Configuring”（配置、设置）一般被翻译为“组态”。设备组态就是在设备视图和网络视图中，生成一个与实际硬件系统对应的虚拟系统，PLC 各个模块的型号、订货号和版本号，模块的安装位置和设备之间的通信连接，都应与实际的硬件系统完全相同；还包括设置各个模块的参数，也就是给各个参数赋值。PLC 启动时，CPU 比较组态时生成的虚拟系统和实际硬件系统，当两个系统不一致时，不能切换到 RUN 模式。

双击项目树中的“添加新设备”，出现“添加新设备”对话框（图 5-3）。单击“控制器”按钮，双击要添加的 CPU 的订货号。在项目树、设备视图和网络视图中可以看到添加的 CPU。

图 5-3　“添加新设备”对话框

重新选择“添加新设备”，在图 5-3 中单击“HMI”按钮，选择“SIMATIC 精简系列面板”→“6 显示屏”，选择对应订货号的面板双击，在项目树、设备视图和网络视图中可以看到添加的 HMI。

下面进行网络组态，即 S7-1200 PLC 与 HMI 联网的组态。双击项目树中的“设备和网络”，打开项目视图中的“网络视图”对话框，如图 5-4 所示，单击“网络视图”中 CPU 1215C 绿色的 PROFINET 网络接口，按住左键将其拖动至 KTP 屏绿色的 PROFINET 网络接口上，二者的 PROFINET 网络连接上了。可以在“属性”窗口修改网络名称。

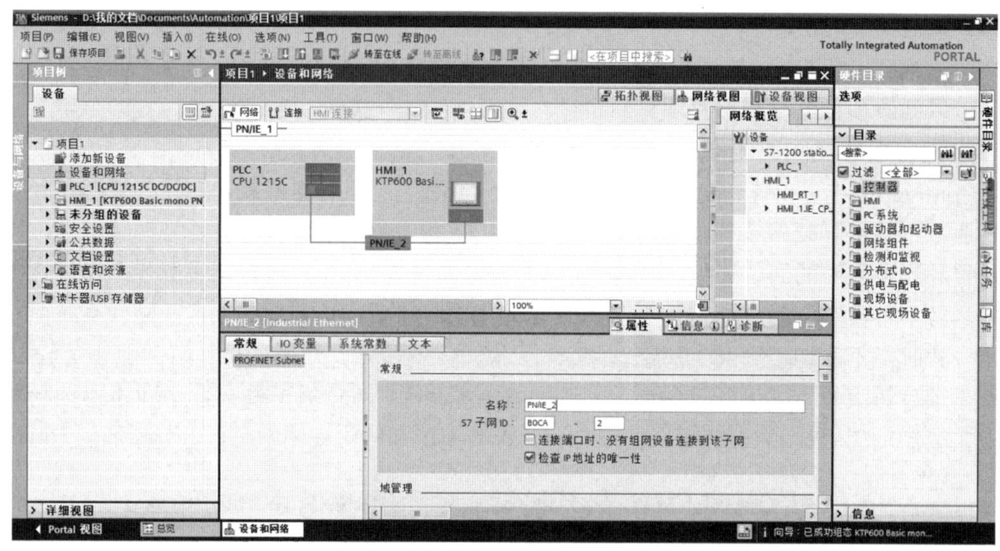

图 5-4 “网络视图”对话框

（3）在设备视图中添加模块

打开项目树中“PLC_1”文件夹（图 5-2），双击其中的“设备组态”，打开“设备视图”，可见 1 号槽中的 CPU 模块。在硬件组态时，需要将 I/O 模块或通信模块放置到机架的响应插槽内。单击图 5-2 最右边“硬件目录”窗口，打开“信号板”文件夹，单击需要的信号模块，用鼠标左键按住模块不放，拖动到机架中 CPU 右边的 2～9 号槽位中。放置通信模块和信号板的方法和放置信号模块的方法相似，通信模块安装在 CPU 模块左侧的 101、102、103 号槽，信号板安装在 CPU 模块内。

5.1.4 CPU 模块的参数设置

（1）设置系统存储器字节与时钟存储器字节

如图 5-2 所示，双击“PLC_1”文件夹下的“设备组态”，打开该 PLC 的“设备视图”。选中 CPU 后，在下部的“属性”窗口中，在“常规”选项卡中，找到“系统和时钟存储器”（图 5-5）。可勾选“启用系统存储器字节”和“启用时钟存储器字节”，设置它们的地址值。默认的系统存储器字节和时钟存储器字节的地址分别为 MB1 和 MB0。

将 MB1 设置为系统存储器字节的地址后，该字节的 M1.0～M1.3 的意义如下。

① M1.0（首次循环）：仅在刚进入 RUN 模式的首次扫描时为 1 状态，之后为 0 状态。

② M1.1（诊断状态已更改）：诊断状态发生变化。

③ M1.2（始终为 1）：总是为 1，其常开触点总是闭合。

④ M1.3（始终为 0）：总是为 0，其常闭触点总是闭合。

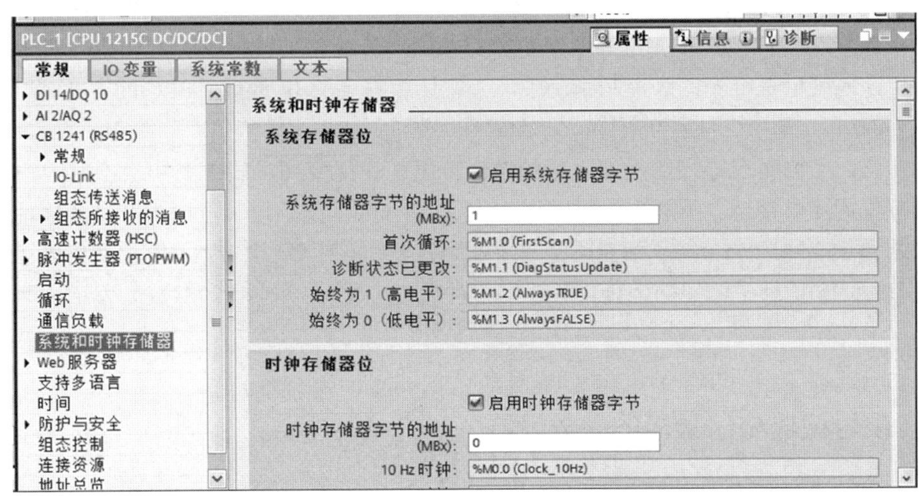

图 5-5　组态系统存储器字节与时钟存储器字节

将 MB0 设置为时钟存储器字节的地址后，时钟存储器字节的各位在一个周期内为 1 和 0 的时间各占 50%，时钟存储器字节每一位的周期和频率见表 5-1。CPU 在循环扫描开始时初始化这些位。

表 5-1　时钟存储器字节各位的周期与频率

位	7	6	5	4	3	2	1	0
周期/s	2	1.6	1	0.8	0.5	0.4	0.2	0.1
频率/Hz	0.5	0.625	1	1.25	2	2.5	5	10

M0.7 的时钟脉冲周期是 2s，可以用它的触点来控制指示灯以 1Hz 的频率闪动，亮 1s，灭 1s。

指定了系统存储器字节和时钟存储器字节后，这两个字节不能再作其他用途，否则用户程序会出错。建议始终使用默认的系统存储器字节的地址（MB1）和时钟存储器字节的地址（MB0）。

（2）为 CPU 分配 IP 地址

在图 5-2 下部“属性”窗口的“常规”选项卡，选择“PROFINET 接口”，如图 5-6 所示。

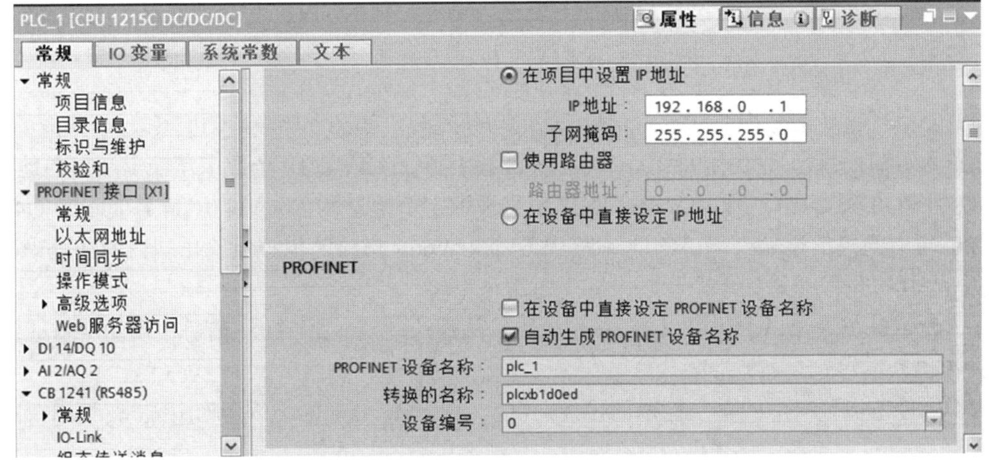

图 5-6　设置 IP 地址

IP 地址：每个设备都必须有一个 Internet 协议地址，该地址使设备可以在复杂的路由网络中传送数据。每个 IP 地址分为 4 段，每段占 8 位，并以十进制数格式表示。IP 地址由两部分组成：前三段是第一部分，用于表示用户所在的 IP 网络；第四段是第二部分，表示主机 ID。对于网络中的每个设备，该地址值是唯一的。控制系统中，一般使用固定的 IP 地址。PLC 的 CPU 默认的 IP 地址为 192.168.0.1。

子网掩码：子网是已连接的网络设备的逻辑分组。在局域网（LAN）中，子网中的节点彼此之间的物理位置相对接近。子网掩码用于将 IP 地址划分为子网地址和子网内节点的地址。子网掩码的值通常为 255.255.255.0。子网掩码是一个 32 位的二进制数，其高 24 位二进制数（前三个字节）是 1，表示 IP 地址中的子网地址；低 8 位二进制数（最后一个字节）为 0，表示子网内节点的地址。

5.1.5 信号模块与信号板的参数设置

（1）信号模块与信号板的地址分配

打开项目树的“PLC_1”文件夹，双击“设备组态”，打开 PLC_1 的“设备视图”。在“设备视图”中打开“设备概览”窗口（图 5-7）。

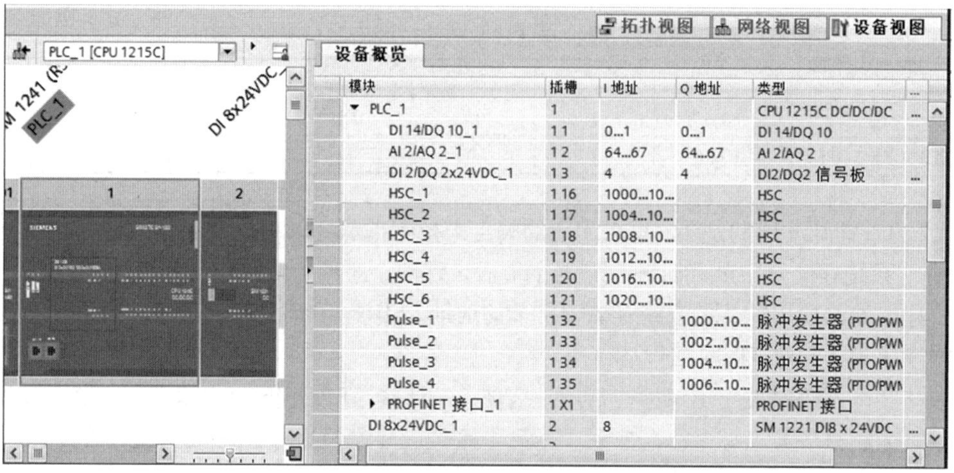

模块	插槽	I 地址	Q 地址	类型
▼ PLC_1	1			CPU 1215C DC/DC/DC
DI 14/DQ 10_1	1 1	0...1	0...1	DI 14/DQ 10
AI 2/AQ 2_1	1 2	64...67	64...67	AI 2/AQ 2
DI 2/DQ 2x24VDC_1	1 3	4	4	DI2/DQ2 信号板
HSC_1	1 16	1000...10...		HSC
HSC_2	1 17	1004...10...		HSC
HSC_3	1 18	1008...10...		HSC
HSC_4	1 19	1012...10...		HSC
HSC_5	1 20	1016...10...		HSC
HSC_6	1 21	1020...10...		HSC
Pulse_1	1 32		1000...10...	脉冲发生器 (PTO/PWM
Pulse_2	1 33		1002...10...	脉冲发生器 (PTO/PWM
Pulse_3	1 34		1004...10...	脉冲发生器 (PTO/PWM
Pulse_4	1 35		1006...10...	脉冲发生器 (PTO/PWM
▸ PROFINET 接口_1	1 X1			PROFINET 接口
DI 8x24VDC_1	2	8		SM 1221 DI8 x 24VDC

图 5-7 “设备视图”与“设备概览”视图

CPU、信号板和信号模块的 I、Q 地址是自动分配的。在图 5-7 中，CPU 1215C 集成的 14 个数字量输入端口的字节地址为 0 和 1（I0.0～I0.7 和 I1.0～I1.5），10 个数字量输出端口的地址为 0 和 1（Q0.0～Q0.7、Q1.0、Q1.1）。DI2/DQ2 信号板的字节地址均为 4（I4.0、I4.1、Q4.0、Q4.1）。

CPU 集成的模拟量输入端口的地址为 IW64 和 IW66，集成的模拟量输出端口的地址为 QW64 和 QW66，模拟量以通道为单位，每个通道占用一个字。

从“设备概览”窗口中还可以看到分配给 3 号槽的 SM 1221 DI8 信号模块的字节地址为 8（I8.0～I8.7）。

选中“设备概览”中的某个插槽的模块，可以修改自动分配的 I、Q 地址。建议采用自动分配的地址。

（2）数字量输入点的参数设置

在“设备视图”中（图 5-7），选中 CPU 或有数字量输入的信号板，在“属性”窗口中选中“常规”→“数字量输入”，见图 5-8。可以勾选复选框设置“输入滤波器”的输入延时时间。滤波延时的作用是把干扰脉冲滤掉。如果滤波延时设定时间太长，会将有用的窄脉冲输入信号滤掉。PLC 数字量输入端标准滤波时间为 6.4ms，适应输入频率 78Hz 以下的输入信号。但高速计数器频率较高，必须对 PLC 的数字量输入端标准滤波时间进行重新设置。

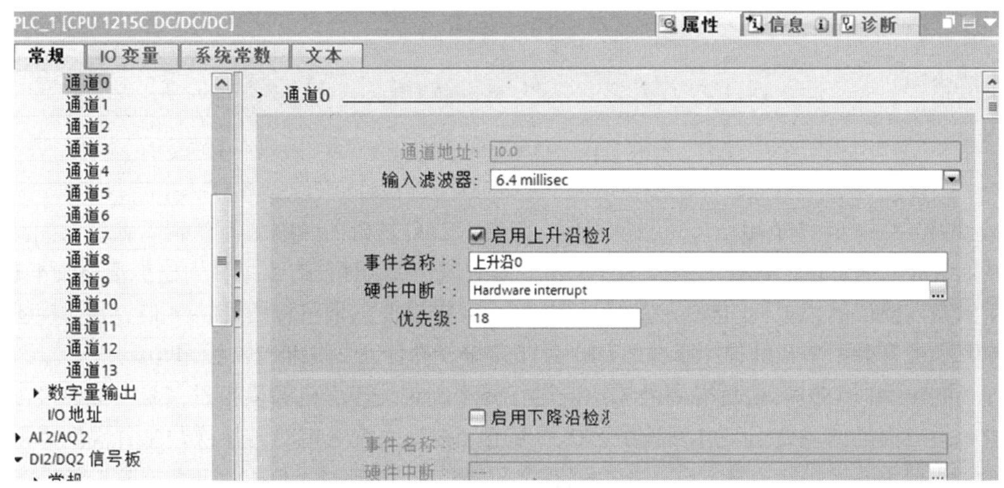

图 5-8 组态 PLC 的数字量输入点

还可勾选复选框启用各通道的上升沿中断、下降沿中断和脉冲捕捉功能，以及设置中断事件时调用的硬件中断组织块 OB。脉冲捕捉功能暂时保存窄脉冲的 1 状态，直到下一次输入过程映像刷新。

（3）数字量输出点的参数设置

在“设备视图”中（图 5-7），选中 CPU 或有数字量输出的信号板，在“属性”窗口中选中“常规”→“数字量输出”，可以设置 CPU 进入 STOP 模式时，数字量输出如何使用替代值，如图 5-9 所示。如果勾选复选框，表示替代值为 1，反之为 0（默认的替代值）。替代值可以保证系统因故障自动切换到 STOP 模式时进入安全的状态。

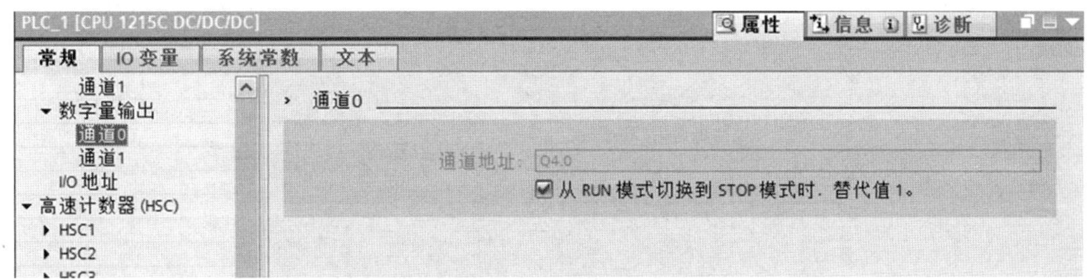

图 5-9 组态 CPU 的数字量输出点

（4）模拟量输入点的参数设置

在“设备视图”中，选中 CPU，可设置 CPU 集成的模拟量输入点的参数，如图 5-10 所示。

① 通道地址：CPU 1215C 集成的两路模拟量输入通道默认的地址是 IW64～IW67，每个通道

占用一个字，可以单击“I/O 地址”，自定义模拟量输入通道的起始地址，见图 5-10。

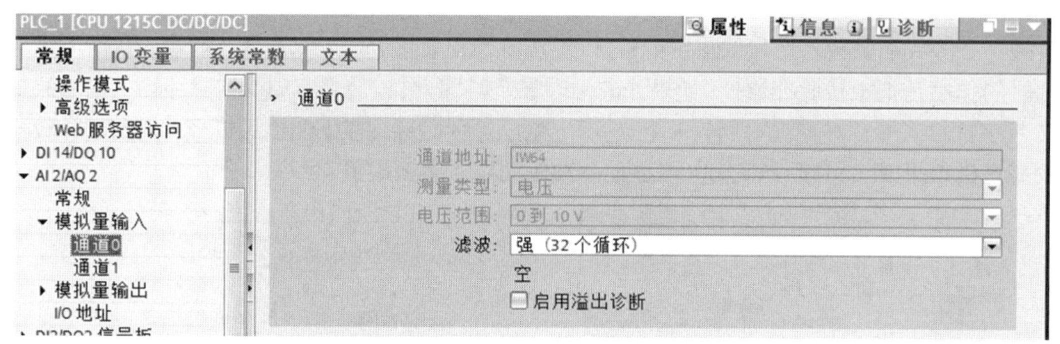

图 5-10 组态模拟量输入点

② 测量类型（电流或电压）和测量范围：CPU 1215C 集成的两路模拟量输入通道只能测量电压信号，测量范围为 0～10V。模拟量输入/输出模块中模拟量对应的数字称为模拟值。表 4-7 给出了模拟量输入模块的模拟值与模拟量的对应关系。双极性模拟量量程的上、下限分别对应于模拟值 27648 和–27648，单极性模拟量量程的上、下限分别对应于模拟值 27648 和 0。

③ 滤波：对 A/D 转换后得到的模拟值进行滤波。对缓慢变化的模拟量信号（如温度测量信号）进行模拟值的滤波处理，可以减小干扰的影响。根据系统规定的转换次数来计算转换后的模拟值的平均值。滤波等级有无、弱、中、强四个等级，它们对应的计算平均值的模拟量采样值的周期数分别为 1、4、16 和 32 。选择的滤波等级越高，滤波后的模拟值越稳定，而测量的快速性越差。

模拟量输入信号板和模拟量输入模块的参数设置方法与 CPU 集成的模拟量输入点基本相同。

（5）模拟量输出点的参数设置

在“设备视图”中，添加一个 AQ 模块；然后与数字量相同，可以设置 CPU 进入 STOP 模式后各模拟量输出点保持上一个值或使用替代值，如图 5-11 所示。需要设置模拟量输出点的输出类型（电压或电流）和输出范围。可以设置电流输出的断路诊断功能和电压输出的短路诊断功能。模拟量输出信号板和模拟量输出模块的参数设置方法与 CPU 集成的模拟量输出点基本相同。

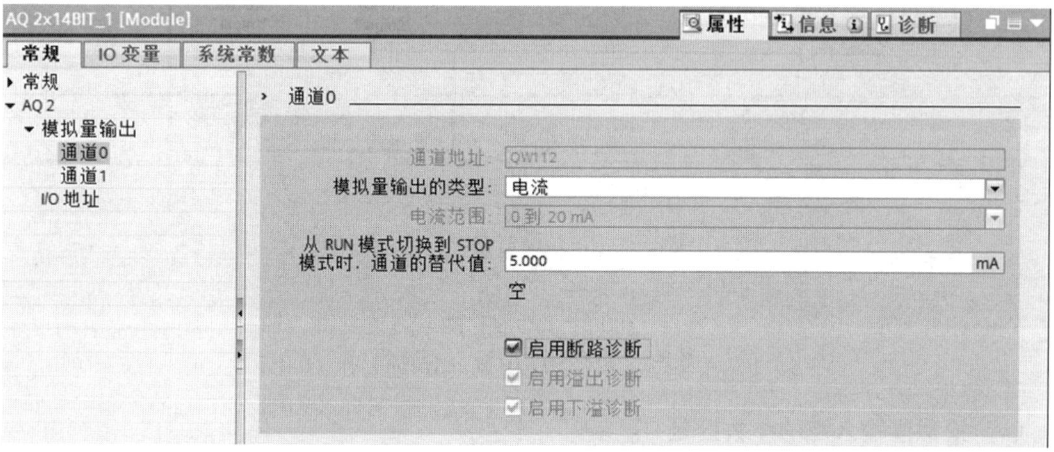

图 5-11 组态模拟量输出点

5.2　S7-1200 PLC 编程语言简介

5.2.1　编程语言的种类和特征

不同生产厂家的 PLC 编程语言通常有较大的差异，即使同一生产厂家不同型号的 PLC 编程语言也有差异。不同型号的 PLC 基本逻辑指令较多类似，而功能指令相差较远。如果能对一些基本知识理解得较为深刻，如梯形图特点及变化、助记符格式及变化，则在掌握了一种类型 PLC 的编程语言和编程方法后，再学习另一种类型 PLC 的编程语言和编程方法，较容易做到“触类旁通”。

西门子 S7-1200 PLC 支持的编程语言有 LAD（梯形图）、FBD（功能块图）、SCL（结构化控制语言），但不支持 STL（语句表）。梯形图是基于电路图来表示的一种图形编程语言，功能块图是基于布尔代数中使用的图形逻辑符号来表示的一种编程语言，结构化控制语言是一种基于文本的高级编程语言。编程时可以选择要使用的程序语言，用户程序可以使用任意或所有编程语言创建程序块。

（1）梯形图（LAD）

梯形图与继电器-接触器控制电路类似，容易掌握，如图 5-12 所示。它沿用了继电器、触点、串联、并联等类似的图形符号，还向多种功能（如数学运算、定时器、计数器等）提供功能框指令。梯形图信号流向清楚、简单、直观、易懂，很适合电气工程人员使用，在 PLC 中使用非常普遍，通常各厂家、各型号 PLC 把它作为第一用户语言。

图 5-12　梯形图

（2）功能块图（FBD）

功能块图与半导体逻辑电路的逻辑框图类似，沿用了半导体逻辑电路的逻辑框图的表达方式，使用布尔代数的图形逻辑符号表示控制逻辑，使用指令框表示复杂的功能，分为基本功能块和特殊功能块。基本功能块如 AND、OR、XOR 等，特殊功能块如脉冲输出、计数器等。一般用一种功能方框表示一种特定的功能，每个功能块的功能由所选取的功能块指令决定。

（3）结构化控制语言（SCL）

结构化控制语言（Structured Control Language，SCL）是用于 SIMATIC S7 系列 PLC 的 CPU 的基于 PASCAL 的高级编程语言，又称助记符语言或指令表语言，容易记忆和掌握，比梯形图语言更能编制功能复杂的程序。

SCL 的表达式是用于计算值的公式，表达式由操作数和运算符（如*、/、+、–）组成，操作数可以是变量、常量或表达式。SCL 也使用标准的 PASCAL 程序控制操作，可以用于执行程序分支任务、重复 SCL 编程代码的某些部分、跳转到 SCL 程序的其他部分、按条件执行，如 IF-THEN、CASE-OF、GOTO、FOR-TO-DO、WHILE-DO、REPEAT-UNTIL、CONTINUE 和 RETURN。

LAD、FBD 和 SCL 之间可以有条件地互相转换，初学者首先掌握梯形图语言，积累一定经验后可尝试使用其他的编程语言。

5.2.2 梯形图语言

梯形图由触点、线圈和用方框表示的指令框组成。触点代表逻辑输入条件，例如外部按钮的状态和内部条件等；线圈通常代表逻辑运算结果，常用来控制外部的指示灯、交流接触器和内部的标志位等；指令框用来表示定时器、计数器或者算术运算等附加指令。触点和线圈等组成的独立电路称为网络。

如图 5-13 所示，用德国西门子公司的 PLC 梯形图语言对继电器-接触器控制电路进行编程。梯形图按自上而下、从左到右的顺序排列，最左边的竖线称为起始母线，然后按一定的控制要求连接各个节点，最后以线圈或功能框指令结束，称之为一个逻辑行。一个 LAD 程序段中有若干逻辑行，形似梯子，如图 5-13（b）所示。西门子 PLC 的梯形图由若干个程序段组成，分别用 I 和 Q 表示输入点和输出点。

梯形图（LAD）的绘制规则如下：

① 梯形图中只出现输入电器的触点而不出现输入电器的线圈；

② 梯形图中的触点原则上可以被无限次引用；

③ 在编程时，首先对梯形图中的元件进行编号（即标注地址），同一个编程元件的线圈和触点要使用同一编号（或地址）；

④ 梯形图中的触点和线圈可以使用物理地址，也可以使用符号地址。

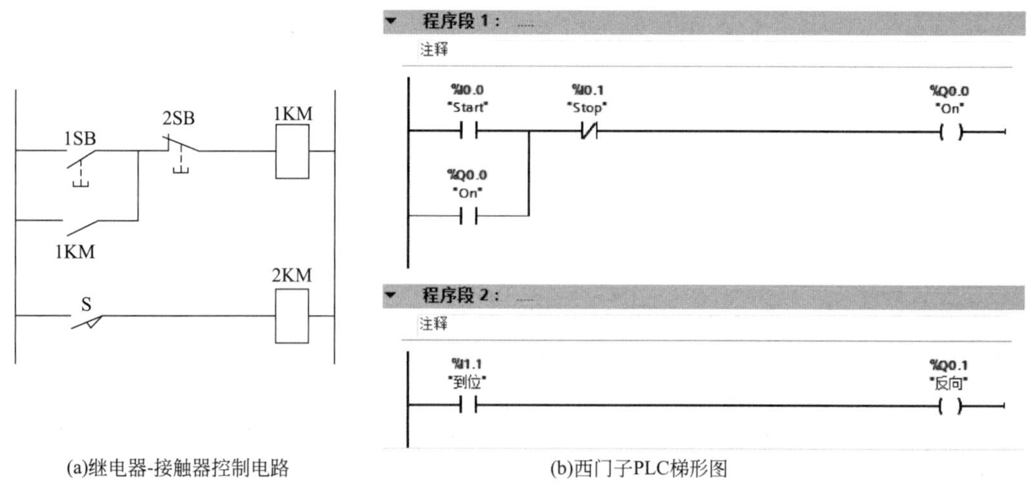

(a)继电器-接触器控制电路　(b)西门子PLC梯形图

图 5-13 继电器-接触器控制电路与西门子 PLC 的梯形图

5.3 S7-1200 PLC 的 CPU 存储区

5.3.1 物理存储器

（1）PLC 使用的物理存储器

PLC 使用的物理存储器有随机存取存储器（RAM）、只读存储器（ROM）、可电擦除可编程只读存储器（EEPROM）。

CPU 可以读、写随机存取存储器（RAM）。电源中断后，存储的信息将会丢失。RAM 工作速度快，读写方便，价格便宜。

只读存储器（ROM）的内容只能读出、不能写入。电源断电后，仍能保存存储器的内容。ROM 一般用来存放 PLC 的操作系统。

可以用编程装置对可电擦除可编程只读存储器（EEPROM）进行编程，其兼有 ROM 非易失性和 RAM 随机存取的优点，但是写入数据时间比 RAM 长得多，用来存放用户程序和断电时需要保存的重要数据。

（2）CPU 的存储区分布

CPU 的存储器有系统存储器和用户存储器。系统存储器是存放操作系统程序的，它使 PLC 具有基本的功能，不需要谈论。用户存储器是存放用户程序和数据的，它使 PLC 能满足用户的控制要求。下面重点讨论用户存储器，用户存储器有三个区域：装载存储器、工作存储器和外设 I/O 存储器（图 5-14）。

装载存储器用于存放不包含符号地址和注释的用户程序、PLC 配置参数（CPU 模块及扩展模块的 I/O 配置和编址、配置 PLC 站地址、软件滤波功能等），存储器可能是 EEPROM 和 RAM。下载程序时，用户程序（逻辑块和数据块）被下载到 CPU 的装载存储器，CPU 把可执行部分复制到工作存储器，符号表和注释则保存在编程设备中。

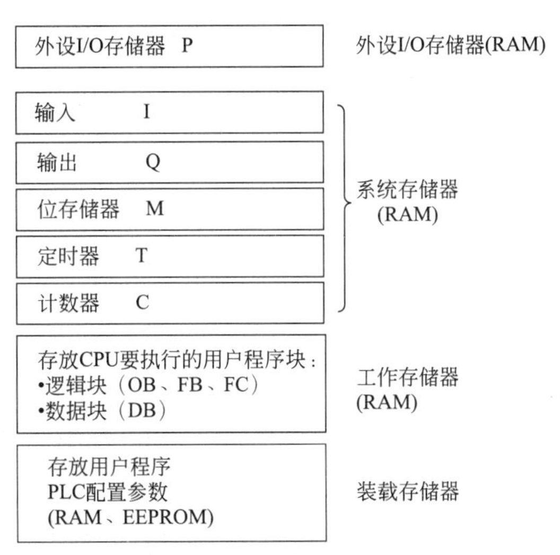

图 5-14 CPU 的存储区分布

工作存储器用于存储 CPU 运行时所执行的用户程序和数据的复制件，例如组织块、功能块、功能和数据块。为了不过多地占用工作存储器，保证程序执行的快速性，只有与程序执行有关的块被装入工作存储器。存储器为高速存取的 RAM 存储器。

系统存储器是 S7-1200 PLC 的 CPU 提供的存储器的特定区域，包括输入映像存储器、输出映像存储器、位存储器、临时存储器（全称为临时局部数据存储器）、数据块存储器。数据区是用户程序执行过程中的内部工作区域，使 CPU 运行更快。存储器为 RAM。

除此以外，用户存储器还有一片区域，叫作外设 I/O 存储器（PI 和 PQ）。通过外设 I/O 存储器（PI

和 PQ），用户可以不经过输入映像存储器 I，直接访问本地的和分布式的输入模块和输出模块。

5.3.2 系统存储器

S7-1200 PLC 的指令参数所用的基本数据类型有 1 位布尔型（Bool）、8 位字节型（Byte）、16 位无符号整数型（Word）、16 位有符号整数型（Int）、32 位无符号双字整数型（DWord）、32 位有符号双字整数型（DInt）、32 位实数型（Real）。

（1）存储器的地址标识格式

每个存储单元都有唯一的地址标识，用户程序根据地址就可以对存储单元的内容进行读、写。绝对地址由区标识符、位数标识符和数据的起始地址三个元素组成。

- 区标识符：I（输入映像存储区），Q（输出映像存储区），M（位存储区），PI（外设输入），PQ（外设输出），T（定时器），C（计数器），DB（数据块），L（临时局部数据存储器）。
- 位数标识符：X（位），B（字节），W（字、2 字节），D（双字、4 字节），没有位数标识符的则表示操作数的位数是 1 位。
- 数据的起始地址：如字节 3 或字 3。

由于 PLC 物理存储器是以字节为单位，因此总是以字节单位来确定存储单元。

① 存储区位地址：其标识参数包括字节号与位号，用“点”分开。

如图 5-15 所示，I6.7 表示地址是存储单元 IB6 字节（字节号 6）的第 7 号位。

② 存储区字地址或双字地址：它占存储区连续的 2 个字节或 4 个字节，总是用字或双字的最低字节号为基准标记（图 5-16）：

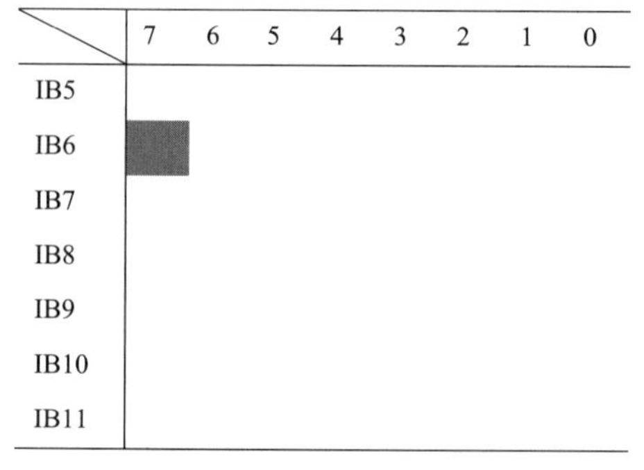

图 5-15 字节与位

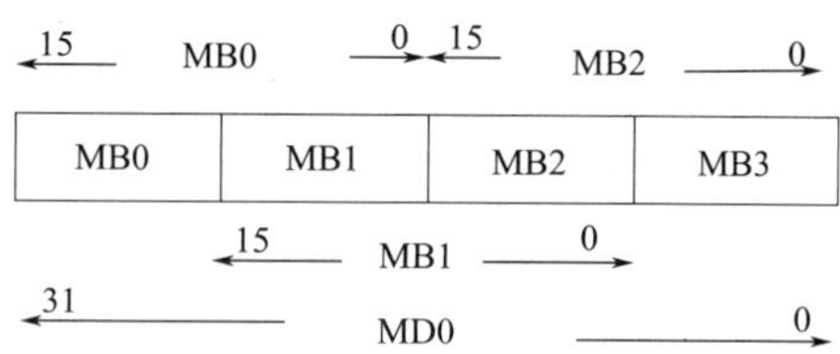

图 5-16 地址标识符：字节、字、双字

存储区字节地址（MB）：MB0、MB1、MB2、MB3。

存储区字地址（MW）：MW0（含 MB0、MB1）。

存储区双字地址（MD）：MD0（含 MB0、MB1、MB2、MB3）。

（2）系统存储器区域

① 输入/输出映像存储区（I/Q） I/Q 是数字量输入/输出模块的输入信号状态，在每次循环扫描开始时，系统将它们存入过程映像区中的输入表（Process Image Input，PII）中，即每一循环扫描周期刷新一次。该区多用于开关量输入信号存储。在循环扫描中，用户程序执行计算并输出值，将它们存入过程映像区中的输出表（Process Image Output，PIO）。在循环扫描结束后，将过程映像区中输出表的内容写入数字量输出模块，通过输出模块将输出信号传输给外部负载。用户程序

访问 PLC 的输入（I）和输出（Q）地址区时，不是去读写数字信号模块中的信号状态，而是访问 CPU 中的输入/输出映像存储区。

I 和 Q 可以以位、字节、字或双字为单位进行访问，例如 I0.0、QB0、IW1 和 QD2。访问它们并不是访问输入/输出模块，而是访问存储器中的区域，所以叫映像。

② 内部存储器标志位存储区（M） 内部存储器标志位存储区简称位存储区，用来保存控制逻辑的中间操作结果或其他控制信息。虽然名为"位存储区"，表示按位存取，但是也可以按字节、字或双字来存取，如 M0.0、MB11、MW23、MD26。当按位存取时，它的作用相当于中间继电器。

③ 定时器（T）存储器区　定时器相当于继电器系统中的时间继电器。定时器（T）存储器区给定时器分配的字用于存储时间基值和时间值（0～999）。时间值可以用二进制或 BCD 码方式读取。

④ 计数器（C）存储器区　计数器用来累计其计数脉冲上升沿的次数，有加计数器、减计数器和加减计数器。计数器（C）存储器区给计数器分配的字用于存储计数当前值（0～999）。计数值可以用二进制或 BCD 码方式读取。

⑤ 数据块（DB）存储器　数据块存储器用于存储各种类型的数据，其中包括操作的中间状态或 FB（功能块）的控制信息参数，以及一些指令（如计数器和定时器）所需的数据结构。

可以按位、字节、字或双字访问数据块存储器。DB 为数据块，DBX 是数据块中的数据位，DBB、DBW 和 DBD 分别是数据块中的数据字节、数据字和数据双字。在访问数据块中的数据时，应指明数据块的名称，如 DB2.DBX0.0、DB1.DBB2、DB23.DBW2、DB0.DBD1。

⑥ 外设输入/输出（PI/PQ）区　外设输入（PI）和外设输出（PQ）区是立即刷新的外设输入/输出存储区，允许直接访问本地分布式的输入模块和输出模块。通过 PI 和 PQ，可不经过过程映像区直接访问输入/输出模块，即不受扫描周期的约束。

可以以字节（PIB 或 PQB）、字（PIW 或 PQW）或双字（PID 或 PQD）为单位存取，不能以位为单位存取。在 I/Q 点的地址或符号地址的后面附加"：P"，可以立即访问外设输入或外设输出，如 I0.3：P、IW4：P、Q0.3：P。

⑦ 临时局部数据存储器（L） 临时局部数据存储器用于存储代码块被处理时使用的临时数据，类似于 M 存储器，二者的区别主要是 M 存储器是全局的，而临时局部数据存储器是局部的，只能在生成它的代码块内使用。

只能强制外设输入和外设输出（表 5-2）。在执行用户程序之前，强制值被用于输入映像存储区。在处理程序时，使用的是输入点的强制值。在写外设输出点时，强制值被送入输出映像存储区，输出值被强制覆盖。强制值在外设输出点输出，并被用于控制过程。

表 5-2　系统存储区

存储区	描述	强制	保持性
输入映像存储区（I）	在循环开始时，将输入模块的输入值保存到 I	No	No
外设输入（I_：P）	通过 PI 直接访问集中式和分布式输入模块	Yes	No
输出映像存储区（Q）	在循环结束时，将 Q 中的内容写入输出模块	No	No
外设输出（Q_：P）	通过 PQ 直接访问集中式和分布式输入模块	Yes	No
位存储器（M）	用于存储用户程序的中间运算结果或标志位	No	Yes
临时局部数据存储器（L）	临时局部数据只能供块内部使用	No	No
数据块（DB）	数据存储器与 FB 的参数存储器	No	Yes

5.4 编写用户程序与变量表的使用

在 5.1.3 节已经进行了项目的创建和硬件的组态。下面可以在“项目视图”中，对项目进行用户程序的编写。

图 5-17 是电动机主电路与 PLC 外部接线图。启动时主电路中接触器 QA1 动作，电动机启动；停止时，按照控制要求，延时后 QA1 动作，电动机停止。过载保护的常开触点接在 I0.2 对应的输入端。输出回路的 3M 点接直流 24V 的负极，可使用 CPU 模块内置的 24V DC 电源。

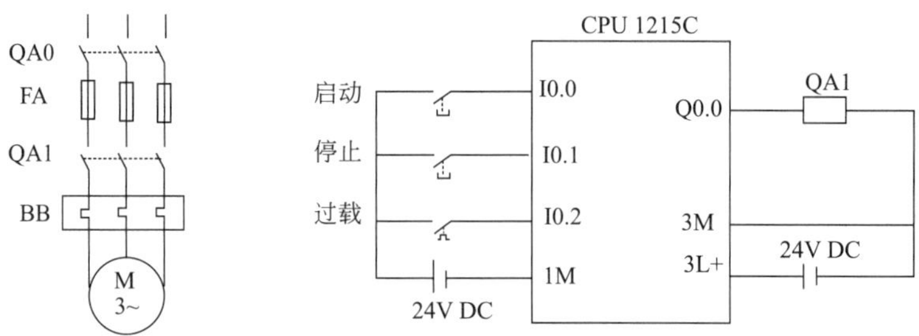

图 5-17　电动机主电路与 PLC 外部接线图

打开项目树的“PLC_1”文件夹，单击“程序块”，打开主程序“OB1”。在程序编辑器（图 5-18）中编辑用户程序。

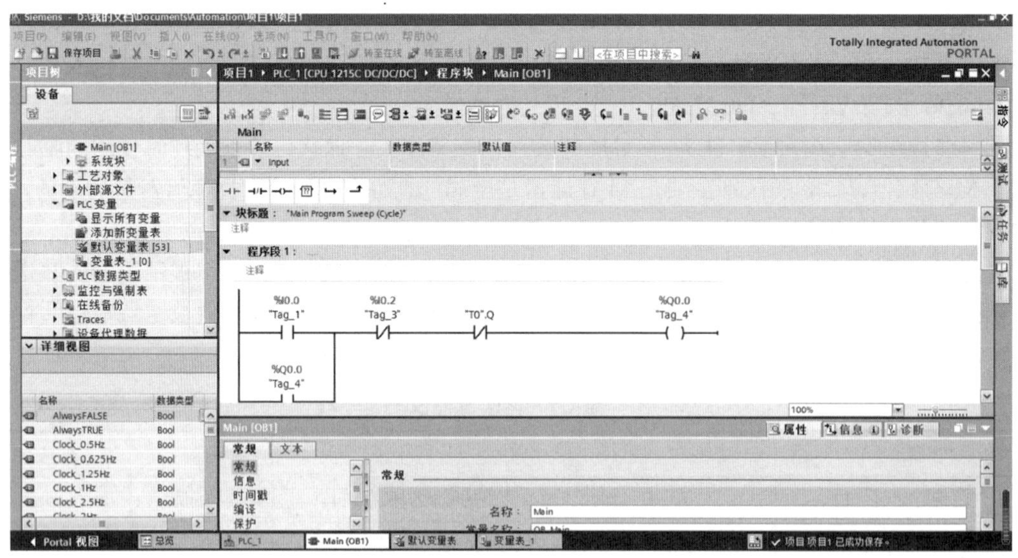

图 5-18　“项目视图”中的程序编辑器

5.4.1 使用变量表

（1）生成与修改变量

打开项目树文件夹“PLC 变量”，单击“默认变量表”，打开变量编辑器。在“变量”选项卡中定义 PLC 的变量。

变量表由“名称”“数据类型”“地址”等列组成。“名称”列是变量的符号地址，“地址”列是变量的绝对地址，“%”是自动添加的。符号地址使程序便于阅读和理解。可以先用 PLC 变量表定义变量的符号地址，然后在用户程序中使用它们。也可以在变量表中或程序中修改自动生成的符号地址的名称。图 5-19 所示为 PLC 变量的“默认变量表”。

默认变量表

	名称	数据类型	地址
1	启动	Bool	%I0.0
2	停止	Bool	%I0.1
3	过载	Bool	%I0.2
4	接触器	Bool	%Q0.0
5	定时器启动保持	Bool	%M2.1
6	<新增>		

图 5-19 默认变量表

（2）设置变量的保持功能

单击变量表中“工具”栏上的按钮，可以打开“保持性存储器”对话框（图 5-20），设置具有保持功能的存储器的字节数。设置后变量表中具有保持功能的 M 区的变量的“保持性”列的复选框中出现“√”。将项目下载到 CPU 后，M 区的保持功能起作用。

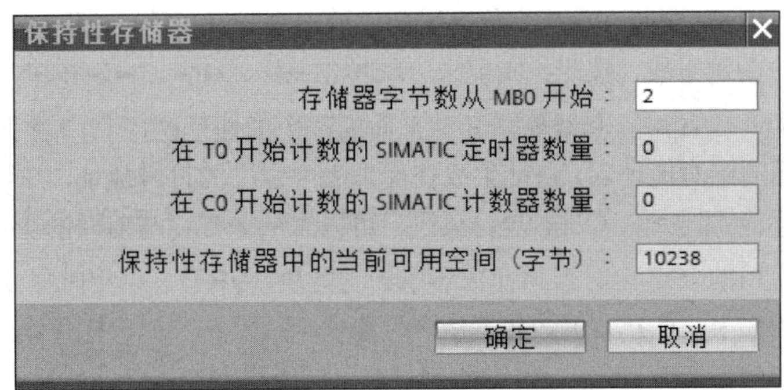

图 5-20 “保持性存储器”对话框

（3）全局变量与局部变量

PLC 变量表中定义的变量为全局变量，可以用于 PLC 中所有的逻辑块，在所有逻辑块中具有相同的名称。可以在变量表中为输入（I）、输出（Q）和位存储区（M）的位、字节、字和双字定义全局变量。在程序中，全局变量被自动添加双引号，例如“启动”。

在“项目视图”的项目树中，打开“PLC_1”→“程序块”→“添加新块”，新建一个块“FB1”。双击块“FB1”，可以在逻辑块的接口区定义局部变量（图 5-21）。局部变量只能在定义它的块中使用。可以在块的接口区定义块的输入/输出参数（Input、Output、InOut 参数）和临时数据（Temp），以及定义 FB 的静态数据（Static）。在程序中，局部变量被自动添加#号，例如“#启动”。

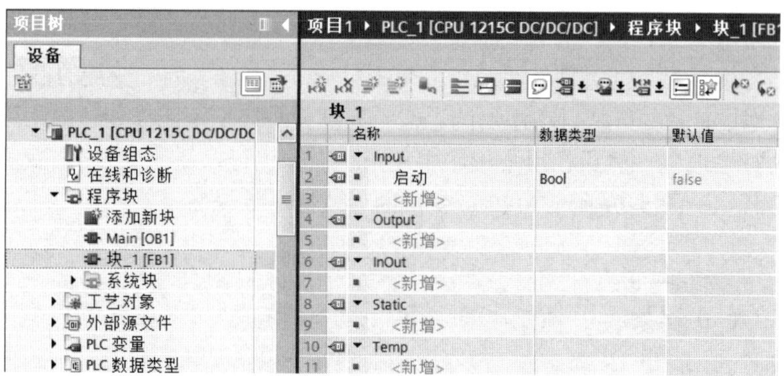

图 5-21　局部变量的定义

5.4.2　编写用户程序

如图 5-17 所示，控制回路中，按下“启动”按钮，I0.0 状态为 1，Q0.0 状态变为 1，接触器 QA1 线圈得电，主电路中，接触器主触点闭合，电动机启动；过载时热继电器 BB 发热元件膨胀，使其常闭触点断开，主电路中 I0.2 状态为 1。控制回路中，按下停止按钮，I0.1 状态为 1，Q0.0 延时 5s 变为 1 状态，接触器 QA1 线圈失电，主电路中，接触器触点断开，使电动机停止。

下面介绍编写用户程序的过程。在“项目视图”的项目树中，打开“PLC_1”→“程序块”→“Main”。根据图 5-19 中定义的变量，在程序区对 OB1 编程。与 S7-200 PLC 和 S7-300/400 PLC 不同，S7-1200 PLC 的梯形图允许在一个程序段内生成多个独立电路。在程序段 1 中进行程序的编写。选中程序段 1 中的水平线，按照控制要求分别单击 ⊣⊢、⊣/⊢、–( )– 按钮，水平线上出现从左到右串联的常开触点、常闭触点和线圈，元件上面的红色的地址区“<? ? ? >”用来输入元件地址，输入触点和线圈的绝对地址后，自动生成在变量表中定义的符号地址，符号地址前面的字符% 是自动添加的，表示全局地址。单击 ↦ 按钮，可以生成分支，与前面的逻辑串并联。

S7-1200 PLC 使用的 IEC 定时器和计数器属于功能块（FB），调用时需要生成对应的背景数据块。在“项目视图”中，打开右侧边缘“指令”选项卡（图 5-22），打开“指令”窗口，在“基本指令”中，找到“定时器操作”，选中接通延时定时器 TON，按住左键将其拖入程序区需要的位置，出现“调用选项”对话框（图 5-23），将数据块名称改为“T0”，按“确定”后生成指令 TON 的背景数据块 DB2。S7-1200 PLC 的定时器和计数器没有编号，可以用背景数据块的名称来做它们的标识。

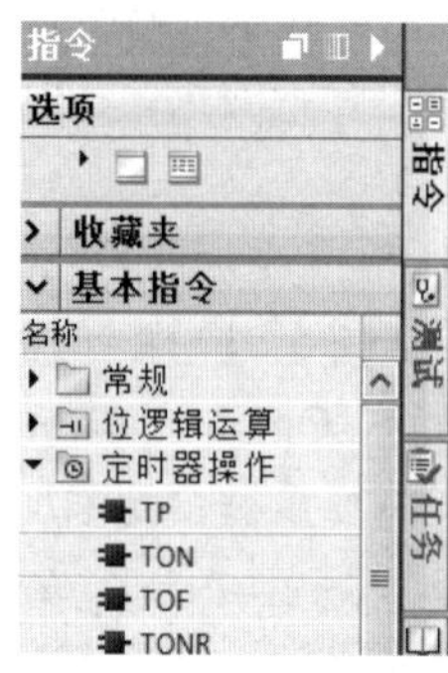

图 5-22　“指令”窗口

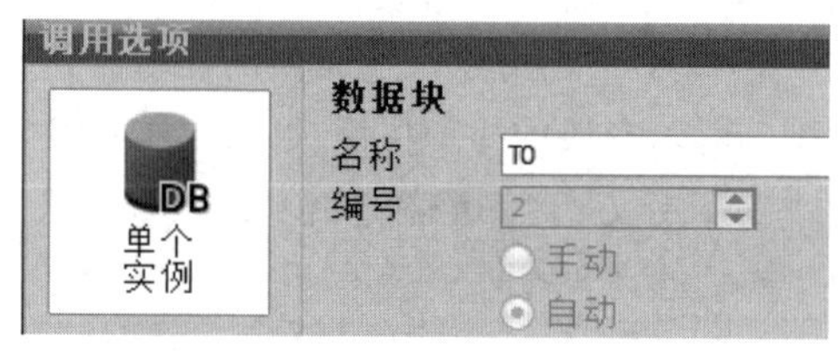

图 5-23　生成定时器的背景数据块

在 OB1 的程序区编辑好如图 5-24 所示的代码，它是实现图 5-17 中功能的程序。在定时器的 PT 输入端输入预设值 T#5s，定时器延时 5s 状态由 0 变为 1。定时器的输出位 Q 是定时器的状态，是它的背景数据块 T0 中的布尔变量，符号名为“T0”.Q。

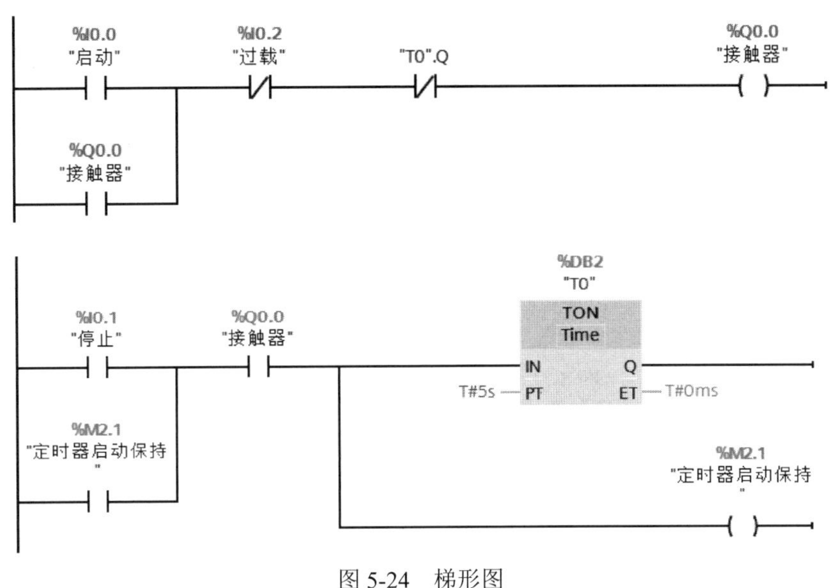

图 5-24　梯形图

5.5　用户程序的下载与仿真

5.5.1　下载用户程序

（1）组态 CPU 的 PROFINET 接口

在 5.1.3 节，已经进行了项目的创建和硬件的组态；在 5.1.4 节介绍了为 CPU 分配的 IP 地址，通过 CPU 与运行 STEP 7 的计算机的以太网通信，可以执行项目的下载、上传、监控等任务。如图 5-6 所示，采用窗口中默认的 IP 地址和子网掩码。设置的地址在下载后才起作用。

（2）设置计算机网卡的 IP 地址

在 Windows 7 操作系统中，用以太网电缆连接计算机和 CPU，打开“控制面板”→“网络和共享中心”→“更改适配器设置”→“本地连接”，右键打开“本地连接”的“属性”对话框，双击列表框中的“Internet 协议版本 4（TCP/IPv4）”，打开“Internet 协议版本 4（TCP/IPv4）属性”对话框（图 5-25）。选中“使用下面的 IP 地址”单选框，输入 PLC 以太网接口默认的 IP 地址“192.168.0.5”，IP 地址的第 4 个字节是子网内设备地址，可以取 0～255 中的某个值，子网中设备的 IP 地址不能重叠，具有唯一性。单击“子网掩码”输入框，自动出现默认的子网掩码“255.255.255.0”。

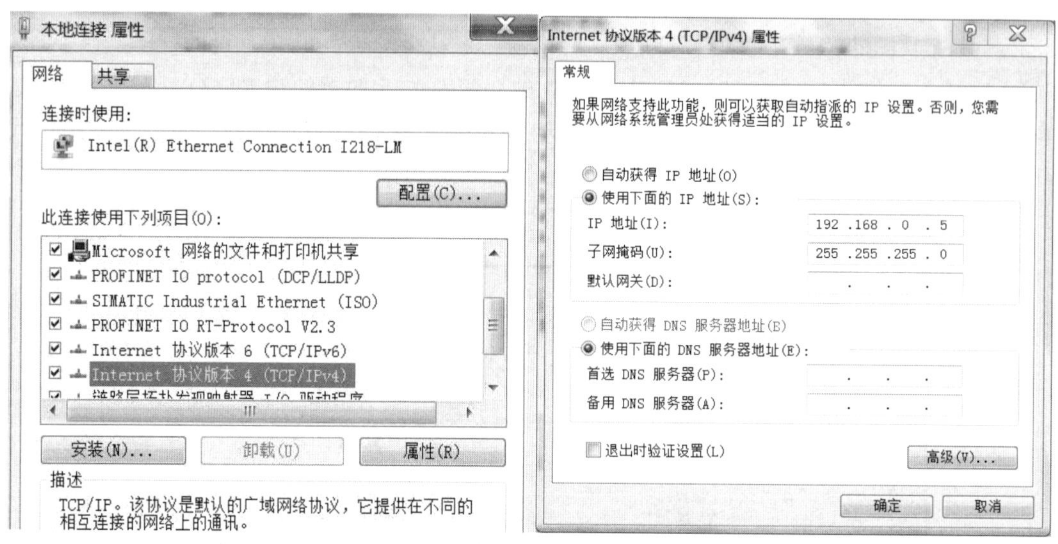

图 5-25　设置计算机网卡的 IP 地址

（3）下载项目到 CPU

做好上述工作后，接通 PLC 电源。在“项目视图”中选中项目树中的“PLC_1”，单击“工具栏”中的“下载”按钮，打开“扩展下载到设备”对话框（图 5-26）。在“PG/PC 接口”列表中选择实际使用的网卡。单击“开始搜索”，在“选择目标设备”列表中出现网络上的 CPU 和 IP 地址。图 5-26 中的计算机与 PLC 之间的连线接通。选中列表中的设备，单击“下载”按钮。

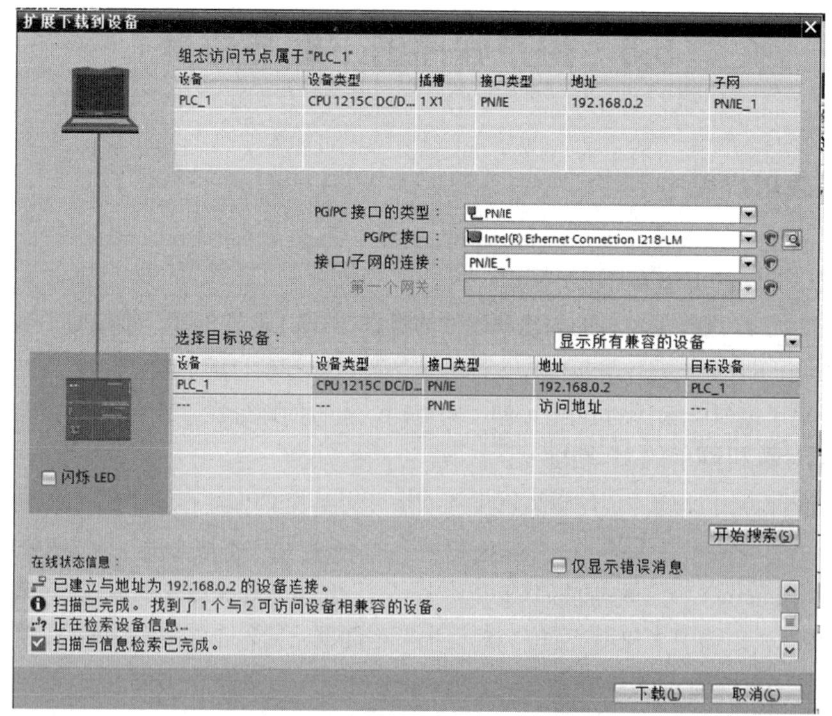

图 5-26　“扩展下载到设备”对话框

假设 PLC 原来已经设定 IP 地址为 192.168.0.1，若在组态以太网接口时将它改为 192.168.0.2，则在“扩展下载到设备”对话框中单击“开始搜索”按钮时，找不到可访问的设备。此时选择“显示所有兼容的设备”，在“选择目标设备”列表中显示了 IP 地址为 192.168.0.1 的 CPU，选中它以后单击“下载”按钮，下载后 CPU 的 IP 地址就被修改为 192.168.0.2 了。

用户程序首先要进行“编译”，编译成功后，勾选“全部覆盖”复选框，表示将存储器中原来的信息全部覆盖，单击“下载”按钮，开始下载。下载结束后，出现“下载结果”对话框，如图 5-27 所示，选择“启动模块”，单击“完成”，PLC 此时被启动，RUN/STOP 指示灯由黄色变为绿色。

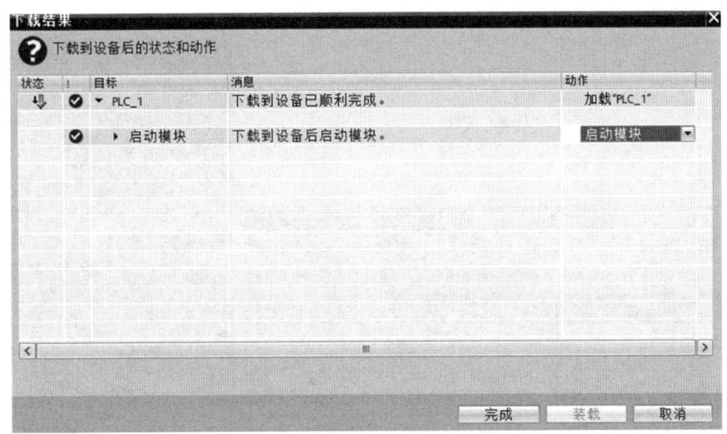

图 5-27 “下载结果”对话框

以上过程就完成了将 IP 地址下载到 CPU，建立了博途软件或编程器和 PLC 之间的以太网连接。

在博途软件的“项目视图”中，将 OB1 中编好的用户程序（图 5-24）下载。在“项目视图”中选中项目树中的“PLC_1”，单击“工具栏”中的“下载”按钮。出现“下载预览”对话框，如图 5-28 所示，此时可以看到“模块因下载到设备而停止。”消息，选择“全部停止”，PLC 切换到 STOP 模式。单击“装载”按钮，出现“下载结果”对话框，如图 5-27 所示，选择“启动模块”，PLC 切换到 RUN 模式。

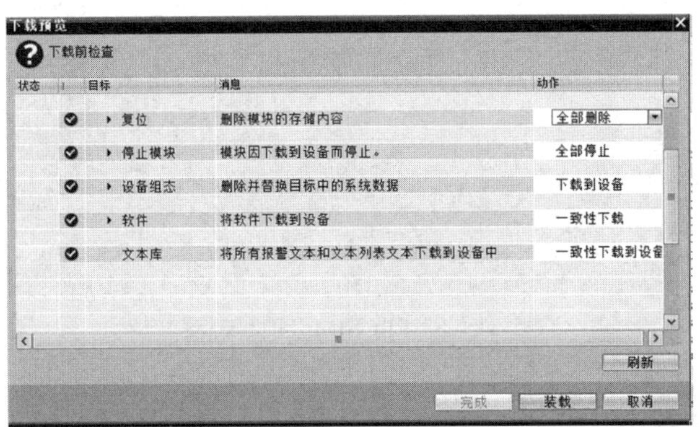

图 5-28 “下载预览”对话框

5.5.2 用户程序的仿真调试

博途软件是一款集成软件，其中 SIMATIC S7-PLCSIM 是可以替代西门子硬件 PLC 的仿真软件，用户设计好控制程序后，无须 PLC 硬件支持，就可以直接调用 SIMATIC S7-PLCSIM 调试和验证用户程序，也可以与 SIMATIC WinCC 一同在博途环境下实现上位机监控模拟。

（1）启动仿真和下载程序

在“项目视图”的项目树中选择“PLC_1”，然后单击“仿真”按钮，如图 5-29 所示，启动 SIMATIC S7-PLCSIM，弹出仿真器精简视图，如图 5-30 所示。

图 5-29 启动仿真　　　　图 5-30 仿真器精简视图

单击图 5-30 右上角的按钮，打开“项目视图”，如图 5-31 所示。单击“新建”，可以新建一个仿真项目——“项目 13”，如图 5-32 所示。

图 5-31 S7-PLCSIM“项目视图”1

也可以单击桌面上的 S7-PLCSIM 图标，打开 S7-PLCSIM 的“项目视图”，如图 5-32 所示，生成一个新的仿真项目。选中博途软件“项目视图”项目树中的“PLC_1”，单击“工具栏”上的“下载”按钮，将用户程序下载到仿真 PLC 中。

（2）用仿真表调试程序

在 S7-PLCSIM 左侧项目树中可以看到“SIM 表格”，双击“SIM 表格_1”，如图 5-33 所示，在“SIM 表格_1”中添加需要进行测试的变量。

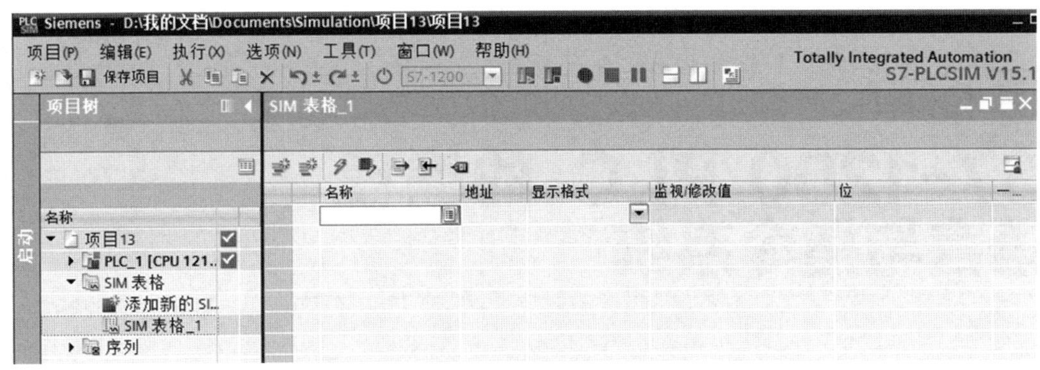

图 5-32　项目视图中新建的项目

“启动/禁用非输入修改”按钮

图 5-33　变量监控 SIM 表

在图 5-33 中，“监视/修改值”“位”“一致修改”列的背景为灰色。默认情况下，只允许输入信号的修改，Q 点或者 M 点的值不能修改。可单击“SIM 表格工具”栏的“启动/禁用非输入修改”按钮来修改非输入变量。两次单击图 5-33 中的 I0.0 的“位”列中的小方框，I0.0 变为 TRUE 后又变回 FALSE，模拟了“启动”按钮的按下和放开的结果。

习　题

1. 博途软件有几种视图？分别是什么？
2. 使用博途软件开发用户程序需要哪几个步骤？
3. S7-1200 PLC 中默认的系统存储器字节地址是什么？解释其各个位的意义。
4. 简述用户存储器中的系统存储区的组成及各部分作用。
5. 存储器的位、字节、字和双字有什么关系？M100.0、MB100、MW100、MD100 的含义是什么？
6. S7-1200 PLC 可以使用哪些编程语言？
7. Q0.0:P 和 Q0.0 有什么区别？为什么不能读外设输出点？
8. 计算机与 S7-1200 PLC 通信时，怎样设置网卡的 IP 地址和子网掩码？
9. 写出 S7-1200 PLC 的 CPU 默认的 IP 地址和子网掩码。
10. 程序状态监控有什么优点？什么情况下应使用监控表？
11. 修改变量和强制变量有什么区别？

参考答案

第6章 S7-1200 PLC 的编程语言与指令系统

本章要点

◆ 掌握常开、常闭、线圈、复位/置位、上升沿/下降沿、触发器等位逻辑及相关指令的原理与编程。

◆ 掌握生成脉冲、接通延时、关断延时、时间累加器、启动脉冲定时器、启动接通延时定时器、启动关断延时定时器等指令的使用方法和区别；掌握加计数、减计数、加减计数指令的原理与使用方法。

◆ 掌握比较指令，包括等于、不等于、大于或等于、小于或等于、值在范围内等指令的原理与编程；掌握移动操作指令，包括移动值、块移动、填充块、交换等指令的原理与编程；掌握转换指令，包括转换值、取整、浮点数向上取整、浮点数向下取整、截尾取整等指令的原理与编程。

◆ 掌握基本数学运算指令，包括计算、加、减、乘、除、递增、递减、绝对值、最大值、最小值、限值、平方根、指数、三角函数、取幂等指令的原理与编程；掌握循环和移位指令，包括左移、右移、循环左移、循环右移指令的原理与编程。

◆ 掌握字逻辑运算指令，包括与、或、异或、求反码、解码、编码、选择等指令的原理与使用；掌握程序控制指令，包括跳转、跳转分支、返回等指令的原理和使用方法。

本章重点是熟悉 S7-1200 PLC 的编程语言与指令系统，并掌握相关指令的使用方法。

6.1 位逻辑指令

6.1.1 触点指令

（1）触点与线圈

① 常开（——| |——） 常开触点的激活与否取决于相关操作数的信号状态。当操作数的信号状态为“1”时，常开触点关闭，同时输出的信号状态置位为输入的信号状态。当操作数的信号状态为“0”时，不会激活常开触点，同时该指令输出的信号状态复位为“0”。两个或多个常开

触点串联时，将逐位进行“与”运算，所有触点都闭合后才产生信号流。两个或多个常开触点并联时，将逐位进行“或”运算，有一个触点闭合就会产生信号流。示例如图6-1所示。

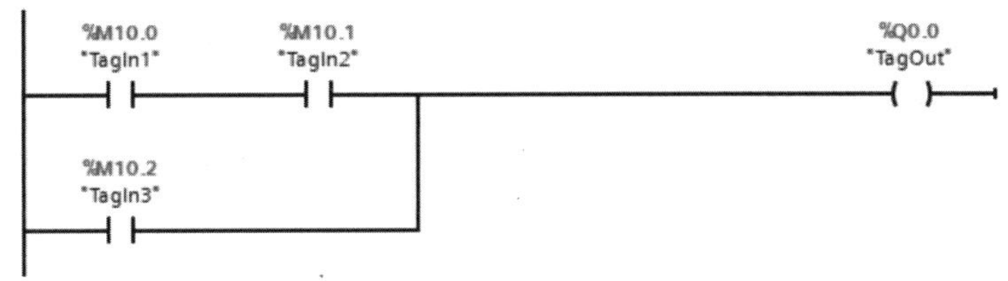

图6-1　常开触点示例

当满足以下任意条件时，将置位操作数TagOut（Q0.0）：

a. 操作数TagIn1（M10.0）和TagIn2（M10.1）的信号状态为“1”；

b. 操作数TagIn3（M10.2）的信号状态为“1”。

② 常闭（——| / |——）　常闭触点的激活与否取决于相关操作数的信号状态。当操作数的信号状态为“1”时，常闭触点打开，同时该指令输出的信号状态复位为“0”。当操作数的信号状态为“0”时，不会启用常闭触点，同时将该输入的信号状态传输到输出。两个或多个常闭触点串联时，将逐位进行“与”运算，所有触点都闭合后才产生信号流。两个或多个常闭触点并联时，将进行“或”运算，有一个触点闭合就会产生信号流。示例如图6-2所示。

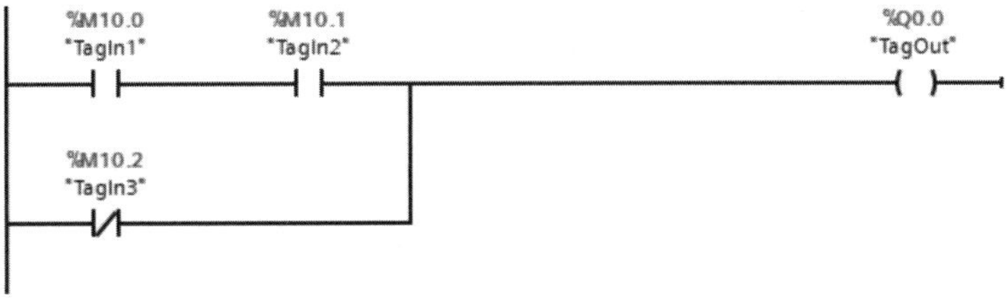

图6-2　常闭触点示例

当满足以下任意条件时，将置位操作数TagOut（Q0.0）：

a. 操作数TagIn1（M10.0）和TagIn2（M10.1）的信号状态为“1”；

b. 操作数TagIn3（M10.2）的信号状态为“0”。

③ 线圈（——(　)——）　可以使用“赋值”指令来置位指定操作数的位。如果线圈输入的逻辑运算结果的信号状态为“1”，则将指定操作数的位置位为“1”。如果线圈输入的逻辑运算结果信号状态为“0”，则将指定操作数的位复位为“0”。示例如图6-3所示。

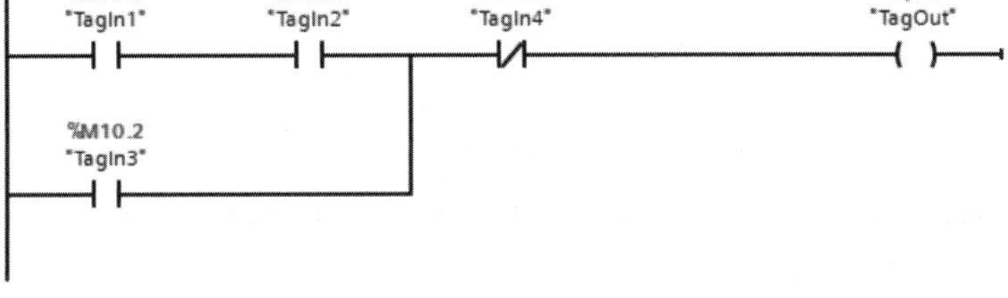

图6-3　线圈示例

当满足以下任意条件时，将置位操作数 TagOut（Q0.0）：

a. 操作数 TagIn1（M10.0）和 TagIn2（M10.1）的信号状态为“1”，TagIn4（M11.0）的信号状态为“0”；

b. 操作数 TagIn3（M10.2）的信号状态为“1”，TagIn4（M11.0）的信号状态为“0”。

（2）取反 RLO（——| NOT |——）

使用“取反 RLO”指令可对逻辑运算结果（RLO）的信号状态进行取反。如果该指令输入的信号状态为“1”，则指令输出的信号状态为“0”。如果该指令输入的信号状态为“0”，则指令输出的信号状态为“1”。示例如图 6-4 所示。

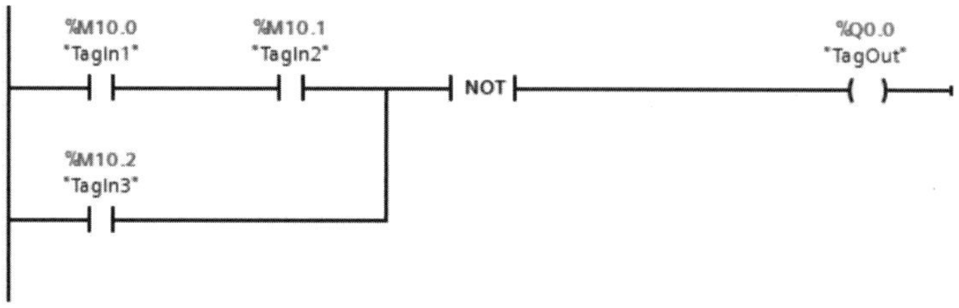

图 6-4 “取反 RLO”指令示例

当满足以下任意条件时，将置位操作数 TagOut（Q0.0）：

a. 操作数 TagIn1（M10.0）或 TagIn2（M10.1）的信号状态为“0”；

b. 操作数 TagIn3（M10.2）的信号状态为“0”。

6.1.2 输出类指令

（1）赋值取反（——(/)——）

使用“赋值取反”指令可将逻辑运算结果（RLO）进行取反，然后将其赋值给指定操作数。线圈输入的 RLO 为“1”时，复位操作数。线圈输入的 RLO 为“0”时，置位操作数。示例如图 6-5 所示。

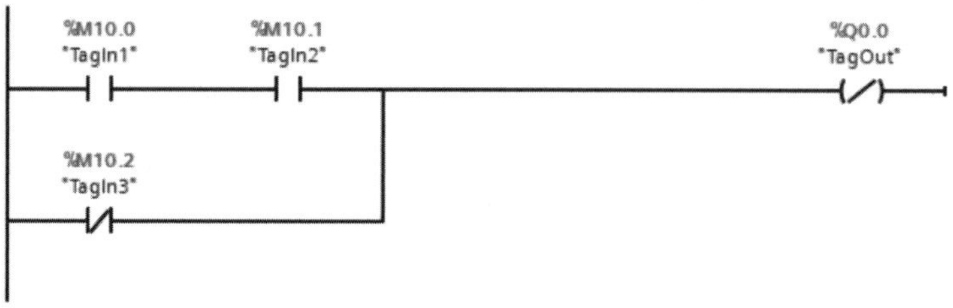

图 6-5 “赋值取反”指令示例

当满足以下任意条件时，将复位操作数 TagOut（Q0.0）：

a. 操作数 TagIn1（M10.0）和 TagIn2（M10.1）的信号状态为“1”；

b. 操作数 TagIn3（M10.2）的信号状态为“0”。

（2）复位与置位

① 复位输出（——(R)——） 使用“复位输出”指令可将指定操作数的信号状态复位为

“0”。仅当线圈输入的逻辑运算结果为“1”时，才执行该指令。如果线圈输入的 RLO 为“1”，则指定的操作数复位为“0”。如果线圈输入的 RLO 为“0”，则指定操作数的信号状态保持不变。示例如图 6-6 所示。

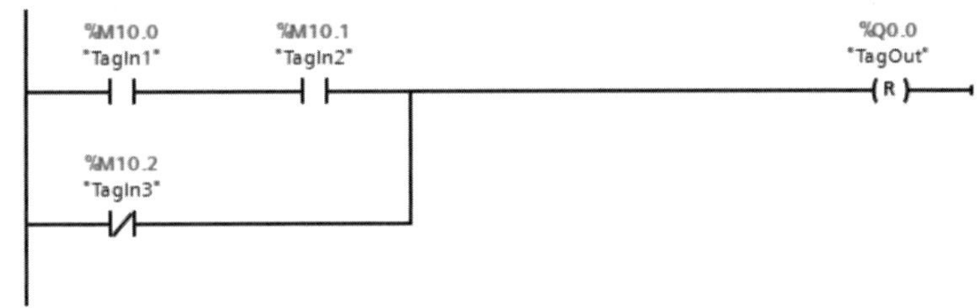

图 6-6　“复位输出”指令示例

当满足以下任意条件时，将复位操作数 TagOut（Q0.0）：

a. 操作数 TagIn1（M10.0）和 TagIn2（M10.1）的信号状态为“1”；

b. 操作数 TagIn3（M10.2）的信号状态为“0”。

② 置位输出（——(S)——） 使用“置位输出”指令可将指定操作数的信号状态置位为“1”。仅当线圈输入的逻辑运算结果为“1”时，才执行该指令。如果线圈输入的 RLO 为“1”，则指定的操作数置位为“1”。如果线圈输入的 RLO 为“0”，则指定操作数的信号状态保持不变。示例如图 6-7 所示。

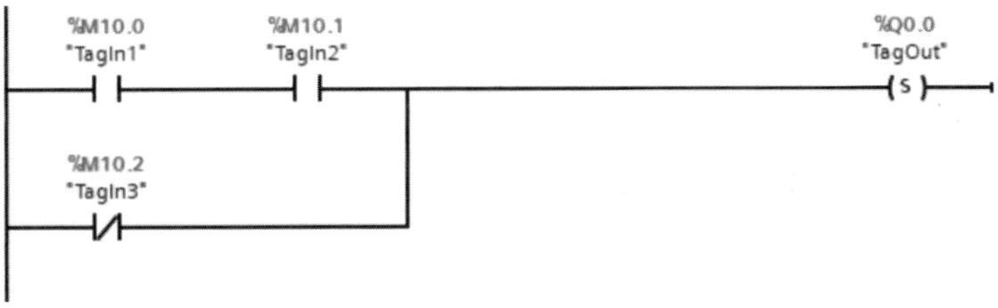

图 6-7　“置位输出”指令示例

当满足以下任意条件时，将置位操作数 TagOut（Q0.0）：

a. 操作数 TagIn1（M10.0）和 TagIn2（M10.1）的信号状态为“1”；

b. 操作数 TagIn3（M10.2）的信号状态为“0”。

③ 置位/复位触发器（SR） 使用“置位/复位触发器”指令，根据输入 S 和 R1 的信号状态，置位或复位指定操作数的位。如果输入 S 的信号状态为“1”且输入 R1 的信号状态为“0”，则将指定的操作数置位为“1”。如果输入 S 的信号状态为“0”且输入 R1 的信号状态为“1”，则将指定的操作数复位为“0”。

输入 R1 的优先级高于输入 S。输入 S 和 R1 的信号状态都为“1”时，将指定操作数的信号状态复位为“0”。

如果两个输入 S 和 R1 的信号状态都为“0”，则不会执行该指令，因此操作数的信号状态保持不变。

操作数的当前信号状态被传送到输出 Q，并可在此进行查询。示例如图 6-8 所示。

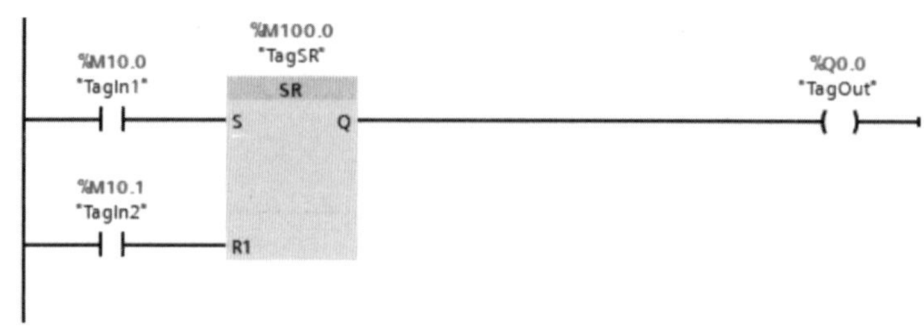

图 6-8　“置位/复位触发器”指令示例

当满足以下条件时，将置位操作数 TagSR（M100.0）和 TagOut（Q0.0）：

操作数 TagIn1（M10.0）的信号状态为“1”，操作数 TagIn2（M10.1）的信号状态为“0”。

当满足以下任意条件时，将复位操作数 TagSR（M100.0）和 TagOut（Q0.0）：

a. 操作数 TagIn1（M10.0）的信号状态为“0”且操作数 TagIn2（M10.1）的信号状态为“1”；

b. 操作数 TagIn1（M10.0）和 TagIn2（M10.1）的信号状态为“1”。

④ 复位/置位触发器（RS） 使用“复位/置位触发器”指令，根据输入 R 和 S1 的信号状态，复位或置位指定操作数的位。如果输入 R 的信号状态为“1”且输入 S1 的信号状态为“0”，则将指定的操作数复位为“0”。如果输入 R 的信号状态为“0”且输入 S1 的信号状态为“1”，则将指定的操作数置位为“1”。

输入 S1 的优先级高于输入 R。当输入 R 和 S1 的信号状态均为“1”时，将指定操作数的信号状态置位为“1”。

如果两个输入 R 和 S1 的信号状态都为“0”，则不会执行该指令，因此操作数的信号状态保持不变。

操作数的当前信号状态被传送到输出 Q，并可在此进行查询。示例如图 6-9 所示。

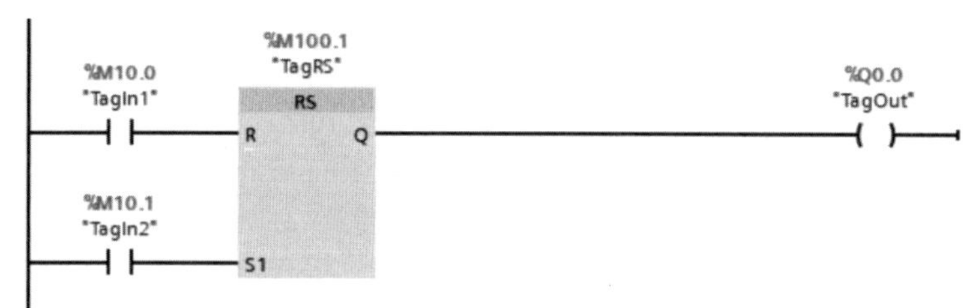

图 6-9　“复位/置位触发器”指令示例

当满足以下条件时，将复位操作数 TagRS（M100.1）和 TagOut（Q0.0）：

操作数 TagIn1（M10.0）的信号状态为“1”，操作数 TagIn2（M10.1）的信号状态为“0”。

当满足以下任意条件时，将置位操作数 TagRS（M100.1）和 TagOut（Q0.0）：

a. 操作数 TagIn1（M10.0）的信号状态为“0”且操作数 TagIn2（M10.1）的信号状态为“1”；

b. 操作数 TagIn1（M10.0）和 TagIn2（M10.1）的信号状态为“1”。

⑤ 置位位域（SET_BF） 使用“置位位域”指令可对从某个特定地址开始的多个位进行置位。可使用值 <操作数1> 指定要置位的位数。要置位位域的首位地址由 <操作数2> 指定。<操作数1> 的值不能大于选定字节中的位数。示例如图 6-10 所示。

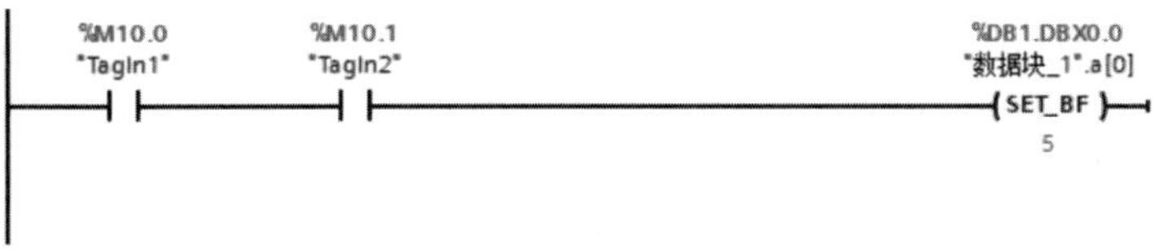

图 6-10　“置位位域”指令示例

操作数 TagIn1（M10.0）和操作数 TagIn2（M10.1）的信号状态为“1”，则置位从数据块 1.a［0］的地址开始的 5 个位。

⑥ 复位位域(RESET_BF)　使用“复位位域”指令可对从某个特定地址开始的多个位进行复位。可使用值 <操作数1> 指定要复位的位数。要复位位域的首位地址由 <操作数2> 指定。<操作数1> 的值不能大于选定字节中的位数。示例如图 6-11 所示。

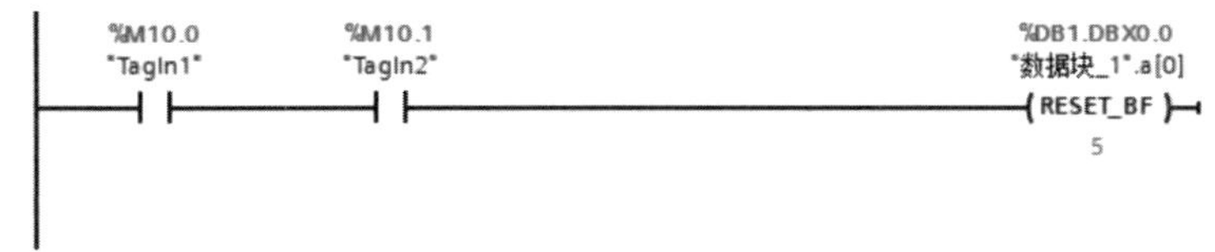

图 6-11　“复位位域”指令示例

操作数 TagIn1（M10.0）和操作数 TagIn2（M10.1）的信号状态为“1”，则复位从数据块 1.a［0］的地址开始的 5 个位。

6.1.3　其他位逻辑指令

（1）扫描操作数的信号上升沿（——| P |——）

使用“扫描操作数的信号上升沿”指令可以确定所指定操作数（<操作数1>）的信号状态是否从“0”变为“1”。该指令将比较 <操作数1> 的当前信号状态与上一次扫描的信号状态，上一次扫描的信号状态保存在边沿存储位（<操作数2>）中。如果该指令检测到逻辑运算结果从“0”变为“1”，则说明出现了一个上升沿。

每次执行指令时，都会查询信号上升沿。检测到信号上升沿时，<操作数1> 的信号状态将在一个程序周期内保持置位（为“1”）。在其他任何情况下，操作数的信号状态均为“0”。 示例如图 6-12 所示。

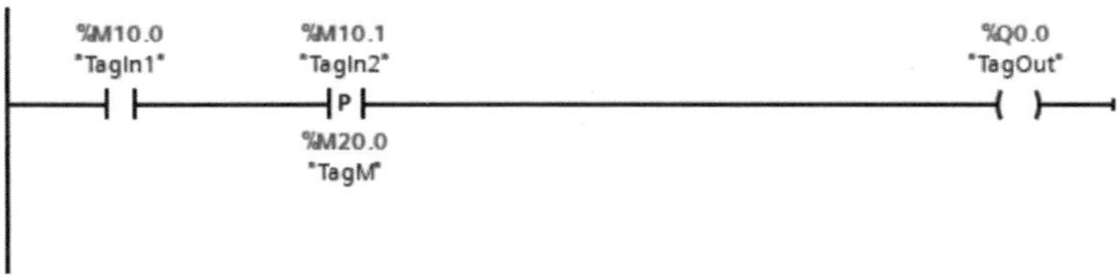

图 6-12　“扫描操作数的信号上升沿”指令示例

当同时满足以下条件时，将置位操作数 TagOut（Q0.0）：

a. 操作数 TagIn1（M10.0）的信号状态为“1”；

b. 操作数 TagIn2（M10.1）为上升沿，上一次扫描的信号状态存储在边沿存储位 TagM（M20.0）中。

（2）扫描操作数的信号下降沿（——| N |——）

使用“扫描操作数的信号下降沿”指令可以确定所指定操作数（<操作数1>）的信号状态是否从“1”变为“0”。该指令将比较 <操作数 1> 的当前信号状态与上一次扫描的信号状态，上一次扫描的信号状态保存在边沿存储位 <操作数 2> 中。如果该指令检测到逻辑运算结果从“1”变为“0”，则说明出现了一个下降沿。

每次执行指令时，都会查询信号下降沿。检测到信号下降沿时，<操作数 1> 的信号状态将在一个程序周期内保持置位（为“1”）。在其他任何情况下，操作数的信号状态均为“0”。示例如图 6-13 所示。

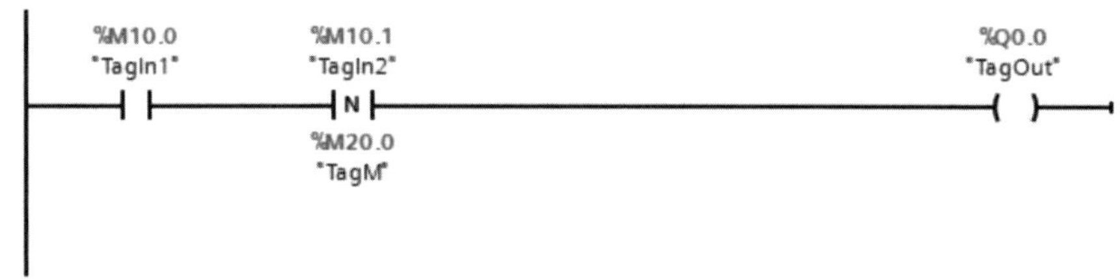

图 6-13　“扫描操作数的信号下降沿”指令示例

当同时满足以下条件时，将置位操作数 TagOut（Q0.0）：

a. 操作数 TagIn1（M10.0）的信号状态为“1”；

b. 操作数 TagIn2（M10.1）为下降沿，上一次扫描的信号状态存储在边沿存储位 TagM（M20.0）中。

（3）在信号上升沿置位操作数（——（ P ）——）

在逻辑运算结果从“0”变为“1”时使用“在信号上升沿置位操作数”指令置位指定操作数（<操作数1>）。该指令将当前 RLO 的信号状态与保存在边沿存储位中（<操作数2>）上次查询的 RLO 的信号状态进行比较。如果该指令检测到 RLO 的信号状态从“0”变为“1”，则说明出现了一个信号上升沿。

每次执行指令时，都会查询信号上升沿。检测到信号上升沿时，<操作数 1> 的信号状态将在一个程序周期内保持置位（为“1”）。在其他任何情况下，操作数的信号状态均为“0”。 示例如图 6-14 所示。

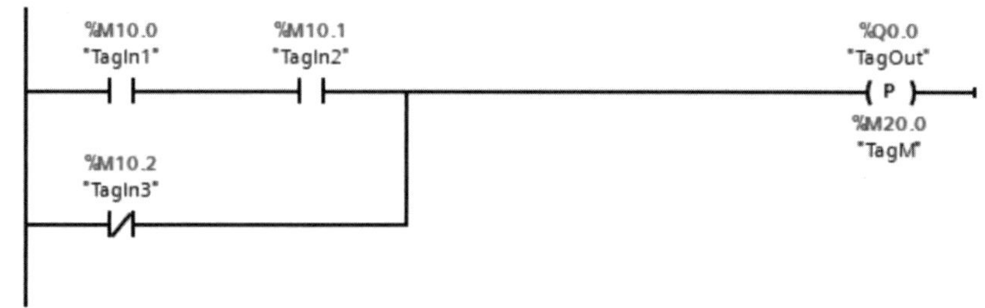

图 6-14　“在信号上升沿置位操作数”指令示例

如果信号输入的状态从“0”变为“1”，则将操作数 TagOut（Q0.0）置位一个程序周期。在其他任何情况下，操作数 TagOut（Q0.0）的信号状态均为“0”。

（4）在信号下降沿置位操作数（——(N)——）

在逻辑运算结果从“1”变为“0”时使用“在信号下降沿置位操作数”指令置位指定操作数（<操作数1>）。该指令将当前 RLO 的信号状态与保存在边沿存储位中（<操作数2>）上次查询的 RLO 的信号状态进行比较。如果该指令检测到 RLO 的信号状态从“1”变为“0”，则说明出现了一个信号下降沿。

每次执行指令时，都会查询信号下降沿。检测到信号下降沿时，<操作数 1> 的信号状态将在一个程序周期内保持置位（为“1”）。在其他任何情况下，操作数的信号状态均为“0”。示例如图 6-15 所示。

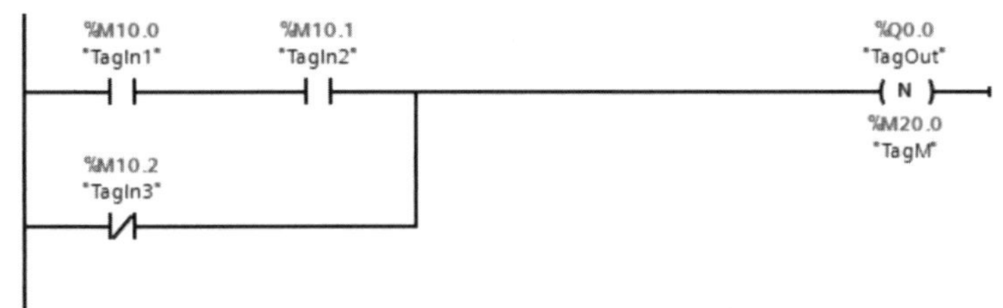

图 6-15　“在信号下降沿置位操作数”指令示例

如果信号输入的状态从“1”变为“0”，则将操作数 TagOut（Q0.0）置位一个程序周期。在其他任何情况下，操作数 TagOut（Q0.0）的信号状态均为“0”。

（5）扫描 RLO 的信号上升沿（P_TRIG）

使用“扫描 RLO 的信号上升沿”指令可查询逻辑运算结果的信号状态从“0”到“1”的更改。该指令将比较 RLO 的当前信号状态与保存在边沿存储位（<操作数>）中上一次查询的 RLO 的信号状态。如果该指令检测到 RLO 的信号状态从“0”变为“1”，则说明出现了一个信号上升沿。

每次执行指令时，都会查询信号上升沿。检测到信号上升沿时，该指令输出 Q 的信号状态为“1”。在其他任何情况下，该输出返回的信号状态均为“0”。示例如图 6-16 所示。

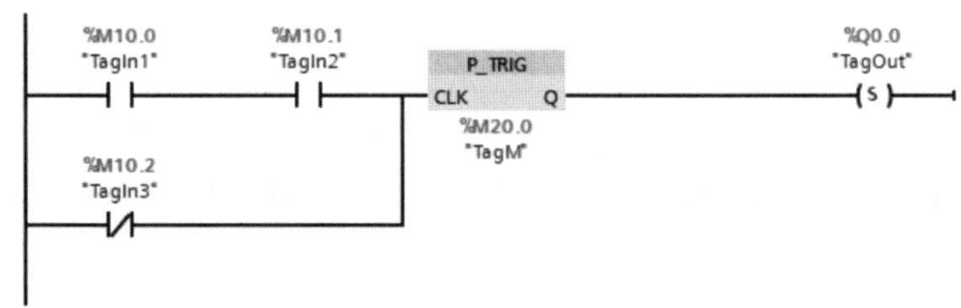

图 6-16　“扫描 RLO 的信号上升沿”指令示例

之前查询的 RLO 的信号状态保存在边沿存储位 TagM（M20.0）中。如果检测到 RLO 的信号状态从“0”变为“1”，则置位操作数 TagOut（Q0.0）。

（6）扫描 RLO 的信号下降沿（N_TRIG）

使用“扫描 RLO 的信号下降沿”指令可查询逻辑运算结果的信号状态从“1”到“0”的更改。该指令将比较 RLO 的当前信号状态与保存在边沿存储位（<操作数>）中上一次查询的 RLO 的信号状态。如果该指令检测到 RLO 的信号状态从“1”变为“0”，则说明出现了一个信号下降沿。

每次执行指令时，都会查询信号下降沿。检测到信号下降沿时，该指令输出 Q 的信号状态为“1”。在其他任何情况下，该输出返回的信号状态均为“0”。示例如图 6-17 所示。

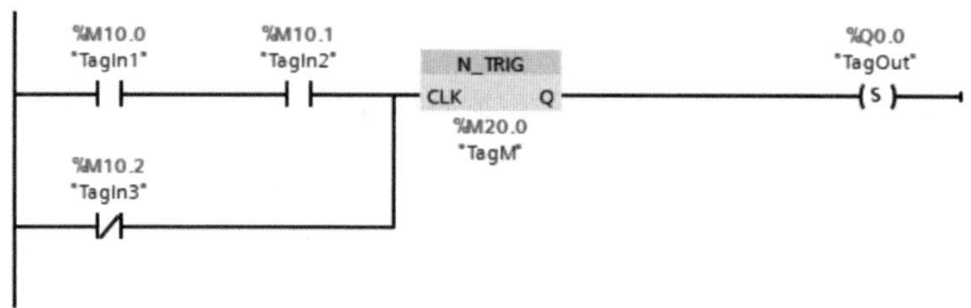

图 6-17 “扫描 RLO 的信号下降沿”指令示例

之前查询的 RLO 的信号状态保存在边沿存储位 TagM（M20.0）中。如果检测到 RLO 的信号状态从“1”变为“0”，则置位操作数 TagOut（Q0.0）。

（7）检测信号上升沿（R_TRIG）

使用“检测信号上升沿”指令可以检测输入 CLK 从“0”到“1”的状态变化。该指令将输入 CLK 的当前信号状态与保存在指定实例中的上次查询（边沿存储位）的信号状态进行比较。如果该指令检测到输入 CLK 的信号状态从“0”变成了“1”，就会在输出 Q 中生成一个信号上升沿，输出的值将在一个循环周期内为“1”。在其他任何情况下，该指令输出的信号状态均为“0”。示例如图 6-18 所示。

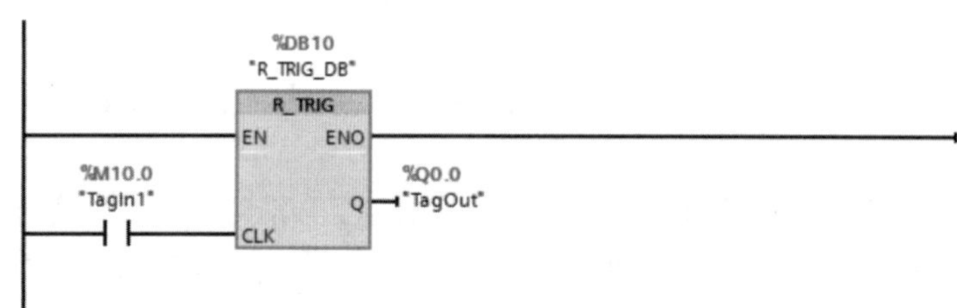

图 6-18 “检测信号上升沿”指令示例

输入 CLK 中变量的上一个信号状态存储在“R_TRIG_DB”变量中。如果在操作数 TagIn1（M10.0）检测到信号状态从“0”变为“1”，则输出 TagOut（Q0.0）的信号状态在一个循环周期内为“1”。

（8）检测信号下降沿（F_TRIG）

使用“检测信号下降沿”指令可以检测输入 CLK 从“1”到“0”的状态变化。该指令将输入 CLK 的当前信号状态与保存在指定实例中的上次查询（边沿存储位）的信号状态进行比较。如果该指令检测到输入 CLK 的信号状态从“1”变成了“0”，就会在输出 Q 中生成一个信号下降沿，输出的值将在一个循环周期内为“1”。在其他任何情况下，该指令输出的信号状态均为“0”。示例如图 6-19 所示。

输入 CLK 中变量的上一个信号状态存储在“F_TRIG_DB”变量中。如果在操作数 TagIn1（M10.0）检测到信号状态从“1”变为“0”，则输出 TagOut（Q0.0）的信号状态在一个循环周期内为“1”。

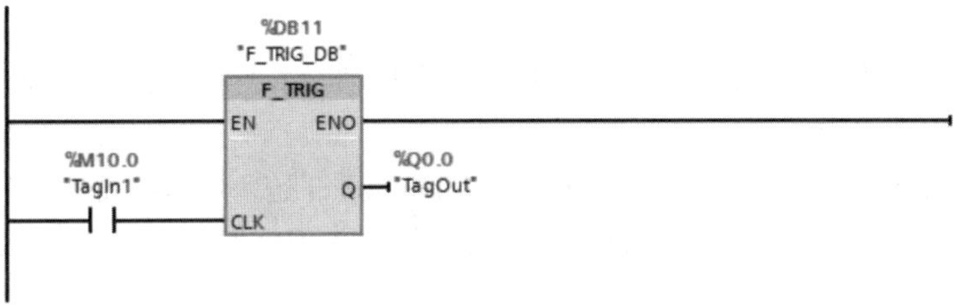

图 6-19　“检测信号下降沿”指令示例

6.2　定时器与计数器指令

6.2.1　定时器指令

（1）生成脉冲（TP）

使用“生成脉冲”指令可以将输出 Q 的设置保持预设的一段时间。当输入 IN 的逻辑运算结果信号状态从“0”变为“1”时，启动该指令。指令启动时，PT 即开始计时。无论后续输入信号的状态如何变化，都将输出 Q 置位一段时间（由 PT 指定）。当 PT 正在计时时，即使在 IN 输入处检测到的新的信号上升沿，对输出 Q 处的信号状态也没有影响。

可以在输出 ET 查询当前时间值。该定时器值从 0s 开始，在达到持续时间 10s 后结束。如果 PT 计时结束且输入 IN 的信号状态为“0”，则复位输出 ET。如果在程序中未调用该指令，则输出 ET 会在超出预设时间后立即返回一个常数值。

“生成脉冲”指令可以放置在程序段的中间或末尾。它需要一个前导逻辑运算。每次调用“生成脉冲”指令，都会为其分配一个 IEC 定时器用于存储实例数据。示例如图 6-20 所示。

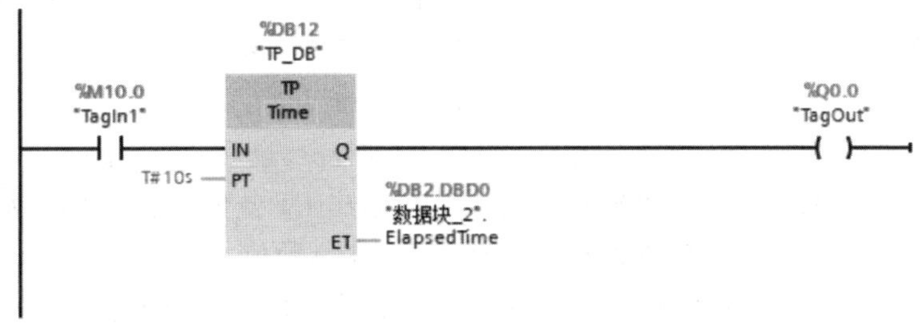

图 6-20　“生成脉冲”指令示例

当操作数 TagIn1（M10.0）的信号状态从“0”变为“1”时，PT 开始计时（10s），且操作数 TagOut（Q0.0）置位为“1”。当前时间值存储在操作数 ElapsedTime（DB2.DBD0）中。定时器计时结束时，操作数 TagOut（Q0.0）的信号状态复位为“0”。

（2）接通延时（TON）

使用“接通延时”指令可以将输出 Q 的置位延时 PT 中指定的一段时间。当输入 IN 的逻辑运算结果的信号状态从“0”变为“1”时，启动该指令。指令启动时，PT 即开始计时。超出预设时间后，输出 Q 的信号状态将变为“1”。只要启动输入仍为“1”，输出 Q 就保持置位。启动输入的信号状态从“1”变为“0”时，将复位输出 Q。在启动输入检测到新的信号上升沿时，该定时器功能将再次启动。

可以在输出 ET 查询当前的时间值。该定时器值从 0s 开始，在达到持续时间 10s 后结束。只要输入 IN 的信号状态变为“0”，输出 ET 就复位。如果在程序中未调用该指令，则输出 ET 会在超出预设时间后立即返回一个常数值。

“接通延时”指令可以放置在程序段的中间或末尾。它需要一个前导逻辑运算。每次调用“接通延时”指令，必须将其分配给存储实例数据的 IEC 定时器。示例如图 6-21 所示。

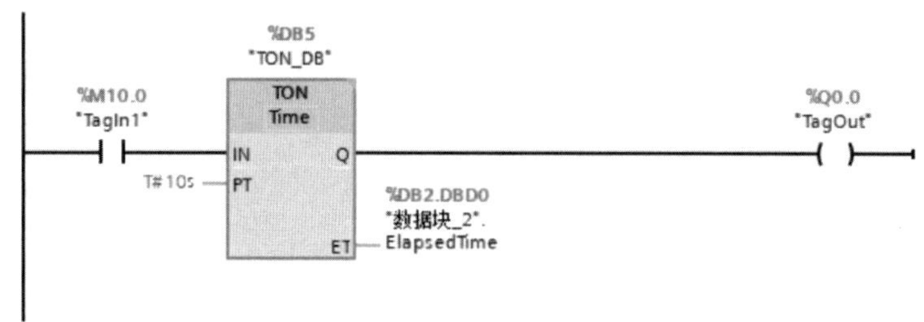

图 6-21 “接通延时”指令示例

当操作数 TagIn1（M10.0）的信号状态从“0”变为“1”时，PT 开始计时（10s），超过该时间周期后，操作数 TagOut（Q0.0）的信号状态置位为“1”。只要操作数 TagIn1（M10.0）的信号状态为“1”，操作数 TagOut（Q0.0）就会保持置位为“1”。当前时间值存储在操作数 ElapsedTime（DB2.DBD0）中。当操作数 TagIn1（M10.0）的信号状态从“1”变为“0”时，将复位操作数 TagOut（Q0.0）。

（3）关断延时（TOF）

使用“关断延时”指令可以将输出 Q 的复位延时 PT 中指定的一段时间。当输入 IN 的逻辑运算结果的信号状态为“1”时，将置位输出 Q。当输入 IN 处的信号状态变回“0”时，PT 开始计时。只要 PT 仍在计时，输出 Q 就保持置位。PT 计时结束后，将复位输出 Q。如果输入 IN 的信号状态在 PT 计时结束之前变为“1”，则复位定时器，输出 Q 的信号状态仍为“1”。

可以在输出 ET 查询当前的时间值。该定时器值从 0s 开始，在达到持续时间 10s 后结束。当 PT 计时结束后，在输入 IN 变回“1”之前，输出 ET 保持被设置为当前值的状态。在 PT 计时结束之前，如果输入 IN 的信号状态切换为“1”，则将输出 ET 复位为值 T#0s。如果在程序中未调用该指令，则输出 ET 会在超出预设时间后立即返回一个常数值。

“关断延时”指令可以放置在程序段的中间或者末尾。它需要一个前导逻辑运算。每次调用“关断延时”指令，必须将其分配给存储实例数据的 IEC 定时器。示例如图 6-22 所示。

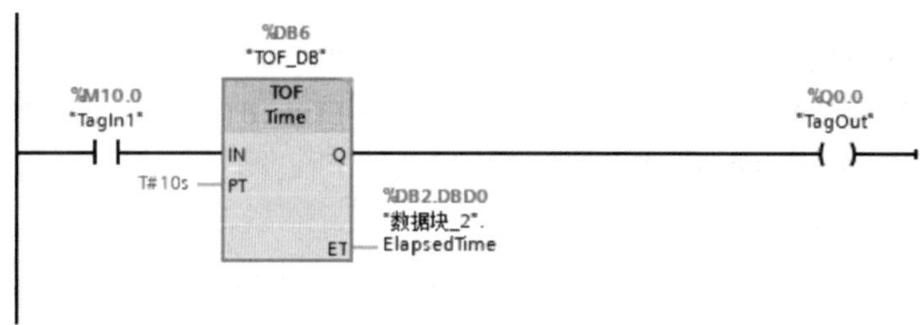

图 6-22 “关断延时”指令示例

当操作数 TagIn1（M10.0）的信号状态从“0”变为“1”时，操作数 TagOut（Q0.0）的信号状态将置位为“1”。当操作数 TagIn1（M10.0）的信号状态从“1”变为“0”时，PT 开始计时（10s）。只要仍在计时，操作数 TagOut（Q0.0）就会保持置位为“1”。该 PT 计时完毕后，操作数 TagOut（Q0.0）将复位为“0”。当前时间值存储在操作数 ElapsedTime（DB2.DBD0）中。

（4）时间累加器（TONR）

使用“时间累加器”指令来累加由参数 PT 设定的时间段内的时间值。输入 IN 的信号状态从“0”变为“1”时，将执行时间测量，同时 PT 开始计时。当 PT 正在计时时，加上在输入 IN 的信号状态为“1”时记录的时间值，累加得到的时间值将写入输出 ET 中，并可以在此进行查询。PT 计时结束后，输出 Q 的信号状态为“1”。无论启动输入的信号状态如何，输入 R 都将复位输出 ET 和 Q。

“时间累加器”指令可以放置在程序段的中间或末尾。它需要一个前导逻辑运算。每次调用“时间累加器”指令，必须为其分配一个用于存储实例数据的 IEC 定时器。示例如图 6-23 所示。

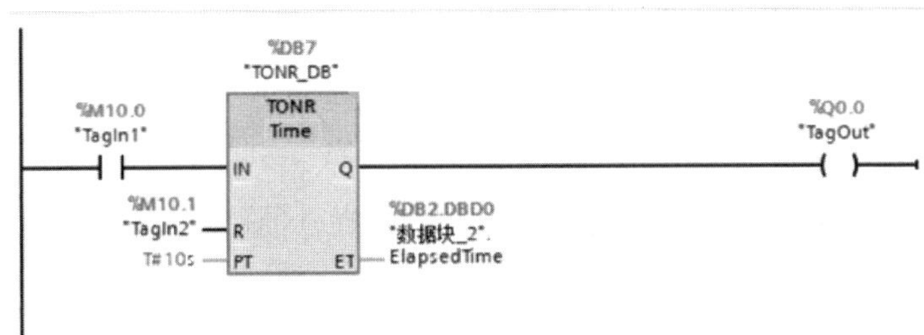

图 6-23　“时间累加器”指令示例（1）

当操作数 TagIn1（M10.0）的信号状态从“0”变为“1”时，PT 开始计时。只要操作数 TagIn1（M10.0）的信号状态为“1”，就继续计时。当操作数 TagIn1（M10.0）的信号状态从“1”变为“0”时，计时则停止，并记录操作数 ElapsedTime（DB2.DBD0）中的当前时间值。当操作数 TagIn1（M10.0）的信号状态从“0”变为“1”时，将继续从当前记录的时间值开始计时。达到 PT 参数中指定的时间值时，操作数 TagOut（Q0.0）的信号状态将置位为“1”。当前时间值存储在操作数 ElapsedTime（DB2.DBD0）中。操作数 TagIn2（M10.1）的信号状态为“1”时，复位输出操作数 ElapsedTime（DB2.DBD0）和操作数 TagOut（Q0.0）。

（5）启动脉冲定时器（——（ TP ）——）

使用“启动脉冲定时器”指令启动将指定周期作为脉冲的 IEC 定时器。逻辑运算结果的信号状态从“0”变为“1”时，启动 IEC 定时器。无论 RLO 后续变化如何，IEC 定时器都将运行指定的一段时间。检测到新的信号上升沿也不会影响该 IEC 定时器的运行。只要 IEC 定时器正在计时，定时器的状态查询（TP_DB.Q）就会返回信号状态“1”。当 IEC 定时器计时结束后，定时器的状态查询（TP_DB.Q）将返回信号状态“0”。

在指令下方的 <操作数 1>（持续时间）中指定脉冲的持续时间，在指令上方的 <操作数 2>（IEC 时间）中指定将要开始的 IEC 时间。“启动脉冲定时器”指令可以放置在程序段的中间或末尾。它需要一个前导逻辑运算。示例如图 6-24 所示。

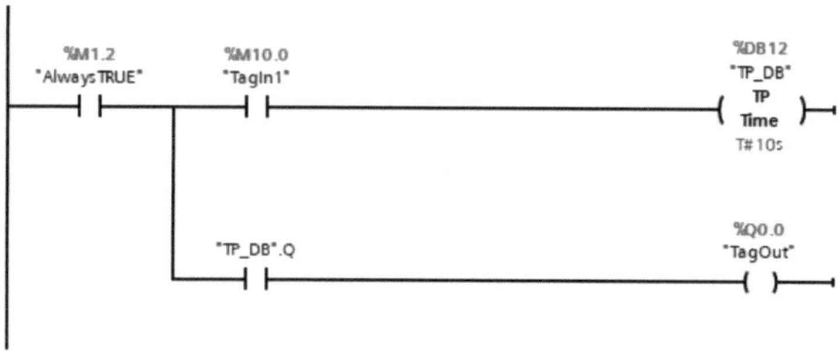

图 6-24 “启动脉冲定时器”指令示例

当操作数 TagIn1（M10.0）的信号状态从“0”变为“1”时，执行“启动脉冲定时器”指令。TP_DB（DB12）定时器将持续运行 10s。

只要定时器 TP_DB（DB12）在运行，定时器的状态查询（TP_DB.Q） 的信号状态便为“1”且置位操作数 TagOut（Q0.0）。当 IEC 定时器计时结束后，定时器的状态查询的信号状态将重新变为“0”，同时复位操作数 TagOut（Q0.0）。

（6）启动接通延时定时器（——(TON)——）

使用“启动接通延时定时器”指令启动将指定周期作为接通延时时间的 IEC 定时器。逻辑运算结果的信号状态从“0”变为“1”时，启动 IEC 定时器。指令启动时，IEC 定时器即开始计时。超出预设时间后，输出 Q 的信号状态变为“1”。如果 RLO 的信号状态在定时器计时结束之前变为“0”，则复位 IEC 定时器。此时，定时器的状态查询将返回信号状态“0”。在该指令的输入处检测到下个信号上升沿时，将重新启动 IEC 定时器。

在指令下方的 <操作数 1>（持续时间）中指定接通延时的持续时间，在指令上方的 <操作数 2>（IEC 时间）中指定将要开始的 IEC 时间。

当前定时器状态将保存在 IEC 定时器的结构组件 Q 中。可以通过常开触点查询定时器状态“1”，或通过常闭触点查询定时器状态“0”。“启动接通延时定时器”指令只能放置在程序段的末尾。它需要一个前导逻辑运算。示例如图 6-25 所示。

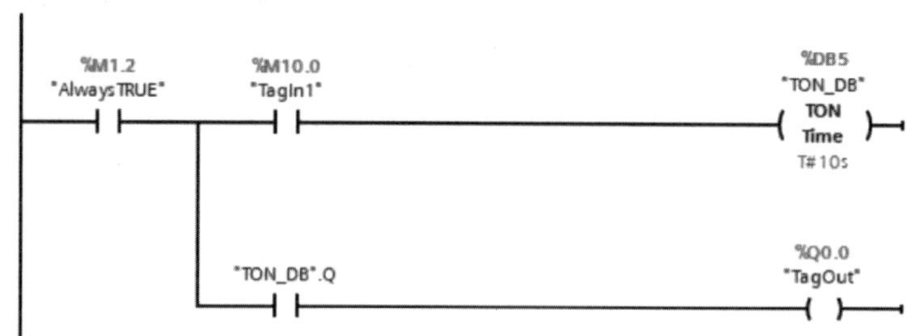

图 6-25 “启动接通延时定时器”指令示例

当操作数 TagIn1（M10.0）的信号状态从“0”变为“1”时，执行“启动接通延时定时器”指令。TON_DB（DB5）定时器将持续运行 10s。

如果定时器 TON_DB（DB5）计时结束且操作数 TagIn1（M10.0）的信号状态为“1”，则定时器的状态查询（TON_DB.Q）返回信号状态“1”，同时置位操作数 TagOut（Q0.0）。操作数 TagIn1（M10.0）的信号状态变为“0”时，定时器的状态查询将返回信号状态“0”，且操作数

TagOut（Q0.0）复位。

（7）启动关断延时定时器（——（ TOF ）——）

使用“启动关断延时定时器”指令启动将指定周期作为关断延时时间的 IEC 定时器。如果指令输入逻辑运算结果的信号状态为“1”，则定时器的状态查询（TOF_DB.Q）返回信号状态“1”。当 RLO 的信号状态从“1”变为“0”时，启动 IEC 定时器。只要 IEC 定时器正在计时，则定时器的状态查询的信号状态保持为“1”。定时器计时结束且指令输入的 RLO 的信号状态为“0”时，定时器的状态查询的信号状态设置为“0”。如果 RLO 的信号状态在计时结束之前变为“1”，则复位 IEC 定时器，同时定时器的状态查询保持为信号状态“1”。

在指令下方的 <操作数 1>（持续时间）中指定关断延时的持续时间，在指令上方的 <操作数 2>（IEC 时间）中指定将要开始的 IEC 时间。

当前定时器状态将保存在 IEC 定时器的结构组件 Q 中。可以通过常开触点查询定时器状态“1”，或通过常闭触点查询定时器状态“0”。“启动关断延时定时器”指令可以放置在程序段的中间或末尾。它需要一个前导逻辑运算。示例如图 6-26 所示。

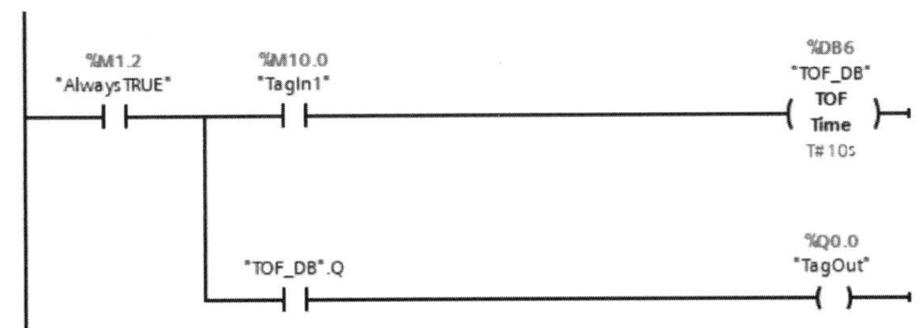

图 6-26　“启动关断延时定时器”指令示例

当操作数 TagIn1（M10.0）的信号状态从“0”变为“1”时，操作数 TagOut（Q0.0）的信号状态将置位为“1”。当操作数 TagIn1（M10.0）的信号状态从“1”变为“0”时，执行“启动关断延时定时器”指令。TOF_DB（DB6）定时器将持续运行 10s。只要该定时器仍在计时，操作数 TagOut（Q0.0）就会保持置位为“1”。该定时器计时完毕后，操作数 TagOut（Q0.0）将复位为“0”。操作数 TagIn1（M10.0）的信号状态变为“1”时，定时器的状态查询将返回信号状态“1”，且操作数 TagOut（Q0.0）置位。

（8）时间累加器（——（ TONR ）——）

使用“时间累加器”指令可以记录该指令输入为“1”时的信号的持续时间。当逻辑运算结果的信号状态从“0”变为“1”时，启动时间测量。只要 RLO 的信号状态为“1”，就记录该时间。如果 RLO 的信号状态变为“0”，则停止记录时间。如果 RLO 的信号状态更改回“1”，则继续记录时间。如果记录的时间超出了所指定的持续时间，并且线圈输入的 RLO 的信号状态为“1”，则定时器的状态查询（TONR_DB.Q）返回信号状态“1”。

当前定时器状态将保存在 IEC 定时器的结构组件 Q 中。使用“复位定时器”指令可将定时器状态“Q”和当前记录的定时器“ET”复位为“0”。在指令下方的 <操作数 1>（持续时间）中指定持续时间，在指令上方的 <操作数 2>（IEC 时间）中指定将要开始的 IEC 时间。“时间累加器”指令只能放置在程序段的末尾。它需要一个前导逻辑运算。示例如图 6-27 所示。

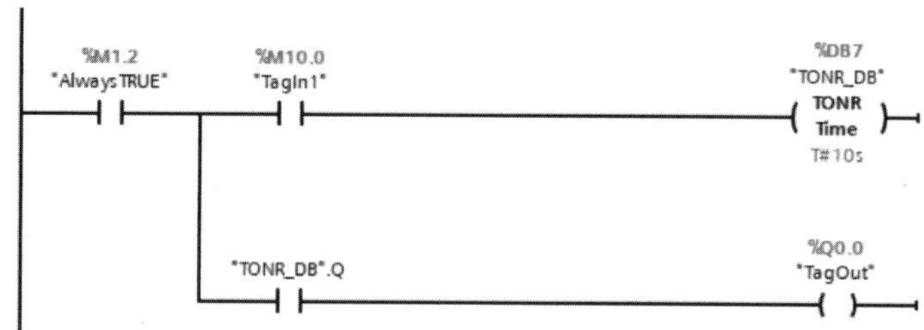

图 6-27　“时间累加器”指令示例（2）

操作数 TagIn1（M10.0）的信号状态为“1”，记录持续的时间。操作数 TagIn1（M10.0）的信号状态为“0”，停止记录持续的时间。当操作数 TagIn1（M10.0）的信号状态再次为“1”，继续记录持续的时间。如果记录的时间超出操作数 10s，则定时器的状态查询（TONR_DB.Q）将返回信号状态“1”，同时置位操作数 TagOut（Q0.0）。

（9）复位定时器（——（ RT ）——）

使用“复位定时器”指令可将 IEC 定时器复位为“0”。仅当线圈输入的逻辑运算结果的信号状态为“1”时，才执行该指令。如果该指令输入的 RLO 的信号状态为“0”，则该定时器保持不变。该指令不会影响 RLO。示例如图 6-28 所示。

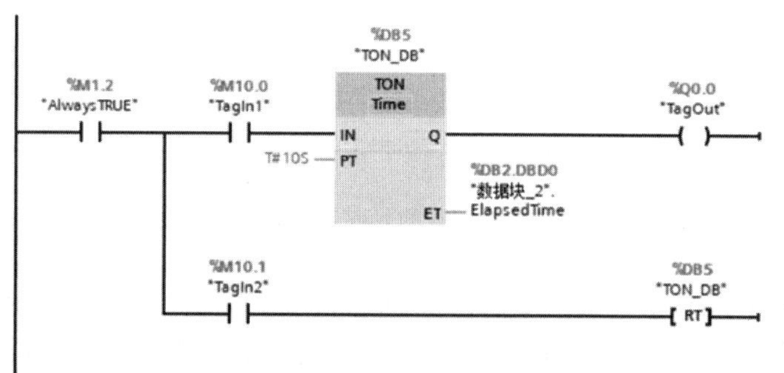

图 6-28　“复位定时器”指令示例

当操作数 TagIn1（M10.0）的信号状态从“0”变为“1”时，执行“接通延时”指令。如果操作数 TagIn2（M10.1）的信号状态为“1”，则执行“复位定时器”指令，即存储在 TON_DB（DB5）数据块中的定时器复位。

（10）加载持续时间（——（ PT ）——）

使用“加载持续时间”指令为 IEC 定时器设置时间。如果该指令输入逻辑运算结果的信号状态为“1”，则每个周期都执行该指令。该指令将指定时间写入指定 IEC 定时器的结构中。

在指令下方的 <操作数 1>（持续时间）中指定加载的持续时间，在指令上方的 <操作数 2>（IEC 时间）中指定将要开始的 IEC 时间。可以将在程序中声明的 IEC 定时器赋值给“加载持续时间”指令。示例如图 6-29 所示。

当操作数 TagIn1（M10.0）的信号状态从“0”变为“1”时，执行“启动接通延时定时器”指令，时间为 10s。操作数 TagIn2（M10.1）的信号状态为“1”时，执行“加载持续时间”指令。该指令将持续时间 T#30s 写入背景数据块 TON_DB（DB5）中，同时覆盖数据块中操作数 T#10s 的值。因此，在下一次执行“启动接通延时定时器”指令时，定时器的状态查询的信号状态可能会发生变化。

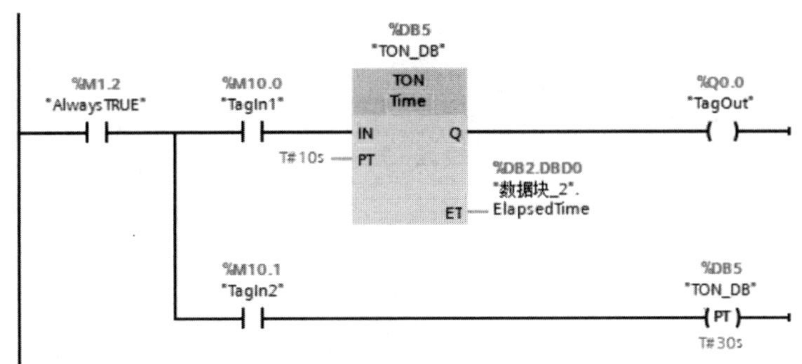

图 6-29　“加载持续时间”指令示例

6.2.2　计数器指令

（1）加计数（CTU）

使用“加计数”指令递增输出 CV 的计数器值。如果输入 CU 的信号状态从“0”变为“1”，则执行该指令，同时输出 CV 的当前计数器值加 1。每检测到一个信号上升沿，计数器值就会递增，直到达到输出 CV 中所指定数据类型的上限（32767）。达到上限时，输入 CU 的信号状态将不再影响该指令。

可以查询输出 Q 中的计数器状态。输出 Q 的信号状态由参数 PV 决定。如果当前计数器值大于或等于参数 PV 的值，则将输出 Q 的信号状态置位为“1”。在其他任何情况下，输出 Q 的信号状态均为“0”。

输入 R 的信号状态变为“1”时，输出 CV 的值被复位为“0”。只要输入 R 的信号状态仍为“1”，输入 CU 的信号状态就不会影响该指令。示例如图 6-30 所示。

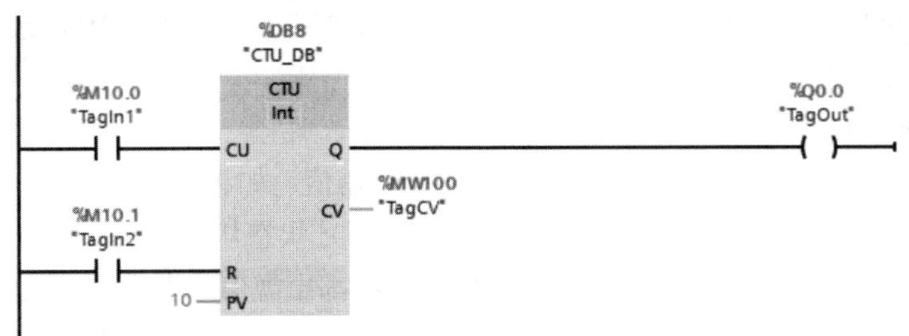

图 6-30　“加计数”指令示例

当操作数 TagIn1（M10.0）的信号状态从“0”变为“1”时，将执行“加计数”指令，同时操作数 TagCV（MW100）的当前计数器值加 1。每检测到一个额外的信号上升沿，计数器值都会递增，直至达到该数据类型的上限（32767）。

参数 PV 的值作为确定 TagOut（Q0.0）输出的限制。只要当前计数器值大于或等于参数 PV 的值（当前为 10），输出 TagOut（Q0.0）的信号状态就为“1”。在其他任何情况下，输出 TagOut（Q0.0）的信号状态均为“0”。

当操作数 TagIn2（M10.1）的信号状态由“0”变为“1”时，输出 CV[TagCV（MW100）]的值被复位为“0”。

（2）减计数（CTD）

使用“减计数”指令递减输出 CV 的计数器值。如果输入 CD 的信号状态从“0”变为“1”，则执行该指令，同时输出 CV 的当前计数器值减 1。每检测到一个信号上升沿，计数器值就会递减，直到达到 CV 中指定数据类型的下限（–32768）为止。达到下限时，输入 CD 的信号状态将不再影响该指令。

可以查询输出 Q 中的计数器状态。如果当前计数器值小于或等于“0”，则将输出 Q 的信号状态置位为“1”。在其他任何情况下，输出 Q 的信号状态均为“0”。

输入 LD 的信号状态变为“1”时，将输出 CV 的值设置为参数 PV 的值。只要输入 LD 的信号状态仍为“1”，输入 CD 的信号状态就不会影响该指令。示例如图 6-31 所示。

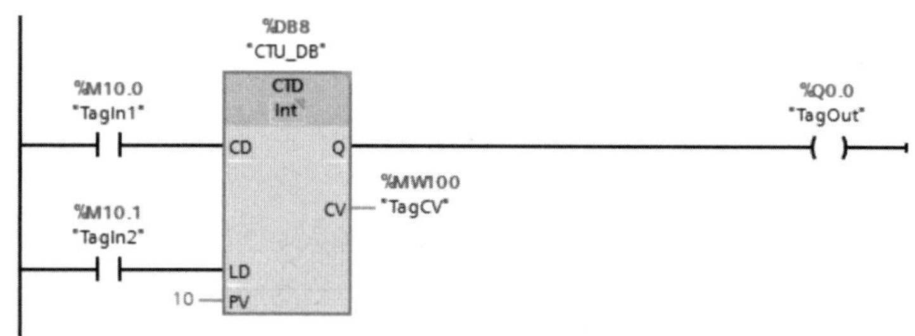

图 6-31 “减计数”指令示例

当操作数 TagIn1(M10.0)的信号状态从“0”变为“1”时，执行该指令且输出 TagCV(MW100)的值减 1。每检测到一个信号上升沿，计数器值就会递减 1，直到达到所指定数据类型的下限（–32768）。

只要当前计数器值小于或等于 0，输出 TagOut（Q0.0）的信号状态就为“1”。在其他任何情况下，输出 TagOut（Q0.0）的信号状态均为“0”。

当操作数 TagIn2（M10.1）的信号状态由“0”变为“1”时，输出 CV[TagCV（MW100）]的值设为 PV 的值（当前为 10）。

（3）加减计数（CTUD）

使用“加减计数”指令递增和递减输出 CV 的计数器值。如果输入 CU 的信号状态从“0”变为“1”，则输出 CV 的计数器值加 1。如果输入 CD 的信号状态从“0”变为“1”，则输出 CV 的计数器值减 1。如果在一个程序周期内，输入 CU 和 CD 都出现信号上升沿，则输出 CV 的当前计数器值保持不变。计数器值可以一直递增，直到达到输出 CV 中指定数据类型的上限（32767）。达到上限后，即使出现信号上升沿，计数器值也不再递增。达到输出 CV 中指定数据类型的下限（–32768）后，计数器值便不再递减。

输入 LD 的信号状态变为“1”时，将输出 CV 的计数器值设置为参数 PV 的值。只要输入 LD 的信号状态仍为“1”，输入 CU 和 CD 的信号状态就不会影响该指令。

当输入 R 的信号状态变为“1”时，将计数器值置位为“0”。只要输入 R 的信号状态仍为“1”，输入 CU、CD 和 LD 信号状态的改变就不会影响“加减计数”指令。

可以在输出 QU 中查询加计数器的状态。如果当前计数器值大于或等于参数 PV 的值，则将输出 QU 的信号状态置位为“1”。在其他任何情况下，输出 QU 的信号状态均为“0”。可以在输出 QD 中查询减计数器的状态。如果当前计数器值小于或等于“0”，则输出 QD 的信号状态将置位为“1”。在其他任何情况下，输出 QD 的信号状态均为“0”。示例如图 6-32 所示。

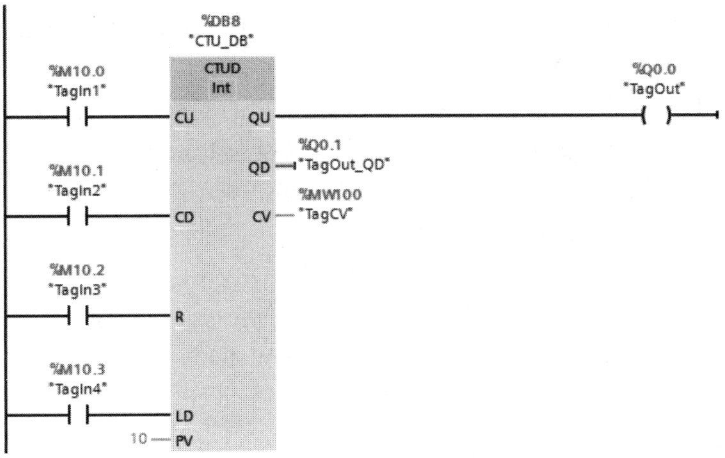

%DB8
"CTU_DB"
CTUD
Int
%M10.0 "TagIn1" — CU　QU — %Q0.0 "TagOut"
QD — %Q0.1 "TagOut_QD"
%M10.1 "TagIn2" — CD　CV — %MW100 "TagCV"
%M10.2 "TagIn3" — R
%M10.3 "TagIn4" — LD
10 — PV

图 6-32　“加减计数”指令示例

如果输入 TagIn1（M10.0）或 TagIn2（M10.1）的信号状态从“0”变为“1”（信号上升沿），则执行“加减计数”指令。输入 TagIn1（M10.0）出现信号上升沿时，当前计数器值加 1 并存储在输出 TagCV（MW100）中。输入 TagIn2（M10.1）出现信号上升沿时，计数器值减 1 并存储在输出 TagCV（MW100）中。输入 TagIn1（M10.0）出现信号上升沿时，计数器值将递增，直至达到上限值（32767）。输入 TagIn2（M10.1）出现信号上升沿时，计数器值将递减，直至达到下限（–32768）。

只要当前计数器值大于或等于输入 PV（当前为 10）的值，TagOut（Q0.0）输出的信号状态就为“1”。在其他任何情况下，输出 TagOut（Q0.0）的信号状态均为“0”。

只要当前计数器值小于或等于 0，TagOut_QD（Q0.1）输出的信号状态就为“1”。在其他任何情况下，输出 TagOut_QD（Q0.1）的信号状态均为“0”。

当操作数 TagIn3（M10.2）的信号状态由“0”变为“1”时，输出 CV[TagCV（MW100）]的值被复位为“0”。

当操作数 TagIn4（M10.3）的信号状态由“0”变为“1”时，输出 CV[TagCV（MW100）]的值设置为 PV 的值（当前为 10）。

6.3　数据处理指令

6.3.1　比较指令

① 比较浮点数　比较浮点数时，待比较的操作数必须具有相同的数据类型。

② 比较字符串　在比较字符串时，通过字符的代码比较各字符（例如“a”大于“A”），从左到右执行比较，第一个不同的字符决定比较结果。

③ 比较定时器、日期和时间　系统无法比较无效定时器、日期和时间的位模式。并非所有时间类型都可以直接相互比较，此时，需要将其显式转换为其他时间类型（如 TIME），然后再进行

比较。如果要比较不同数据类型的日期和时间，则需将较小日期或时间的数据类型显式转换为较大日期或时间的数据类型。

④ 比较 Word 数据类型的变量与 S5Time 数据类型的变量　将 Word 数据类型的变量与 S5Time 数据类型的变量进行比较时，这两种变量都将转换为 Time 数据类型。Word 变量将解释为一个 S5Time 值。如果这两个变量中的某个变量无法转换，则不进行比较且输出结果“0”。如果转换成功，系统则基于所选的比较指令进行比较操作。

⑤ 比较硬件数据类型　如果要比较 HW_IO 和 HW_DEVICE 这两种硬件数据类型，则需先在块接口的“Temp”区域创建一个 HW_ANY 数据类型的变量，然后将数据类型为 HW_DEVICE 的 LADDR 复制到该变量中。之后，才能对 HW_ANY 和 HW_IO 进行比较。

⑥ 比较结构　如果两个变量的结构数据类型相同，则可以比较这两个结构操作数的值。比较结构变量时，待比较操作数的数据类型必须相同。

（1）等于（┤==├）

使用“等于”指令判断第一个比较值（<操作数 1>）是否等于第二个比较值（<操作数 2>）。如果满足比较条件，则指令返回的逻辑运算结果的信号状态为“1”。如果不满足比较条件，则该指令返回的 RLO 的信号状态为“0”。

“等于”指令示例如图 6-33 所示。

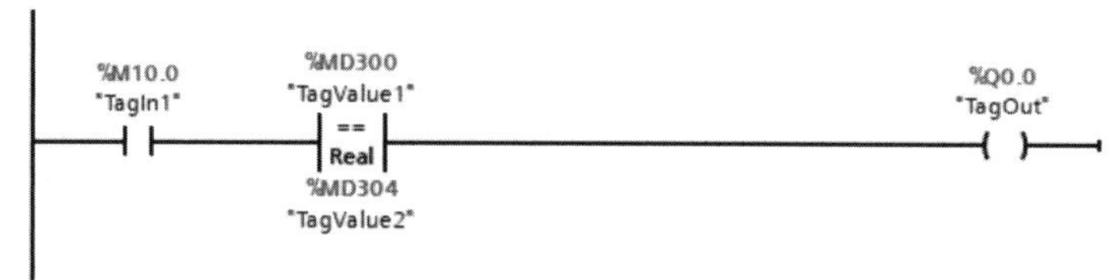

图 6-33　“等于”指令示例

当同时满足以下条件时，将置位操作数 TagOut（Q0.0）：

a. 操作数 TagIn1（M10.0）的信号状态为“1”；

b. 操作数 TagValue1（MD300）= TagValue2（MD304）。

（2）不等于（┤<>├）

使用“不等于”指令判断第一个比较值(<操作数 1>)是否不等于第二个比较值(<操作数 2>)。如果满足比较条件，则指令返回的逻辑运算结果的信号状态为“1”。如果不满足比较条件，则该指令返回的 RLO 的信号状态为“0”。示例如图 6-34 所示。

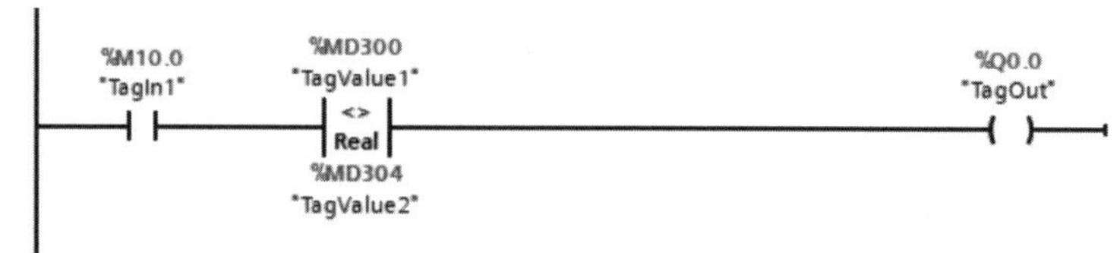

图 6-34　“不等于”指令示例

当同时满足以下条件时，将置位操作数 TagOut（Q0.0）：

a. 操作数 TagIn1（M10.0）的信号状态为“1”；

b. 操作数 TagValue1（MD300）不等于 TagValue2（MD304）。

（3）大于或等于（┤>=├）

使用“大于或等于”指令判断第一个比较值（<操作数 1>）是否大于或等于第二个比较值（<操作数 2>）。如果满足比较条件，则指令返回的逻辑运算结果的信号状态为“1”。如果不满足比较条件，则该指令返回的 RLO 的信号状态为“0”。示例如图 6-35 所示。

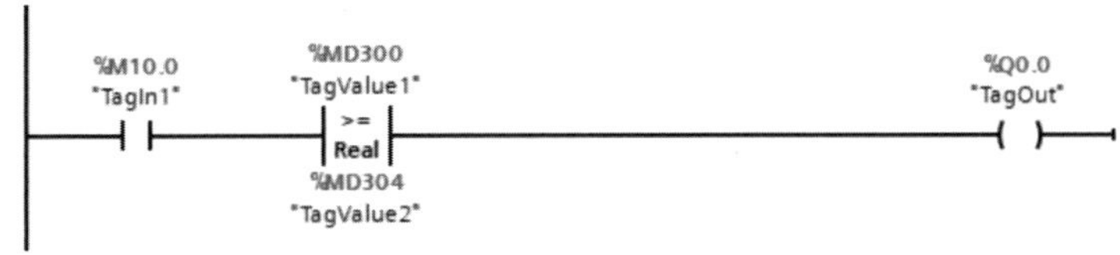

图 6-35　“大于或等于”指令示例

当同时满足以下条件时，将置位操作数 TagOut（Q0.0）：

a. 操作数 TagIn1（M10.0）的信号状态为“1”；

b. 操作数 TagValue1（MD300）大于或等于 TagValue2（MD304）。

（4）小于或等于（┤<=├）

使用“小于或等于”指令判断第一个比较值（<操作数 1>）是否小于或等于第二个比较值（<操作数 2>）。如果满足比较条件，则指令返回的逻辑运算结果的信号状态为“1”。如果不满足比较条件，则该指令返回的 RLO 的信号状态为“0”。示例如图 6-36 所示。

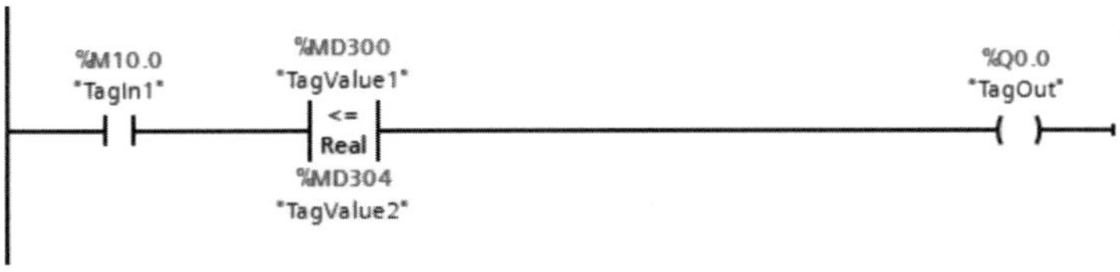

图 6-36　“小于或等于”指令示例

当同时满足以下条件时，将置位操作数 TagOut（Q0.0）：

a. 操作数 TagIn1（M10.0）的信号状态为“1”；

b. 操作数 TagValue1（MD300）小于或等于 TagValue2（MD304）。

（5）大于（┤>├）

使用“大于”指令判断第一个比较值（<操作数 1>）是否大于第二个比较值（<操作数 2>）。如果满足比较条件，则指令返回的逻辑运算结果的信号状态为“1”。如果不满足比较条件，则该指令返回的 RLO 的信号状态为“0”。示例如图 6-37 所示。

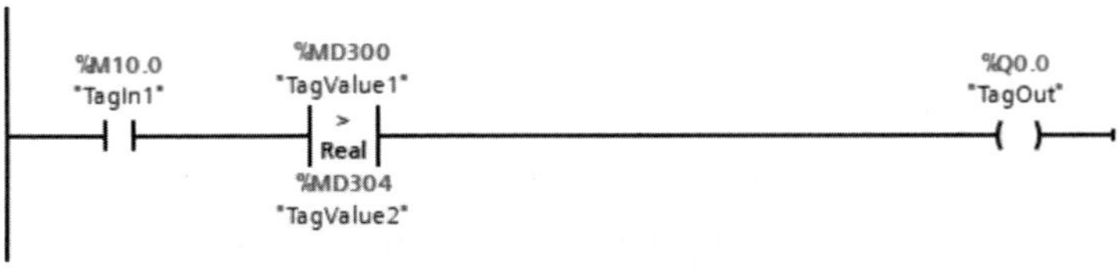

图 6-37　“大于”指令示例

当同时满足以下条件时，将置位操作数 TagOut（Q0.0）：

a. 操作数 TagIn1（M10.0）的信号状态为“1”；

b. 操作数 TagValue1（MD300）大于 TagValue2（MD304）。

（6）小于（-|<|-）

使用“小于”指令判断第一个比较值（<操作数 1>）是否小于第二个比较值（<操作数 2>）。如果满足比较条件，则指令返回的逻辑运算结果的信号状态为“1”。如果不满足比较条件，则该指令返回的 RLO 的信号状态为“0”。示例如图 6-38 所示。

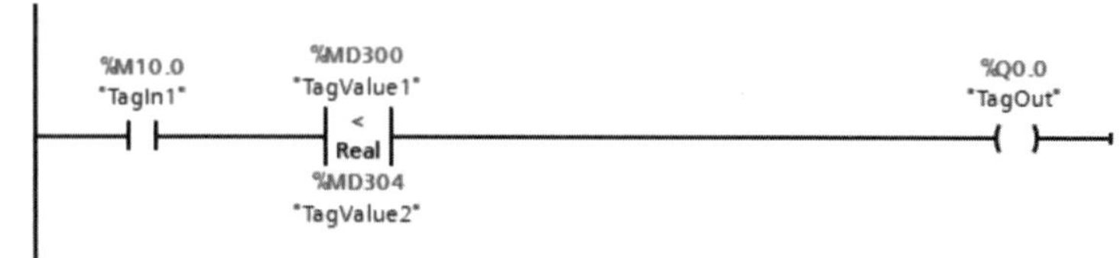

图 6-38　“小于”指令示例

当同时满足以下条件时，将置位操作数 TagOut（Q0.0）：

a. 操作数 TagIn1（M10.0）的信号状态为“1”；

b. 操作数 TagValue1（MD300）小于 TagValue2（MD304）。

（7）值在范围内（IN_RANGE）

使用“值在范围内”指令查询输入 VAL 的值是否在指定的取值范围内。

使用输入 MIN 和 MAX 可以指定取值范围的限值。“值在范围内”指令将输入 VAL 的值与输入 MIN 和 MAX 的值进行比较，并将结果发送到功能框输出中。如果输入 VAL 的值满足 MIN≤VAL≤MAX 比较条件，则功能框输出的信号状态为“1”。如果不满足比较条件，则功能框输出的信号状态为“0”。

如果功能框输入的信号状态为“0”，则不执行“值在范围内”指令。示例如图 6-39 所示。

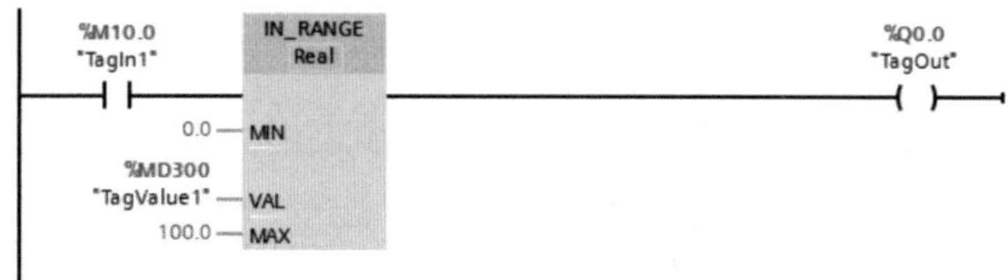

图 6-39　“值在范围内”指令示例

当同时满足以下条件时，将置位操作数 TagOut（Q0.0）：

a. 操作数 TagIn1（M10.0）的信号状态为“1”；

b. 操作数 TagValue1（MD300）的值在由 MIN（当前值为 0.0）和 MAX（当前值为 100.0）指定的取值范围之内。

（8）值超出范围（OUT_RANGE）

使用“值超出范围”指令查询输入 VAL 的值是否超出指定的取值范围。

使用输入 MIN 和 MAX 可以指定取值范围的限值。“值超出范围”指令将输入 VAL 的值与输入 MIN 和 MAX 的值进行比较，并将结果发送到功能框输出中。如果输入 VAL 的值满足 MIN＞VAL 或 VAL ＞MAX 比较条件，则功能框输出的信号状态为“1”。如果指定的 Real 数据类型的操作数具有无效值，则功能框输出的信号状态也为“1”。示例如图 6-40 所示。

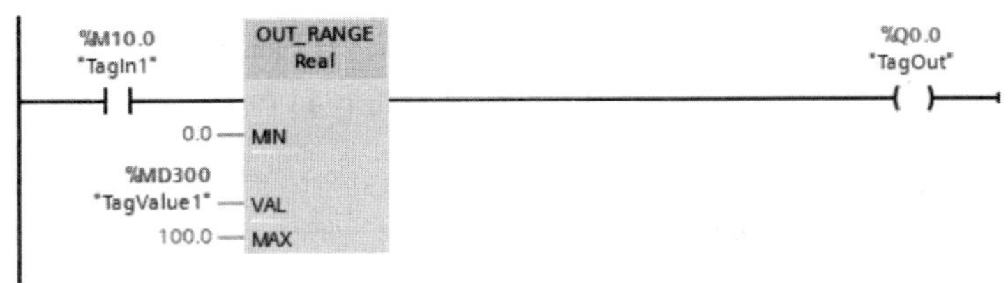

图 6-40　“值超出范围”指令示例

当同时满足以下条件时，将置位操作数 TagOut（Q0.0）：

a. 操作数 TagIn1（M10.0）的信号状态为“1”；

b. 操作数 TagValue1（MD300）的值在由 MIN（当前值为 0.0）和 MAX（当前值为 100.0）指定的取值范围之外。

（9）检查有效性（——| OK |——）

使用“检查有效性”指令检查操作数的值（<操作数>）是否为有效的浮点数。如果该指令输入的信号状态为“1”，则在每个程序周期内都进行检查。

查询时，如果操作数的值是有效浮点数且指令的信号状态为“1”，则该指令输出的信号状态为“1”。在其他任何情况下，“检查有效性”指令输出的信号状态都为“0”。示例如图 6-41 所示。

图 6-41　“检查有效性”指令示例

当操作数 TagValue1（MD300）的值显示为有效浮点数时，将置位操作数 TagOut（Q0.0）。

（10）检查无效性（——| NOT_OK |——）

使用“检查无效性”指令检查操作数的值（<操作数>）是否为无效的浮点数。如果该指令输入的信号状态为“1”，则在每个程序周期内都进行检查。

查询时，如果操作数的值是无效浮点数且指令的信号状态为“1”，则该指令输出的信号状态为“1”。在其他任何情况下，“检查无效性”指令输出的信号状态都为“0”。示例如图 6-42 所示。

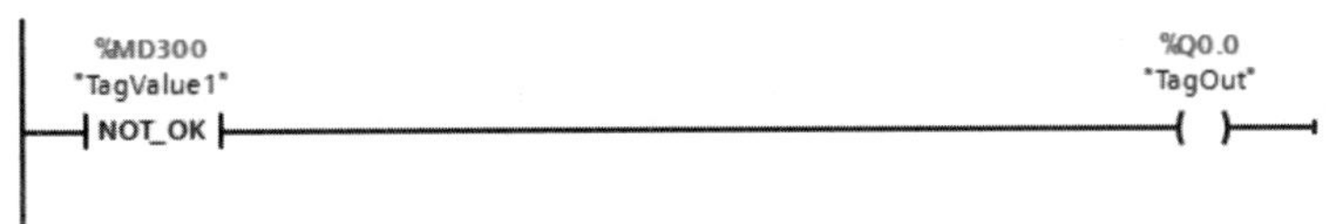

图 6-42　“检查无效性”指令示例

当操作数 TagValue1（MD300）的值显示为无效浮点数时，将置位操作数 TagOut（Q0.0）。

6.3.2　移动指令

（1）移动值（MOVE）

使用“移动值”指令将输入 IN 处操作数中的内容传送给输出 OUT1 的操作数中。始终沿地址升序方向进行传送。

如果使能输入 EN 的信号状态为“0”或者参数 IN 的数据类型与参数 OUT1 指定的数据类型不对应，则使能输出 ENO 返回信号状态“0”。示例如图 6-43 所示。

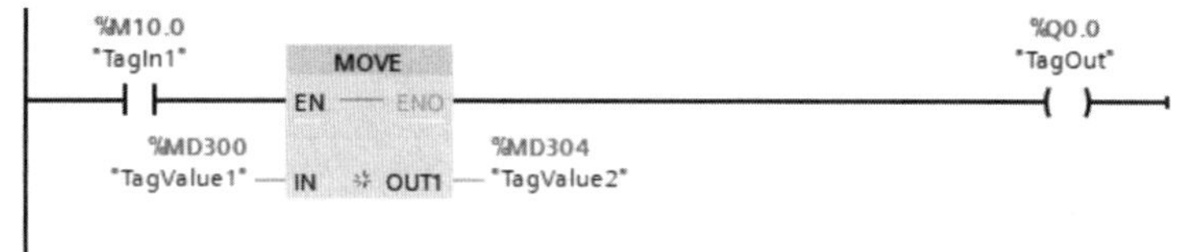

图 6-43 “移动值”指令示例

操作数 TagIn1（M10.0）的信号状态为“1”时，将操作数 TagValue1（MD300）的内容复制到操作数 TagValue2（MD304）中，并将操作数 TagOut（Q0.0）的信号状态置位（为“1”）。

（2）块移动（MOVE_BLK）

使用“块移动”指令将一个存储区（源范围）的数据移动到另一个存储区（目标范围）中。使用输入 COUNT 可以指定将移动到目标范围中的元素个数。可通过输入 IN 中元素的宽度来定义元素待移动的宽度。仅当源范围和目标范围的数据类型相同时，才能执行该指令。

使能输入 EN 的信号状态为“0”或者移动的数据量超出输入 IN 或输出 OUT 所能容纳的数据量时，使能输出 ENO 将返回信号状态“0”。示例如图 6-44 所示。

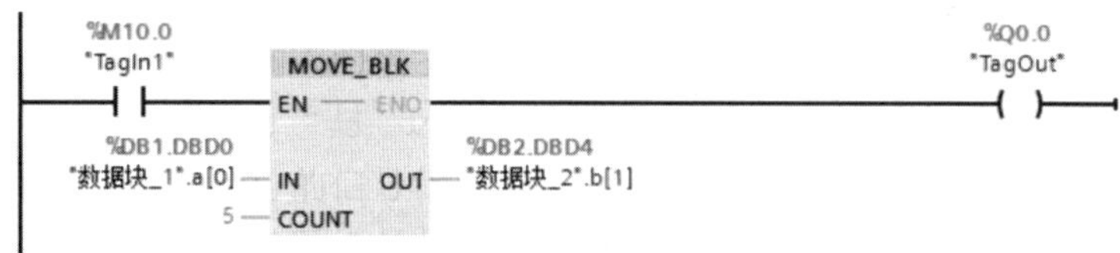

图 6-44 “块移动”指令示例

如果操作数 TagIn1（M10.0）的信号状态为“1”，则执行该指令，将从数据块_1.a 的第一个元素（a[0]）开始的五个 Real 类型的元素的内容复制到数据块_2.b 的第二个元素（b[1]）开始的五个元素中。如果该指令执行成功，则使能输出 ENO 的信号状态为“1”，同时置位输出 TagOut（Q0.0）。

（3）移动块（MOVE_BLK_VARIANT）

使用“移动块”指令将一个存储区（源范围）的数据移动到另一个存储区（目标范围）中。可以将一个完整的 Array（数组）或 Array 的元素复制到另一个相同数据类型的 Array 中。源 Array 和目标 Array 的大小（元素个数）可能会不同。可以复制一个 Array 内的多个或单个元素。

要复制的元素数量不得超过所选源范围或目标范围。

使能输入 EN 的信号状态为“0”或者复制的数据多于可用的数据时，使能输出 ENO 将返回信号状态“0”。示例如图 6-45 所示。

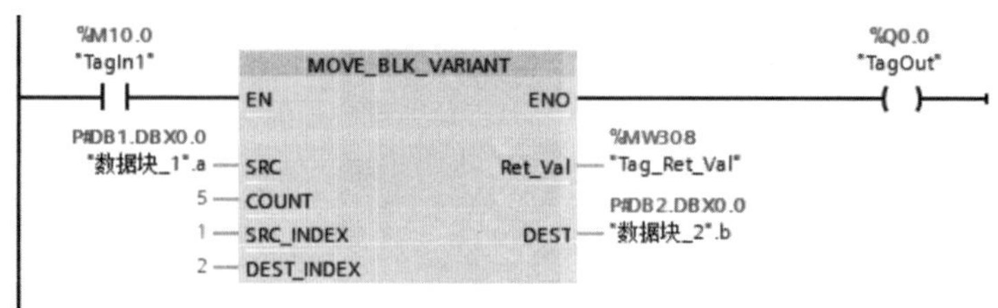

图 6-45 “移动块”指令示例

如果操作数 TagIn1（M10.0）的信号状态为“1”，则执行该指令，将从数据块_1.a 的 a［1］开始的五个 Real 类型的元素的内容复制到数据块_2.b 的 b［2］开始的五个元素中。如果该指令执行成功，则使能输出 ENO 的信号状态为“1”，同时置位输出 TagOut（Q0.0）。

如果在该指令执行期间出错，则在参数 Ret_Val[Tag_Ret_Val（MW308）]中输出一个错误代码。

（4）不可中断的存储区移动（UMOVE_BLK）

使用“不可中断的存储区移动”指令将一个存储区（源范围）的数据移动到另一个存储区（目标范围）中。该指令不可中断。使用输入 COUNT 可以指定将移动到目标范围中的元素个数。可通过输入 IN 中元素的宽度来定义元素待移动的宽度。

仅当源范围和目标范围的数据类型相同时，才能执行该指令。

使能输入 EN 的信号状态为“0”或者移动的数据量超出输入 IN 或输出 OUT 所能容纳的数据量时，使能输出 ENO 将返回信号状态“0”。示例如图 6-46 所示。

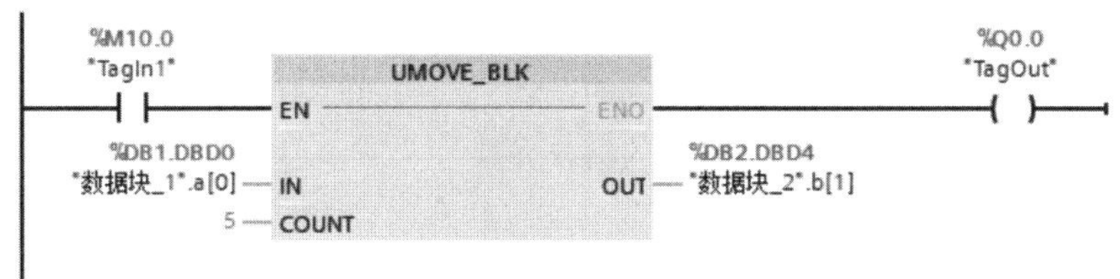

图 6-46　“不可中断的存储区移动”指令示例

如果操作数 TagIn1（M10.0）的信号状态为“1”，则执行该指令。将从数据块_1.a 的 a［0］开始的五个 Real 类型的元素的内容复制到数据块_2.b 的 b［1］开始的五个元素中。如果该指令执行成功，则使能输出 ENO 的信号状态为“1”，同时置位输出 TagOut（Q0.0）。

（5）填充块（FILL_BLK）

使用“填充块”指令将输入 IN 的值填充一个存储区域（目标范围）。从输出 OUT 指定的地址开始填充目标范围。可以使用输入 COUNT 指定复制操作的重复次数。执行该指令时，输入 IN 中的值将移动到目标范围。

仅当源范围和目标范围的数据类型相同时，才能执行该指令。

如果使能输入 EN 的信号状态为“0”，变更元素的最大值为 Array 或 Struct 中的元素个数，复制的数据个数超过输出 OUT 中的元素个数，则使能输出 ENO 的信号状态为“0”。示例如图 6-47 所示。

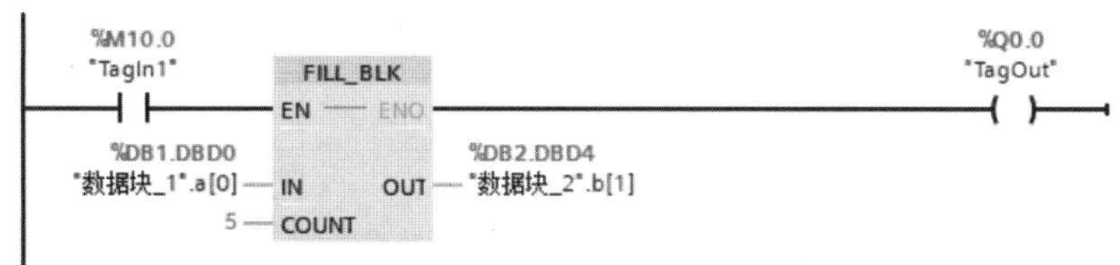

图 6-47　“填充块”指令示例

如果操作数 TagIn1（M10.0）的信号状态为“1”，则执行该指令。该指令将操作数数据块_1.a［0］（DB1.DBD0）的值复制到数据块_2.b［1］开始的数据块中 5 次。如果成功执行该指令，则将 TagOut（Q0.0）和使能输出 ENO 的信号状态置位为“1”。

（6）不可中断的存储区填充（UFILL_BLK）

使用“不可中断的存储区填充”指令将输入 IN 的值填充一个存储区域（目标范围）。该指令不可中断。从输出 OUT 指定的地址开始填充目标范围。可以使用输入 COUNT 指定复制操作的重复次数。执行该指令时，输入 IN 中的值将移动到目标范围。

仅当源范围和目标范围的数据类型相同时，才能执行该指令。

如果使能输入 EN 的信号状态为“0”，变更元素的最大值为 Array 或 Struct 中的元素个数，复制的数据个数超过输出 OUT 中的元素个数，则使能输出 ENO 的信号状态为“0”。示例如图 6-48 所示。

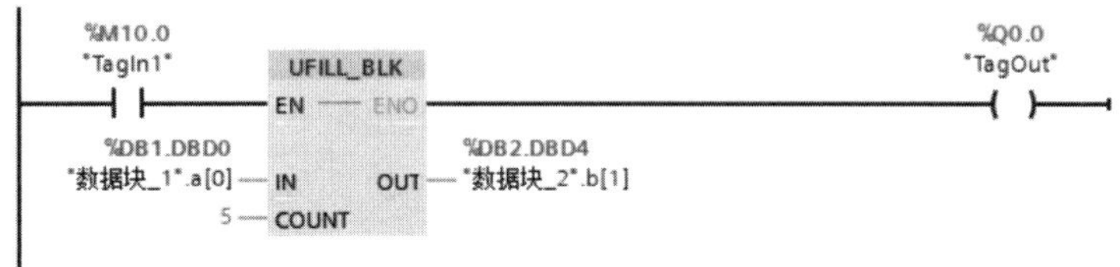

图 6-48　“不可中断的存储区填充”指令示例

如果操作数 TagIn1（M10.0）的信号状态为“1”，则执行该指令。该指令将操作数数据块_1.a［0］（DB1.DBD0）的值复制到数据块_2.b［1］开始的数据块中 5 次。此移动操作不会被操作系统的其他任务打断。如果成功执行该指令，则将 TagOut（Q0.0）和使能输出 ENO 的信号状态置位为“1”。

（7）交换（SWAP）

可以使用“交换”指令更改输入 IN 中字节的顺序，并在输出 OUT 中查询结果。示例如图 6-49 所示。

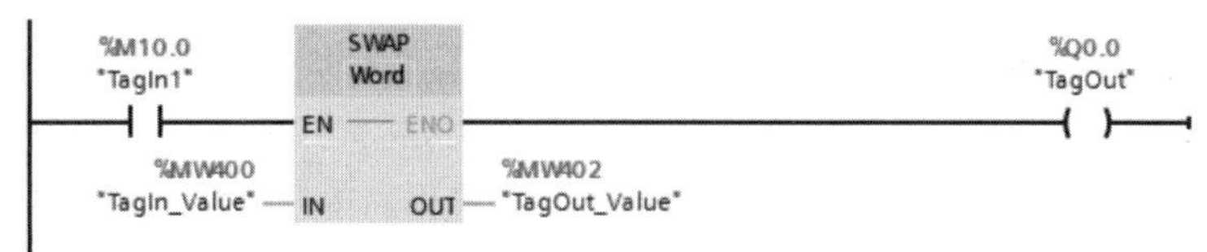

图 6-49　“交换”指令示例

如果操作数 TagIn1（M10.0）的信号状态为“1”，则执行“交换”指令，字节的顺序已更改，并存储在操作数 TagOut（Q0.0）中。

例如 TagIn_Value（MW400）中的二进制数为 2#1010_0101_1111_0000，执行“交换”指令后，TagOut_Value（MW402）中的二进制数为 2#1111_0000_1010_0101。

6.3.3 转换指令

（1）转换值（CONV）

“转换值”指令将读取输入 IN 的内容，并根据指令框中选择的数据类型对其进行转换。转换值将在输出 OUT 处输出。

如果使能输入 EN 的信号状态为“0”或者执行过程中发生溢出之类的错误，则使能输出 ENO 的信号状态为“0”。示例如图 6-50 所示。

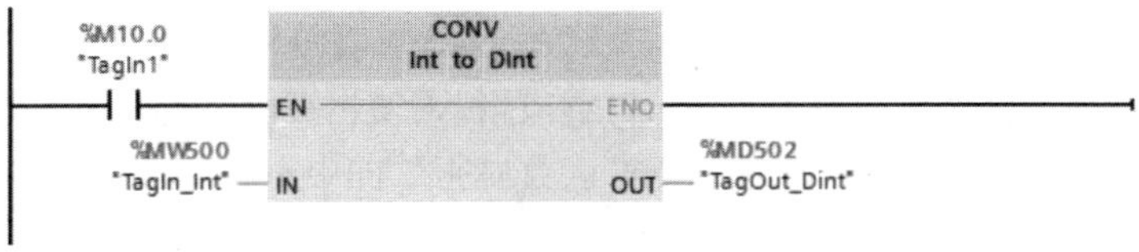

图 6-50　“转换值”指令示例

如果操作数 TagIn1（M10.0）的信号状态为“1”，则将数据类型为 Int 的操作数 TagIn_Int（MW500）转换为数据类型为 DInt 的操作数 TagOut_Dint（MD502）。

（2）取整（ROUND）

使用“取整”指令将输入 IN 的值四舍五入取整为最接近的整数。该指令将输入类型为浮点数的 IN 的值，转换为一个 DInt 数据类型的整数。

如果使能输入 EN 的信号状态为“0”或者执行过程中发生溢出之类的错误，则使能输出 ENO 的信号状态为“0”。示例如图 6-51 所示。

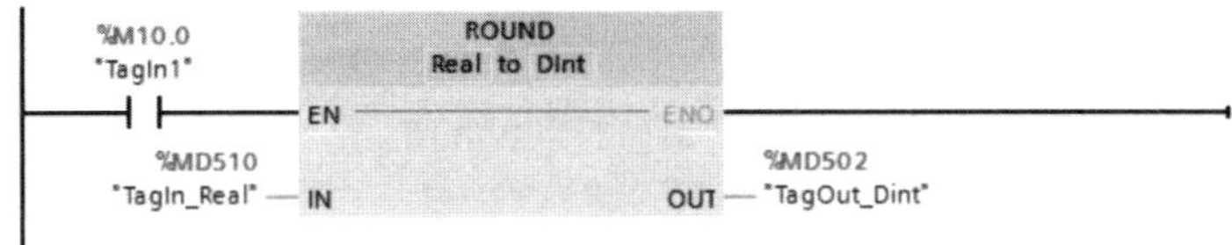

图 6-51　“取整”指令示例

如果操作数 TagIn1（M10.0）的信号状态为“1”，则执行该指令，将输入 TagIn_Real（MD510）的浮点数四舍五入到最接近的整数，并发送到输出 TagOut_Dint（MD502）。

例如操作数 TagIn_Real（MD510）的值为 98.3，操作数 TagOut_Dint（MD502）的值为 98；操作数 TagIn_Real（MD510）的值为 98.8，操作数 TagOut_Dint（MD502）的值为 99。

（3）浮点数向上取整（CEIL）

使用“浮点数向上取整”指令将输入 IN 的值向上取整为相邻整数。该指令将输入类型为浮点数的 IN 的值，转换为较大的相邻整数。

如果使能输入 EN 的信号状态为“0”或者执行过程中发生溢出之类的错误，则使能输出 ENO 的信号状态为“0”。示例如图 6-52 所示。

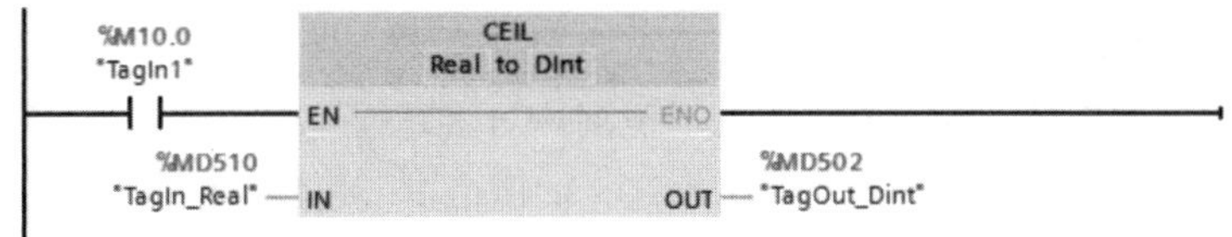

图 6-52　“浮点数向上取整”指令示例

如果操作数 TagIn1（M10.0）的信号状态为“1”，则执行该指令，输入 TagIn_Real（MD510）的浮点数将向上取整为相邻整数，并发送到输出 TagOut_Dint（MD502）。

例如操作数 TagIn_Real（MD510）的值为 98.3，操作数 TagOut_Dint（MD502）的值为 99；操作数 TagIn_Real（MD510）的值为 98.8，操作数 TagOut_Dint（MD502）的值也为 99。

（4）浮点数向下取整（FLOOR）

使用“浮点数向下取整”指令将输入 IN 的值向下取整为相邻整数。该指令将输入类型为浮点数的IN的值，转换为较小的相邻整数。

如果使能输入EN的信号状态为“0”或者执行过程中发生溢出之类的错误，则使能输出ENO的信号状态为“0”。示例如图6-53所示。

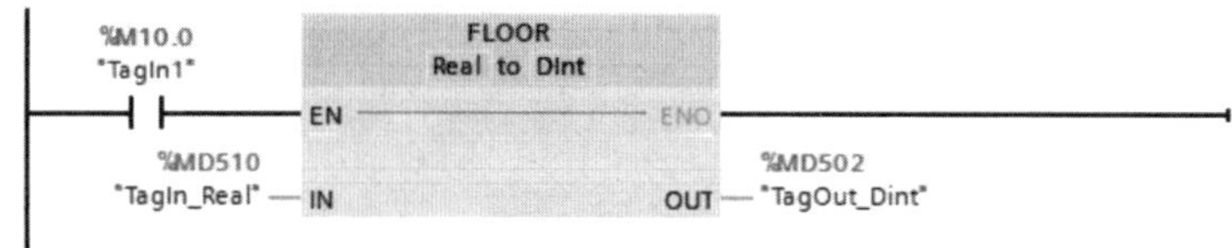

图6-53 “浮点数向下取整”指令示例

如果操作数TagIn1（M10.0）的信号状态为“1”，则执行该指令，输入TagIn_Real（MD510）的浮点数将向下取整为相邻整数，并发送到输出TagOut_Dint（MD502）。

例如操作数TagIn_Real（MD510）的值为98.3，操作数TagOut_Dint（MD502）的值为98；操作数TagIn_Real（MD510）的值为98.8，操作数TagOut_Dint（MD502）的值也为98。

（5）截尾取整（TRUNC）

使用“截尾取整”指令将输入IN的值取整。该指令仅选择浮点数的整数部分，并将其发送到输出OUT中，不带小数位。

如果使能输入EN的信号状态为“0”或者执行过程中发生溢出之类的错误，则使能输出ENO的信号状态为“0”。示例如图6-54所示。

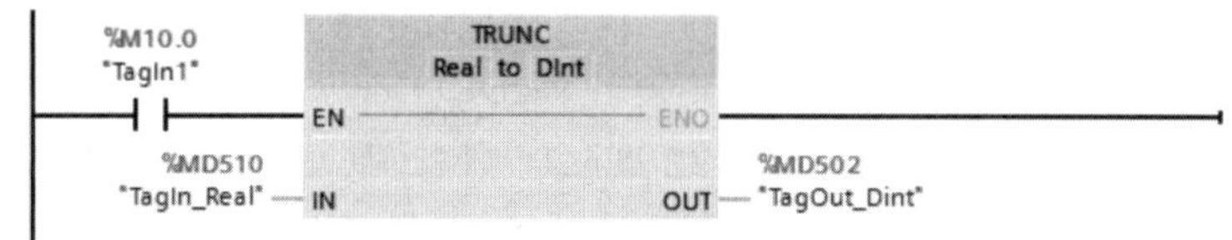

图6-54 “截尾取整”指令示例

如果操作数TagIn1（M10.0）的信号状态为“1”，则执行该指令，将输入TagIn_Real（MD510）浮点数的整数部分发送到输出TagOut_Dint（MD502）。

例如操作数TagIn_Real（MD510）的值为98.3，整数部分为98，则操作数TagOut_Dint（MD502）的值为98。

（6）缩放（SCALE_X）

通过将输入VALUE的值映射到指定的值范围内对其进行缩放。当执行“缩放”指令时，输入VALUE的值会缩放到由参数MIN和MAX定义的值范围。缩放结果为整数，存储在输出OUT中。示例如图6-55所示。

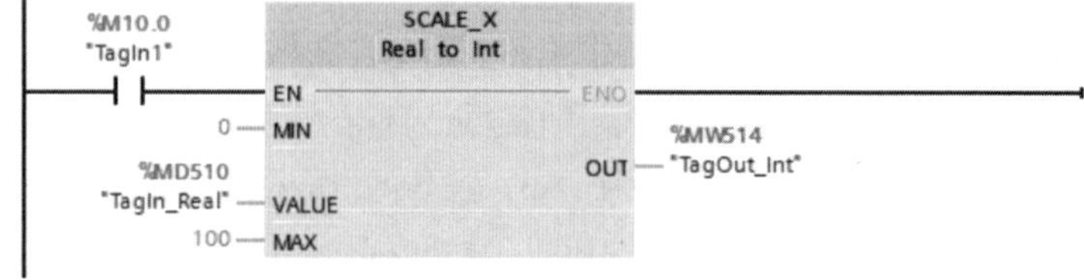

图6-55 “缩放”指令示例

如果操作数 TagIn1（M10.0）的信号状态为“1”，则执行该指令，输入 TagIn_Real（MD510）的值将缩放到由输入 MIN（当前值为 0）和 MAX（当前值为 100）定义的值范围内。结果存储在输出 TagOut_Int（MW514）中。

例如操作数 TagIn_Real（MD510）的值为 0.5，操作数 TagOut_Int（MW514）的值为 50。

（7）标准化（NORM_X）

通过将输入 VALUE 中变量的值映射到线性标尺对其进行标准化。可以使用参数 MIN 和 MAX 定义（应用于该标尺的）值范围的限值。将经过计算的结果以浮点数类型存储在输出 OUT 中，这取决于要标准化的值在该值范围中的位置。如果要标准化的值等于输入 MIN 中的值，则输出 OUT 返回值“0.0”。如果要标准化的值等于输入 MAX 的值，则输出 OUT 返回值“1.0”。示例如图 6-56 所示。

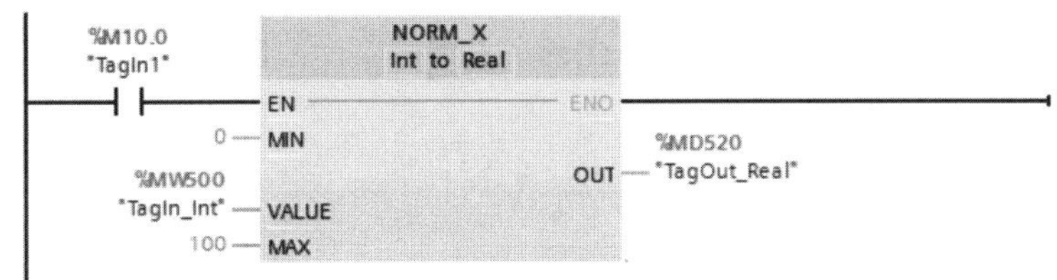

图 6-56　“标准化”指令示例

如果操作数 TagIn1（M10.0）的信号状态为“1”，则执行该指令，输入 TagIn_Int（MW500）的值映射到由输入 MIN（当前值为 0）和 MAX（当前值为 100）定义的值范围内。结果以浮点数形式存储在输出 TagOut_Real（MD520）中。

例如操作数 TagIn_Int（MW500）的值为 50，操作数 TagOut_Real（MD520）的值为 0.5。

6.4　数学运算指令

6.4.1　数学函数指令

（1）计算（CALCULATE）

使用“计算”指令定义并执行表达式，根据所选数据类型计算数学运算或复杂逻辑运算。

从指令框的“？？？”下拉列表中选择该指令的数据类型。根据所选的数据类型，可以组合某些指令的函数以执行复杂计算。在一个对话框中指定待计算的表达式，单击指令框上方的“计算器”图标可打开该对话框。表达式可以包含输入参数的名称和指令的语法，不能指定操作数名称和操作数地址。

在初始状态下，指令框中至少包含两个输入（IN1 和 IN2），可以扩展输入数目。在功能框中按升序对插入的输入编号。指令的结果传送到输出 OUT 中。示例如图 6-57 所示。

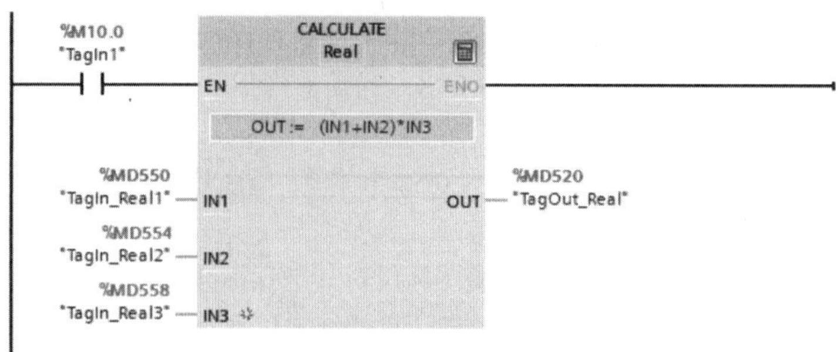

图 6-57 “计算”指令示例

如果操作数 TagIn1(M10.0)的信号状态为“1”，则执行该指令，将操作数 TagIn_Real1(MD550)的值与操作数 TagIn_Real2（MD554）的值相加，求得的和乘以操作数 TagIn_Real3（MD558）的值，最后的结果存储在输出 TagOut_Real（MD520）中。

（2）加（ADD）

使用“加”指令将输入 IN1 的值与输入 IN2 的值相加，并在输出 OUT（OUT= IN1+IN2）处查询结果。

在初始状态下，指令框中至少包含两个输入（IN1 和 IN2），可以扩展输入数目。在功能框中按升序对插入的输入编号。执行该指令时，将所有可用输入参数的值相加。求得的和存储在输出 OUT 中。示例如图 6-58 所示。

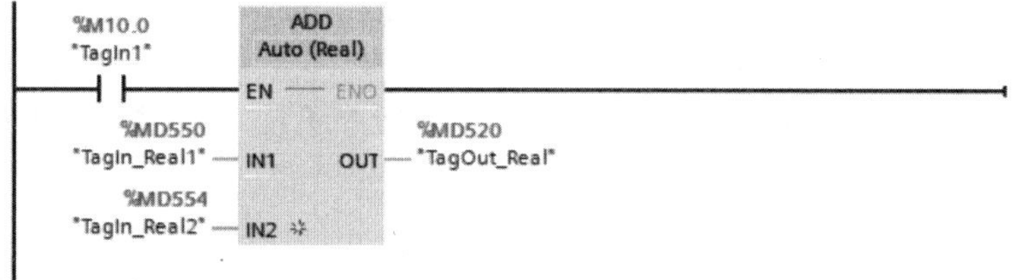

图 6-58 “加”指令示例

如果操作数 TagIn1(M10.0)的信号状态为“1”，则执行该指令，将操作数 TagIn_Real1(MD550)的值与操作数 TagIn_Real2（MD554）的值相加，求得的结果存储在输出 TagOut_Real（MD520）中。

（3）减（SUB）

使用“减”指令将输入 IN1 的值与输入 IN2 的值相减，并在输出 OUT（OUT= IN1−IN2）处查询结果。示例如图 6-59 所示。

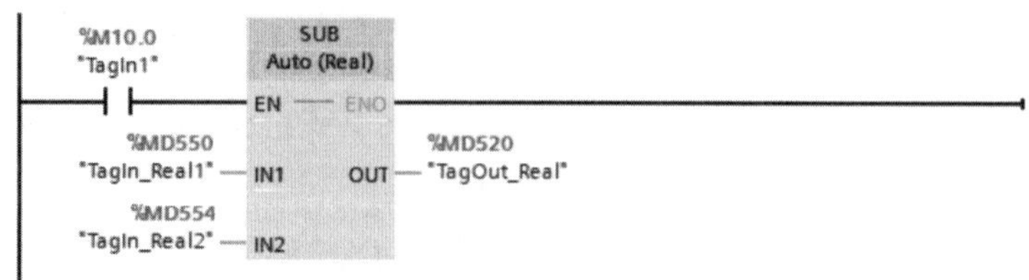

图 6-59 “减”指令示例

如果操作数 TagIn1(M10.0)的信号状态为“1”，则执行该指令，将操作数 TagIn_Real1(MD550)

的值与操作数 TagIn_Real2（MD554）的值相减，求得的结果存储在输出 TagOut_Real（MD520）中。

（4）乘（MUL）

使用“乘”指令将输入 IN1 的值与输入 IN2 的值相乘，并在输出 OUT（OUT= IN1×IN2）处查询结果。

在初始状态下，指令框中至少包含两个输入（IN1 和 IN2），可以扩展输入数目。在功能框中按升序对插入的输入编号。执行该指令时，将所有可用输入参数的值相乘。求得的积存储在输出 OUT 中。示例如图 6-60 所示。

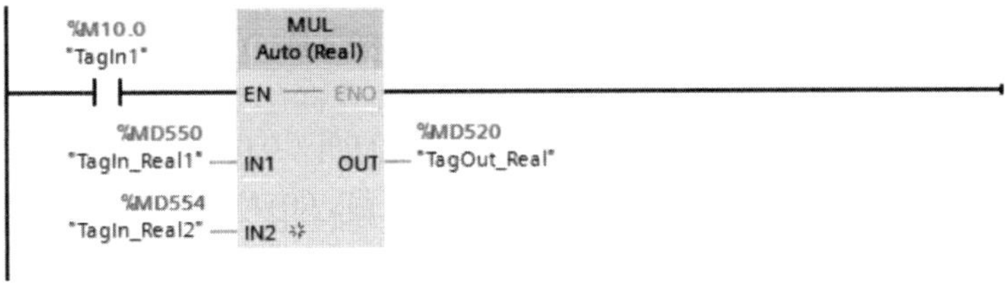

%M10.0 "TagIn1"；MUL Auto (Real)；EN — ENO；%MD550 "TagIn_Real1" — IN1；OUT — %MD520 "TagOut_Real"；%MD554 "TagIn_Real2" — IN2

图 6-60　“乘”指令示例

如果操作数 TagIn1（M10.0）的信号状态为“1”，则执行该指令，将操作数 TagIn_Real1（MD550）的值与操作数 TagIn_Real2（MD554）的值相乘，求得的结果存储在输出 TagOut_Real（MD520）中。

（5）除（DIV）

使用“除”指令将输入 IN1 的值与输入 IN2 的值相除，并在输出 OUT（OUT= IN1/IN2）处查询结果。示例如图 6-61 所示。

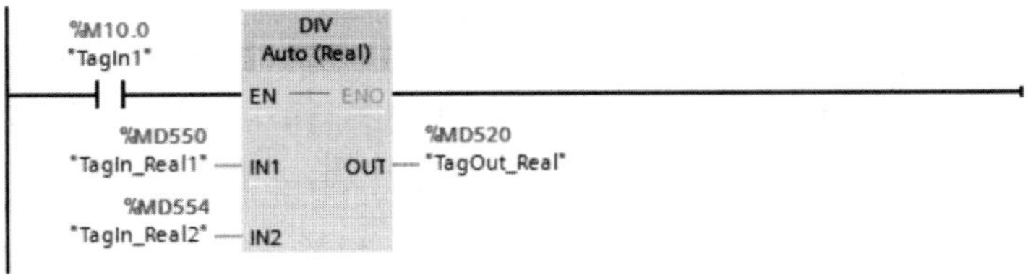

%M10.0 "TagIn1"；DIV Auto (Real)；EN — ENO；%MD550 "TagIn_Real1" — IN1；OUT — %MD520 "TagOut_Real"；%MD554 "TagIn_Real2" — IN2

图 6-61　“除”指令示例

如果操作数 TagIn1（M10.0）的信号状态为“1”，则执行该指令，将操作数 TagIn_Real1（MD550）的值与操作数 TagIn_Real2（MD554）的值相除，求得的结果存储在输出 TagOut_Real（MD520）中。

（6）返回除法的余数（MOD）

使用“返回除法的余数”指令将输入 IN1 的值除以输入 IN2 的值，并通过输出 OUT 查询余数。示例如图 6-62 所示。

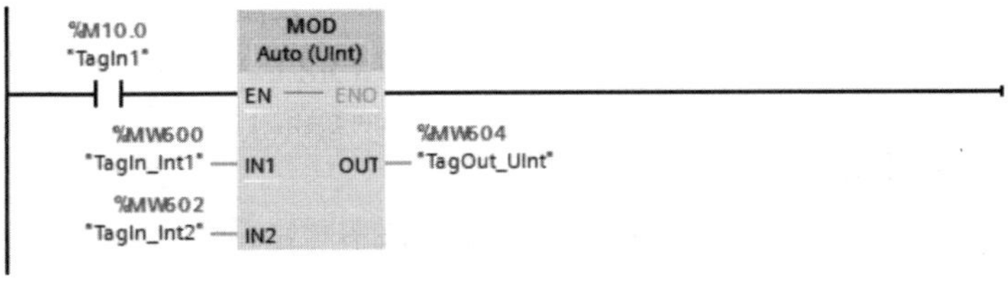

%M10.0 "TagIn1"；MOD Auto (UInt)；EN — ENO；%MW600 "TagIn_Int1" — IN1；OUT — %MW604 "TagOut_UInt"；%MW602 "TagIn_Int2" — IN2

图 6-62　“返回除法的余数”指令示例

如果操作数 TagIn1（M10.0）的信号状态为“1”，则执行该指令，将操作数 TagIn_Int1（MW600）的值除以操作数 TagIn_Int2（MW602）的值，所得的余数存储在输出 TagOut_UInt（MW604）中。

（7）取反（NEG）

使用“取反”指令更改输入 IN 中值的符号，并在输出 OUT 中查询结果。例如，如果输入 IN 为正值，则将该值的负值发送到输出 OUT。示例如图 6-63 所示。

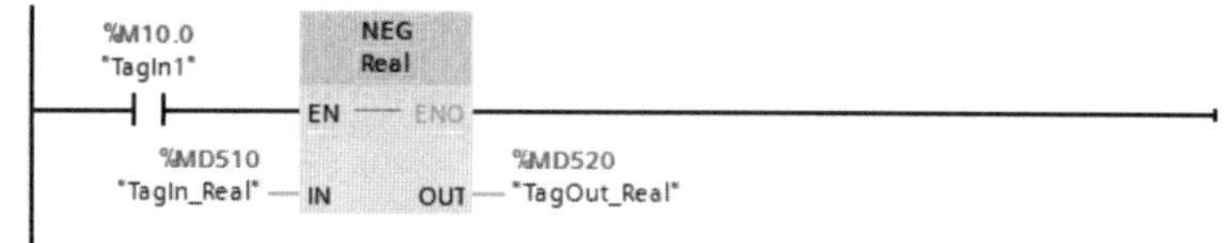

图 6-63 “取反”指令示例

如果操作数 TagIn1（M10.0）的信号状态为“1”，则执行该指令，更改输入 TagIn_Real（MD510）中值的符号，并将结果存储至输出 TagOut_Real（MD520）中。

（8）递增（INC）

使用“递增”指令将参数 IN/OUT 中操作数的值更改为下一个更大的值，并查询结果。只有使能输入 EN 的信号状态为“1”时，才执行“递增”指令。示例如图 6-64 所示。

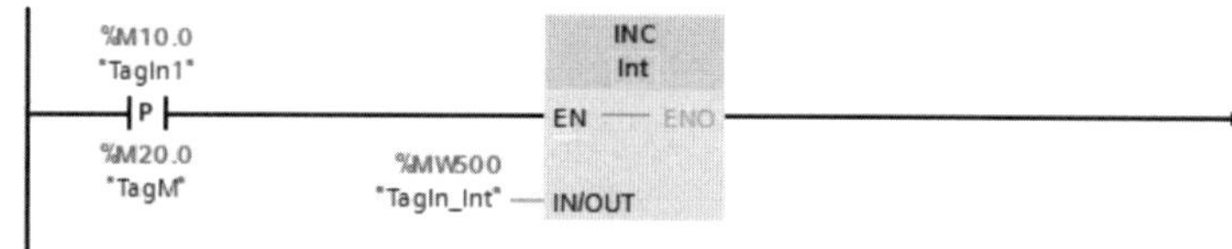

图 6-64 “递增”指令示例

操作数 TagIn1（M10.0）的信号状态每次变为“1”时，操作数 TagIn_Int（MW500）的值都加“1”。

（9）递减（DEC）

使用“递减”指令将参数 IN/OUT 中操作数的值更改为下一个更小的值，并查询结果。只有使能输入 EN 的信号状态为“1”时，才执行“递减”指令。示例如图 6-65 所示。

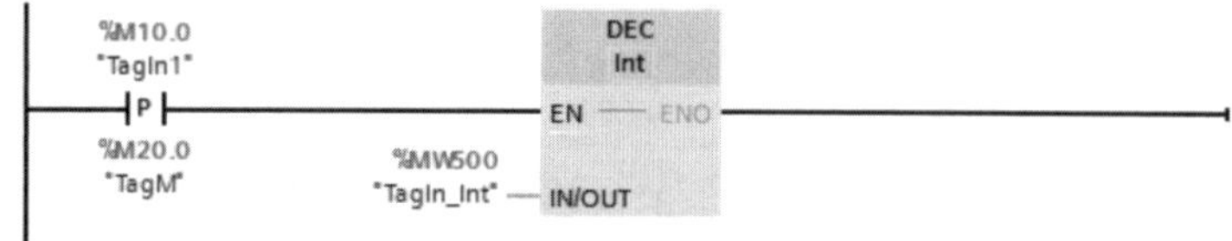

图 6-65 “递减”指令示例

操作数 TagIn1（M10.0）的信号状态每次变为“1”时，操作数 TagIn_Int（MW500）的值都减“1”。

（10）计算绝对值（ABS）

使用“计算绝对值”指令计算输入 IN 处指定值的绝对值。指令结果被发送到输出 OUT 中。示例如图 6-66 所示。

图 6-66　“计算绝对值”指令示例

如果操作数 TagIn1（M10.0）的信号状态为“1”，则执行该指令。使用该指令计算输入 TagIn_Real（MD510）值的绝对值，并将结果发送到输出 TagOut_Real（MD520）。

（11）获取最小值（MIN）

使用“获取最小值”指令比较可用输入的值，并将最小的值写入输出 OUT 中。在指令框中可以通过其他输入来扩展输入的数量。在功能框中按升序对输入进行编号。要执行该指令，最少需要指定 2 个输入，最多可以指定 100 个输入。示例如图 6-67 所示。

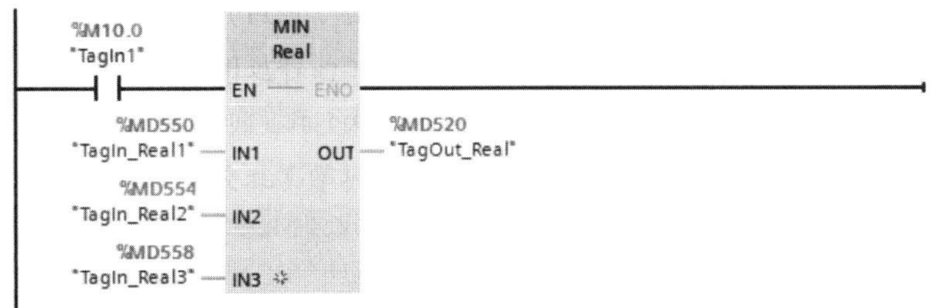

图 6-67　“获取最小值”指令示例

如果操作数 TagIn1（M10.0）的信号状态为“1”，则执行该指令。使用该指令比较指定操作数 TagIn_Real1（MD550）、TagIn_Real2（MD554）、TagIn_Real3（MD558）的值，并将最小的值复制到输出 TagOut_Real（MD520）中。

（12）获取最大值（MAX）

使用“获取最大值”指令比较可用输入的值，并将最大的值写入输出 OUT 中。在指令框中可以通过其他输入来扩展输入的数量。在功能框中按升序对输入进行编号。要执行该指令，最少需要指定 2 个输入，最多可以指定 100 个输入。示例如图 6-68 所示。

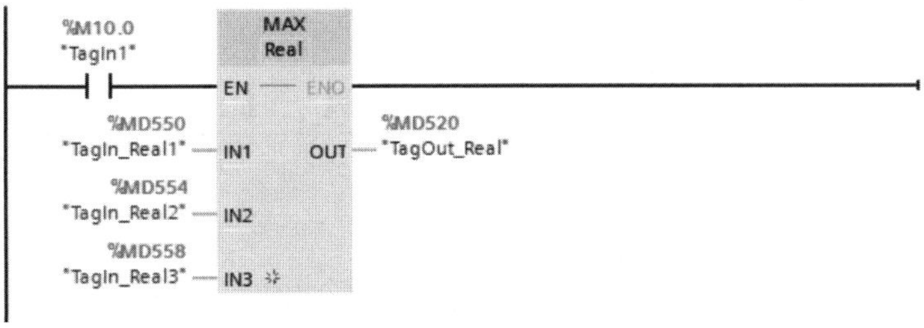

图 6-68　“获取最大值”指令示例

如果操作数 TagIn1（M10.0）的信号状态为“1”，则执行该指令。使用该指令比较指定操作数 TagIn_Real1（MD550）、TagIn_Real2（MD554）、TagIn_Real3（MD558）的值，并将最大的值复制到输出 TagOut_Real（MD520）中。

（13）设置限值（LIMIT）

使用“设置限值”指令将输入 IN 的值限制在输入 MN 与 MX 的值范围之间。如果输入 IN 的值满足条件 MN≤IN≤MX，则将其复制到输出 OUT 中。如果不满足该条件且输入 IN 值低于下限 MN，则将输出 OUT 设置为输入 MN 的值。如果输入 IN 值超出上限 MX，则将输出 OUT 设置为输入 MX 的值。示例如图 6-69 所示。

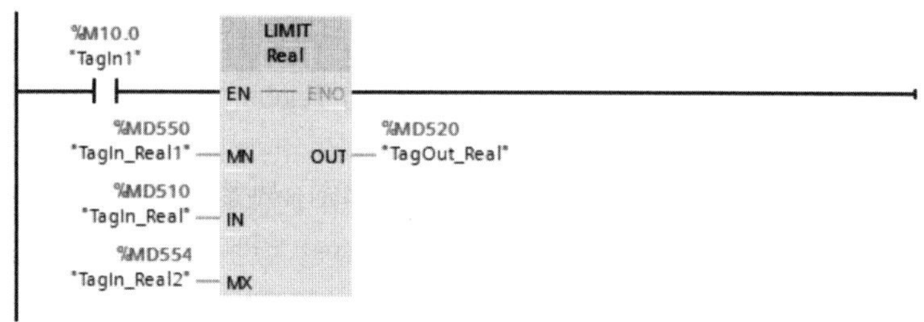

图 6-69　“设置限值”指令示例

如果操作数 TagIn1（M10.0）的信号状态为“1”，则执行该指令。

如果 MN[TagIn_Real1（MD550）]≤IN[TagIn_Real（MD510）]≤MX[TagIn_Real2（MD554）]，将 IN[TagIn_Real（MD510）]值复制到输出 TagOut_Real（MD520）中。

如果 MN[TagIn_Real1（MD550）]<MX[TagIn_Real2（MD554）]，并且 MN[TagIn_Real1（MD550）]>IN[TagIn_Real（MD510）]，将 MN[TagIn_Real1（MD550）]值复制到输出 TagOut_Real（MD520）中。

如果 MN[TagIn_Real1（MD550）]<MX[TagIn_Real2（MD554）]，并且 IN[TagIn_Real（MD510）]>MX[TagIn_Real2（MD554）]，将 MX[TagIn_Real2（MD554）]值复制到输出 TagOut_Real（MD520）中。

如果 MN[TagIn_Real1（MD550）]=MX[TagIn_Real2（MD554）]，将 MN[TagIn_Real1（MD550）]值或者 MX[TagIn_Real2（MD554）]值复制到输出 TagOut_Real（MD520）中。

如果 MN[TagIn_Real1（MD550）]>MX[TagIn_Real2（MD554）]，将 IN[TagIn_Real（MD510）]值复制到输出 TagOut_Real（MD520）中。

（14）计算平方（SQR）

使用“计算平方”指令计算输入 IN 的值的平方，并将结果写入输出 OUT。示例如图 6-70 所示。

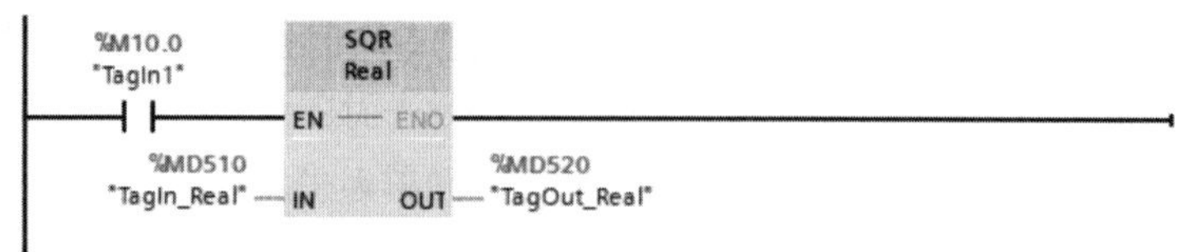

图 6-70　“计算平方”指令示例

如果操作数 TagIn1（M10.0）的信号状态为“1”，则执行该指令。使用该指令计算操作数 TagIn_Real（MD510）的值的平方，并将结果发送到输出 TagOut_Real（MD520）。

（15）计算平方根（SQRT）

使用“计算平方根”指令计算输入 IN 的值的平方根，并将结果写入输出 OUT。如果输入 IN

的值大于零，则该指令的结果为正数。如果输入 IN 的值小于零，则输出 OUT 返回一个无效浮点数。如果输入 IN 的值为“0”，则结果也为“0”。示例如图 6-71 所示。

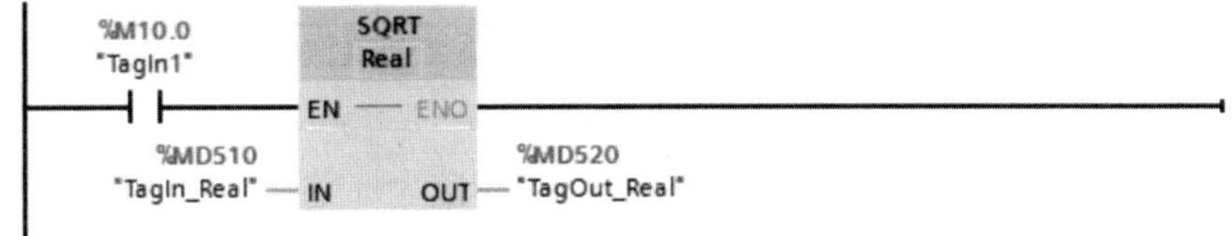

图 6-71　“计算平方根”指令示例

如果操作数 TagIn1（M10.0）的信号状态为“1”，则执行该指令。使用该指令计算操作数 TagIn_Real（MD510）的值的平方根，并将结果发送到输出 TagOut_Real（MD520）。

（16）计算自然对数（LN）

使用“计算自然对数”指令可以计算输入 IN 的值以 e（e = 2.718282）为底的自然对数。将计算结果存储在输出 OUT 中。如果输入 IN 的值大于零，则该指令的结果为正数。如果输入 IN 的值小于零，则输出 OUT 返回一个无效浮点数。示例如图 6-72 所示。

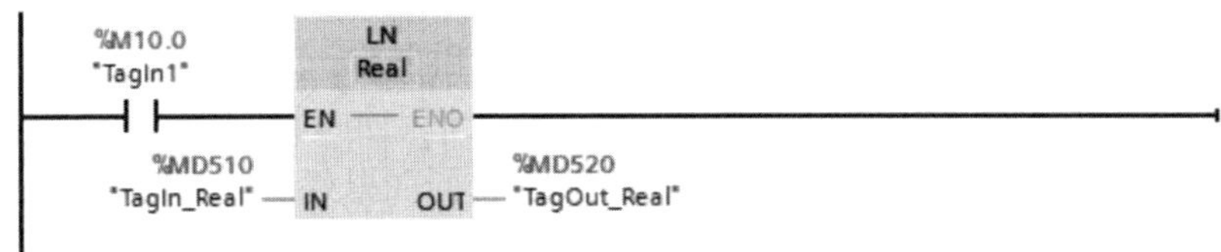

图 6-72　“计算自然对数”指令示例

如果操作数 TagIn1（M10.0）的信号状态为“1”，则执行该指令。使用该指令计算操作数 TagIn_Real（MD510）的值的自然对数，并将结果发送到输出 TagOut_Real（MD520）。

（17）计算指数值（EXP）

使用“计算指数值”指令可以计算输入 IN 的值以 e（e = 2.718282）为底的指数，并将结果存储在输出 OUT 中（$OUT=e^{IN}$）。示例如图 6-73 所示。

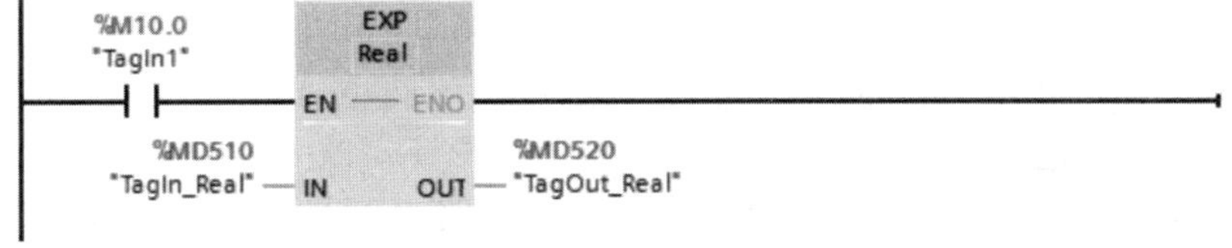

图 6-73　“计算指数值”指令示例

如果操作数 TagIn1（M10.0）的信号状态为“1”，则执行该指令。使用该指令计算操作数 TagIn_Real（MD510）的值以 e 为底的指数，并将结果发送到输出 TagOut_Real（MD520）。

（18）计算正弦值（SIN）

使用“计算正弦值”指令可以计算角度的正弦值。角度的大小在输入 IN 处以弧度的形式指定。指令结果被发送到输出 OUT。示例如图 6-74 所示。

如果操作数 TagIn1（M10.0）的信号状态为“1”，则执行该指令。使用该指令计算操作数

TagIn_Real（MD510）指定的角度的正弦值，并将结果发送到输出 TagOut_Real（MD520）。

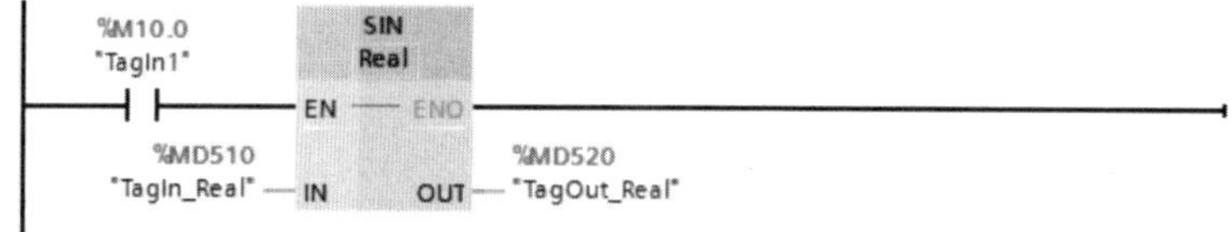

图 6-74 “计算正弦值”指令示例

（19）计算余弦值（COS）

使用“计算余弦值”指令可以计算角度的余弦值。角度的大小在输入 IN 处以弧度的形式指定。指令结果被发送到输出 OUT。示例如图 6-75 所示。

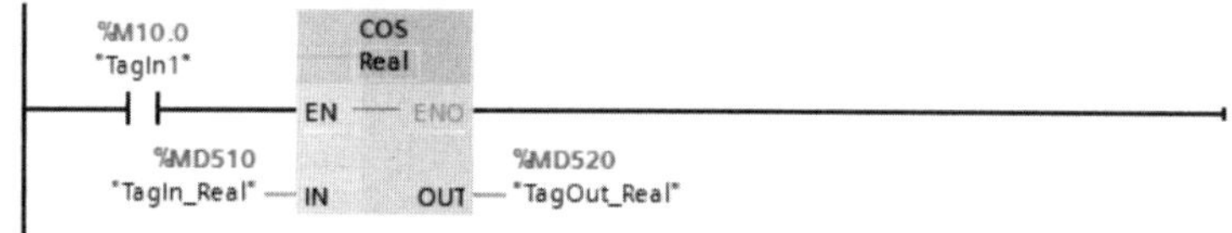

图 6-75 “计算余弦值”指令示例

如果操作数 TagIn1（M10.0）的信号状态为“1”，则执行该指令。使用该指令计算操作数 TagIn_Real（MD510）指定的角度的余弦值，并将结果发送到输出 TagOut_Real（MD520）。

（20）计算正切值（TAN）

使用“计算正切值”指令可以计算角度的正切值。角度的大小在输入 IN 处以弧度的形式指定。指令结果被发送到输出 OUT。示例如图 6-76 所示。

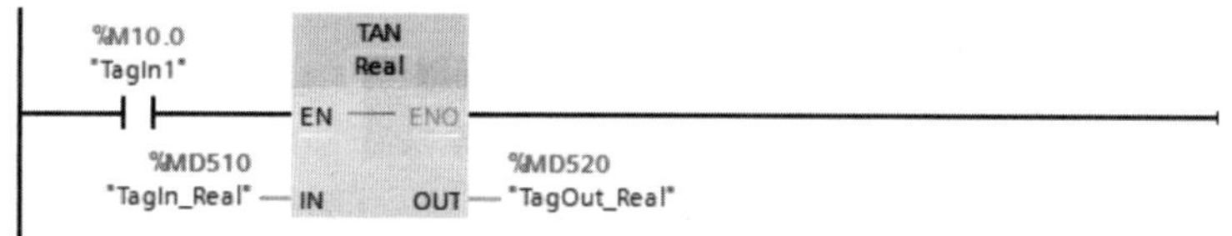

图 6-76 “计算正切值”指令示例

如果操作数 TagIn1（M10.0）的信号状态为“1”，则执行该指令。使用该指令计算操作数 TagIn_Real（MD510）指定的角度的正切值，并将结果发送到输出 TagOut_Real（MD520）。

（21）计算反正弦值（ASIN）

根据输入 IN 指定的正弦值，使用“计算反正弦值”指令计算与该值对应的角度值。其结果只能为输入 IN 中的值只能是指定范围（–1～+1）内的有效浮点数。计算出的角度值以弧度为单位，在输出 OUT 中输出，范围在–π/2～+π/2 之间。示例如图 6-77 所示。

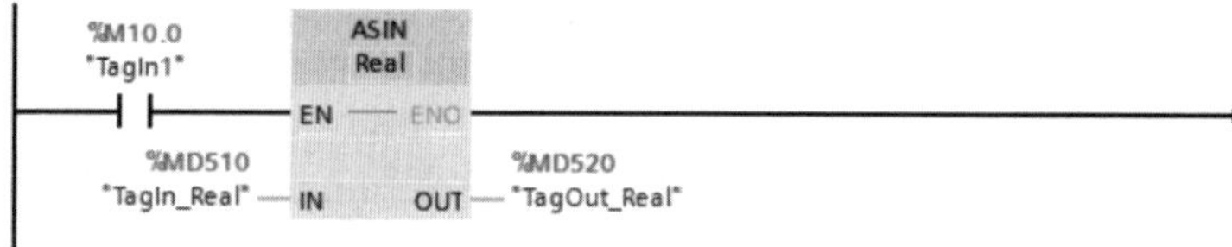

图 6-77 “计算反正弦值”指令示例

如果操作数 TagIn1（M10.0）的信号状态为“1”，则执行该指令。使用该指令计算与输入 TagIn_Real（MD510）的正弦值对应的角度值，结果存储在输出 TagOut_Real（MD520）中。

（22）计算反余弦值（ACOS）

根据输入 IN 指定的余弦值，使用“计算反余弦值”指令计算与该值对应的角度值。输入 IN 中的值只能是指定范围（–1～+1）内的有效浮点数。计算出的角度值以弧度为单位，在输出 OUT 中输出，范围在 0 到+π之间。示例如图 6-78 所示。

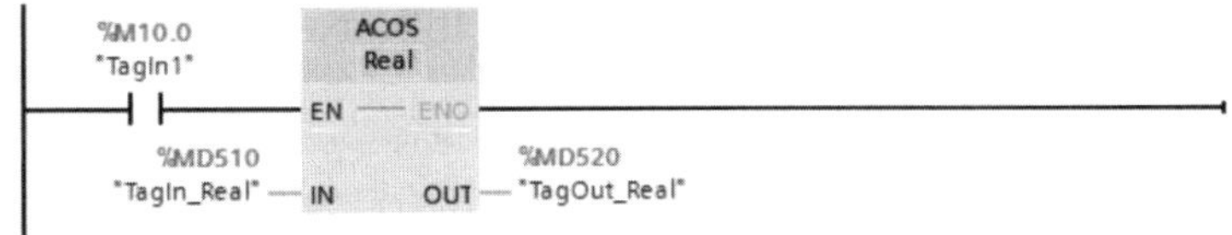

图 6-78　“计算反余弦值”指令示例

如果操作数 TagIn1（M10.0）的信号状态为“1”，则执行该指令。使用该指令计算与输入 TagIn_Real（MD510）的余弦值对应的角度值，结果存储在输出 TagOut_Real（MD520）中。

（23）计算反正切值（ATAN）

根据输入 IN 指定的正切值，使用“计算反正切值”指令计算与该值对应的角度值。输入 IN 中的值只能是有效的浮点数。计算出的角度值以弧度为单位，在输出 OUT 中输出，范围在–π/2 到+π/2 之间。示例如图 6-79 所示。

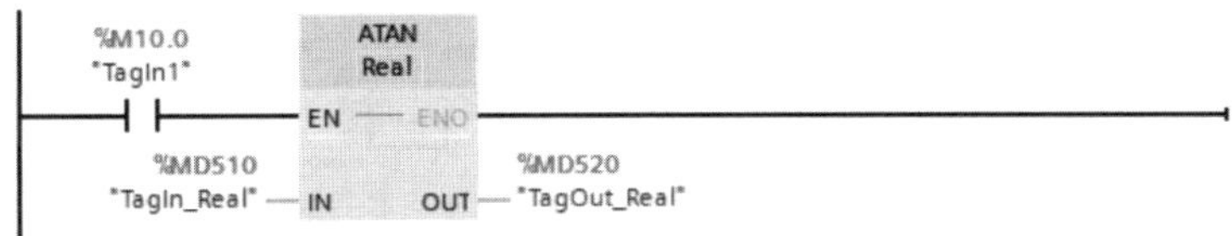

图 6-79　“计算反正切值”指令示例

如果操作数 TagIn1（M10.0）的信号状态为“1”，则执行该指令。使用该指令计算与输入 TagIn_Real（MD510）的正切值对应的角度值，结果存储在输出 TagOut_Real（MD520）中。

（24）返回小数（FRAC）

使用“返回小数”指令确定输入 IN 的值的小数位。结果存储在输出 OUT 中，并可供查询。示例如图 6-80 所示。

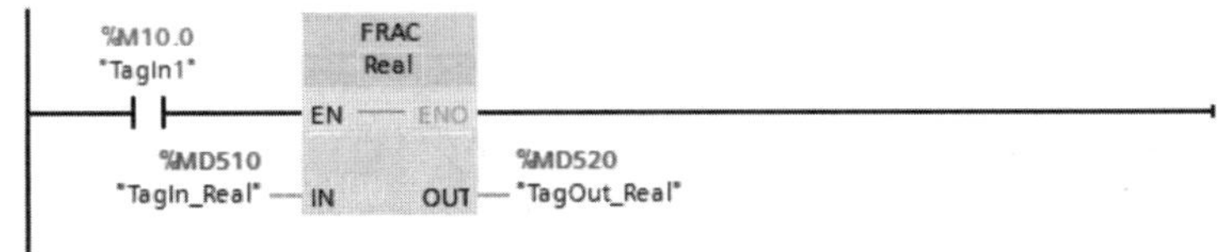

图 6-80　“返回小数”指令示例

如果操作数 TagIn1（M10.0）的信号状态为“1”，则执行该指令，操作数 TagIn_Real（MD510）的值的小数位将复制到操作数 TagOut_Real（MD520）中。

（25）取幂（EXPT）

使用“取幂”指令计算以输入 IN1 的值为底、以输入 IN2 的值为幂的结果。指令结果放在输出 OUT（OUT = $IN1^{IN2}$）中。示例如图 6-81 所示。

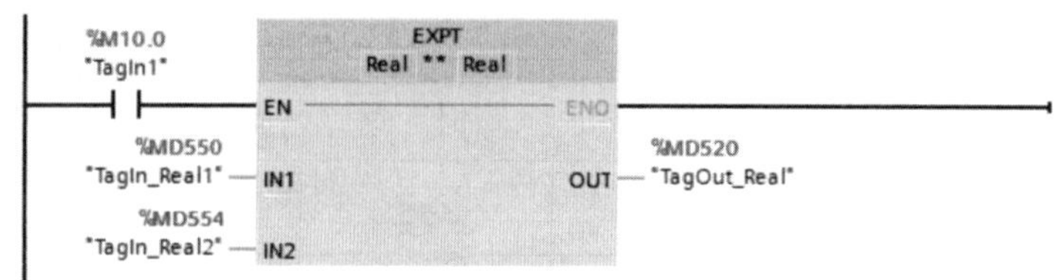

图 6-81 “取幂”指令示例

如果操作数 TagIn1（M10.0）的信号状态为“1”，则执行该指令。计算以操作数 TagIn_Real1（MD550）的值为底，以操作数 TagIn_Real2（MD554）的值为幂的结果，并将其存储在输出 TagOut_Real（MD520）中。

6.4.2 移位和循环指令

（1）右移（SHR）

使用“右移”指令将输入 IN 中操作数的内容按位向右移位，并在输出 OUT 中查询结果。参数 N 用于指定将指定值移位的位数。

如果参数 N 的值为“0”，则将输入 IN 的值复制到输出 OUT 的操作数中。

如果参数 N 的值为大于 0 的位数，则将输入 IN 的值向右移动该位数个位置。

如果被移动值无符号，用零填充操作数左侧区域中空出的位。如果被移动值有符号，则用符号位的信号状态填充空出的位。

示例如图 6-82 所示。

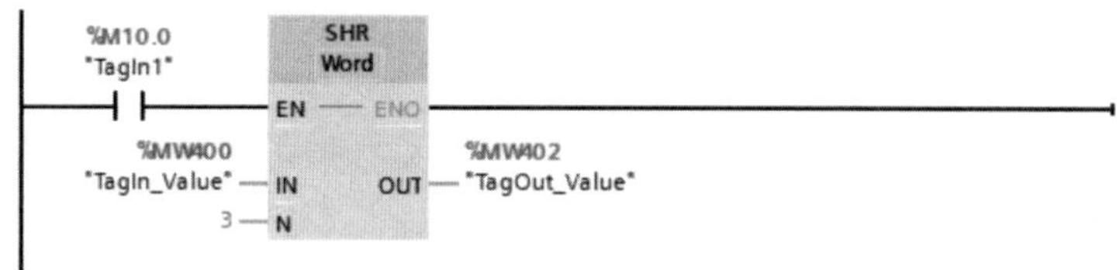

图 6-82 “右移”指令示例

如果操作数 TagIn1（M10.0）的信号状态为“1”，则执行该指令，操作数 TagIn_Value（MW400）的内容将向右移动 3 位，结果发送到输出 TagOut_Value（MW402）中。

例如 TagIn_Value（MW400）中的二进制数为 2#1010_0111_1110_0101，执行“右移”指令后，TagOut_Value（MW402）中的二进制数为 2#0001_0100_1111_1100。

（2）左移（SHL）

使用“左移”指令将输入 IN 中操作数的内容按位向左移位，并在输出 OUT 中查询结果。参数 N 用于指定将指定值移位的位数。

如果参数 N 的值为“0”，则将输入 IN 的值复制到输出 OUT 的操作数中。

如果参数 N 的值为大于 0 的位数，则将输入 IN 的操作数值向左移动该位数个位置。

用零填充操作数右侧部分因移位空出的位。

示例如图 6-83 所示。

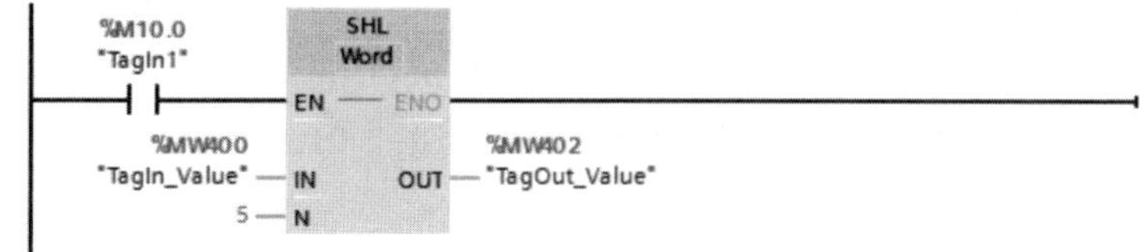

图 6-83 “左移”指令示例

如果操作数 TagIn1(M10.0)的信号状态为“1”，则执行该指令，操作数 TagIn_Value(MW400)的内容将向左移动 5 位，结果发送到输出 TagOut_Value（MW402）中。

例如 TagIn_Value（MW400）中的二进制数为 2#1010_0111_1110_0101，执行“左移”指令后，TagOut_Value（MW402）中的二进制数为 2#1111_1100_1010_0000。

（3）循环右移（ROR）

使用“循环右移”指令将输入 IN 中操作数的内容按位向右循环移位，并在输出 OUT 中查询结果。参数 N 用于指定循环移位中待移动的位数。用移出的位填充因循环移位而空出的位。

如果参数 N 的值为“0”，则将输入 IN 的值复制到输出 OUT 的操作数中。

如果参数 N 的值为大于 0 的位数，则输入 IN 中的操作数值仍会循环移动指定位数。

示例如图 6-84 所示。

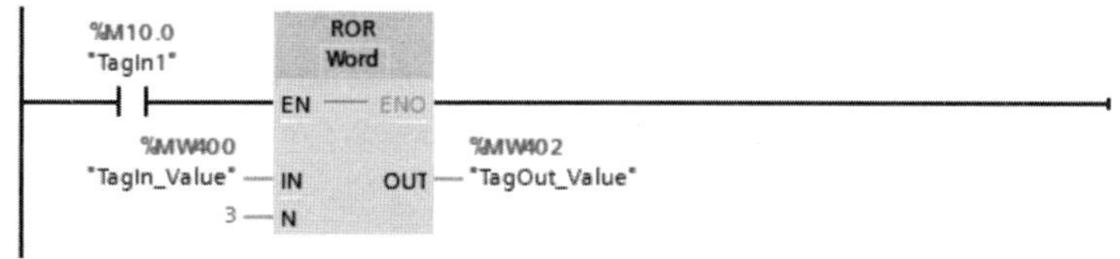

图 6-84 “循环右移”指令示例

如果操作数 TagIn1(M10.0)的信号状态为“1”，则执行该指令，操作数 TagIn_Value(MW400)的内容将向右循环移动 3 位，结果发送到输出 TagOut_Value（MW402）中。

例如 TagIn_Value（MW400）中的二进制数为 2#1010_0111_1110_0101，执行“循环右移”指令后，TagOut_Value（MW402）中的二进制数为 2#1011_0100_1111_1100。

（4）循环左移（ROL）

使用“循环左移”指令将输入 IN 中操作数的内容按位向左循环移位，并在输出 OUT 中查询结果。参数 N 用于指定循环移位中待移动的位数。用移出的位填充因循环移位而空出的位。

如果参数 N 的值为“0”，则将输入 IN 的值复制到输出 OUT 的操作数中。

如果参数 N 的值为大于 0 的位数，则输入 IN 中的操作数值仍会循环移动指定位数。

示例如图 6-85 所示。

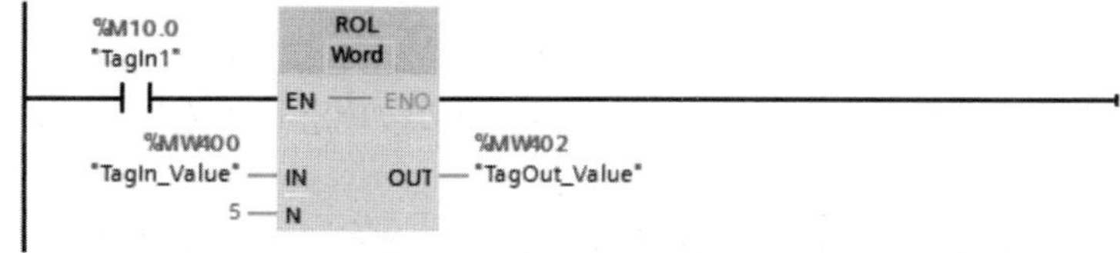

图 6-85 “循环左移”指令示例

如果操作数 TagIn1（M10.0）的信号状态为“1”，则执行该指令，操作数 TagIn_Value（MW400）的内容将向左循环移动 5 位，结果发送到输出 TagOut_Value（MW402）中。

例如 TagIn_Value（MW400）中的二进制数为 2#1010_0111_1110_0101，执行循环左移指令后，TagOut_Value（MW402）中的二进制数为 2#1111_1100_1011_0100。

6.5 其他指令

6.5.1 字逻辑运算指令

（1）“与”运算指令（AND）

使用“与”运算指令将输入 IN1 的值和输入 IN2 的值按位进行“与”运算，并在输出 OUT 中查询结果。

执行该指令时，输入 IN1 的值的位 0 和输入 IN2 的值的位 0 进行“与”运算，结果存储在输出 OUT 的位 0 中。对指定值的所有其他位都执行相同的逻辑运算。

可以在指令功能框中展开输入的数字。在功能框中以升序对输入进行编号。执行该指令时，将对所有可用输入参数的值进行“与”运算。结果存储在输出 OUT 中。

只有该逻辑运算中的两个位的信号状态均为“1”，结果位的信号状态才为“1”。如果该逻辑运算的两个位中有一个位的信号状态为“0”，则对应的结果位复位。

示例如图 6-86 所示。

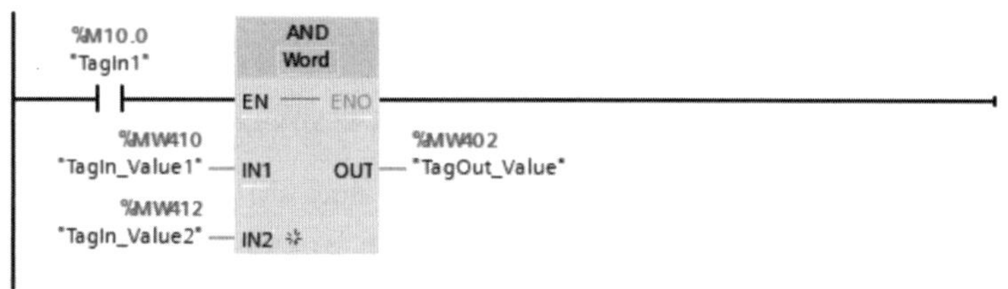

图 6-86 “与”运算指令示例

如果操作数 TagIn1（M10.0）的信号状态为“1”，则执行该指令，将操作数 TagIn_Value1（MW410）的值与操作数 TagIn_Value2（MW412）的值进行“与”运算，结果发送到输出 TagOut_Value（MW402）中。

例如 TagIn_Value1（MW410）中的二进制数为 2#1010_0111_1110_0101，TagIn_Value2（MW412）中的二进制数为 2#1111_0000_1010_1100，执行“与”运算指令后，TagOut_Value（MW402）中的二进制数为 2#1010_0000_1010_0100。

（2）“或”运算指令（OR）

使用“或”运算指令将输入 IN1 的值和输入 IN2 的值按位进行“或”运算，并在输出 OUT 中查询结果。

执行该指令后，将 IN1 输入的值的位 0 和 IN2 输入的值的位 0 进行“或”运算，结果存储在输出 OUT 的位 0 中。对指定变量的其他位都执行相同的逻辑运算。

可以在指令功能框中展开输入的数字。在功能框中以升序对输入进行编号。执行该指令时，将对所有可用输入参数的值进行“或”运算。结果存储在输出 OUT 中。

只要该逻辑运算中的两个位中至少有一个位的信号状态为“1”，结果位的信号状态就为“1”。如果该逻辑运算的两个位的信号状态均为“0”，则对应的结果位复位。

示例如图 6-87 所示。

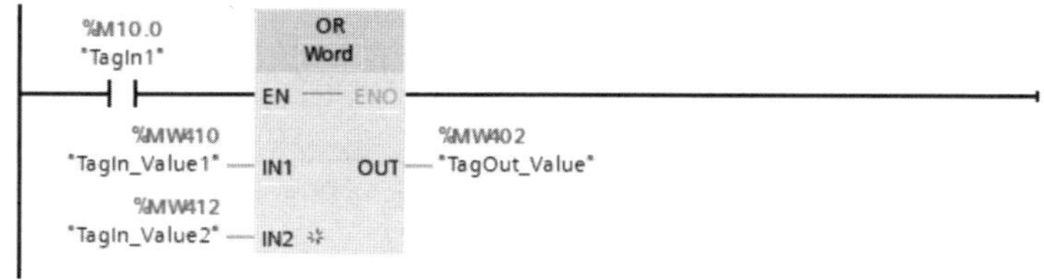

图 6-87 “或”运算指令示例

如果操作数 TagIn1（M10.0）的信号状态为“1”，则执行该指令，将操作数 TagIn_Value1（MW410）的值与操作数 TagIn_Value2（MW412）的值进行“或”运算，结果发送到输出 TagOut_Value（MW402）中。

例如 TagIn_Value1（MW410）中的二进制数为 2#1010_0111_1110_0101，TagIn_Value2（MW412）中的二进制数为 2#1111_0000_1010_1100，执行“或”运算指令后，TagOut_Value（MW402）中的二进制数为 2#1111_0111_1110_1101。

（3）“异或”运算指令（XOR）

使用“异或”运算指令将输入 IN1 的值和输入 IN2 的值按位进行“异或”运算，并在输出 OUT 中查询结果。

执行该指令后，将 IN1 输入的值的位 0 和 IN2 输入的值的位 0 进行“异或”运算，结果存储在输出 OUT 的位 0 中。对指定值的所有其他位都执行相同的逻辑运算。

可以在指令功能框中展开输入的数字。在功能框中以升序对输入进行编号。执行该指令时，将对所有可用输入参数的值进行“异或”运算。结果存储在输出 OUT 中。

当该逻辑运算中的两个位中有一个位的信号状态为“1”时，结果位的信号状态为“1”。如果该逻辑运算的两个位的信号状态均为“1”或“0”，则对应的结果位复位。

示例如图 6-88 所示。

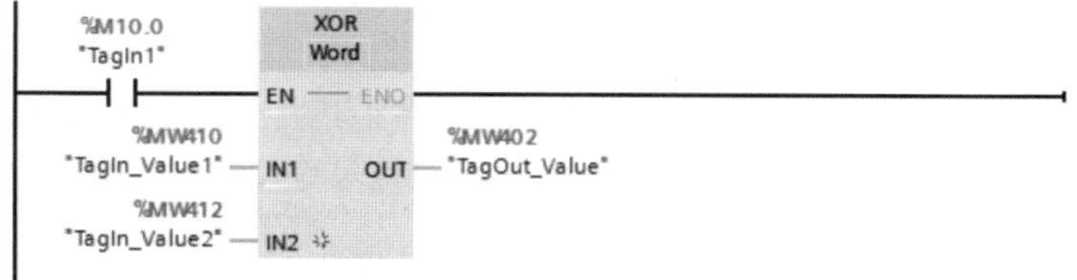

图 6-88 “异或”运算指令示例

如果操作数 TagIn1（M10.0）的信号状态为“1”，则执行该指令，将操作数 TagIn_Value1（MW410）的值与操作数 TagIn_Value2（MW412）的值进行“异或”运算，结果发送到输出 TagOut_Value（MW402）中。

例如 TagIn_Value1（MW410）中的二进制数为 2#1010_0111_1110_0101，TagIn_Value2（MW412）中的二进制数为 2#1111_0000_1010_1100，执行“异或”运算指令后，TagOut_Value（MW402）中的二进制数为 2#0101_0111_0100_1001。

（4）求反码（INV）

使用“求反码”指令对输入 IN 的各个位的信号状态取反。在执行该指令时，输入 IN 的值与一个十六进制掩码（表示 16 位数的 W#16#FFFF 或表示 32 位数的 DW#16#FFFF FFFF）进行“异或”运算。这会将各个位的信号状态取反，并且结果存储在输出 OUT 中。示例如图 6-89 所示。

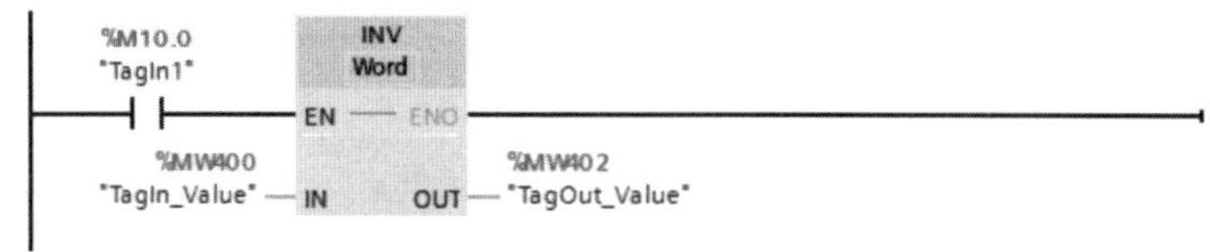

图 6-89 “求反码”指令示例

如果操作数 TagIn1（M10.0）的信号状态为“1”，则执行该指令，将操作数 TagIn_Value（MW400）的各个位的信号状态取反，结果发送到输出 TagOut_Value（MW402）中。

例如 TagIn_Value（MW400）中的二进制数为 2#1010_0111_1110_0101，执行“求反码”运算指令后，TagOut_Value（MW402）中的二进制数为 2#0101_1000_0001_1010。

（5）解码（DECO）

使用“解码”指令将输入值指定的输出值中的某个位置位。

“解码”指令读取输入 IN 的值，并将输出值中位号与读取值对应的那个位置位。输出值中的其他位以零填充。示例如图 6-90 所示。

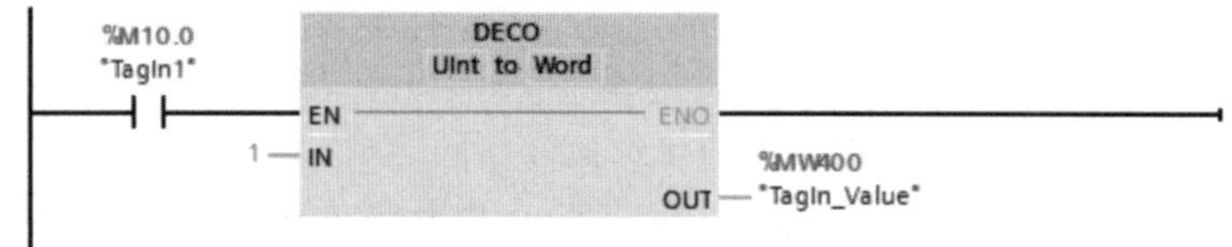

图 6-90 “解码”指令示例

如果操作数 TagIn1（M10.0）的信号状态为“1”，则执行该指令。该指令将操作数 TagIn_Value（MW400）的 1 号位置为“1”，并输出操作数 TagIn_Value（MW400）的值，为 2#0000_0000_0000_0010。

（6）编码（ENCO）

使用“编码”指令读取输入值中最低有效位的位号并将其发送到输出 OUT。

“编码”指令选择输入 IN 值的最低有效位，并将该位号写入到输出 OUT 的变量中。

示例如图 6-91 所示。

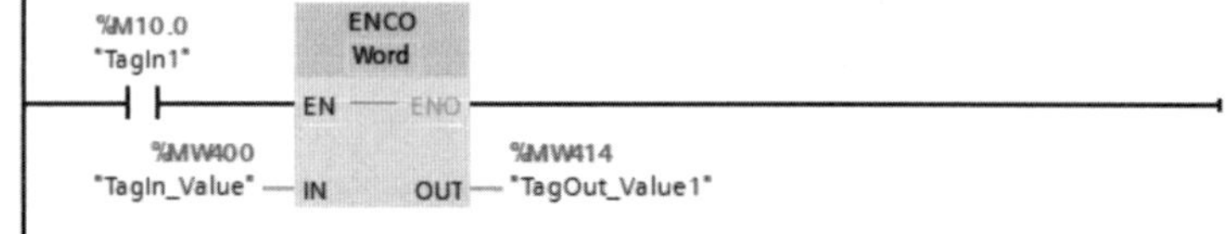

图 6-91 “编码”指令示例

如果操作数 TagIn1（M10.0）的信号状态为“1”，则执行该指令。该指令选择输入 TagIn_Value（MW400）的最低有效位，并将位号写入操作数 TagOut_Value1（MW414）中。

例如 TagIn_Value（MW400）中的二进制数为 2#1010_0111_1110_0000，执行“编码”指令后，TagOut_Value1（MW414）中的值为 5。

（7）选择（SEL）

“选择”指令根据开关（输入 G）的情况，选择输入 IN0 或 IN1 中的一个，并将其内容复制到输出 OUT 中。如果输入 G 的信号状态为“0”，则将输入 IN0 的值移动到输出 OUT 中。如果输入 G 的信号状态为“1”，则将输入 IN1 的值移动到输出 OUT 中。示例如图 6-92 所示。

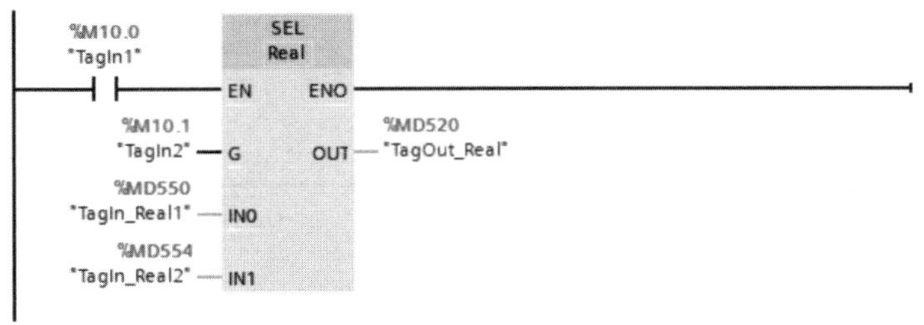

图 6-92　“选择”指令示例

如果操作数 TagIn1（M10.0）的信号状态为“1”，则执行该指令。当 TagIn2（M10.1）=0 时，TagOut_Real（MD520）= TagIn_Real1（MD550）；当 TagIn2（M10.1）=1 时，TagOut_Real（MD520）= TagIn_Real2（MD554）；

（8）多路复用（MUX）

使用“多路复用”指令将选定输入的内容复制到输出 OUT。可以扩展指令框中可选输入的编号，最多可声明 32 个输入。输入会在该指令框中自动编号。编号从 IN0 开始，每次新增输入后编号将连续递增。可以使用参数 K 定义内容要复制到输出 OUT 中的输入。如果参数 K 的值大于可用输入数，则参数 ELSE 的内容复制到输出 OUT 中，并且将使能输出 ENO 的信号状态指定为“0”。

仅当所有输入和输出 OUT 中变量的数据类型都相同时，才能执行“多路复用”指令。参数 K 例外，因为只能为其指定整数。示例如图 6-93 所示。

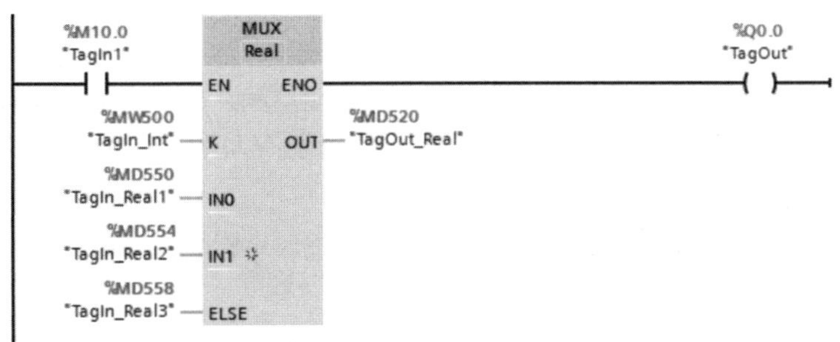

图 6-93　“多路复用”指令示例

如果操作数 TagIn1（M10.0）的信号状态为“1”，则执行该指令。当 TagIn_Int（MW500）=0 时，TagOut_Real（MD520）= TagIn_Real1（MD550），并置位操作数 TagOut（Q0.0）；当 TagIn_Int（MW500）=1 时，TagOut_Real（MD520）= TagIn_Real2（MD554），并置位操作数 TagOut（Q0.0）；

当 TagIn_Int（MW500）≥2 时，TagOut_Real（MD520）= TagIn_Real3（MD558），不置位操作数 TagOut（Q0.0）。

（9）多路分用（DEMUX）

使用“多路分用”指令将输入 IN 的内容复制到选定的输出。可以在指令框中扩展选定输出的编号。编号从 OUT0 开始，对于每个新输出，此编号连续递增。可以使用参数 K 定义要将输入 IN 的内容复制到的输出。其他输出则保持不变。如果参数 K 的值大于可用的输出数目，则将输入 IN 的内容复制到参数 ELSE 中，并将使能输出 ENO 的信号状态指定为“0”。

只有当所有输入 IN 与所有输出具有相同数据类型时，才能执行“多路分用”指令。参数 K 例外，因为只能为其指定整数。示例如图 6-94 所示。

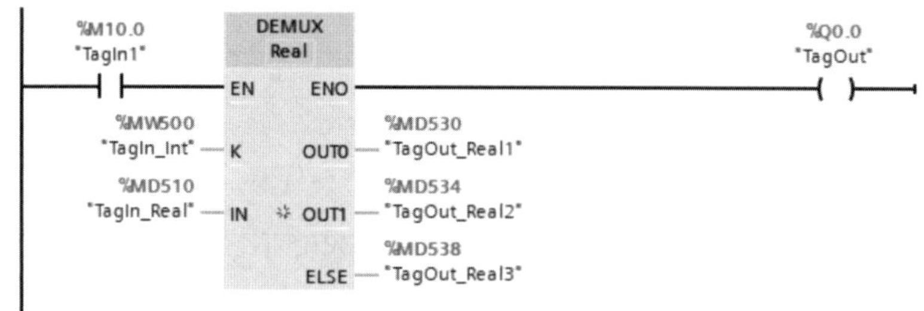

图 6-94　“多路分用”指令示例

如果操作数 TagIn1（M10.0）的信号状态为“1”，则执行该指令。当 TagIn_Int（MW500）=0 时，TagOut_Real1（MD530）= TagIn_Real（MD510），并置位操作数 TagOut（Q0.0）；当 TagIn_Int（MW500）=1 时，TagOut_Real2（MD534）= TagIn_Real（MD510），并置位操作数 TagOut（Q0.0）；当 TagIn_Int（MW500）≥2 时，TagOut_Real3（MD538）= TagIn_Real（MD510），不置位操作数 TagOut（Q0.0）。

6.5.2 程序控制指令

（1）若 RLO=“1”则跳转（——(JMP ）)

当该指令输入的逻辑运算结果为“1”时，使用“若 RLO=‘1’则跳转”指令，可中断程序的顺序执行，并从其他程序段继续执行。目标程序段必须由跳转标签（LABEL）进行标识。在指令上方的占位符指定该跳转标签的名称。

指定的跳转标签与执行的指令必须位于同一数据块中。指定的跳转标签的名称在程序块中只能出现一次。一个程度段中只能使用一个跳转线圈。

如果该指令输入的逻辑运算结果（RLO）为“1”，则跳转到由指定跳转标签标识的程序段。可以跳转到更大或更小编号的程序段。

如果该指令输入的逻辑运算结果（RLO）为“0”，则继续执行下一程序段的程序。

示例如图 6-95 所示。

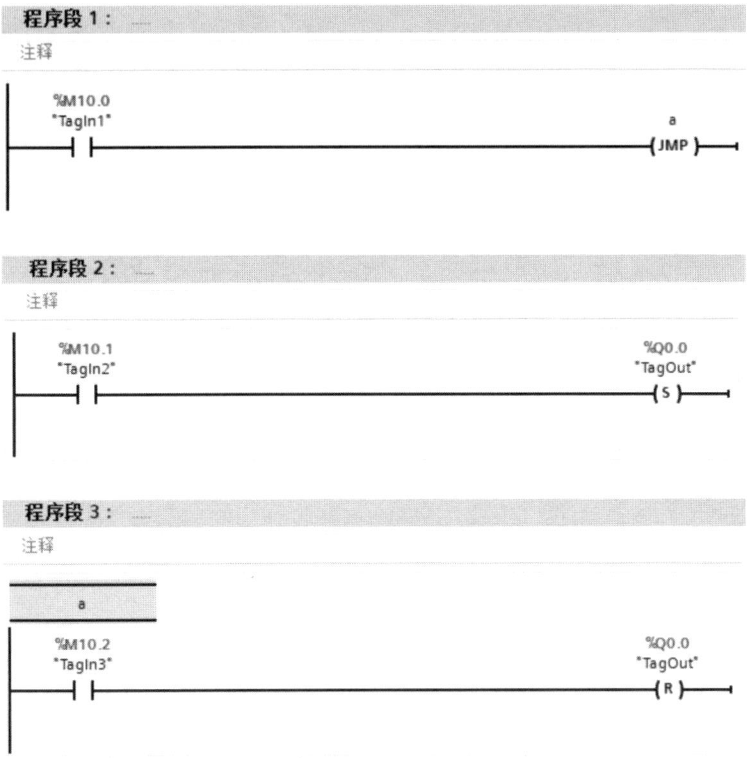

程序段 1：
注释
%M10.0
"TagIn1"
a
JMP

程序段 2：
注释
%M10.1
"TagIn2"
%Q0.0
"TagOut"
S

程序段 3：
注释
a
%M10.2
"TagIn3"
%Q0.0
"TagOut"
R

图 6-95 “若 RLO=‘1’则跳转”指令示例

如果操作数 TagIn1（M10.0）的信号状态为“1”，则执行“若 RLO=‘1’则跳转”指令，将中断程序的顺序执行，并继续执行由跳转标签 a 标识的程序段 3。如果输入 TagIn3（M10.2）的信号状态为“1”，则置位输出 TagOut（Q0.0）。

（2）若 RLO=“0”则跳转（——(JMPN ））

当该指令输入的逻辑运算结果为“0”时，使用“若 RLO=‘0’则跳转”指令，可中断程序的顺序执行，并从其他程序段继续执行。目标程序段必须由跳转标签（LABEL）进行标识。在指令上方的占位符指定该跳转标签的名称。

指定的跳转标签与执行的指令必须位于同一数据块中。指定的跳转标签的名称在程序块中只能出现一次。一个程度段中只能使用一个跳转线圈。

如果该指令输入的逻辑运算结果（RLO）为“0”，则跳转到由指定跳转标签标识的程序段。可以跳转到更大或更小编号的程序段。

如果该指令输入的逻辑运算结果（RLO）为“1”，则继续执行下一个程序段的程序。

示例如图 6-96 所示。

如果操作数 TagIn1（M10.0）的信号状态为“0”，则执行“若 RLO=‘0’则跳转”指令，将中断程序的顺序执行，并继续执行由跳转标签 a 标识的程序段 3。如果 TagIn3（M10.2）输入的信号状态为“1”，则置位 TagOut（Q0.0）输出。

（3）定义跳转列表（JMP_LIST）

使用“定义跳转列表”指令可定义多个有条件跳转，并继续执行由 K 参数的值指定的程序段中的程序。

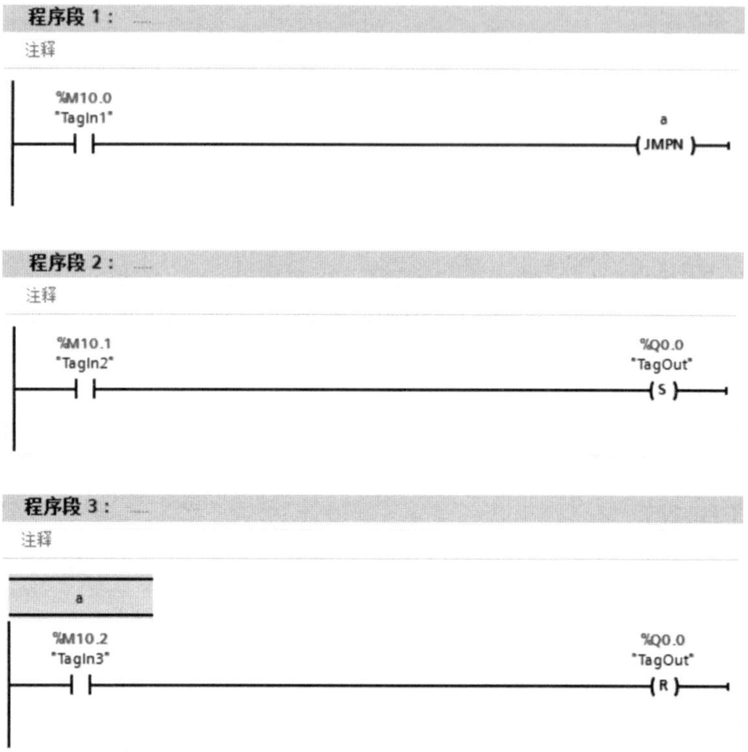

图 6-96 “若 RLO=‘0’则跳转”指令示例

可使用跳转标签（LABEL）定义跳转，跳转标签则可以由指令框的输出指定。可在指令框中增加输出的数量。S7-1200 PLC 的 CPU 最多可以声明 32 个输出，而 S7-1500 PLC 的 CPU 最多可以声明 256 个输出。

输出从值“0”开始编号，每次新增输出后以升序继续编号。在指令的输出中只能指定跳转标签，而不能指定指令或操作数。K 参数值指定输出编号，程序将从跳转标签处继续执行。如果 K 参数值大于可用的输出编号，则继续执行程序块中下个程序段中的程序。

仅在使能输入 EN 的信号状态为“1”时，才执行“定义跳转列表”指令。

示例如图 6-97 所示。

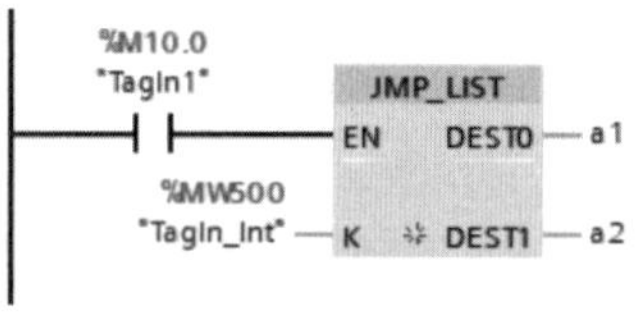

图 6-97 “定义跳转列表”指令示例

如果操作数 TagIn1（M10.0）的信号状态为“1”，则执行该指令，根据操作数 TagIn_Int（MW500）的值，跳转到标签 a1、a2 标识的程序段中继续执行程序。

（4）跳转分支（SWITCH）

根据一个或多个“比较”指令的结果，使用“跳转分支”指令定义要执行的多个程序跳转。

在参数 K 中指定要比较的值，将该值与各个输入提供的值进行比较。可以为每个输入选择比较方法。示例如图6-98所示。

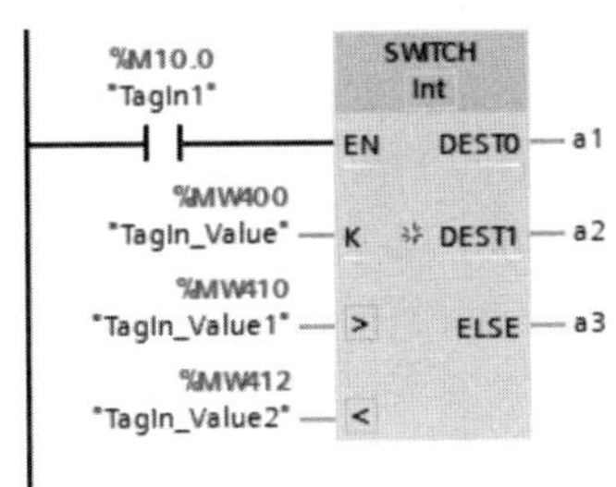

图6-98 “跳转分支”指令示例

如果操作数 TagIn1（M10.0）的信号状态为“1”，则执行该指令。如果 TagIn_Value（MW400）>TagIn_Value1（MW410），跳转到标签a1标识的程序段中执行程序；如果 TagIn_Value（MW400）<TagIn_Value2（MW412），跳转到标签a2标识的程序段中执行程序；其他情况下，跳转到标签a3标识的程序段中执行程序。

（5）返回（——(RET)）

使用“返回”指令停止有条件执行或无条件执行的块。

无指令调用：在执行完最后一个程序段后，退出程序块。

通过前置逻辑运算调用该指令：如果满足前置逻辑运算的条件，则结束在当前所调用程序块中的运行。

不通过前置逻辑运算调用该指令，或者将指令直接连接到左侧母线上：程序块无条件退出。

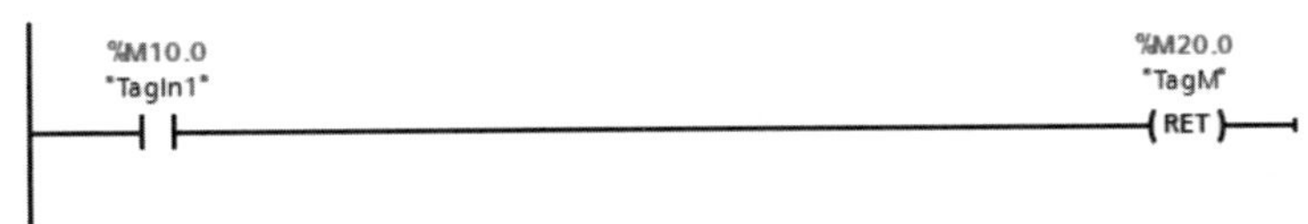

图6-99 “返回”指令示例

如果操作数 TagIn1（M10.0）的信号状态为“1”，则执行该指令。在所调用的程序块中结束程序执行，然后在正调用块中继续执行。

习 题

1. 编写“正转-停-反转”程序。其中I0.0是正转按钮，I0.1是停止按钮（常闭触点），I0.2是反转按钮，Q0.0是正转输出，Q0.1是反转输出。

（1）用“线圈”指令编写；

（2）用“置位/复位”指令编写。

2. 简述“置位/复位触发器”（SR）和“复位/置位触发器”（RS）的使用区别。

3. 简述“扫描操作数的信号上升沿”（——|P|——）和“扫描RLO的信号上升沿”（P_TRIG）的使用区别。

4. 使用“定时器”指令编写程序，实现指示灯亮5s、灭5s，一直循环。其中I0.0是启动按钮，Q0.0是指示灯。

5. 使用“计数器”指令编写电机启动按钮。按启动按钮三次，电机才能正常启动。其中 I0.0 是启动按钮，I0.1 是停止按钮（常闭触点），Q0.0 是电机输出。

6. 输入为二进制数 2#1110_0111_1001_0010，使用“交换”指令（SWAP）后，结果是什么？

7. 使用“转换值”（CONV）指令和“除”（DIV）指令编写程序。其中数据 1 为 Int 类型，地址为 MW100，数据 2 为 Real 类型，地址为 MD200，要求得出数据 1/数据 2 的结果，保存在数据 3，地址为 MD300。

8. 使用“计算”（CALCULATE）指令编写程序。计算（数据 1（MD100）+数据 2（MD104）-数据 3（MD108））×数据 4（MD112）的值，并存入到数据 5（MD116）中。

9. 简述“右移”和“循环右移”的区别。

10. 输入为二进制数 2#1011_0110_1010_0111 和二进制数 2#1011_0010_1011_1101，执行“异或”运算指令后（XOR），结果是什么？

参考答案

第7章 S7-1200 PLC 的用户程序结构

本章要点

- 对组织块（OB）、函数（FC）、函数块（FB）和数据块（DB）有初步认识，并且对用户程序的执行过程和模块调用过程的工作机制有概念性的了解。初步掌握函数（FC）与函数块（FB）的生成与设计，明确两个模块有何种区别、如何选用。作为模块化编程中最常使用的部分，读者对此一定要扎实掌握。
- 通过对储存器物理结构的了解，从而使数据类型的选取不再困惑，并且可以生成和设计数据块（DB），辨析背景数据块和全局数据块的差异以及掌握对间接寻址指令的应用。
- 详细介绍了多种组织块的使用方法，灵活地使用组织块可以使程序更为简捷地实现一些功能。希望读者在完成本节的阅读后，结合实践，对组织块适时进行调用，进而让自己的程序变得简捷且巧妙。
- 讲述了交叉引用与程序信息的使用方法及各自的功能，使读者可以学会在项目中快速查看设备与对象间的使用概况、各变量在程序中的使用情况、已使用块之间的依赖关系等详细信息，能够快速检查完善项目或学习已有项目。

本章重点是熟悉西门子 S7-1200 系列 PLC 的用户程序结构，掌握模块化编程的基本知识与框架结构。

7.1 用户程序结构简介

S7-1200 系列 PLC 的程序分为操作系统程序和用户程序两部分。其中，操作系统程序又称为管理程序，主要用于协调 PLC 内部过程。操作系统程序由 PLC 生产厂商编写，并固化在可电擦除可编程只读存储器（EEPROM）中，不需要用户编写和干预；而用户程序是用户用梯形图或结构化控制语言编制的应用程序，用以实现各种控制要求。

用户程序由各种程序块，其中包含组织块（OB）、函数（FC）、函数块（FB）和数据块（DB），和一些系统功能指令组成。其中 OB、FB、FC 统称为代码块，都可包含程序代码，而数据块用来储存程序所需的数据。

下面是对用户程序中程序块功能的基本介绍：

① 组织块：组织块是 CPU 操作系统与用户程序的接口，包含主程序逻辑代码。组织块自动被操作系统调用，并可中断用户程序的执行，包括中断组织块、启动组织块等。

② 函数：函数是用户编写的包含经常使用的功能的子程序。在运行时产生的临时变量保存在全局数据块中，执行结束后，数据将丢失。

③ 函数块：函数块是用户编写的包含经常使用的功能的子程序，其含有专用的背景数据块。由于运行过程中需要调用各种参数，因此产生了背景数据块，需要用到的数据就存储在 DB 中。即使结束调用，数据也不会丢失。

④ 数据块：用于存储用户数据，分为可被所有代码块调用的全局数据块和由 FB 单独使用的背景数据块两种。

PLC 用户程序通常采用模块化编程，将复杂的自动化需求分解成可以单独实现某项功能或工艺的子任务，这些子任务的程序构成一个个的“块”，再由各个块之间的相互调用来组织总体程序。这样做可以避免线性化编程将所有程序放在一个程序块中所造成的程序查看、调试和修改较为烦琐的缺点，显著地提升了 PLC 程序的可读性、组织透明性和维护性。用户程序的两种结构如图 7-1 所示。

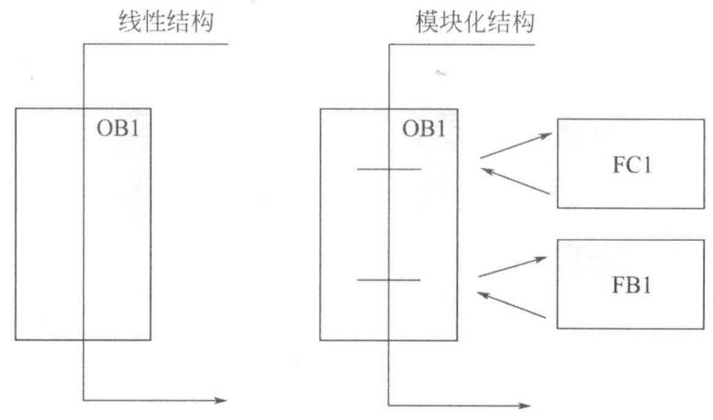

图 7-1　用户程序的两种结构

程序的执行顺序遵循着“从左到右、从上到下”的原则，在进入 RUN 模式后，可先运行一次启动组织块（可选择），然后循环执行一个或多个 OB，默认为主程序 OB1。也可将 OB 与中断事件或系统时间关联，当发生该事件或达到特定时刻后，则会执行这些 OB。

不同的 OB 有着各自所对应的优先级（具体顺序在 7.5 节具体讲述），事件会按照优先级由高到低顺序进行处理，即在处理优先级较低的 OB 时，高优先级的 OB 会将之中断，在结束自身进程后返回较低优先级 OB 所在的断点处继续执行；相同优先级的任务本着“先到先得”的原则进行处理，且同优先级中的 OB 不会中断对方。

用户程序在分层调用时结构化编程方式的进一步应用如图 7-2 所示，本例中的嵌套深度为 3 层，由 OB 调用 FC，在 FC 中嵌套调用 FB+背景 DB。OB 为第一层，其他代码块最大嵌套深度为 2 层。其中的 OB、FB 和 FC 可以单击项目树中的“Program blocks”下的子项“Add new block”按钮进行创建，并在用户程序中反复调用，具体的创建过程在 7.2 节和 7.4 节进行讲解。

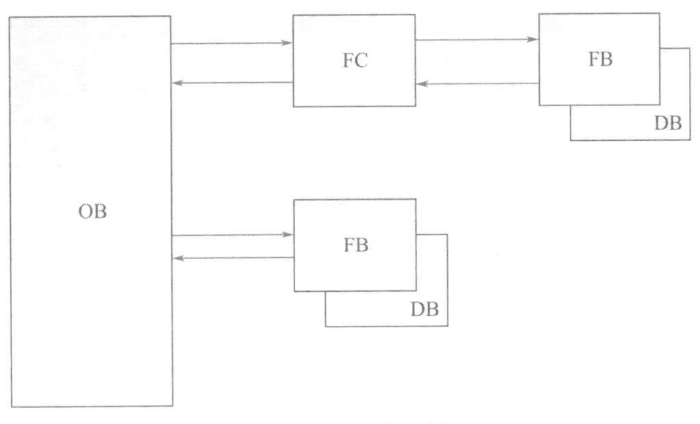

图 7-2　嵌套调用

7.2　函数与函数块

函数和函数块作为模块化编程的重要组成部分，在 PLC 用户程序中有着相当频繁的应用。两者在生成与使用的过程中都有一定的相似，且都不能单独使用，而需要赋予特定的功能，由组织块（OB）进行调用；但在具体的应用上有所不同，需要使用者掌握两个模块的区别，以便灵活运用。本节将具体讲解函数与函数块的创建、调用以及两者的差异。

7.2.1　函数的创建与调用

函数（FC）是用户程序中不带存储器的代码块，可以视为具有一定功能的独立子程序，可以在 OB 中进行调用。其内的程序编写与在 OB 主程序中相同，但要注意定义形参作为子程序与主程序的接口。

（1）函数的创建

打开博途软件的项目视图，创建一个新项目。用鼠标双击项目树下的“添加新设备”，添加 CPU 1215C，如图 7-3 所示。单击项目视图下的“PLC_1”，继续单击“程序块”，用鼠标双击下边的“添加新块”，打开“添加新块”对话框后，单击其中的“函数”标志，FC 的默认编号为 1，默认的语言为 LAD（梯形图），单击“确定”按钮。此时返回项目树文件夹，在其“程序块”下可以看到新生成的 FC1。FC1 的创建过程如图 7-4 所示。

在接口区可以自定义函数的局部变量，如图 7-5 所示。

FC 接口区的参数表中包括 Input（输入参数）、Output（输出参数）、InOut（输入/输出参数）、Temp（临时变量）、Constant（常数）、Return（返回值），每种形参类型可以定义多个变量，形参接口用于进行数据传递。

① Input（输入参数）：只读参数，调用函数时将用户程序的数据传递到函数中，调用的实参可以为常数或 I0.0、IB1 此类具体输入地址。

② Output（输出参数）：只写参数，调用函数时将函数执行结果传递到用户程序中，调用的实参只能为 Q0.0、QB1 此类具体输出地址。

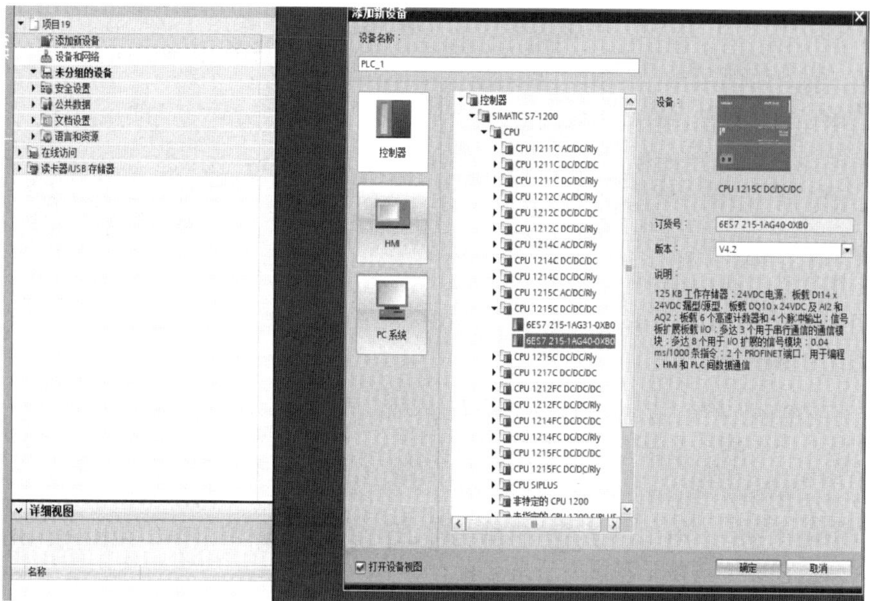

图 7-3　添加新设备

图 7-4　FC1 的创建过程

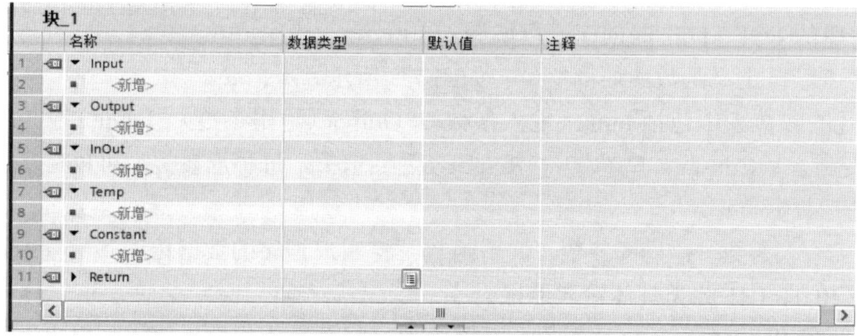

图 7-5　函数接口区

③ InOut（输入/输出参数）：读/写参数，接收数据后进行运算，然后将结果返回。调用的实参不能为常数，可用于函数、函数块。

④ Temp（临时变量）：用于存储临时中间结果的变量，不参与数据的传递，临时变量在函数调用时生效。应遵循先赋值后使用的原则。

⑤ Constant（常数）：是在块中使用，且带有声明符号的常量。可用于函数、函数块和组织块。注：局部常量不显示在背景数据块中。

⑥ Return（返回值）：返回到调用块的值。

在定义变量后，函数（FC）中所使用的参数只以“名称”的形式出现，这些由“名称”给出的参数被称为形参。在调用块中对“名称”所赋予的具体数值或具体地址，如 100、I0.0、MB1 等，被称为实参。

（2）函数的调用

可以按以下步骤创建一个新的 FC，并在主程序中对其进行调用。

打开项目视图下的“添加新块”，选择 FC 图标，创建一个 FC，双击 FC，进行程序编写，如图 7-6 所示，此时的“输出”不是单纯意义上的输出，同时对该变量赋予了一个常开触点，因此需要在 InOut 下定义该变量。

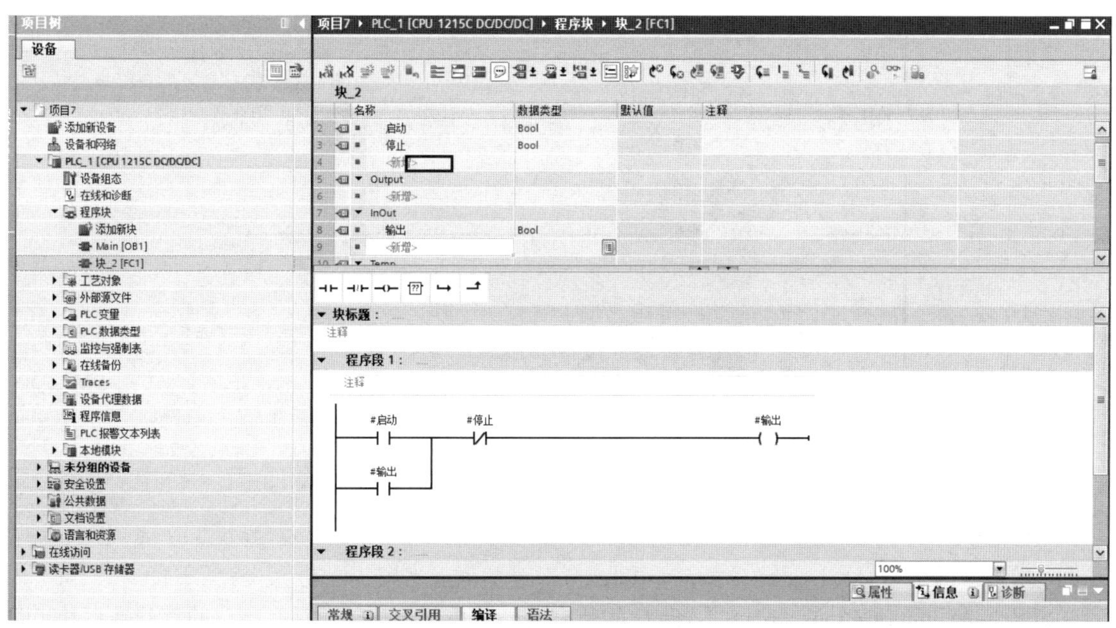

图 7-6　FC 的参数和程序

在主程序中调用在 FC 内部定义的变量时，为各个形参指定对应的实参。然后双击主程序“Main［OB1］”，将项目树下的“块_2”拖到右侧的程序区的水平“导线”上，程序如图 7-7 所示。

如图 7-8 所示，在程序中可以对函数进行多次调用，并赋予不同的实参，由此对多个变量重复相同操作，实现模块化编程，极大程度上简化了程序结构。

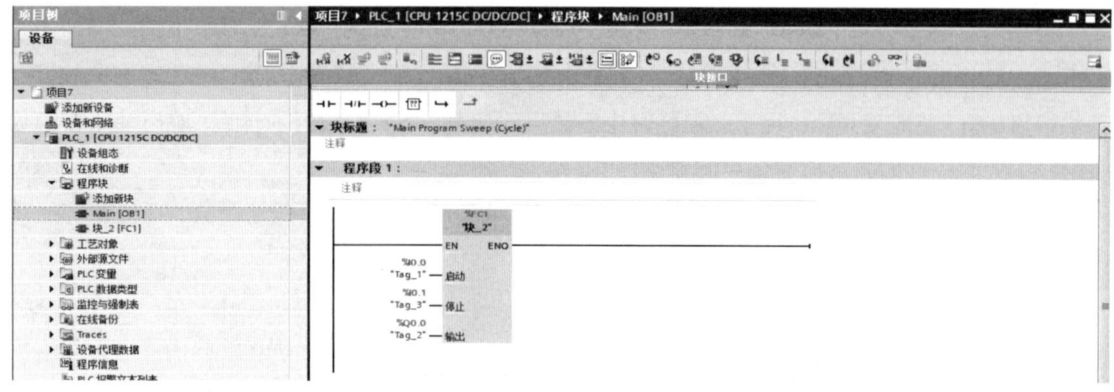

图 7-7　调用 FC1

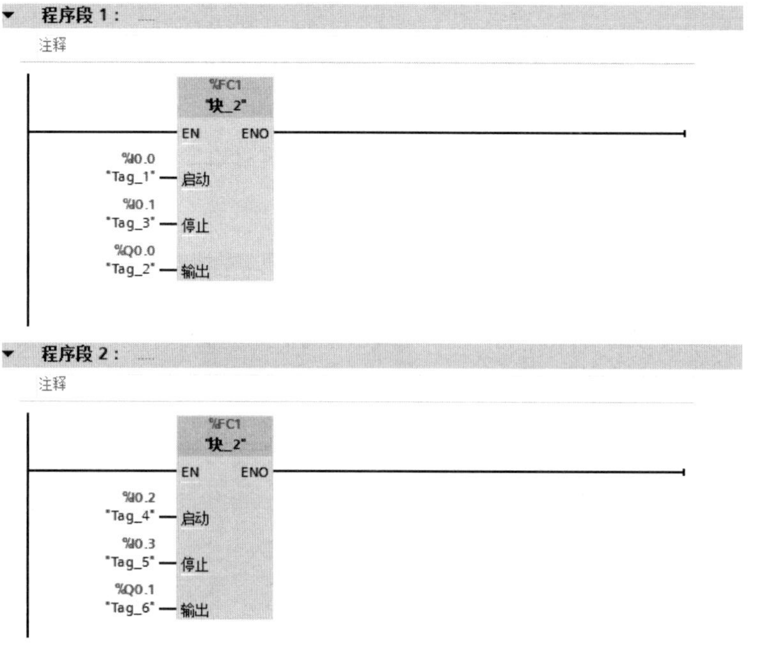

图 7-8　多次调用 FC1

7.2.2　函数块的创建与调用

函数块（Function Block，FB）具有 FC 的所有功能，并在此基础上具有自己的背景数据块（即拥有自己的存储区域），在每次调用时产生新的 DB，用以保证多次调用时内部参数不会相互干扰。虽然 FB 具有 FC 所有的功能，但受到 PLC 内存的限制，多次调用 FB 后会占用大量资源，不利于程序运行，并且产生的众多数据块也会使程序的修改和调试变得复杂。

（1）函数块的创建

打开博途软件的项目视图，创建一个新项目。用鼠标双击项目树下的“添加新设备”，添加 CPU 1215C。单击项目视图下的“PLC_1”，继续单击“程序块”，用鼠标双击下边的“添加新块”。创建过程如图 7-9 所示，打开“添加新块”对话框后，单击其中的“函数块”标志，FB 的默认编号为 1，默认的语言为 LAD（梯形图），单击“确定”按钮。此时返回项目树文件夹，在其“程序块”下可以看到新生成的 FB。

图 7-9　函数块的创建

在新生成的 FB1 编程界面中，用鼠标单击程序区标有“块接口”下的水平分隔条，按住鼠标左键向下拉动分隔条便能看见隐藏的接口参数。在接口区可以自定义函数的局部变量。

FB 的接口区相比 FC 多了一个 Static（静态变量），Static 只能用于背景数据块中存储中间变量的结果。

（2）函数块的调用

新建一个 FB 后，双击打开 FB1，用鼠标拉动分隔条。图 7-10 所示是 FB 的接口区，定义参数与程序如图 7-10、图 7-11 所示。

块_1

	名称	数据类型	默认值	保持	可从 HMI/...	从 H...	在 HMI ...	设定值	注释
1	▼ Input				☐	☐	☐	☐	
2	▪ 启动	Bool	false	非保持	☑	☑	☑	☐	
3	▪ 停止	Bool	false	非保持	☑	☑	☑	☐	
4	▪ <新增>				☐	☐	☐	☐	
5	▼ Output				☐	☐	☐	☐	
6	▪ <新增>				☐	☐	☐	☐	
7	▼ InOut				☐	☐	☐	☐	
8	▪ 输出	Bool	false	非保持	☑	☑	☑	☐	
9	▪ <新增>				☐	☐	☐	☐	
10	▼ Static				☐	☐	☐	☐	
11	▪ <新增>				☐	☐	☐	☐	

图 7-10　函数块接口区

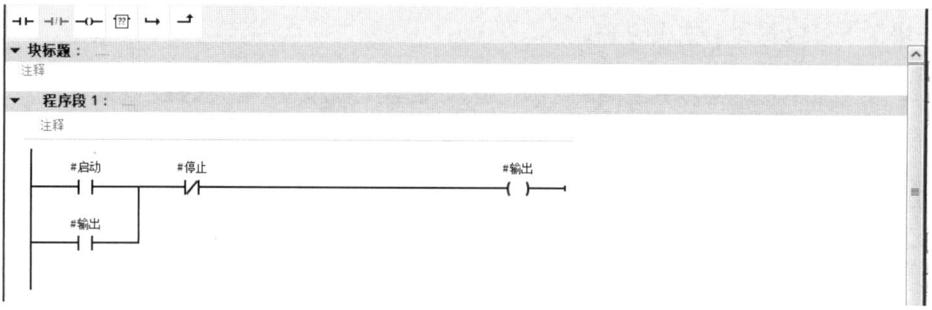

块标题：
注释
程序段 1：
注释
#启动　#停止　#输出
#输出

图 7-11　FB 程序段

如图 7-12 所示，在每次调用 FB 时都会出现该弹窗用以定义 FB 自带的背景数据块。与全局数据块不同，此时生成的数据块中的数据仅为本次调用的 FB 存储数据。

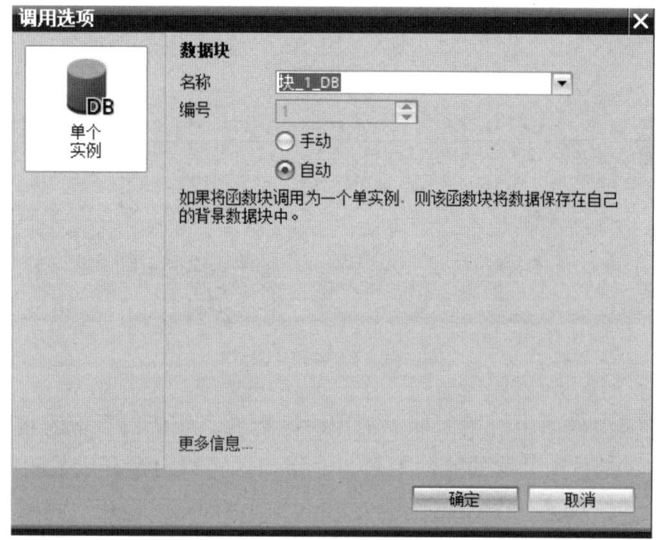

图 7-12　数据块

在主程序“Mian”中调用创建的“块_1”，并为各个形参指定对应的实参，如图 7-13 所示，最后将其进行编译以及下载到设备，可以实现对不同设备进行不同步的控制动作，而不会像 FC 一样被中间变量干扰。

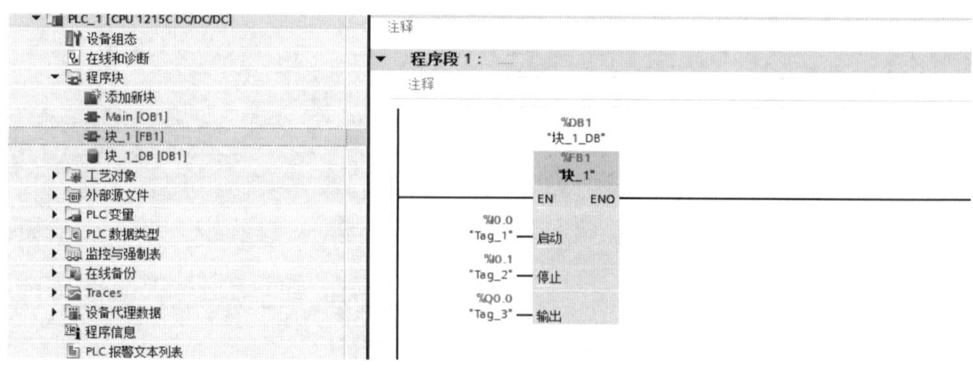

图 7-13　调用 FB

7.2.3　函数与函数块的区别

① FB带有背景数据块，可以把自己的值存储在数据块中。FB带有不同的数据块即带有不同的参数值，这样同一个FB和不同的背景数据块就可以被多个对象调用。而调用FC后不会生成数据块，故执行过FC后数值不会被保存。

② 函数块（FB）中包含静态变量（Static），在函数多次调用时数值可以保留，避免了反复输入数据的麻烦。函数（FC）中没有静态变量，在下次调用时I/O区域的数值要手动输入。

③ 参数的传递方式不同，FB的输入/输出对应背景数据块的地址，然而FC的输入/输出没有实际地址对应，当程序被调用时才会和实际的地址产生关联。FB传递的是数据，FC传递的是数据的地址。

④ FB在重复调用时，能通过一致性检查自动修正每一次调用，编程效率高。FC无法通过一致性检查自动修正每一次调用，编程工作量很大。

这里针对“重复调用”举例如下：

a. 用FC重复调用带中间过程变量的程序段：在FC的接口区定义变量时把Temp定义为保持，FC的参数和程序段如图7-14所示。

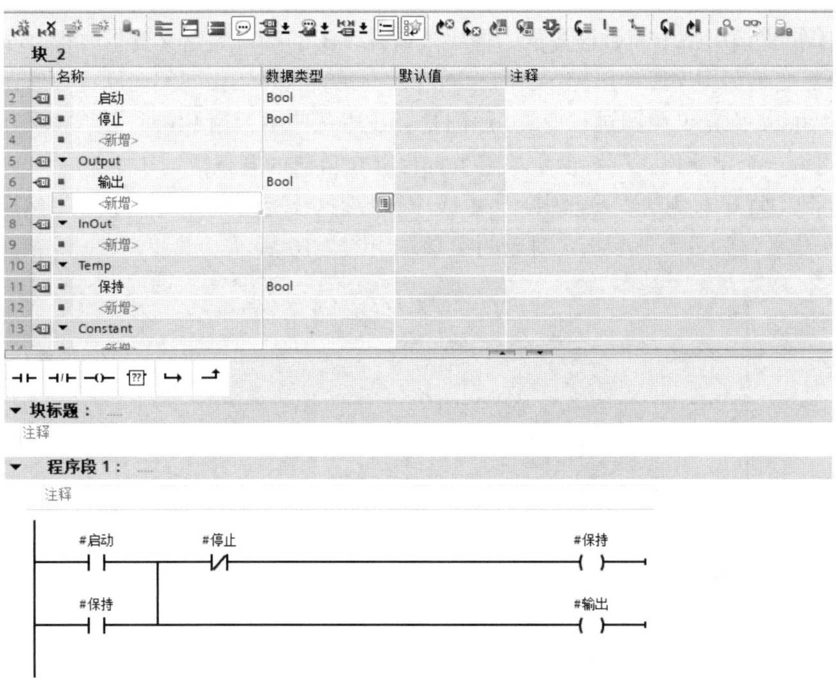

图7-14　带中间变量的FC参数和程序段

然后双击打开主程序，在右侧的程序区多次调用图7-14所示的FC程序段，并进行赋值，如图7-15所示。

最后编译组态，将其下载到设备。此时会发现按下“启动”时灯亮，松手时灯灭，而FC中的逻辑关系是按“停止”时灯才会灭。出现这种情况的原因是重复调用的子程序中含有中间变量，它们之间会相互影响。

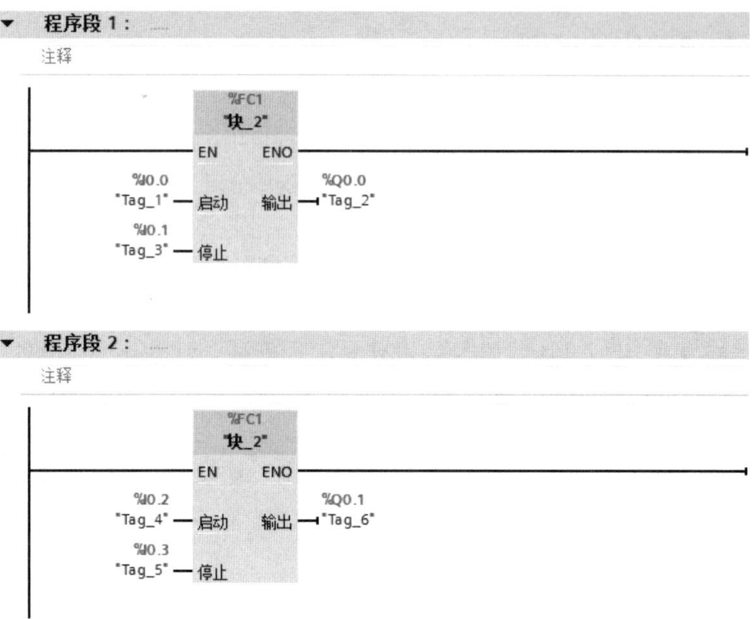

图 7-15　重复调用 FC

b. 用 FB 重复调用带中间过程变量的程序段：在 FB 的接口区定义变量时把 Temp 定义为保持，FB 的局部变量和程序段和以上 FC 的相同时，会出现与 FC 相同的问题，要解决这个问题，需要在 FB 的 Static 中定义中间过程变量。原因是当在主程序中调用 FB 时，会生成一个数据块（如果函数块调用为一个单实例，则该函数块将数据保存在自己的背景数据块中）。

拖动 FB 到主程序右侧的程序段中，会生成一个数据块，单击“确定”按钮。然后进行第二次调用，调用完成后，为各个形参指定对应的实参，如图 7-16 所示。

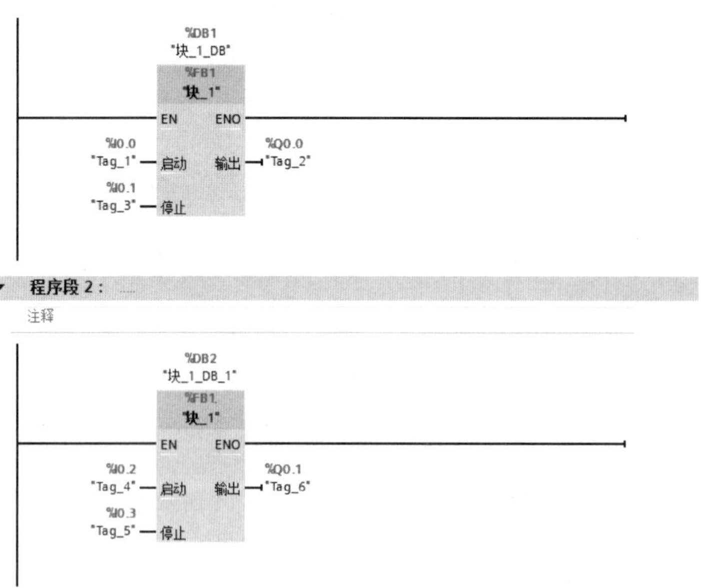

图 7-16　重复调用 FB

最后编译组态，将其下载到设备。此时会发现按下“启动”时灯亮，按下“停止”时灯才会灭。调用 FB 到主程序时生成的数据块的变量如图 7-17 所示。

项目7
添加新设备
设备和网络
PLC_1 [CPU 1215C DC/DC/DC]
设备组态
在线和诊断
程序块
添加新块
Main [OB1]
块_1 [FB1]
块_1_DB [DB1]
块_1_DB_1 [DB2]

保持实际值 快照 将快照值复制到起始值中 将起始值加载为实际值

块_1_DB

	名称	数据类型	起始值	保持	可从 HMI/...	从 H...	在 HMI ...	设定值	注释
1	▼ Input			☐	☐	☐	☐	☐	
2	启动	Bool	false	☐	☑	☑	☑	☐	
3	停止	Bool	false	☐	☑	☑	☑	☐	
4	▼ Output			☐	☐	☐	☐	☐	
5	输出	Bool	false	☐	☑	☑	☑	☐	
6	InOut			☐	☐	☐	☐	☐	
7	▼ Static			☐	☐	☐	☐	☐	
8	保持	Bool	false	☐	☑	☑	☑	☐	

图 7-17 数据块的接口参数

7.2.4 函数块的多重背景

在主程序中调用 FB 时会生成 DB，叫作 FB 的背景数据块。FB 被调用多次时会出现多个背景数据块。项目中有大量的背景数据块碎片，会影响程序的执行效果。如果将多个 FB 作为一个 FB 的形参调用，最后主 FB 在 OB 中调用时会生成一个总的背景数据块。多重背景也可以理解为在子程序中再次调用子程序。

为了实现多重背景，此时调用一个 FB，命名为“起保停”，调用时会生成一个背景数据块，再调用一个 FB，命名为“比较”，在调用时也会生成一个背景数据块。此时可以把这两个 DB 合成一个。新建一个 FB，命名为“ 组合”，调用时也会生成一个 DB，把“起保停”和“比较”放在新建的 FB“组合”中，调用后就只会生成一个背景数据块。接下来进行程序编写。首先添加三个 FB，依次命名为起保停、比较和组合，如图 7-18 所示。

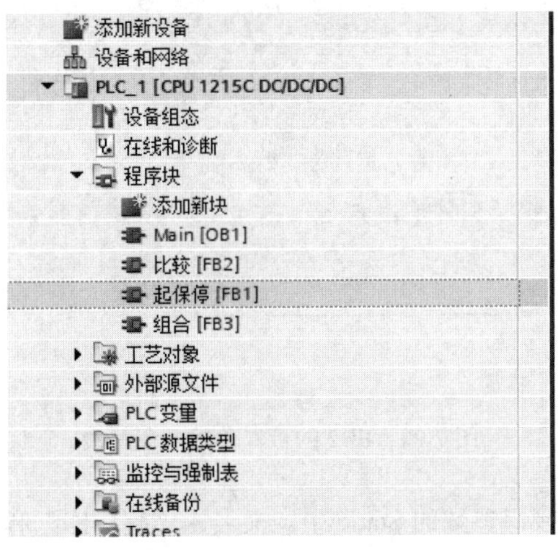

图 7-18 创建 FB

双击“起保停”，在内部写入起保停变量，接口参数及程序段如图 7-19 所示。

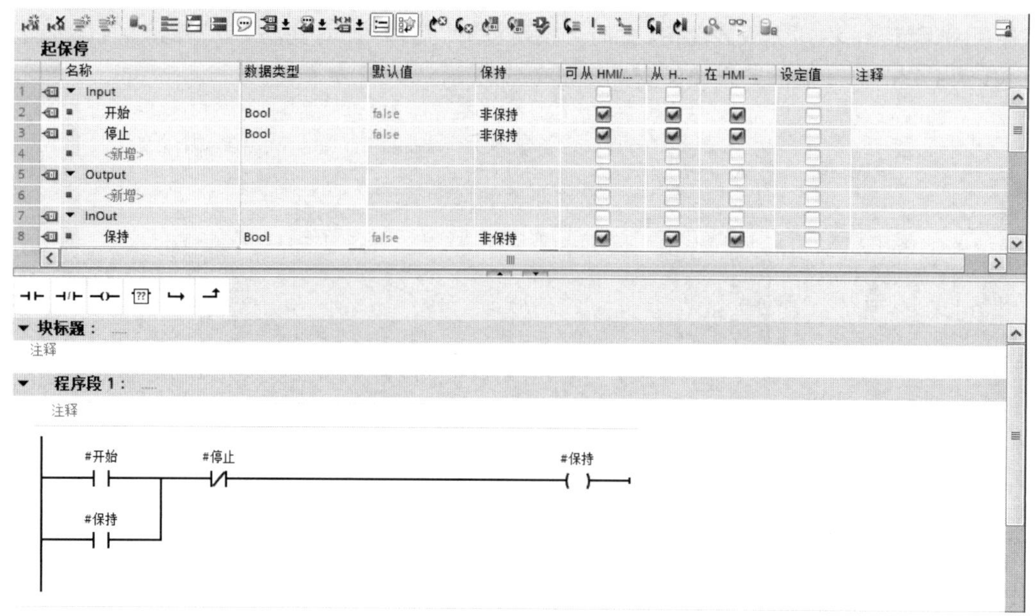

图 7-19　FB1 的接口参数及程序段

继续双击“比较”，编写程序，通过比较，输出一个线圈。给予接口区的 Input 一个数据，数据类型为 Int。再给予静态变量一个比较值（10），其数据类型也为 Int。将它们进行比较，若 Input 值大于比较值则会输出一个状态。其接口参数和程序段如图 7-20 所示。

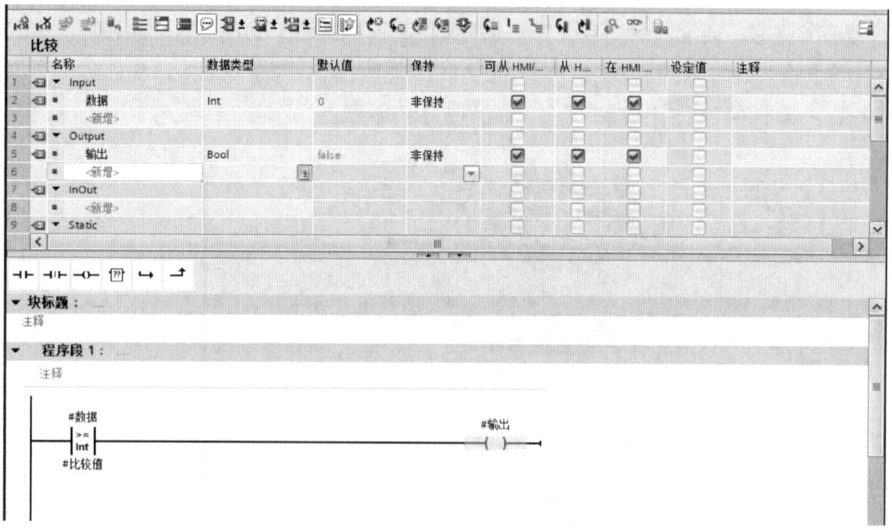

图 7-20　FB2 的接口参数及程序段

此时双击“组合”，在接口参数的 Static 中定义名为“起保停”和“比较”的静态变量，并选择对应的数据类型。然后将 FB1 拖动到 FB3 的程序区的“导线”上，此时弹出“调用选项”。选中“多重实例”，将“接口参数中的名称”选择为“起保停”，单击“确定”按钮。同理，拖动 FB2，将“接口参数中的名称”选择“比较”，单击“确定”，并进行赋值，如图 7-21 所示。

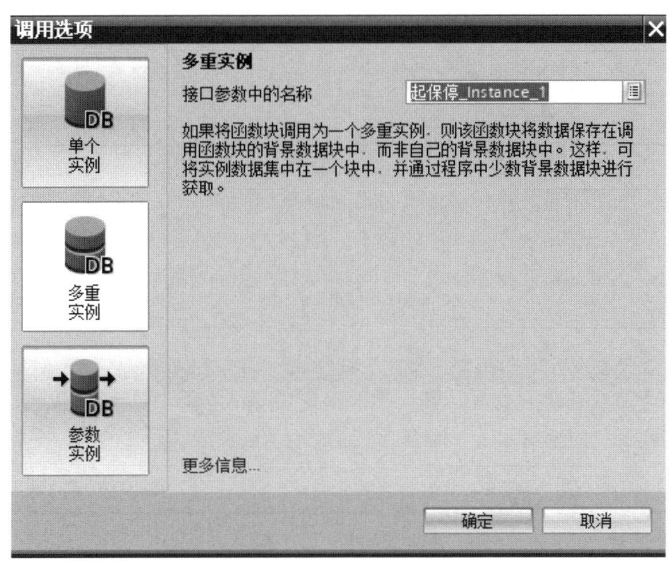

图 7-21　多重实例

此时 FB3 的接口参数如图 7-22 所示。

组合

	名称	数据类型	默认值	保持	可从 HMI/...	从 H...	在 HMI ...	设定值	注释
1	▼ Input				☐	☐	☐	☐	
2	<新增>				☐	☐	☐	☐	
3	▼ Output				☐	☐	☐	☐	
4	<新增>				☐	☐	☐	☐	
5	▼ InOut				☐	☐	☐	☐	
6	<新增>				☐	☐	☐	☐	
7	▼ Static				☐	☐	☐	☐	
8	▼ 起保停_Instance	"起保停"			☑	☑	☑	☑	
9	▼ Input				☐	☐	☐	☐	
10	开始	Bool	false	非保持	☑	☑	☑	☐	
11	停止	Bool	false	非保持	☑	☑	☑	☐	
12	Output				☐	☐	☐	☐	
13	▼ InOut				☐	☐	☐	☐	
14	保持	Bool	false	非保持	☑	☑	☑	☐	
15	Static				☐	☐	☐	☐	
16	▼ 比较_Instance	"比较"			☑	☑	☑	☑	
17	▼ Input				☐	☐	☐	☐	
18	数据	Int	0	非保持	☑	☑	☑	☐	
19	▼ Output				☐	☐	☐	☐	
20	输出	Bool	false	非保持	☑	☑	☑	☐	
21	InOut				☐	☐	☐	☐	
22	▼ Static				☐	☐	☐	☐	
23	比较直	Int	10	非保持	☑	☑	☑	☐	
24	<新增>				☐	☐	☐	☐	
25	▼ Temp				☐	☐	☐	☐	

图 7-22　FB3 的接口参数

FB3 中调用 FB1 和 FB2 的程序如图 7-23 所示。

最后双击“Main”，将项目树下的 FB3 拖到右侧的程序区的水平“导线”上，就只会生成一个背景数据块，如图 7-24 所示。

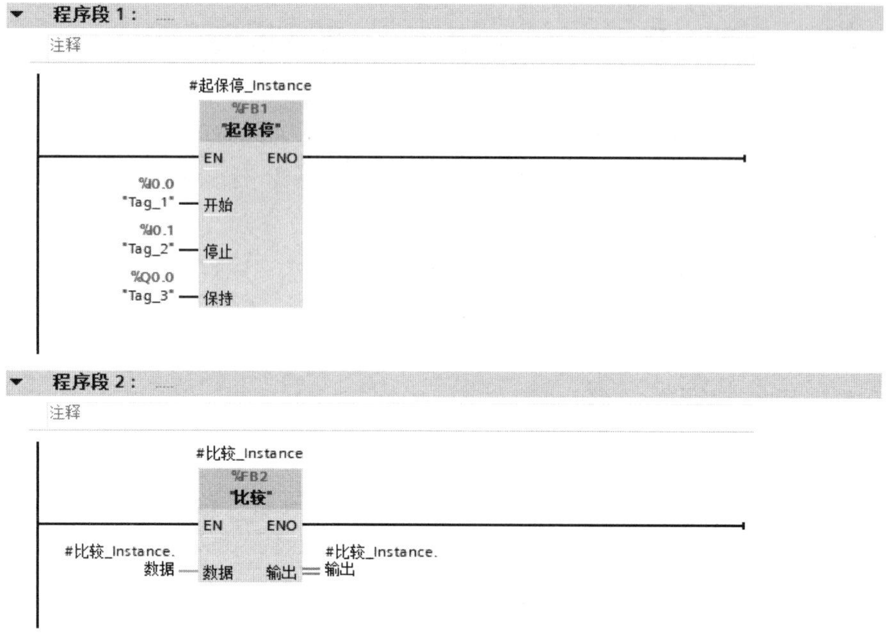

图 7-23　FB3 中调用 FB1 与 FB2

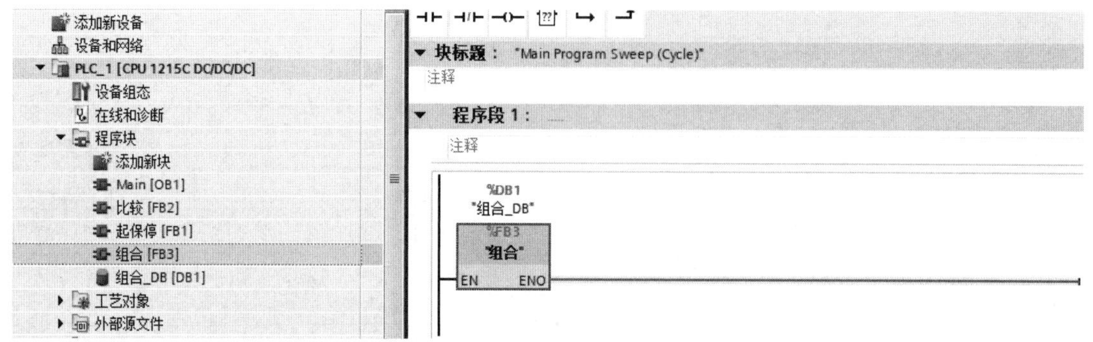

图 7-24　在 OB1 中调用 FB3

7.3　数据类型与间接寻址

7.3.1　S7-1200 PLC 的存储器

（1）物理存储器

为了更好地理解 PLC 的数据类型和寻址方式，在此先介绍 PLC 物理存储器的结构，使读者可以对其有一个更为直观的认识。

根据物理性质的不同，PLC 的内部存储器可分为随机存取存储器（RAM）和可电擦除可编程只读存储器（EEPROM）。RAM 就是常用微型计算机中的内存，读写速度快，但在断电后内部存储的数据会丢失；EEPROM 相对于 RAM 读写速度缓慢，但断电后数据不会丢失，故一般将用户程序和数据存储在其中。

（2）存储区域的划分

根据逻辑功能的不同，PLC 的存储区可分为用户存储区和系统存储区。其中用户存储区包括装载存储区、工作存储区和保持存储区。

装载存储区用来保存用户程序、数据和配置等信息，是一种非易失性的存储区（即 EEPROM 中），功能相当于计算机上的硬盘，当为 PLC 下载程序时，程序就存放在装载存储区中。

工作存储区是一种易失性的存储区，在断电情况下数据会丢失，即在前文中所提及的随机存取存储器（RAM）。由于 EEPROM 的读写次数有限，在每次上电时，都将程序读取到 RAM 中再运行，换言之就是将装载存储区中的数据复制到了工作存储区当中。这样做可以很大程度上提高程序运行的速度，也可以增加 PLC 的使用寿命。

保持存储区是一种非易失性的存储区，可以在断电时对某些工作区的数据进行保存，在重新上电时 CPU 会将数据恢复到原地址当中。S7-1200 系列 PLC 均有 10KB 的保持存储区，可以在用户程序中设定是否启用保持存储区以及使用的大小，在 7.4.3 节部分实例中有具体的使用方法。

而系统存储区包括输入映像存储区、输出映像存储区、外设输入、外设输出、位存储区、临时局部数据存储器和数据块。

输入映像存储区（I）：这个区域是连接外设输入、输出点的桥梁，在每个扫描周期开始时，将外设输入（输出）点的实际状态复制到存储器上。对于输入映像存储区，只能对其进行读操作，可以按照位、字节、字或双字的格式进行读取。

外设输入（PI）：在访问 PLC 的外部输入时，除了通过输入映像存储区外，还可以在指令后加“：P”，使用“立即读取”指令直接访问输入点，对其进行快速读取，所获得的数据即是当下该地址的输入状态，而不是输入映像存储区中上一周期保持的数据。与输入映像存储区相同，“立即读取”指令也可以按位、字节、字或双字的格式进行。

输出映像存储区（Q）：与输入映像存储区类似，在每个扫描周期开始时，CPU 将存储在输出映像存储区的数据复制到外部输出节点，可以按照位、字节、字或双字的格式进行输出。

外设输出（PQ）：与外部输入类似，在输出指令后加“：P”，不仅将输出直接复制到输出映像存储区，并且即时地将数据复制到输出节点，而不是等待下一循环周期的开始。

位存储区（M）：位存储区是控制和数据存储区。位存储区可以分为普通型和保持型，保持型位于保持存储区，在 CPU 处于断电状态下其中的数据也不会丢失。在默认状态下，所有位存储区都为普通型，如有需要可以在 PLC 变量表中设置保持型存储区并设定其长度。

临时局部数据存储器：这个区域根据 CPU 指令的分配随时使用，在每次使用前存储器内的数据全部清零，例如在启动和调用代码块时，CPU 为其分配临时局部数据存储器。

数据块（DB）：用于存储用户程序的各种数据，可以存储多种类型的数据，其中包括定时器和计数器所用到的数据结构和 FB 的参数等。

7.3.2 S7-1200 PLC 的数据类型

S7-1200 系列 PLC 的数据存储单元与其他主流计算机相同，都是以 8 位（指二进制的位数）为一个字节（Byte）。数据类型是用来定义数据长度和属性的一种分类方式，每个指令都有自己所对应的一种或多种数据类型，CPU 通过数据类型获知利用何种长度的数据以何种方式将用户所给的数据编译成计算机所能识别的二进制语言。

位的数据类型是布尔（Bool）型，一个位只能存储一个二进制的数据，即 0 或 1。字节和位的关系如图 7-25 所示，每个字节包含 8 位二进制数，其中第 0 位为最低位，第 7 位为最高位。若要描述一个地址，则需要两个部分：存储区域和具体位置，比如图中深色的部分可以表示为 I1.4，既是操作数，也是地址。其中 I 为区域符，1 为字节地址，4 为位地址。同理 M0.1、Q2.0 分别表示为位存储器的 0 字节第 1 位和输出映像存储区的 2 字节第 0 位。

字节可以用 B 来表示，如 IB4（I4.0～I4.7）、QB1、MB10、DB1 等；同理，包含两个字节的字（Word）由 W 表示；包含两个连续的字或四个连续的字节的双字（Double Word）由 D 来表示。值得注意的是，一个由连续字节表示的字，如由 MB10 和 MB11 组成的 MW10，其中低 8 位是 MB11，高 8 位是 MB10，如图 7-26 所示。

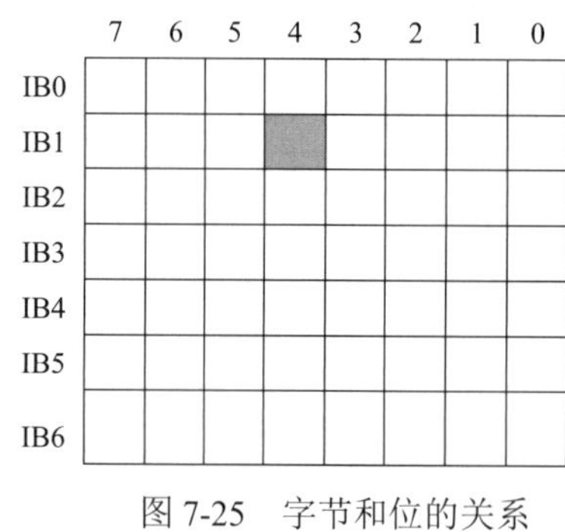

图 7-25　字节和位的关系

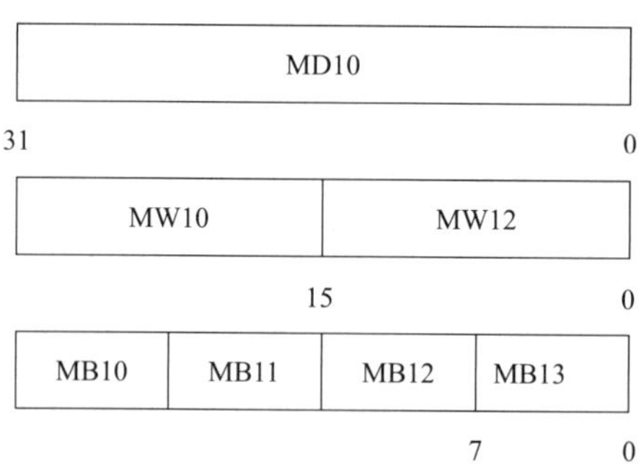

图 7-26　基本数据类型示意

本书前文中介绍了 S7-1200 PLC 的指令参数所支持的基本数据类型，在本节将讲述 PLC 的复杂数据类型。

（1）数组（Array）

数组就是将有限个同一数据类型的数据组合起来，最大维数为 6，数据类型可以是除了数组类型本身和 Variant 类型外的所有数据类型。数组格式为：Array ［lo1..hi1，lo2..hi2，…］ of Type。其中 lo1 表示数组第一维首元素，hi1 表示数组第一维末元素；lo2 表示数组第二维首元素，hi2 表示数组第二维末元素。取值范围为［-32768～32767］，Type 为基本数据类型。如 Array［1..5，1..5］of Int 表示二维 Int 型数组，第一行、第二行均为五个元素。

注意：在 S7-1200 CPU V4.0 及其以后版本可以使用局部常量或全局常量定义上下限值，数组的元素个数受 DB 剩余空间大小以及单个元素大小的限制。

可以按如下步骤建立一个数组：单击项目树的“程序块”，展开后单击子项“添加新块”，然后在弹出的对话框中选择“数据块”，类型选为“全局 DB”，如图 7-27 所示。在新生成的“数据块_1”中建立名称为“数组 1”的数据，数组格式为 Array［0..1，1..4］ of Int，选择元素数据类型为 Int，数组的长度和位数可单击▾修改，如图 7-28 所示。

（2）字符（Char）和字符串（String）

字符和字符串都是用来存储以 ASCII 码为代表的字符的数据类型，两者的区别是 Char 型只能存储一字节的字符，如'A'；而 String 型可以存储长度为 256 字节的字符串，字符串的首字节是字符串的最大长度，第 2 字节是当前长度，故其本身能存储的数据最大值为 254 字节。与使用数组相同，在使用 String 型数据时，需要提前在 DB 中进行声明。生成字符串的过程与生成数组的过程类似，仅需在“数据类型”处选择“String”即可。

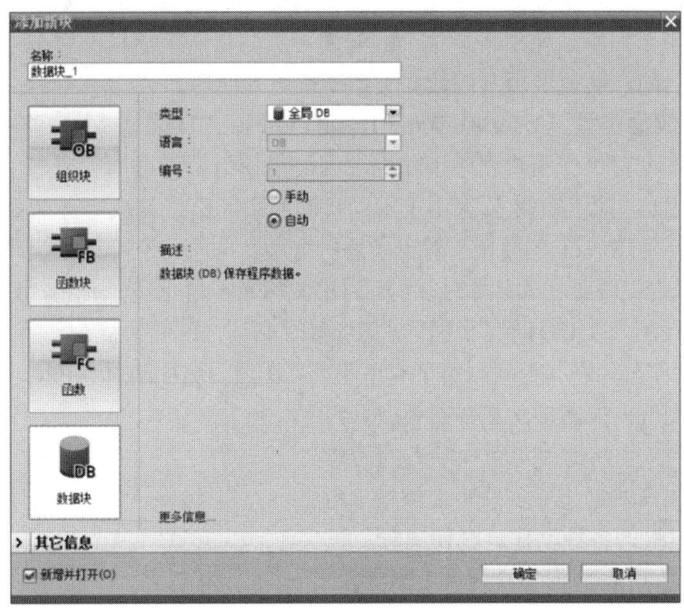

图 7-27　建立数据块

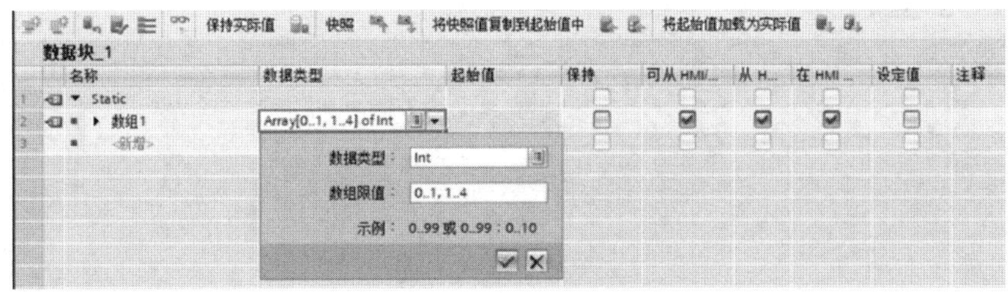

图 7-28　生成数组

（3）时间与日期

时间和日期的数据类型如表 7-1 所示，读者可以根据使用场景灵活选用所需的数据类型。

表 7-1　时间和日期的数据类型

名称	数据类型	位数（bit）	范围	常量实例
IEC 时间	Time	32	T#-24d_20h_31m_23s_648ms～ T#24d_20h_31m_23s_647ms	T#10m_12s T#1d_2h_15m_30s_45ms
IEC 日期	Date	16	D#1990-1-1～D#2168-12-31	D#2021-10-21 Date#2021-10-21 2021-10-21
实时时间	Time_Of_Day	32	TOD#0:0:0～ TOD#23:59:59.999	TOD#10:20:30.400
长格式日期与时间	DTL	12B	最小:DTL#1970-01-01-00:00:00.0 最大:DTL#2262-04-11-23:47 :16.854	DTL#2021-10-5-21:20:30.400

（4）结构（Struct）

结构是由不同数据类型构成的数据组合，可以用基本数据类型和复杂数据类型（数组、实时时间等）作为元素，其嵌套层数最多为 8 层。用户可以将一组有关数据组织在一个结构中，作为一个数据单元来使用，而不是使用大量单个的元素，例如将一个电机的多个参数组织到一个结构中，既简化了数据结构，又使调用不同数据类型变得更为便捷。

（5）用户定义数据类型（User-Defined Data Types，UDT）

用户定义数据类型可以在用户程序中作为数据类型使用，可以用它来产生大量的具有相同数据类型的数据块，用这些数据块来输入用于不同目的的实际数据。从定义来看，UDT 和 Struct 的作用似乎有所重复，但 Struct 主要用于对形参进行分类，与一个一个地定义形参没有本质区别，与 UDT 的区别在于它仅限于在本块中使用；而 UDT 相当于自定义了一种“数据类型”，将完成某种控制的变量组合在一个 UDT 中，这样定义形参时非常方便和快捷。

建立 UDT 的过程与建立其他数据类型有所不同，在项目树中选择“PLC 数据类型”，单击子项“添加新数据类型”，按需求建立数据类型。如图 7-29 所示建立了一个名为“电机控制”的用户定义数据类型，并在其中定义了多种变量类型（图 7-30），用以控制电机的各种动作。在使用时，可以直接在程序块或数据块的形参中插入已定义的 UDT，减少了大量定义重复参数的烦琐工作。

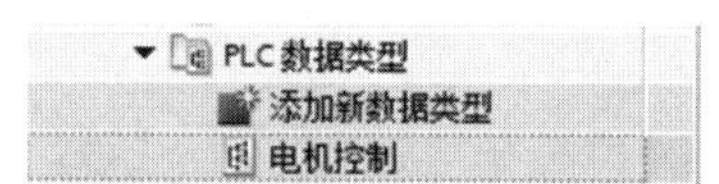

图 7-29　建立新的用户定义数据类型

电机控制

	名称	数据类型	默认值	可从 HMI/...	从 H...	在 HMI ...	设定值	注释
1	启动	Bool	false	✓	✓	✓		
2	转动时间	Time	T#0ms	✓	✓	✓		
3	速度	Int	0	✓	✓	✓		
4	停止	Bool	false	✓	✓	✓		
5	<新增>							

图 7-30　定义 UDT

以上列举了 5 种较为常用的复杂数据类型，在 S7-1200 系列 PLC 中还有很多其他的数据类型，在此不再一一详细列举，读者可以通过在 TIA 博途软件中按“F1”打开帮助菜单，搜索需要使用的数据类型。例如输入“系统数据类型”，查看详细用途和说明。

7.3.3　S7-1200 PLC 的间接寻址

寻址就是指定指令要进行操作的地址。给定指令操作地址的方法，就是寻址方法。谈间接寻址之前，简单介绍一下直接寻址。所谓直接寻址，就是直接给出指令确切的操作数，如 A Q2.0，对于 A 这个指令来说，Q2.0 就是它要进行操作的地址。

而间接寻址就是间接给出指令的操作数，比如 A Q［MD100］，A T［DBW100］。程序语句中用方括号标明的内容，间接指明了指令要进行操作的地址，这两个语句中 MD100 和 DBW100 称为指针（Pointer），它指向的存储单元地址中所包含的数值，才是指令真正要执行的地址区域的确切位置。需要操作的是该位置中的数据，而给出的是这个数据所在的位置，因此称之为间接寻址。为了更好地理解间接寻址如何具体在实际操作中应用，在此列举两个间接寻址实例。

（1）使用间接寻址在数组中进行数据的读写

在 TIA 博途软件中建立新项目，CPU 选择为 CPU 1215C，单击项目树的“程序块”，展开后单击子项“添加新块”，然后在弹出的对话框中选择“数据块”，在新生成的“数据块_1”中建立名称为“数组 1”的数组，元素数据类型选为 Int。之后双击主循环 OB“Main1”，建立如图 7-31 所示程序，其中 FieldRead 与 FieldWrite 两个指令可以在右侧的指令列表文件夹\移动操作\原有中找到，也可以单击“建立空指令框”输入指令名进行查找。

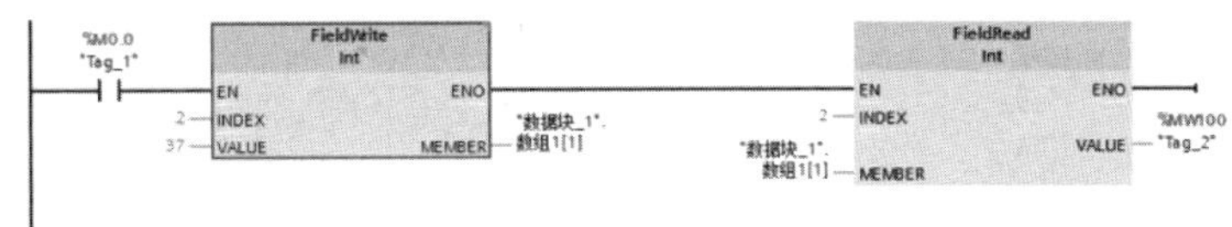

图 7-31　数组数据的写入和读取

在 FieldRead 与 FieldWrite 指令“？？？”的下拉列表中选择数据类型为 Int。指令输入形参 INDEX 的实参为要读写的元素的下标值；参数 MEMBER 的实参为要读写的数组的第一个元素的下标值；参数 VALUE 中则是要写入数组元素的操作数或保存读取元素值的地址。

单击项目树中的“PLC_1”一项，在上方“工具栏”中单击开始仿真。程序编译无误后将其下载到仿真 CPU，将 PLC 设置为 RUN 模式后，单击“工具栏”上的“监视”按钮，右击常开触点，将 M0.0 的值修改为 1，此时发现“数据块_1.数组 1［1］”的值从默认值 0 修改为 37。

程序中利用“FieldWrite”指令将常数 37 写入数组 1 的第 2 个元素的地址中，利用“FieldRead”指令则是将数组中第 2 个元素地址的内容转移到 MW100，这就是这个程序的工作过程。

（2）使用间接寻址找最大值

S7-1200 系列 PLC 所使用的图形语言中，没有专门循环程序的指令，为了实现多次重复的操作，使用“FieldRead”和“MOVE”指令进行间接寻址，利用不同指令的配合完成循环操作。

在 TIA 博途软件中建立新项目，CPU 选择为 CPU 1215C，单击项目树的“程序块”，展开后单击子项“添加新块”，然后在弹出的对话框中选择“数据块”，DB 中所需要的参数如图 7-32 所示，Int 型数组的元素值可在取值范围内任意选取。

名称	数据类型	起始值
▼ Static		
▼ 数组1	Array[0..5] of Int	
数组1[0]	Int	2
数组1[1]	Int	-3
数组1[2]	Int	10
数组1[3]	Int	0
数组1[4]	Int	12
数组1[5]	Int	1
最大值	Int	0
最大值下标值	Int	0
数据个数	Int	6

图 7-32　数据块_1

名称	数据类型
▼ Input	
▶ 数组输入	Array[0..5] of Int
<新增>	
▼ Output	
最大值所在位置	Int
最大值	Int
<新增>	
▼ InOut	
数据个数	Int
<新增>	
▼ Temp	
下标	DInt
执行次数	Int
暂存最大值	Int
暂存最大下标	Int
<新增>	
▶ Constant	
▶ Return	

图 7-33　FC1 局部变量

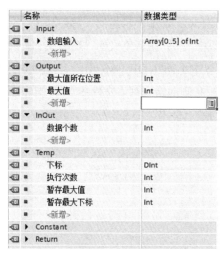

再生成一个函数 FC1 并命名为“找最大值”，在其接口区定义局部变量，如图 7-33 所示，注意形参的数组长度要与 DB 中数组长度一致。

FC1 的具体程序如图 7-34 所示，使用“上升沿触发”指令进行函数的初始化操作，值得注意的是，程序将临时变量“最大值”进行初始化是对其赋值 Int 型数据的下限而不是 0；使用“若 RLO=‘1’则跳转”指令与“比较”指令实现了程序的循环；使用 FieldRead 指令将数组所在地址中的值读出，当“最大值”小于“暂存最大值”时，将后者的值赋给前者，并记录该数值所在元素的下标；每次循环将下标值加 1，直至执行次数等于数据个数时，FC1 输出最大值和其所在数组位置的下标。

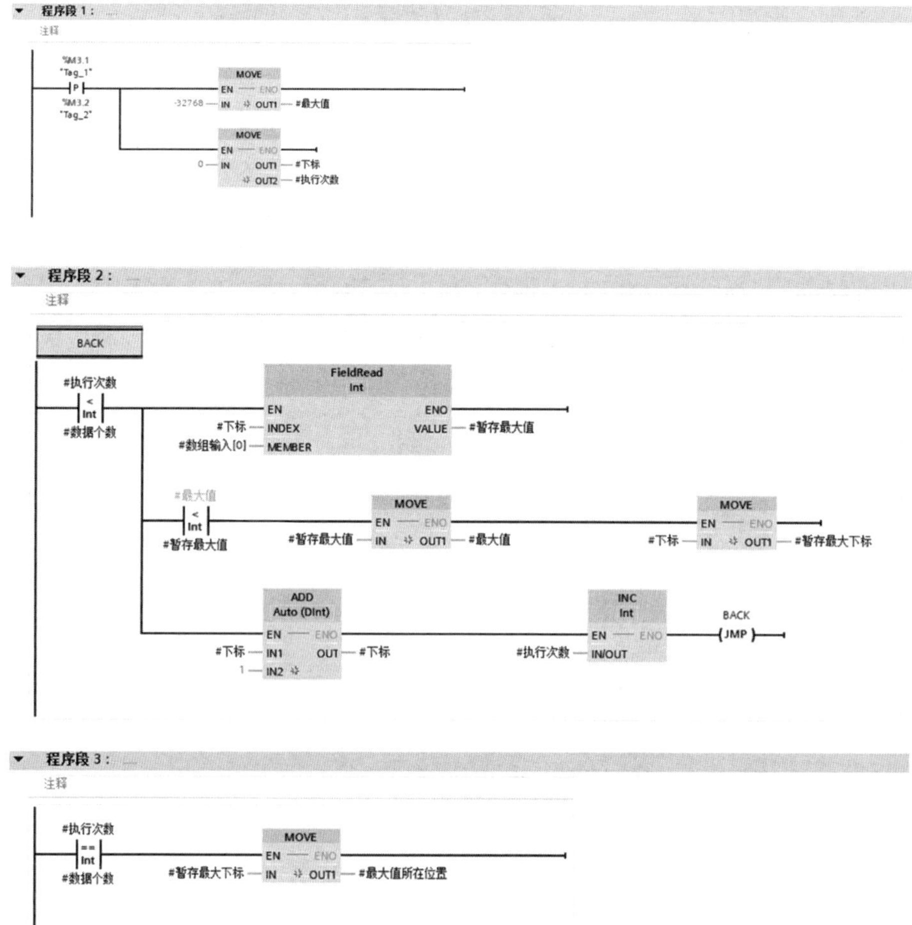

图 7-34　FC1 程序

OB1 中程序如图 7-35 所示，调用 FC1。

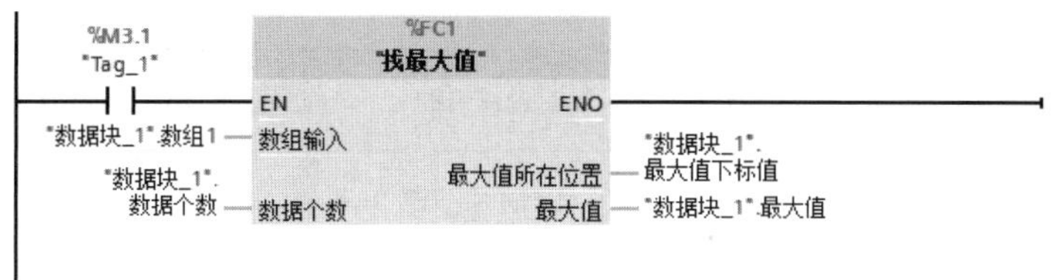

图 7-35　OB1 程序

单击项目树中的“PLC_1”，在上方“工具栏”中单击开始仿真。程序编译无误后将之下载到仿真 CPU，将 PLC 设置为 RUN 模式后，单击“工具栏”上的“监视”按钮，右击常开触点，将 M3.1 的值修改为 1，单击“数据块_1”并对其数据进行监控，结果如图 7-36 所示，程序成功将数组最大值和其所在位置输出，最大值为 12，所在元素下标为 4。

名称	数据类型	起始值	监视值
▼ Static			
▼ 数组1	Array[0..5] of Int		
数组1[0]	Int	2	2
数组1[1]	Int	-3	-3
数组1[2]	Int	10	10
数组1[3]	Int	0	0
数组1[4]	Int	12	12
数组1[5]	Int	1	1
最大值	Int	0	12
最大值下标值	Int	0	4
数据个数	Int	6	6

图 7-36　程序结果

7.4　组织块与中断

7.4.1　事件与组织块

组织块（OB）由用户编写，由操作系统调用，是 PLC 操作系统与用户程序之间的接口，可在 CPU 启动、周期性执行、定时执行、出现错误、硬件中断时调用并执行 OB。每个组织块都有属于自己的编号，如 OB1、OB100 等。组织块不能被 OB、FB、FC 调用，只能被特定事件调用并执行。

在 PLC 运行过程中出现的各种情况可以被称为事件，不同种事件有着不同的优先级，优先级的编号越大，级别越高。事件会按照优先级由高到低的顺序进行处理，即在处理优先级较低的 OB 时，高优先级的 OB 会将之中断，在结束自身进程后返回较低优先级 OB 所在的断点处继续执行；相同优先级的任务本着“先到先得”的原则进行处理，且同优先级中的 OB 不会中断对方。

不同事件的优先级和对应的组织块事件属性如表 7-2 所示。

表 7-2 不同事件的优先级和对应的组织块事件属性

事件类型	OB 编号	OB 数目	启动事件	OB 优先级（默认）
程序循环	1 或≥123	≥1	启动或结束上一个程序循环 OB	1
启动	100 或≥123	≥0	STOP 模式到 RUN 模式的转换	1
时间中断	≥10	最多 2 个	已达到启动时间	2
延时中断	≥20	最多 4 个	延时时间结束	3
循环中断	≥30	最多 4 个	循环时间结束	8
硬件中断	≥40	最多 50 个	上升沿（最多 16 个） 下降沿（最多 16 个）	18
			HSC：计数值=参考值（最多 6 次） HSC：计数方向变化（最多 6 次） HSC：外部复位（最多 6 次）	18
状态中断	55	0 或 1	CPU 接收到状态中断时	4
更新中断	56	0 或 1	CPU 接收到更新中断时	4
制造商中断（配置文件特定的中断）	57	0 或 1	CPU 接收到制造商或配置文件特定的中断	4
诊断错误中断	82	0 或 1	模块错误	5
删除/插入中断	83	0 或 1	删除或插入分布式 I/O 模块	6
机架中断	86	0 或 1	分布式 I/O 的系统错误	6
时间错误	80	0 或 1	超出最大循环时间；仍在执行被调用 OB；错过时间中断；STOP 期间丢失时间中断；队列溢出；因中断负载过高而导致中断丢失	22

7.4.2 程序循环组织块

程序循环组织块的编号为 OB1，即主程序 OB1 属于程序循环组织块，由表 7-2 可知，程序循环组织块的优先级最低，可以被其他任何事件中断。在程序块中可同时添加多个程序循环组织块，其他程序循环组织块的编号不得小于 OB123，程序会按照序号由小到大依次执行。

新建一个项目，打开项目视图，添加好 CPU 后双击“PLC_1”中的“程序块”，单击“添加新块”，如图 7-37 所示，选中“Program cycle”并单击“确定”，即可生成一个程序循环组织块，编号为“123”。

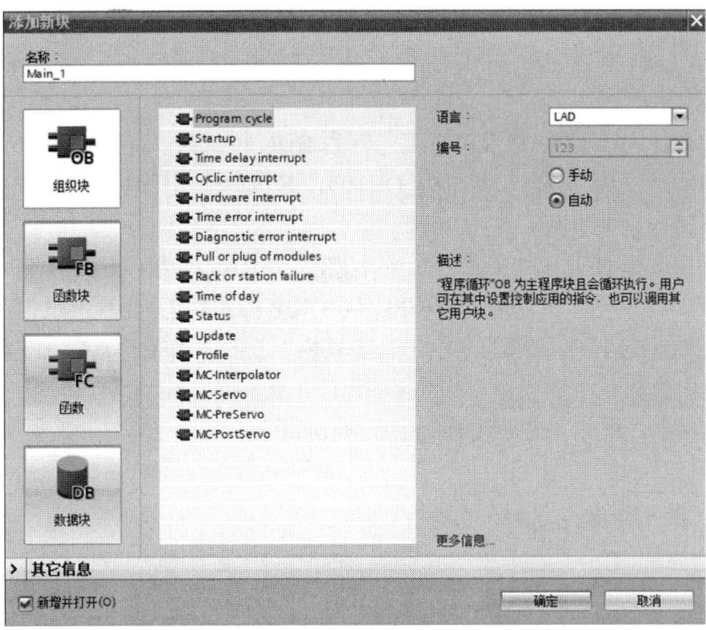

图 7-37　添加新块

在 OB1 和 OB123 中分别编写一个简单的程序，如图 7-38 和图 7-39 所示，其功能为由 I0.0（I0.1）控制 Q0.0（Q0.1）。通过仿真来观察实验现象，单击“工具栏”上的“启动仿真”按钮打开 PLCSIM 软件，在 PLCSIM 中生成一个新项目，返回后将程序下载到 PLCSIM 中，并在 PLCSIM 新项目中的 SIM1 表中添加 I0.0、I0.1、Q0.0、Q0.1，通过改变 I0.0、I0.1 的值可以发现对应的 Q0.0、Q0.1 的值也随之改变，如图 7-40 所示，说明两个程序循环组织块都在执行。

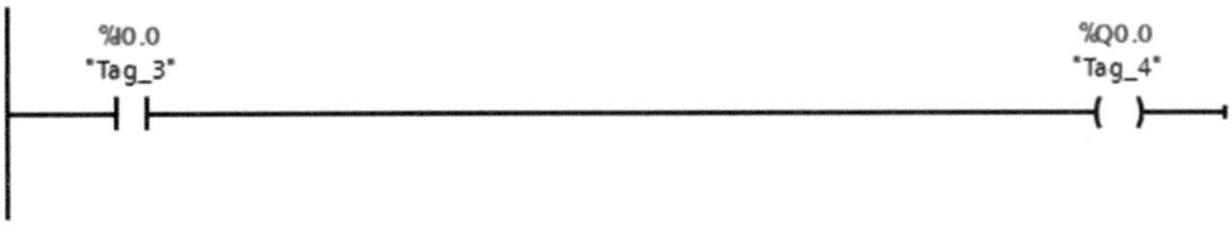

%I0.0 "Tag_3"　　%Q0.0 "Tag_4"

图 7-38　程序循环组织块 OB1 程序

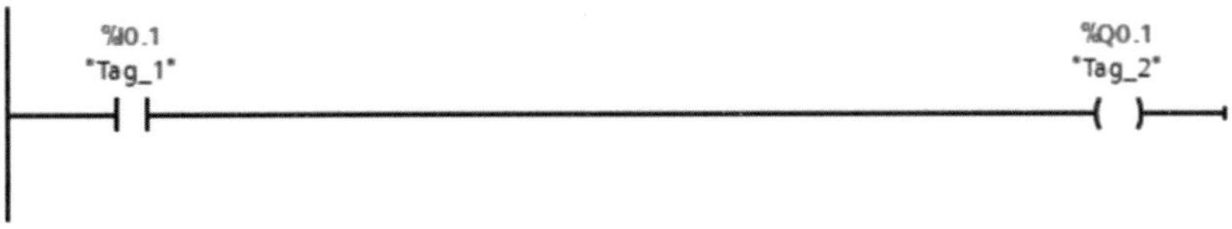

%I0.1 "Tag_1"　　%Q0.1 "Tag_2"

图 7-39　程序循环组织块 OB123 程序

名称	地址	显示格式	监视/修改值	位	一致修改	
"Tag_1":P	%I0.1:P	布尔型	TRUE		FALSE	
"Tag_3":P	%I0.0:P	布尔型	TRUE		FALSE	
"Tag_2"	%Q0.1	布尔型	TRUE		FALSE	
"Tag_4"	%Q0.0	布尔型	TRUE		FALSE	

图 7-40　程序循环组织块仿真

7.4.3 启动组织块

启动组织块的功能为在 CPU 从 STOP 模式转为 RUN 模式时，执行一次启动组织块。 在程序块中可添加多个启动组织块，其默认编号是 OB100，其他启动组织块的编号不得小于 OB123。其优先级最低，可被其他事件中断。

在此新建项目并选择 CPU 1215C，添加一个启动（Startup）组织块 OB100，并编写一个初始化程序，程序如图 7-41 所示。其功能为在 CPU 从 STOP 模式转为 RUN 模式时，QB0 数据被初始化为 16#0F，即数据的低四位均被置 1。单击“工具栏”上的“启动仿真”按钮，打开 PLCSIM 软件，在 PLCSIM 中生成一个新项目，返回后将程序下载到 PLCSIM 中，在 SIM 表中添加 QB0 和 MB10，如图 7-42 所示，PLC 上电后 QB0 的值为 16#0F。

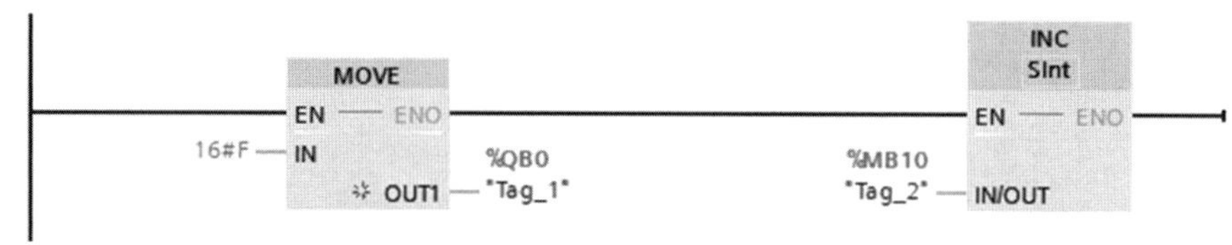

图 7-41　启动组织块程序

	名称	地址	显示格式	监视/修改值	位	一致修改	⚡
	"Tag_1"	%QB0	十六进制	16#0F	☐☐☐☐☑☑☑☑	16#00	☐
	"Tag_2"	%MB10	DEC+/-	1	☐☐☐☐☐☐☐☑	0	☐

图 7-42　启动组织块仿真

其中，MB10 的作用是记录 OB100 的调用次数，由图 7-42 可知 OB100 执行使用了一次，断电后重新启用 OB100 会发现 MB10 仍然显示 1，这是由于启动时位存储区（M）的存储单元默认为非保持型。

在某些工程上需要记录 PLC 启动的次数，这时就需要将位存储区的存储单元修改为保持型，可双击打开“项目树”→“PLC_1”→“PLC 变量”→“显示所有变量”，单击按钮打开“保持性存储器”，如图 7-43 所示，修改“存储器字节数从 MB0 开始”的值即可将其修改为保持型，如将该值改为 15，相应的 MB0～MB14 都为保持型，而 MB15 没有保持功能。

将程序下载到仿真 PLC，多次执行 OB100 可以发现 MB10 的值在累加，如图 7-44 所示。

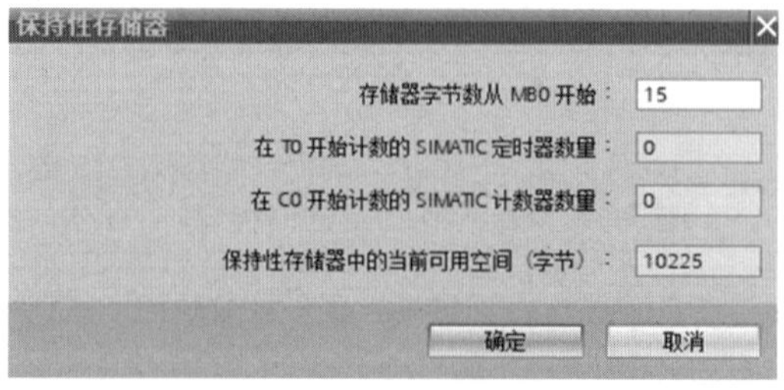

保持性存储器

存储器字节数从 MB0 开始：15

在 T0 开始计数的 SIMATIC 定时器数量：0

在 C0 开始计数的 SIMATIC 计数器数量：0

保持性存储器中的当前可用空间（字节）：10225

确定　取消

图 7-43　“保持性存储器”设置

	名称	地址	显示格式	监视/修改值	位	一致修改	⚡
	"Tag_1"	%QB0	十六进制	16#0F	☐☐☐☐☑☑☑☑	16#00	☐
	"Tag_2"	%MB10	DEC+/-	2	☐☐☐☐☐☐☑☐	0	☐

图 7-44　有保持型功能时启动组织块仿真

7.4.4 循环中断组织块

循环中断组织块的功能为按照设定的循环时间周期性地执行程序，与程序循环组织块无关。优先级编号为 8，循环中断组织块编号默认为 OB30，与延时中断组织块的数量和最大为 4。

添加一个循环中断（Cyclic Interrupt）组织块 OB30，可通过巡视窗口中的“属性”→“常规”→“循环中断”修改“循环时间”，将其修改为 1000ms，如图 7-45 所示。“相移”即相位偏移，可防止循环时间有公倍数的几个循环中断组织块同时启动，从而导致连续执行中断程序的时间太长，其默认值为 0。

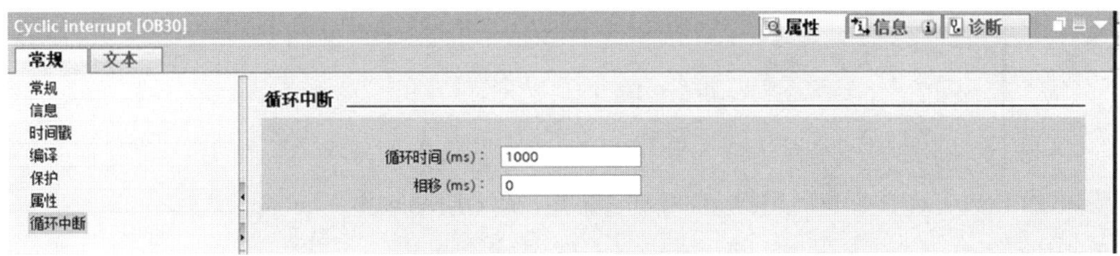

图 7-45 修改“循环时间”

编写程序如图 7-46～图 7-48 所示，该程序功能为控制 8 位彩灯的循环移位，I0.1 控制彩灯的移位，I0.2 控制彩灯是左移还是右移。将 16#0F 写入 QB0，即控制 8 位彩灯每次循环点亮的个数和相对位置。I0.0 控制“QRY_CINT”和“SET_CINT”的执行，可通过控制 I0.0 将循环时间修改为其他设定值，如令 I0.0 的值置 1，则调用“SET_CINT”指令调整其循环时间为 2000ms，使本程序的循环时间由 1s 改为 2s。

其中，“QRY_CINT”为查询循环中断指令，OB_NR 需写入需要查询的组织块，如 30（OB30）；CYCLE 输出循环时间，单位为μs；PHASE 输出相位偏移值；STATUS 输出循环中断的状态；RET_VAL 返回指令的状态。“SET_CINT”指令可设置循环中断参数，OB_NR 输入 OB 编号；CYCLE 输入时间间隔；PHASE 输入相位偏移；RET_VAL 返回指令的状态。

%I0.1 "Tag_1"
%I0.2 "Tag_3"
ROR Byte
EN ENO
%QB0 "Tag_4" IN OUT %QB0 "Tag_4"
1 N
%I0.2 "Tag_3"
ROL Byte
EN ENO
%QB0 "Tag_4" IN OUT %QB0 "Tag_4"
1 N

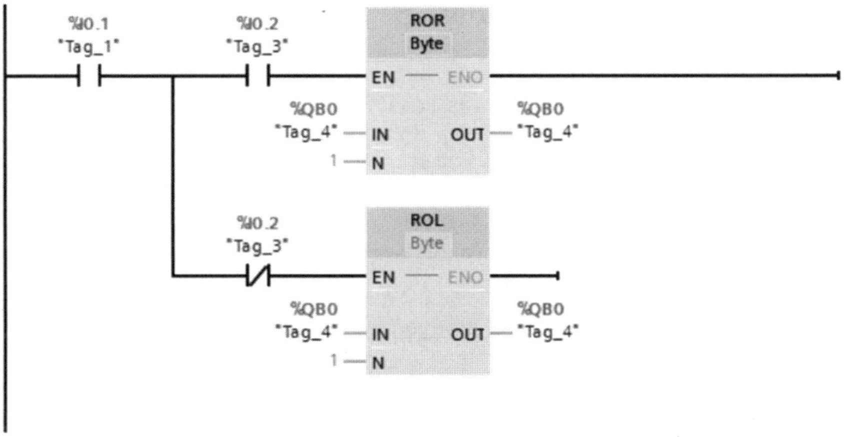

图 7-46 循环中断组织块 OB30 程序

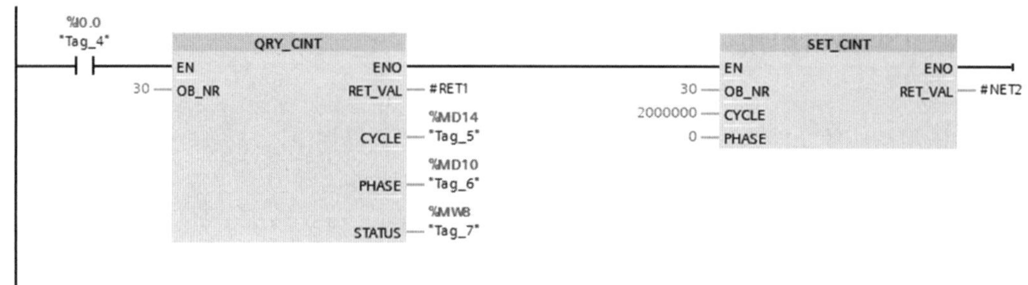

图 7-47　循环中断组织块 Main 程序

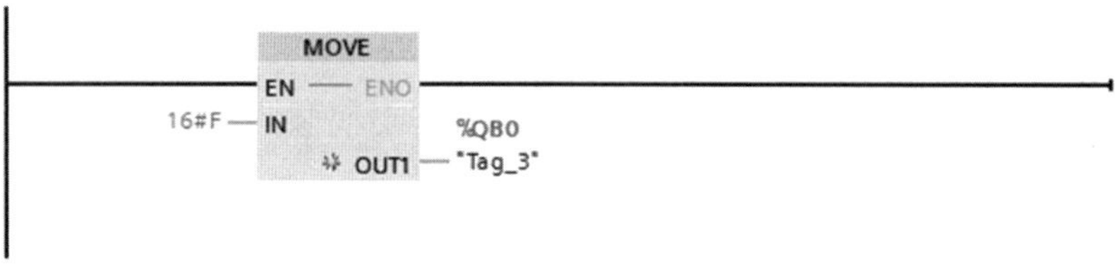

MOVE
EN — ENO
16#F — IN
%QB0
OUT1 — "Tag_3"

图 7-48　循环中断组织块 OB100 程序

单击“启动仿真”按钮进行仿真，将程序下载到 PLCSIM 中，如图 7-49 所示，QB0 初值为 16#0F，低 4 位为 1，将 I0.1 的值改为 1，QB0 开始左移；若将 I0.2 也改为 1，QB0 开始右移；若将 I0.0 改为 1，则 QB0 循环时间改为 2s。

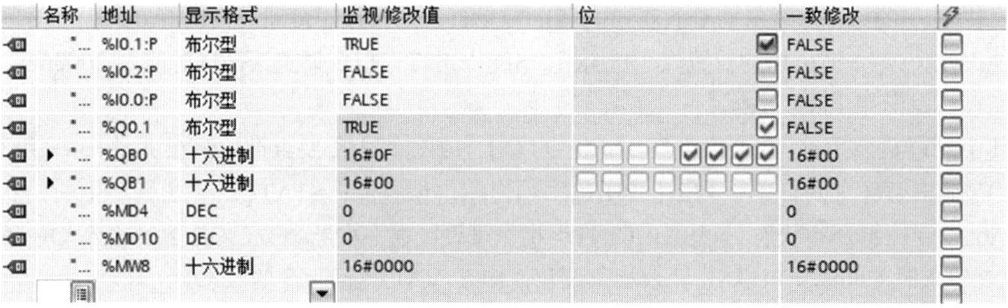

名称	地址	显示格式	监视/修改值	位	一致修改	⚡
"...	%I0.1:P	布尔型	TRUE	☑	FALSE	☐
"...	%I0.2:P	布尔型	FALSE	☐	FALSE	☐
"...	%I0.0:P	布尔型	FALSE	☐	FALSE	☐
"...	%Q0.1	布尔型	TRUE	☑	FALSE	☐
"...	%QB0	十六进制	16#0F	☐☐☐☐☑☑☑☑	16#00	☐
"...	%QB1	十六进制	16#00	☐☐☐☐☐☐☐☐	16#00	☐
"...	%MD4	DEC	0		0	☐
"...	%MD10	DEC	0		0	☐
"...	%MW8	十六进制	16#0000		16#0000	☐

图 7-49　循环中断组织块仿真

7.4.5　时间中断组织块

时间中断组织块可在提前设置的时间内运行一次，产生一次中断，也可以按照提前设置的时间开始周期性运行，如每分钟、每小时、每天等。时间中断组织块默认编号为 OB10，但最多只能添加 2 个，优先级编号为 2。

这里将引入一个电动机控制程序帮助读者理解时间中断 OB 在实际工程中如何应用，该程序可以使电动机每两分钟改变一次启停状态。

新建项目并选择 PLC 后，添加一个时间中断组织块 OB10，编写程序如图 7-50 所示。每次执行 OB10，MB10 会自动加 1；执行 2 次（2min），Q0.0 取反，MB10 清零。

程序段 1：……
注释
INC
USInt
EN　ENO
%MB10
"计数"　IN/OUT

程序段 2：……
注释
%MB10
"计数"
==
USInt
2
%Q0.0
"电动机"
%Q0.0
"电动机"
MOVE
EN　ENO
0　IN
%MB10
OUT1　"计数"

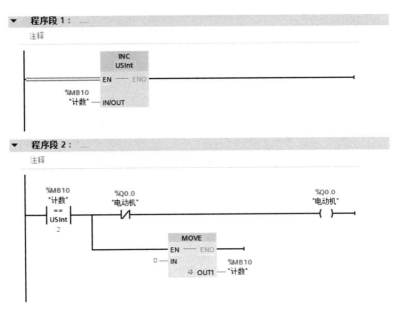

图 7-50　时间中断组织块（OB10）程序

OB1 中的主程序如图 7-51～图 7-53 所示，其中“QRY_TINT”为查询时间中断指令，OB_NR 为指令所查询的 OB 编号，Ret_Val 输出错误信息，可单击指令后按“F1”出现“帮助”列表查看 STATUS 输出的各个数据位所对应的信息，为方便读者阅读，将 STATUS 输出信息给出，如表 7-3 所示。可见程序段 3 即是在确认中断是否已经正常激活，若出现意外状况，则 M0.0 无法导通，后续程序也不会被执行。这种做法可以很好地保障生产过程的安全，避免电动机意外启动，因此也被广泛地应用在各种工程当中。

在 STATUS 输出数据无误后，M0.0 闭合，M0.1 正常工作，程序读取系统当前时间到 TEMP_1 中，然后将其写入“设置时间中断”指令（SET_TINTL），对调用的时间中断进行参数设置，并使用“ACT_TINT”激活时间中断。

考虑到电动机过载和紧急停机的情况，设置“取消时间中断”指令（CAN_TINT），当遇到突发情况时中断取消，并将 MB10 中数据清零，防止再次启动时发生意外情况。

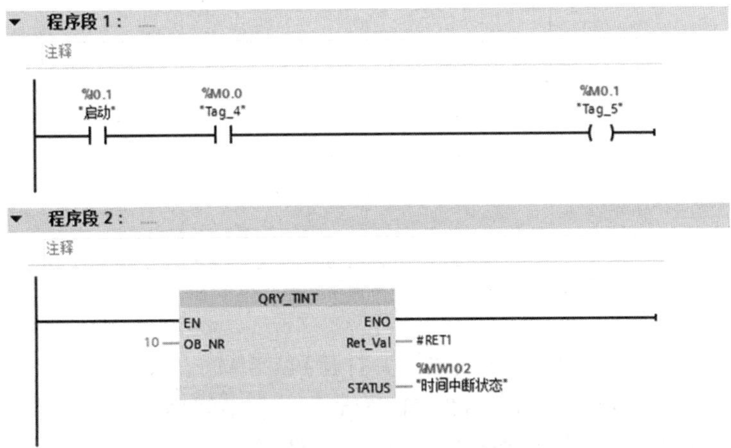

图 7-51　时间中断组织块 OB1 程序（1）

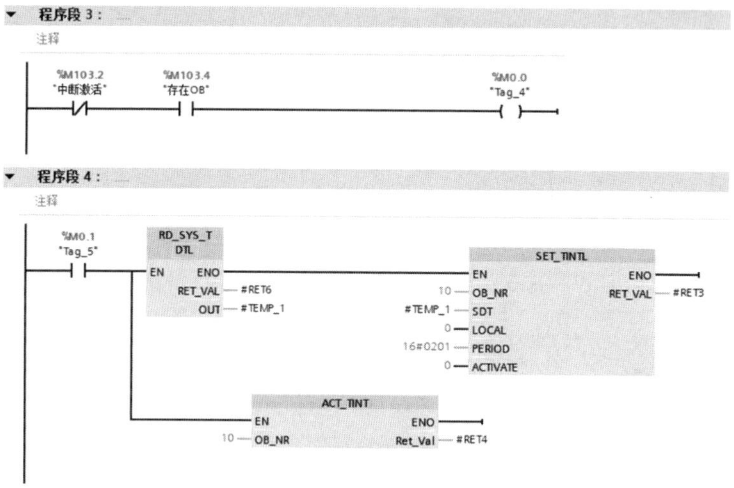

图 7-52　时间中断组织块 OB1 程序（2）

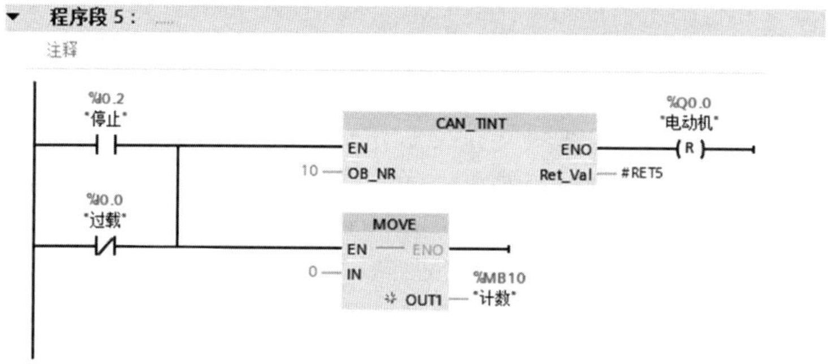

图 7-53　时间中断组织块 OB1 程序（3）

表 7-3　STATUS 不同值含义

位	值	含义
0	始终为“0”	不相关
1	0	已启用时间中断
	1	已禁用时间中断
2	0	时间中断未激活
	1	已激活时间中断
4	0	参数 OB_NR 中指定编号的 OB 不存在
	1	参数 OB_NR 中指定编号的 OB 存在
6	0	时间中断基于系统时间
	1	时间中断基于本地时间
其他		始终为“0”

注：如果发生了错误（请参见 RET_VAL 参数），则 STATUS 参数中输出“0”。

单击“工具栏”上的“启动仿真”按钮，打开 PLCSIM 软件，在 PLCSIM 中生成一个新项目，返回后将程序下载到 PLCSIM 中，并在 PLCSIM 新项目中的 SIM 表中添加变量，如图 7-54 所示，可以看到 Q0.0 在时间中断 OB 动作后，不会如循环 OB（如主循环 OB1）不断更新状态，而是在下个扫描周期来临之前一直保持上个周期的状态。

名称	地址	显示格式	监视/修改值	位	一致修改
"启动":P	%I0.1:P	布尔型	TRUE		FALSE
"停止":P	%I0.2:P	布尔型	FALSE		FALSE
"过载":P	%I0.0:P	布尔型	TRUE		FALSE
"电动机"	%Q0.0	布尔型	FALSE		FALSE
"计数"	%MB10	十六进制	16#01		16#00
"Tag_4"	%M0.0	布尔型	FALSE		FALSE
"Tag_5"	%M0.1	布尔型	FALSE		FALSE
"时间中断状态"	%MW102	十六进制	16#0014		16#0000
"中断激活"	%M103.2	布尔型	TRUE		FALSE
"存在OB"	%M103.4	布尔型	TRUE		FALSE

图 7-54　时间中断组织块仿真

7.4.6　硬件中断组织块

硬件中断组织块用于处理需要快速响应的过程事件。出现硬件中断事件时，立即中止当前正在执行的程序，改为执行对应的硬件中断组织块。硬件中断的优先级编号为 18，硬件中断组织块默认编号为 OB40，最多可同时使用 50 个硬件中断组织块。S7-1200 系列 PLC 中可触发硬件中断的事件有：

① CPU 内置和信号板数字量输入的上升沿事件和下降沿事件；

② 高速计数器（HSC）的当前计数值等于设定值；

③ HSC 的计数方向发生变化，即计数值由增大变为减小或由减小变为增大；

④ HSC 的数字量外部复位输入的上升沿事件，即计数值被复位为 0。

处理硬件中断时，可使用一个事件指定一个硬件中断组织块的方法，也可使用多个硬件中断组织块分时处理一个硬件中断事件的方法。

新建项目并选择 PLC 后，添加两个硬件中断（Hardware Interrupt）组织块：OB40 和 OB41，并分别命名为 Hardware1 和 Hardware2。然后将硬件中断组织块与指定事件进行连接，双击项目树中“PLC_1”中的“设备组态”，单击“巡视”窗口中的“属性”→“常规”→“DI 14/DQ 10”→“数字量输入”，选择“通道 0”，勾选“启用上升沿检测”，“硬件中断”选择 Hardware1，如图 7-55 所示。然后用同样的方法将 Hardware2 设置为“启用下降沿检测”。

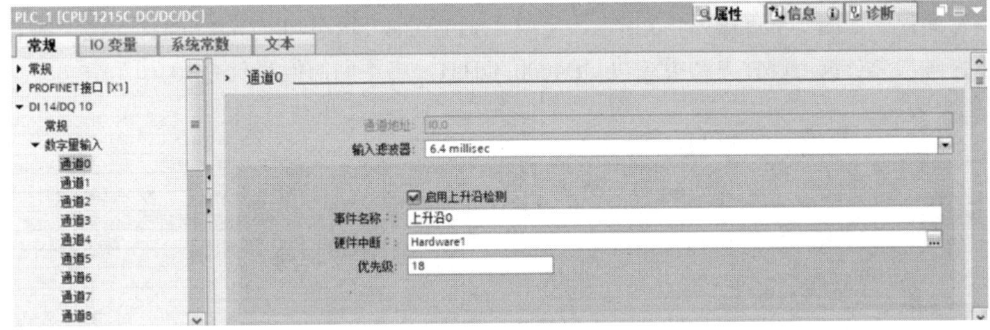

图 7-55　硬件组态

在 Hardware1（OB40）和 Hardware2（OB41）中编写的程序如图 7-56 和图 7-57 所示，对 Q0.0 进行置位和复位操作。

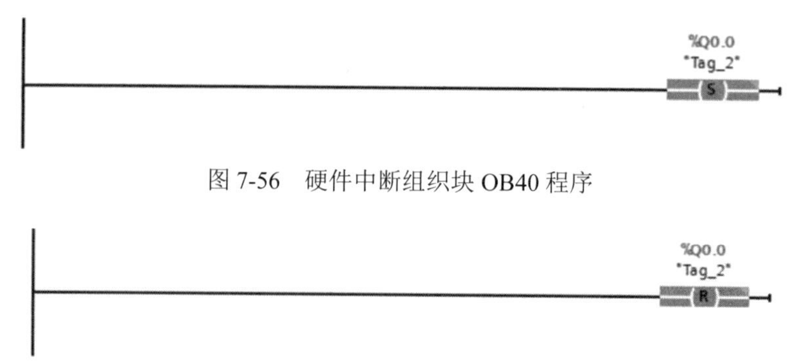

图 7-56　硬件中断组织块 OB40 程序

图 7-57　硬件中断组织块 OB41 程序

单击“工具栏”上的“启动仿真”按钮，打开 PLCSIM 软件，在 PLCSIM 中生成一个新项目，返回后将程序下载到 PLCSIM 中，将 Q0.0 与 IB0 添加到 SIM 表中，如图 7-58 所示，当单击 IB0 最低位（I0.0）时对勾出现，此操作对应通道 0 的上升沿，此时 Q0.0 置 1；单击 IB0 的次低位（I0.1）两次，即表格所对应的对勾出现后再消失，此操作对应通道 1 的下降沿，此时 Q0.0 被置 0。

名称	地址	显示格式	监视/修改值	位	一致修改	
----	%IB0:P	十六进制	16#01	☐☐☐☐☐☐☐☑	16#00	☐
"Tag_2"	%Q0.0	布尔型	TRUE	☑	FALSE	☐

图 7-58　硬件中断组织块仿真

7.4.7　中断连接与中断分离

“ATTACH”指令可将组织块附加到中断事件中，即该指令可以为硬件中断事件指定一个组织块。“DETACH”指令可将组织块与中断事件脱离，即在运行期间使用该指令取消组织块与硬件中断事件之间的关联。

添加两个硬件中断组织块 OB40 和 OB41，并分别命名为 Hardware1 和 Hardware2，并进行组态，将 Hardware1 设置为“启用上升沿检测”。

编写的程序如图 7-59 和图 7-60 所示，使用“ATTACH”指令和“DETACH”指令，在出现上升沿事件时，交替调用硬件中断组织块 OB40 和 OB41，将不同的值写入 QB0。

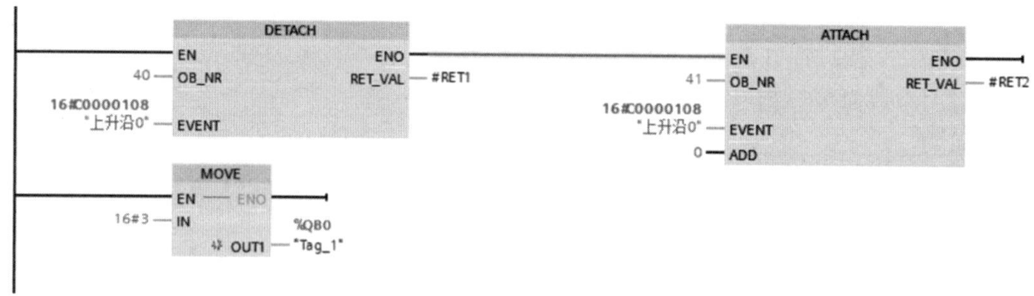

图 7-59　中断连接与中断分离 OB40 程序

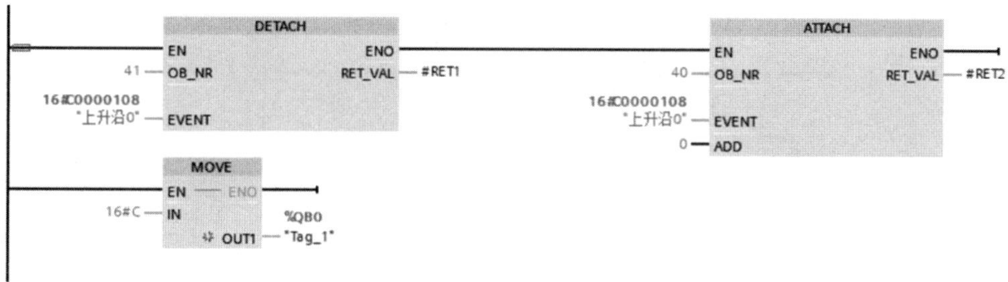

图 7-60　中断连接与中断分离 OB41 程序

单击“启动仿真”按钮进行仿真，将程序下载到 PLCSIM 中，通过改变 I0.0 的值，改变调用的硬件中断组织块。第一次将 I0.0 的值置 1 时，调用 OB40，将 16#03 写入 QB0，如图 7-61 所示。第二次将 I0.0 的值置 1 时，调用 OB41，将 16#0C 写入 QB0，如图 7-62 所示。

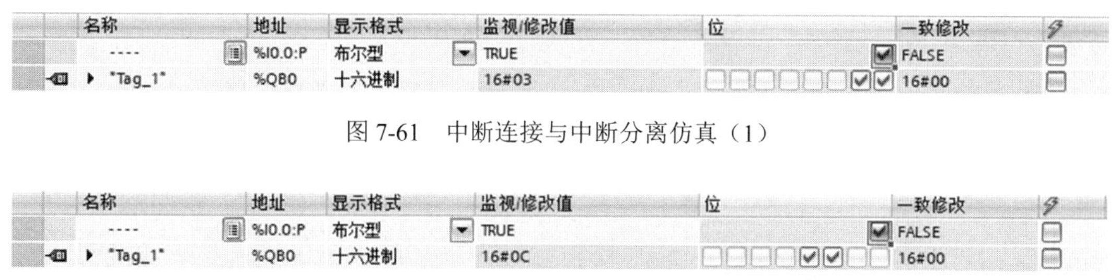

名称	地址	显示格式	监视/修改值	位	一致修改
----	%I0.0:P	布尔型	TRUE	☑	FALSE
"Tag_1"	%QB0	十六进制	16#03	☐☐☐☐☐☐☑☑	16#00

图 7-61　中断连接与中断分离仿真（1）

名称	地址	显示格式	监视/修改值	位	一致修改
----	%I0.0:P	布尔型	TRUE	☑	FALSE
"Tag_1"	%QB0	十六进制	16#0C	☐☐☐☐☑☑☐☐	16#00

图 7-62　中断连接与中断分离仿真（2）

7.4.8　延时中断组织块

延时中断组织块可使操作系统在一定的延迟时间后启动相应的组织块，但必须使用“SRT_DINT”指令。延时中断组织块默认编号为 OB20，最多可同时使用 4 个。与延时中断有关的指令除“SRT_DINT”外，还有“QRY_DINT”“CAN_DINT”指令，分别如图 7-63～图 7-65 所示。

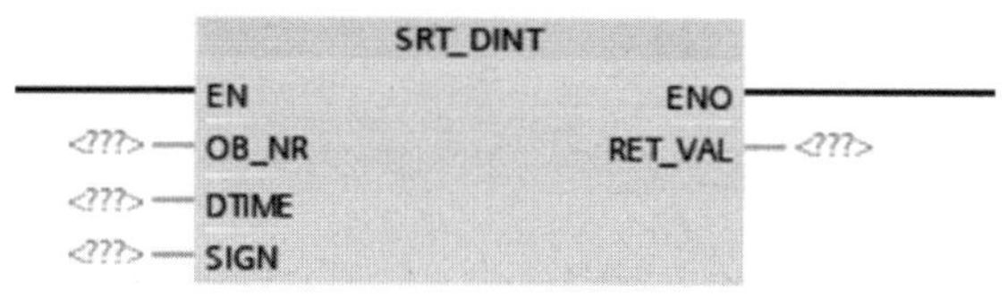

图 7-63　“SRT_DINT”指令

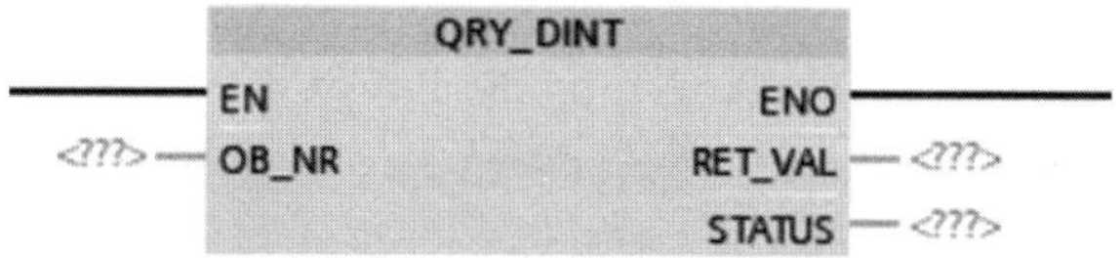

图 7-64　“QRY_DINT”指令

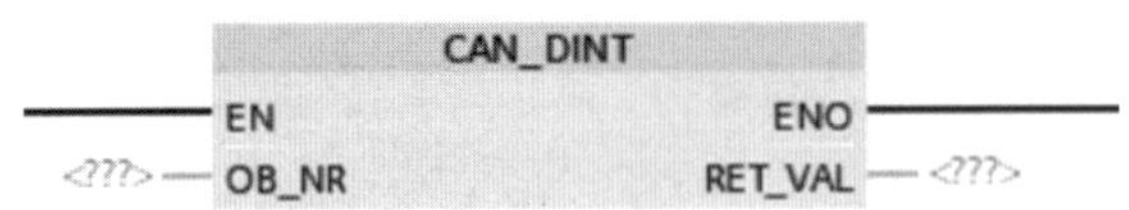

图 7-65 “CAN_DINT”指令

“SRT_DINT”指令用于启动延时中断，OB_NR 写入需要查询的组织块编号，DTIME 写入延时时间。“QRY_DINT”指令用于查询延时中断状态，在 STATUS 输出延时中断的状态。“CAN_DINT”指令用于取消延时中断，在 OB_NR 输入需要取消调用的组织块编号即可取消。

I0.0 置“1”时产生一个上升沿，从而触发硬件中断，然后调用 OB40（见 7.4.7 节），其程序如图 7-66 所示，OB40 中的“SRT_DINT”指令触发延时中断 OB20，延时时间为 2s。为了保存读取的定时开始和定时结束时的日期和时间值，在 DB1 中生成数据类型为 DTL 的变量 DT1 和 DT2。在 OB40 中调用“读取本地时间”指令（RD_SYS_T），读取启动 2s 延时的实时时间，用 DB1 中的变量 DT1 保存。

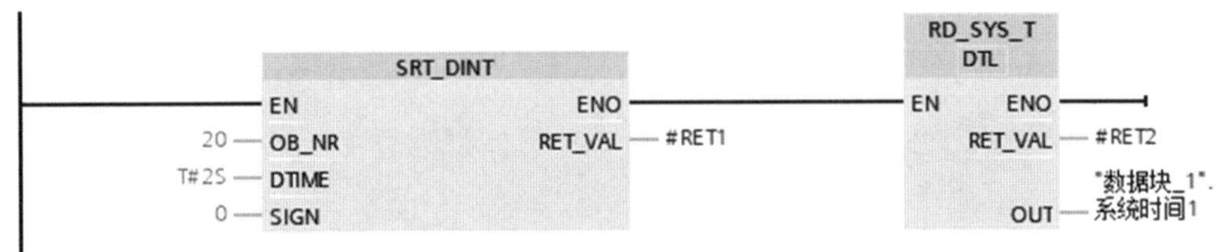

图 7-66 延时中断组织块 OB40 程序

延时中断组织块 OB20 程序如图 7-67 所示，使用“RD_SYS_T”指令读取延时结束的实时时间，保存于 DT2 中，并将 Q0.1 置 1。

图 7-67 延时中断组织块 OB20 程序

在 OB1 中编写的程序如图 7-68 所示，使用“QRY_DINT”指令的 STATUS 查看延时中断的状态，并将结果存于 RET1 中。当 I0.2 置 1 时，使用“CAN_DINT”指令取消延时中断，当 I0.1 置 1 时，Q0.1 复位。

单击“启动仿真”按钮进行仿真，将程序下载到 PLCSIM 中，如图 7-69 所示。仿真 PLC 在 RUN 模式时，MB11.4 立刻变为状态“1”，表示 OB20 已经下载到 CPU。修改 I0.0 的状态为“1”，生成上升沿，CPU 调用 OB40，MB11.2 变为状态“1”，表示“SRT_DINT”指令正在执行时间延时。定时时间 2s 到后，MB11.2 变回状态“0”，定时结束。CPU 调用 OB20，Q0.1 置位。

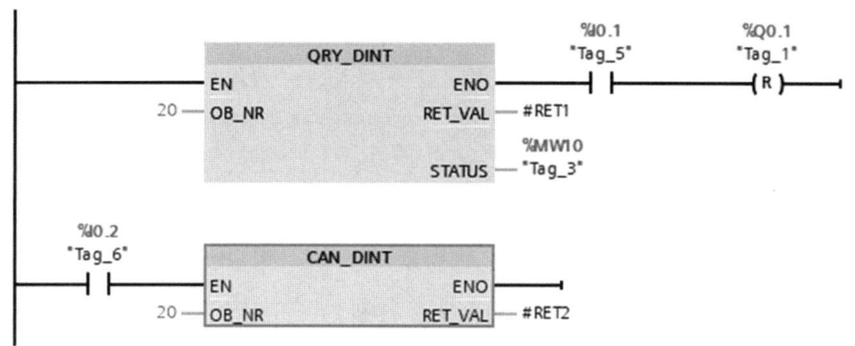

图 7-68 延时中断组织块 OB1 程序

名称	地址	显示格式	监视/修改值	位	一致修改	⚡
▶	%IB0:P	十六进制	16#01		16#00	
▶ -...	%QB0	十六进制	16#02		16#00	
▶ -...	%MB11	十六进制	16#14		16#00	

图 7-69 延时中断组织块仿真

打开 DB1，在 RUN 模式下打开实时监测功能，如图 7-70 所示。DT1 显示在 OB40 中读取的 DTL 格式的时间，DT2 显示在 OB20 中读取的 DTL 格式的时间，DT1 和 DT2 分别为启动延时和结束延时的实时时间。

数据块_1

名称	数据类型	起始值	监视值	保持	可从 HMI/...	从 H...	在 HMI ...	设定值
▼ Static								
▶ DT1	DTL	DTL#1970-01-01-	DTL#2021-12-20-12:51:47.592550	☐	☑	☑	☑	☐
▶ DT2	DTL	DTL#1970-01-01-	DTL#2021-12-20-13:51:49.604960	☐	☑	☑	☑	☐

图 7-70 延时中断组织块 DB1

7.5 交叉引用与程序信息

7.5.1 交叉引用表

（1）交叉引用表概述

交叉引用表显示了用户程序中对象和设备的使用概况，如用户程序中操作数和变量的使用概况。在该表中，可查看对象间的相互关系以及各个对象的所在位置。交叉引用表的优点如下。

① 创建和更改程序时，可直接查看所用设备和对象（如块、操作数和变量）的概览信息。

② 能够查看该对象是否使用其他对象，或被其他对象使用。

③ 可使用过滤器对显示的交叉引用信息进行过滤。

④ 可自定义过滤器，快速查找想要的相关引用信息。

⑤ 可使用高亮显示的蓝色链接直接跳转到所选对象的参考位置处。

⑥ 在程序测试或故障排除过程中，系统还会显示执行操作数运算的块和命令、所用的变量以及应用方式和位置、哪个块被其他哪个块调用、下一级和上一级结构的交叉引用信息等。

⑦ 交叉引用全面概览了使用的所有操作数、存储区、块、变量、画面等。

（2）交叉引用表的调用方法

在项目视图中，选中项目树中的 PLC，单击“菜单栏”中的“工具”，选择“交叉引用”，便可打开所选项目中 PLC 站的交叉引用表。

如果仅需要查看某一个程序块的交叉引用表，只需在项目树中选择相应的程序块，再打开交叉引用表即可。

（3）交叉引用表的结构

选定一个源对象并打开交叉引用表时，按以下方式显示对象。

① 源对象、源对象的所有下属对象和相关引用将以机构化形式显示在标准视图中。

② 源对象是指打开交叉引用表以灰色背景显示的行中第一个对象，如图 7-71 中的“Hardware interrupt”“Main”等。

③ 下属对象前方标记有一个蓝色方块。

④ 如果下属对象也包含引用对象，则将其以层级结构显示在“对象”栏中且背景色为灰色。

⑤ 如果一个对象多次使用，则多次显示。

⑥ 在交叉引用表的末尾，显示有“添加新的源对象”（Add New Source Object）按钮。单击该按钮，可将新对象添加到交叉引用表中。

⑦ 在“巡视”窗口中，源对象和下属对象折叠显示。在“对象”栏中，带有引用对象的下属对象显示为灰色背景色。

交叉引用表如图 7-71 所示（本节均以 7.4.8 节延时中断组织块程序为例，下文不再说明），其中各列的内容/含义如表 7-4 所示。

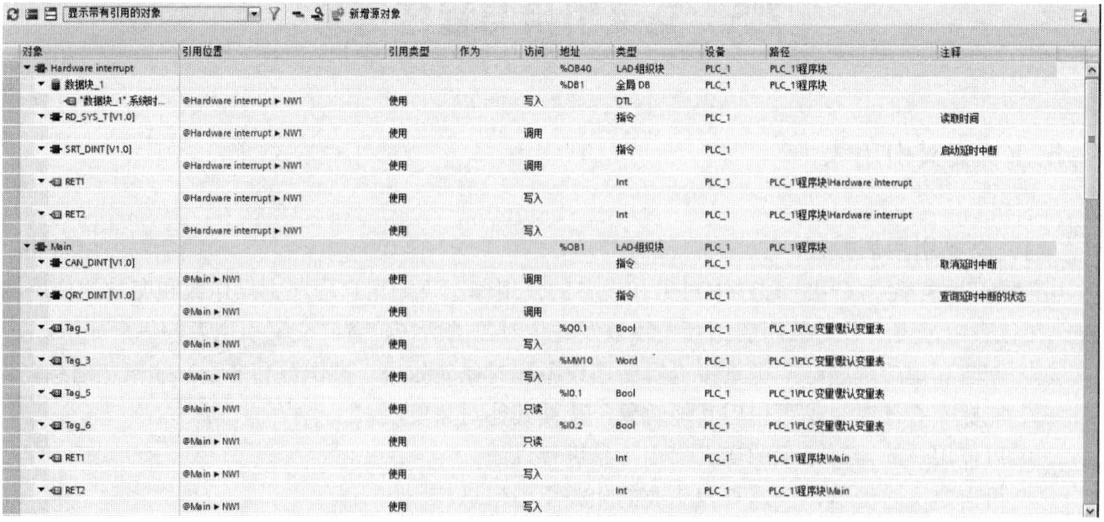

显示带有引用的对象　新增源对象

对象	引用位置	引用类型	作为	访问	地址	类型	设备	路径	注释
Hardware interrupt					%OB40	LAD-组织块	PLC_1	PLC_1\程序块	
数据块_1					%DB1	全局 DB	PLC_1	PLC_1\程序块	
"数据块_1".系统时...	@Hardware interrupt ▸ NW1	使用		写入		DTL			
RD_SYS_T[V1.0]						指令	PLC_1		读取时间
	@Hardware interrupt ▸ NW1	使用		调用					
SRT_DINT[V1.0]						指令	PLC_1		启动延时中断
	@Hardware interrupt ▸ NW1	使用		调用					
RET1						Int	PLC_1	PLC_1\程序块\Hardware interrupt	
	@Hardware interrupt ▸ NW1	使用		写入					
RET2						Int	PLC_1	PLC_1\程序块\Hardware interrupt	
	@Hardware interrupt ▸ NW1	使用		写入					
Main					%OB1	LAD-组织块	PLC_1	PLC_1\程序块	
CAN_DINT[V1.0]						指令	PLC_1		取消延时中断
	@Main ▸ NW1	使用		调用					
QRY_DINT[V1.0]						指令	PLC_1		查询延时中断的状态
	@Main ▸ NW1	使用		调用					
Tag_1					%Q0.1	Bool	PLC_1	PLC_1\PLC 变量\默认变量表	
	@Main ▸ NW1	使用		写入					
Tag_3					%MW10	Word	PLC_1	PLC_1\PLC 变量\默认变量表	
	@Main ▸ NW1	使用		写入					
Tag_5					%I0.1	Bool	PLC_1	PLC_1\PLC 变量\默认变量表	
	@Main ▸ NW1	使用		只读					
Tag_6					%I0.2	Bool	PLC_1	PLC_1\PLC 变量\默认变量表	
	@Main ▸ NW1	使用		只读					
RET1						Int	PLC_1	PLC_1\程序块\Main	
	@Main ▸ NW1	使用		写入					
RET2						Int	PLC_1	PLC_1\程序块\Main	
	@Main ▸ NW1	使用		写入					

图 7-71　交叉引用表

表 7-4　交叉引用表各列内容/含义

列	内容/含义
对象	显示交叉引用表打开时所选的源对象名称，以及所有下属对象和相关的引用对象
引用位置	显示该对象的参考位置，可通过单击链接直接跳转至相应的使用位置
引用类型	显示源对象和被引用对象间的关系： 使用：由源对象使用该对象 使用者：源对象由该对象使用 类型-实例：源对象为被引用对象的一个类型 实例-类型：源对象为被引用对象的一个实例 组-元素：源对象为被引用对象的一个组 元素-组：源对象为被引用对象的一个元素 定义：由源对象定义被引用对象 定义者：源对象由被引用对象定义
作为	显示有关被引用对象的更多信息
访问	显示访问类型，如对操作数的访问为读访问（R）或写访问（W）
地址	显示相关对象的地址
类型	显示创建对象的类型和语言
设备	显示相关的设备名称，如“CPU_1”
路径	显示项目树中该对象的路径以及文件夹和组说明
注释	显示各个对象的注释

（4）交叉引用表的设置

可以通过使用表格上方的“工具栏”按钮来设置交叉引用表，如图 7-72 所示。

从左至右依次为“刷新”“全部折叠”“全部展开”“显示其他过滤器”“过滤器”“显示重叠访问”“检查重叠访问”“新增源对象”。

显示带有引用的对象　新增源对象

图 7-72　交叉引用表“工具栏”

部分按钮功能如下：

①“刷新”：更新打开的交叉引用表中显示的内容。

②“全部折叠”：关闭下级对象，减少当前交叉引用表中的条目。

③“全部展开”：展开当前交叉引用表中的条目，即打开所有下属对象。

④“显示其他过滤器”和“过滤器”功能类似：

a. 显示带有引用的对象：显示源对象的所有下属对象和当前引用。

b. 显示不带引用的对象：显示不带引用的源对象的所有下属对象。

c. 显示未使用的对象：显示源对象中未使用的所有下属对象。

d. 显示所有对象：显示带有/不带引用的源对象的所有下属对象。

e. 仅显示“使用”：仅显示引用类型为“使用”“元素-组”“实例-类型”和“定义”且已使用的引用对象。

f. 仅显示“使用者”：仅显示所有引用类型为“使用者”“组-元素”“类型-实例”和“定义者”的引用对象。

g. 仅显示本地引用：该设置仅显示属于某个特定设备（如“CPU_1”）的本地引用。

⑤“新增源对象”：可将新的源对象插入到现有的交叉引用表中。

7.5.2 分配列表

用户程序的程序信息包括分配列表、调用结构、从属性结构和资源。

（1）分配列表概述

分配列表显示是否通过访问从 S7 程序中分配了地址或是否已将地址分配给了 S7 模块，是在用户程序中查找错误或进行更改的重要基础。

通过分配列表可以查看到 CPU 特定的概况，其中列出了 CPU 的各个位在下列存储区字节中的使用情况：输入映像存储区（I）、输出映像存储区（O）、位存储区（M）、定时器（T）、计数器（C）、外设输入、外设输出。

（2）分配列表的调用方法

在项目视图中，选中项目树中的 PLC，单击“菜单栏”中的“工具”，选择“分配列表”，便可打开分配列表视图，如图 7-73 所示。

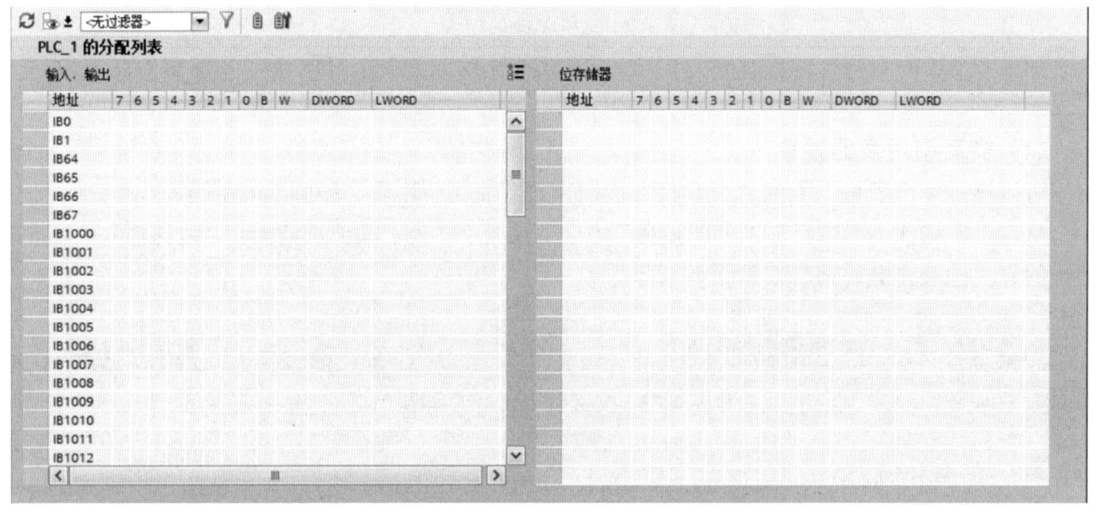

图 7-73 分配列表

（3）分配列表中的符号

分配列表中各符号的含义可以在博途软件的“帮助”中查看。

（4）分配列表的设置

可以通过使用表格上方的“工具栏”按钮来设置分配列表，如图 7-74 所示。

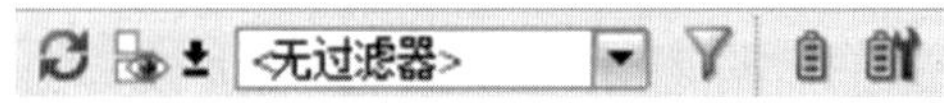

图 7-74 分配列表“工具栏”

主要按钮为“更新视图”“视图选项”“过滤器选项”“过滤器”“隐藏/显示保持性区域”“保持”。主要按钮功能如下。

①“更新视图”：更新分配列表显示的内容。

②“视图选项”：以下视图选项可用于分配列表。

a. 使用的地址：选中时，显示程序中使用的地址、I/O 和指针。

b. 空闲的硬件地址：选中时，仅显示空闲的硬件地址。

③“过滤器选项”和“过滤器”：自定义过滤器设置。

④“隐藏/显示保持性区域”：启用和禁用保持性位存储器的显示。

⑤“保持”：为保持性位存储器定义存储区的宽度。CPU 由 STOP 模式切换为 RUN 模式时，在保持性位存储器中寻址的变量内容会被保留。

7.5.3　调用结构

（1）调用结构概述

调用结构用于说明 S7 程序中各个块的调用层级，主要包含所使用的块、到块使用位置的跳转、块之间的相互关系、块的局部数据要求、块的状态等信息。

（2）调用结构的调用方法

在项目视图中，选中项目树中的 PLC，单击“菜单栏”中的“工具”，选择“调用结构”，便可打开调用结构列表，如图 7-75 所示。

PLC_1 的调用结构

	调用结构	!	地址	详细信息	局部数据（在路径...	局部数据（用于块）
1	Main		OB1		0	0
2	▼ Time delay interrupt		OB20		0	0
3	数据块_1 (全局 DB)		DB1	@Time delay interrupt ▸ NW1	0	0
4	▼ Hardware interrupt		OB40		0	0
5	数据块_1 (全局 DB)		DB1	@Hardware interrupt ▸ NW1	0	0
6						

图 7-75　调用结构列表

（3）调用结构的布局

调用结构列表包括“调用结构”列、“调用类型”（！）列、“地址”列、“详细信息”列、“局部数据（在路径中）”列、“局部数据（用于块）”列，其各列内容/含义如表 7-5 所示。

表 7-5　调用结构各列内容/含义

列	内容/含义
调用结构	显示被调用块的总览
调用类型（！）	显示调用类型，例如递归块调用
地址	显示块的绝对地址
详细信息	显示调用块的网络或接口。此列中的所有信息以链接形式提供。通过此链接，可跳转到程序编辑器中的块调用位置
局部数据（在路径中）	显示完整路径的本地数据要求
局部数据（用于块）	显示块的本地数据要求

图 7-76 调用结构“工具栏”

（4）调用结构的设置

可以通过使用表格上方的“工具栏”按钮来设置调用结构，如图 7-76 所示。

主要按钮为“更新视图”“视图选项”“一致性检查”“减少条目”“打开所有可见对象”。各按钮功能如下：

①“更新视图”：更新调用结构列表的内容。

②“视图选项”：以下视图选项可用于调用结构。

a. 仅显示冲突：选中时，仅显示调用结构中导致冲突的块。

b. 分组多重调用：启用时，会将多个块调用及其数据块访问组合到一起。块调用数显示在“调用频率”列中，并在“详细信息”列提供跳转至调用位置的链接。

③“一致性检查”：该功能用于在发生时间戳冲突时显示不一致的内容。执行一致性检查时，不一致的块将显示在调用结构中并用相应符号进行标记。

④“减少条目”：关闭下级对象，减少当前调用结构列表中的条目。

⑤“打开所有可见对象”：展开当前调用结构列表中的条目。

7.5.4 从属性结构

（1）从属性结构概述

“从属性结构”显示用户程序中每个块与其他块的从属关系。

（2）从属性结构的调用方法

在项目视图中，选中项目树中的 PLC，单击“菜单栏”中的“工具”，选择“从属性结构”，便可打开从属性结构列表，如图 7-77 所示。

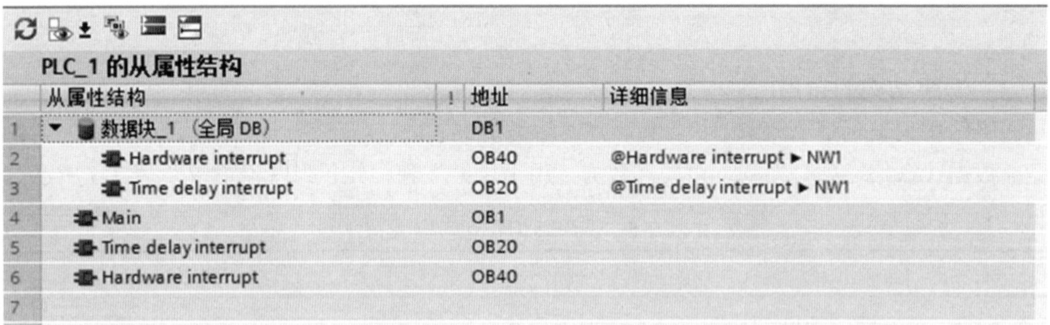

PLC_1 的从属性结构

	从属性结构	!	地址	详细信息
1	▼ 数据块_1（全局 DB）		DB1	
2	Hardware interrupt		OB40	@Hardware interrupt ▸ NW1
3	Time delay interrupt		OB20	@Time delay interrupt ▸ NW1
4	Main		OB1	
5	Time delay interrupt		OB20	
6	Hardware interrupt		OB40	
7				

图 7-77 从属性结构列表

（3）从属性结构的布局

从属性结构列表包括“从属性结构”列、“调用类型”（！）列、“地址”列、“详细信息”列。“从属性结构”列指示程序中的每个块与其他块之间的从属关系。其他列显示的内容与调用结构列表的相同。

（4）从属性结构的设置

可以通过使用表格上方的“工具栏”按钮来设置从属性结构，其各按钮功能与调用结构的类似。

7.5.5　资源

在项目视图中，选中项目树中的“PLC”，单击“菜单栏”中的“工具”，选择“资源”，便可打开资源列表，如图 7-78 所示。

资源列表显示已组态 CPU 上硬件资源的使用概览，如 CPU 使用的编程对象（OB、FC、FB、DB、数据类型和 PLC 变量）、CPU 中不同存储区域的分配（装载存储器、工作存储器、保持存储器、存储器的最大存储空间，上述编程对象的使用情况）、已组态和已使用的模块（I/O 模块、数字量输入模块、数字量输出模块、模拟量输入模块、模拟量输出模块）。

PLC_1 的资源

	对象	装载存储器	工作存储器	保持性存储器	I/O	DI	DO	AI	AO
1		0 %	0 %	0 %		13 %	6 %	0 %	0 %
2									
3	总计:	4 MB	128000 个字节	10240 个字节	已组态:	16	16	2	2
4	已使用:	17011 个字节	398 个字节	0 个字节	已使用:	2	1	0	0
5	详细信息								
6	▾ OB	13346 个字节	266 个字节						
7	Main [OB1]	4563 个字节	89 个字节						
8	Time delay interrupt [OB...	4062 个字节	69 个字节						
9	Hardware interrupt [OB40]	4721 个字节	108 个字节						
10	FC	-	-						
11	FB	-	-						
12	▾ DB	1467 个字节	132 个字节	0 个字节					
13	数据块_1 [DB1]	1467 个字节	132 个字节	0 个字节					
14	运动工艺对象	-	-	0 个字节					
15	数据类型	-							
16	PLC 变量	2198 个字节		0 个字节					

图 7-78　资源列表

习　题

1. S7-1200 PLC 的用户程序可以由_________或_______________来进行编写，实现各种控制要求。

2. 在使用梯形图编程时，可以使用的程序块包括：______、______、______和______。

3. 程序的执行遵循着“__________________”的顺序。

4. 想要读取 MW15 中的低 8 位数据，则需要访问字节______。

5. 对于不同的 OB 事件，优先级的编号越_____，级别越高；相同优先级的任务以“____________”的原则进行处理。

6. 用户程序的程序信息包括________、________、________和________。

7. 请简述用户程序中各个程序块的功能。

8. PLC 采用模块化编程的优点是什么？

9. 请简述 FC 与 FB 的区别，并说明在什么情况下只能选用 FB。

10. FB 可以实现 FC 的所有功能，为何 FC 没有被彻底取代？

11. 请简述多重背景的应用及优点。

12. 请简述形参和实参的区别。

13. 对于外部输入信号，PLC 何时将其读入？

14. 如何理解间接寻址中的“间接”？

15. 交叉引用表的功能及优点是什么？

16. 程序信息分为几类？各有什么作用？

17. 请将数组 1（数据类型与数组内容自定）中的数据通过间接寻址的方式转移到数组 2 中。

18. 编写程序，使用循环中断控制八个彩灯，使其中两个彩灯亮，并用 I0.1 控制其向左移位或者向右移位（默认向右移位），每 1s 移位一次，而且用 I0.0 可将移位时间改为 3s。

19. 编写程序，使用延时中断控制一个彩灯，按下 I0.0 时启动延时中断，使其每 0.5s 闪烁一次。

20. 编写程序，从指定的时间开始，每分钟执行一次时间中断（OB10），并将执行次数保存在 MD200 中。

参考答案

第8章 基于 S7-1200 PLC 的通信网络

本章要点

- 掌握网络通信的基础知识：单工通信、半双工通信及全双工通信，串行通信和并行通信，同步通信和异步通信，开放系统互连模型，以太网通信的原理，PROFINET 和 PROFIBUS。
- 对于具有集成 PN/IE 接口的 CPU，可使用 TCP、ISO-on-TCP 和 UDP 连接类型进行开放式用户通信，学习 S7 系列的 PLC 如何使用不同的连接类型实现彼此之间的数据交换，掌握“TSEND_C”和“TRCV_C”指令的使用方法，能独自进行程序的编写。
- S7 通信协议是西门子产品的特有协议，学习 S7 系列 PLC 如何使用 S7 通信协议建立连接来实现数据的传输和交换，掌握“PUT”和“GET”指令的使用方法，能独自进行程序的编写。
- MODBUS 协议如今已成为一种通用的工业标准。学习并掌握 S7-1200 PLC 分别与温度模块和变频器进行 MODBUS RTU 通信的基本方法，掌握“MB_MASTER”和“MB_COMM_LOAD”指令的使用方法，能独自进行程序的编写。
- 掌握 S7 系列 PLC 进行故障诊断常用的方法：与故障诊断有关的中断组织块、使用状态 LED 诊断故障、STEP 7 故障诊断、UDP 通信故障诊断、MODBUS RTU 温度计故障排查、MODBUS RTU 变频器故障排查。

本章重点是熟悉西门子 S7-1200 系列 PLC 常用的网络通信方法和故障诊断方法。

8.1 网络通信基础

8.1.1 通信方式

通信方式是指发送方和接收方之间的工作方式或信号传输方式。

（1）单工通信、半双工通信及全双工通信

根据信号传输的方向与时间的关系，通信方式可分为单工通信、半双工通信和全双工通信三种。

单工通信仅有一个信道，信号只能单方向传输（正向或反向），不能改变信号的传输方向，如广播、遥控等。

半双工通信有两个信道，信号可以在两个方向上传输，但同一时刻一个信道只允许单方向传输，不能同时进行数据的接收和发送，如对讲机。

全双工通信有两个信道，信号可以同时在两个方向上传输，允许同时进行数据的接收和发送，要求通信的双方都拥有独立的接收和发送能力，如电话、手机、计算机之间。

（2）串行通信和并行通信

根据数据的传输方式，通信方式分为串行通信和并行通信。

串行通信是指用一条传输线将数据按顺序一位位地传输，以二进制的位为单位。通信线路简单，但传输速度慢，适用于远距离通信。

并行通信是指用多条传输线将数据的各位同时进行传输，以字节或字为单位。传输速度快，但成本高，适用于短距离通信。

（3）同步通信和异步通信

根据通信的数据同步方式，通信方式又分为同步通信和异步通信。

同步通信中，发送方和接收方使用的时钟频率一致，通常规定在时钟信号的上升沿或下降沿进行采样。在时钟信号的驱动下，发送方和接收方进行协调，同步数据。

异步通信中，采用字符同步的方式，不需要时钟信号，发送的字符由 1 个起始位、7 个或 8 个数据位、1 个奇偶校验位（或没有）、1 个或 2 个停止位组成，字符的信息格式如图 8-1 所示。在每一个字符的开始和结束位置加上标志，即起始位和停止位，在数据的起始位和停止位的帮助下，接收方实现信息同步。奇偶校验位用来检测接收到的数据是否有问题。

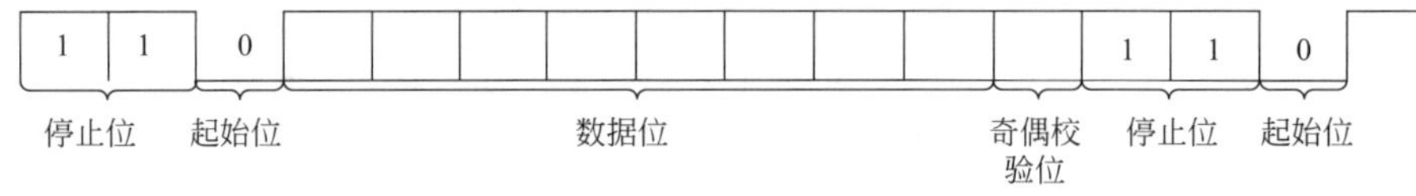

图 8-1　字符的信息格式

（4）串行通信的接口标准

① RS-232C　RS-232C 是一种共地的传输方式，采用单端驱动、单端接收的电路，如图 8-2 所示。RS-232C 的通信距离最大约为 15m，传输速率最高约为 20kbit/s，公共地线上的电位差和外部引入的干扰信号都会对其产生影响，仅能进行一对一的通信。

② RS-422　RS-422 是利用导线 A 和导线 B 之间的电位差传输信号，使用平衡驱动、差分接收的电路，如图 8-3 所示。RS-422 是全双工通信，允许同时进行数据的接收和发送。

③ RS-485　RS-485 是在 RS-422 的基础上进行改进，是半双工通信，在同一时刻，通信的双方只能发送或只能接收数据。

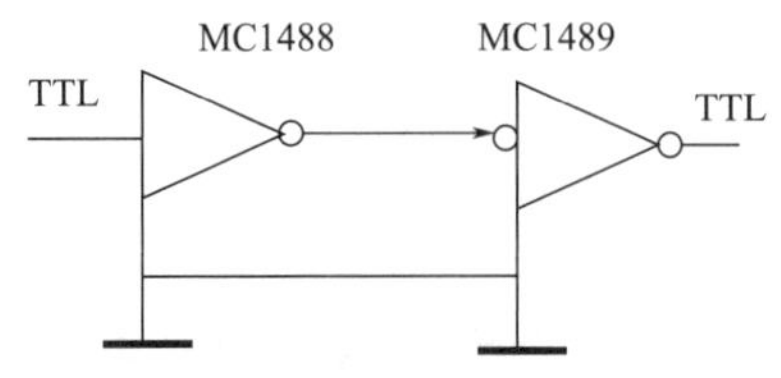

图 8-2　单端驱动、单端接收的电路

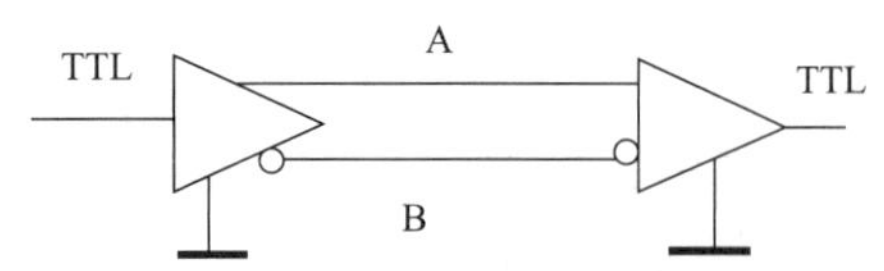

图 8-3　平衡驱动、差分接收的电路

8.1.2 计算机通信的国际标准

国际标准化组织（ISO）提出了一种通信网络国际标准化参考模型，即如图 8-4 所示的开放系统互连（Open System Interconnection，OSI）模型，它详细描述了通信功能的 7 个层次，每一层都尽可能自成体系，均有明确的功能。

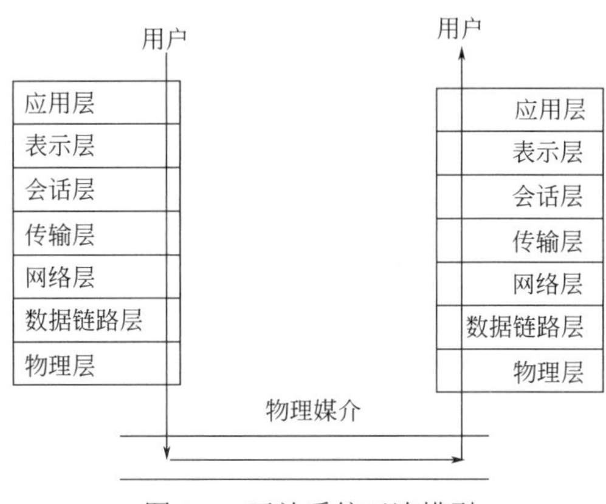

图 8-4　开放系统互连模型

发送方发送给接收方的数据是经过发送方各层（从上到下依次为应用层、表示层、会话层、传输层、网络层、数据链路层、物理层），然后通过一定的物理媒介，如双绞线、同轴电缆和光纤等，传输到接收方。在到达接收方的物理层时，一层一层往上传递，最终到达接收方的应用层。发送方的每一层协议都要在数据报文前增加一个报文头，报文是网络传输的单位,传输过程中会不断地将其封装成分组、包、帧来传输，封装的方式就是添加一些信息段，这些就是报文头，包含完成数据传输所需的控制信息，只能被接收方的同一层识别和使用。接收方的每一层只阅读本层的报文头的控制信息，并进行相应的协议操作，然后删除本层的报文头，最后得到发送方发送的数据。

① 物理层并不是物理媒介本身，为数据链路层提供建立、保持和断开物理连接的功能。物理层尽可能屏蔽具体传输介质和物理设备的差异，定义了传输媒介接口的电气、机械、功能和规程的特性，为数据传输提供了可靠的环境。常用于物理层的有 RS-232C、RS-422 和 RS-485 等接口标准。

② 数据链路层主要解决封装成帧、透明传输、差错检测三个基本问题。在数据链路上，数据以帧为单位传输，在一段数据的前后分别添加首部和尾部，然后就构成了一个帧，每一帧包含数据和必要的控制信息，如地址信息、同步信息和流量控制信息等。在数据链路层传输的数据，都能够按照原样没有差错地通过这个数据链路层。 通过校验、确认和要求重发等方法实现差错控制，差错检测一般采用循环冗余校验技术，差错纠正则采用计数器恢复和自动请求重发等技术。常用的数据链路层协议是同步数据链路协议/高级数据链路协议。

③ 网络层定义了端到端（End-to-End）的包传输，能够标识所有节点的逻辑地址，以及将一个包分解成更小的包的分段方法、路由实现的方式和学习的方式。传输信息的单位是分组或包。其主要功能是报文包的分段、报文包堵塞的处理和通信子网内路径的选择。常用的网络层协议有 X2.5 协议和 IP。

④ 传输层向会话层提供一个牢靠的端到端（End-to-End）的数据传输服务。传输层的信息传

输单位是报文（Message）。通过流量控制、分段/重组和差错控制来保证数据传输的可靠性。常用的传输层协议是 TCP。

⑤ 会话层的主要功能是在两个节点间建立、维护和终止会话，支持通信管理，实现最终应用进程之间的同步，按照相应的顺序收发数据，保证会话数据可靠传输。

⑥ 表示层主要功能是把应用层供应的信息变成能够共同理解的形式，以便能进行互操作；将应用层信息内容的形式进行变换，如数据加密/解密、信息压缩/解压和数据兼容。

⑦ 应用层是唯一一个与用户直接交互的分层，为用户的应用服务供应信息交换，为应用接口供应操作标准。常用的应用层服务有电子邮件和文件传输等。

拓展

OSI 模型是一个理想的模型，一般网络系统只涉及其中的几层，很少有系统能够涉及所有的层，并完全遵循它的规定。在 OSI 模型中，每一层都提供了一个特殊的网络功能。从网络功能的角度观察：物理层、数据链路层、网络层和传输层主要提供数据传输和交换功能，即以节点到节点之间的通信为主，传输层作为上下两部分的桥梁，是整个网络体系结构中最关键的部分；会话层、表示层和应用层则以提供用户与应用程序之间的信息和数据的处理功能为主。

8.1.3 以太网通信

以太网是最普遍的一种计算机网络，分为两类：第一类是以太网的原始形式，称为标准以太网，其运行速度在 3～10Mb/s 之间不等；第二类是使用交换机设备来连接不同计算机的网络，称为交换式以太网，其应用广泛，分别以快速以太网、千兆以太网和万兆以太网的形式呈现。以太网通信是采用载波多路访问和冲突检测（CSMA/CD）机制的通信方式，使用同轴电缆作为网络媒介，传输速率达到 1Gbit/s。

以太网可以采用多种连接媒介，常见的有同轴电缆、双绞线、光纤。同轴电缆曾经是网络传输的主要媒介，随着时代发展，现在已经逐渐淘汰；双绞线可以分为屏蔽双绞线和非屏蔽双绞线，多用于主机到交换机或集线器的连接；光纤主要用于交换机间的级联和交换机到路由器间的点到点的链路上。

以太网中所有的站点共享一个通信信道，在发送数据时，站点将自己要发送的数据帧在这个信道上进行广播，以太网上的所有其他站点都能够接收到这个帧，它们通过比较自己的 MAC（媒介访问控制）地址和数据帧中包含的目的地 MAC 地址来判断该帧是否是发给自己的，一旦确认是发给自己的，则复制该帧做进一步处理。

由于多个站点可以同时向网络上发送数据，在以太网中使用了 CSMA/CD 协议来减少和避免冲突。需要发送数据的站点要先侦听网络上是否有数据然后再发送，有的站点只有检测到网络空闲时，才能发送数据。当两个站点都发现网络空闲而同时发出数据时，就会发生冲突。这时，两个站点的传输操作都遭到破坏，站点进行 1-坚持退避操作。退避时间的长短遵照二进制指数随机时间退避算法来确定。

8.1.4 PROFINET

PROFINET 是一种基于以太网的、开放的现场总线，具有一些和标准以太网相同的特性，如全双工通信、多种拓扑结构等，速率可达百兆或千兆比特每秒。但它也有自己的独特之处，如能实现实时的数据交换，是一种实时以太网；与标准以太网兼容，可一同组网；能通过代理的方式无缝集成现有的现场总线等。其主要用于工业自动化和过程控制领域。

根据响应时间的不同，PROFINET 分为以下三种通信方式。

（1）TCP/IP 标准通信

PROFINET 基于工业以太网技术，使用 TCP/IP 和 IT（信息技术）标准。TCP/IP 是 IT 领域关于通信协议方面的标准，响应时间大概为 100 ms 数量级，满足工厂控制级的应用。

（2）实时（RT）通信

对于基于 TCP/IP 的工业以太网技术来说，使用标准通信栈来处理过程数据包，需要较长的时间，因此，PROFINET 提供了一个优化的、基于以太网第二层的实时通信通道，通过该实时通道，极大地减少了数据在标准通信栈中处理的时间。典型的更新循环时间为 1～10ms，满足现场级的要求，适用于传感器和执行器的数据传输，对传输的时间有严格的要求。

（3）同步实时（IRT）通信

在现场级通信中，对通信实时性要求最高的是同步运动控制，PROFINET 的同步实时技术可以满足其通信需求。IRT 通信通过提供等时执行周期来保证信息是以相同的时间间隔进行传输的，其响应时间在 0.25～1ms 之间，抖动误差小于 1ms。

8.1.5　PROFIBUS

PROFIBUS 是一种国际化、开放式、不依赖于设备生产商的现场总线标准。PROFIBUS 传输速率最高可达 12Mbit/s，响应时间的典型值为 1ms。PROFIBUS 是一种用于工厂自动化车间级监控和现场设备层数据通信与控制的现场总线技术，可实现现场设备层到车间级监控的分散式数字控制和现场通信网络，从而为实现工厂综合自动化和现场设备智能化提供可行的解决方案。

PROFIBUS 支持主从模式和多主多从模式。对于多主多从模式，在主站之间按令牌传递决定对总线的控制权，取得控制权的主站可以向从站发送、获取信息，实现点对点的通信。

PROFIBUS 协议包括三个主要部分：PROFIBUS-DP（分布式外部设备）、PROFIBUS-PA（过程自动化）和 PROFIBUS-FMS（现场总线报文规范）。

（1）PROFIBUS-DP（分布式外部设备）

PROFIBUS-DP 是一种高速低成本数据传输，用于自动化系统中单元级控制设备（如 PLC）与分布式 I/O 设备（如 ET 200）之间的通信。主站之间的通信采用令牌模式，主站与从站之间的通信采用主从模式，以及这两种模式的组合。如果一个网络中有若干个被动节点（从站），而它的逻辑令牌只含有一个主动令牌（主站），这样的网络称为纯主从系统。

（2）PROFIBUS-PA（过程自动化）

PROFIBUS-PA 用于 PLC 和过程自动化的现场传感器和执行器的低速数据传输。传输技术符合 IEC 1158-2 标准，可以用于防爆区域的传感器和执行器与中央控制系统的通信。使用屏蔽双绞线，由总线提供电源。

（3）PROFIBUS-FMS（现场总线报文规范）

PROFIBUS-FMS 可用于车间级监控网络，FMS 提供大量的通信服务，用以完成以中等级传输速率进行的循环和非循环的通信服务。它考虑的主要是系统的功能而不是系统的响应时间。

8.2 基于以太网的开放式用户通信

开放式用户通信(OUC)是通过 S7-1200/1500 和 S7-300/400 CPU 集成的 PN/IE 接口进行程序控制通信的过程，可以使用各种不同的连接类型。开放式用户通信的主要特点是在所传输的数据的数据结构方面具有高度的灵活性。这就允许 CPU 与任何通信设备进行开放式数据交换，前提是这些设备支持该集成接口可用的连接类型。由于此通信仅能由用户程序中的指令进行控制，因此可建立和终止事件驱动型连接。在运行期间，也可以通过用户程序修改连接。

对于具有集成 PN/IE 接口的 CPU，可使用 TCP、UDP 和 ISO-on-TCP 连接类型进行开放式用户通信。通信伙伴可以是多个 SIMATIC PLC，也可以是 SIMATIC PLC 和相应的第三方设备。

S7-1200/1500 PLC 可使用“TSEND_C”和“TRCV_C”指令发送和接收数据。“TSEND_C”在一个指令中映射指令“TCON”（建立连接）、“TSEND”（发送数据）和“TDISCON”（关闭连接）的功能。“TRCV_C”在一个指令中映射指令“TCON”（建立连接）、“TRCV”（接收数据）和“TDISCON”（关闭连接）的功能。除了使用上述指令外，还可以使用指令“TCON”和“TDISCON”来建立和关闭连接，UDP 使用指令“TUSEND”和“TURCV”来发送和接收数据。TCP 与 ISO-on-TCP 使用指令“TSEND”和“TRCV”来发送和接收数据。

8.2.1 S7-1200 PLC 之间的 TCP 通信

TCP 是全球范围内广泛使用的以太网协议，是 TCP/IP 传输层的主要协议，是一种在设备之间提供全双工通信、面向连接、可靠的、基于字节流的通信协议，在进行数据传输时，不传输关于消息的开始和结束的信息。

（1）S7-1200 PLC 设备组态

创建一个新项目“1200-UDP”：打开 TIA 博途软件，单击“项目视图”→“项目”→“创建”。双击项目树中的“添加新设备”，添加一块“CPU 1212C DC/DC/DC”，型号为“6ES7 212-1AE40-0XB0”，默认的名称为“PLC_1”，如图 8-5 所示。

双击“设备组态”→“常规”→“PROFINET 接口”→“以太网地址”，查看默认的 IP 地址为 192.168.0.1，默认的子网掩码为 255.255.255.0，如图 8-6 所示。双击“设备组态”→“系统和时钟存储器”，勾选“启用系统存储器字节”和“启用时钟存储器字节”，如图 8-7 所示。

用同样的方法再添加一块“CPU 1212C DC/DC/DC”，默认的名称为“PLC_2”。默认的 IP 地址为 192.168.0.1，默认的子网掩码为 255.255.255.0。注意：需要将 IP 地址改为 192.168.0.3，避免与 PLC_1 的 IP 地址冲突。勾选“启用系统存储器字节”和“启用时钟存储器字节”。

（2）程序编写

PLC_1：双击项目树中“程序块”，双击“Main”。在“指令”选项中选择“通信”→“开放式用户通信”，将“TRCV_C”指令拖放到程序段 1 中，在弹出的对话框中单击“确定”，生成“TRCV_C_DB”块。将该指令的“EN_R”添加一个常闭触点（在不通电时处于闭合状态，在通电时处于断开状态），设置为 I0.0（不需要按下开关），“CONT”添加一个常闭触点，设置为 I0.1，“LEN”设置为“1”，“CONNECT”为对应的接收数据块，暂时未知，在下面的组态连接中生成，“DATA”设置为接收的字节“QB0”。结果如图 8-8 所示。

图 8-5　添加“PLC_1”

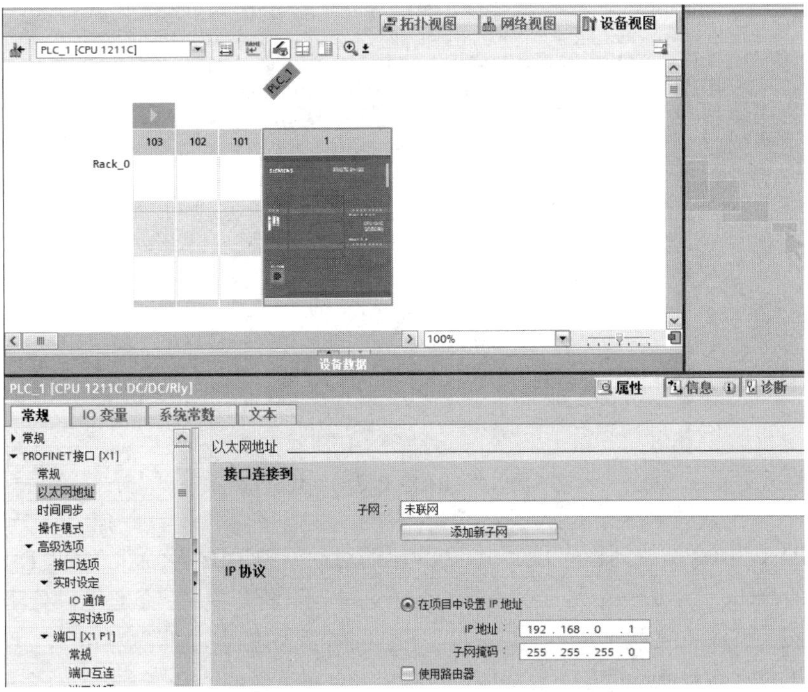

图 8-6　IP 地址和子网掩码

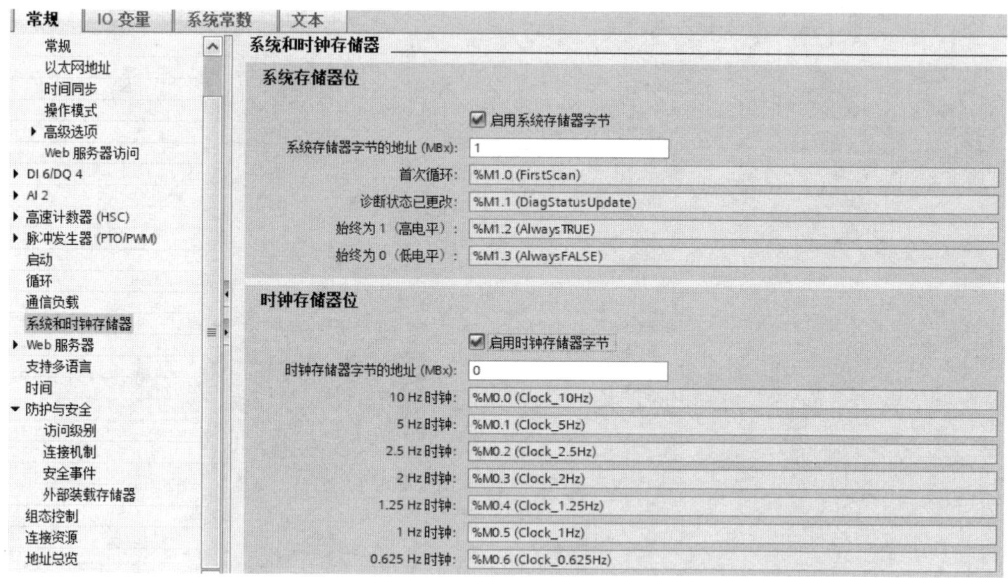

图 8-7　启用系统存储器字节和时钟存储器字节

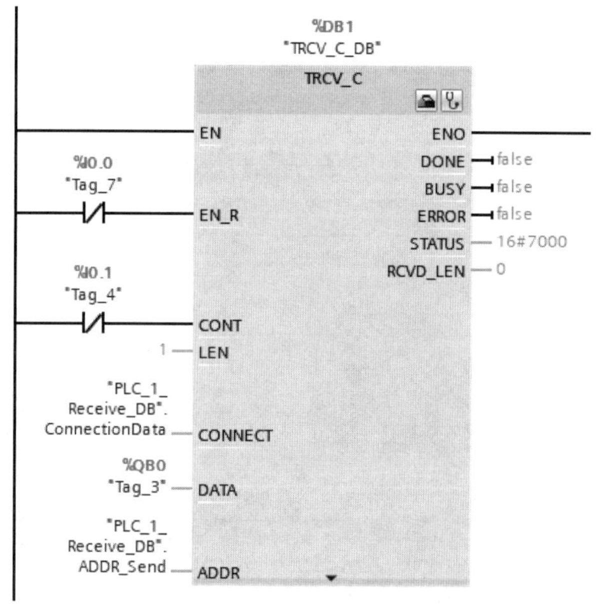

图 8-8　“TRCV_C_DB”块程序

将“TSEND_C”指令拖放到程序段 2 中，在弹出的对话框中单击“确定”，生成“TSEND_C_DB”块。将该指令的“REQ”添加一个常开触点（在不通电时处于断开状态，在通电时处于闭合状态），设置为 I0.2（按下开关 I0.2 接通），“CONT”添加一个常闭触点，设置为 I0.3，“LEN”设置为“1”，“CONNECT”为对应的发送数据块，暂时未知，在下面的“组态连接”中生成，“DATA”设置为发送字节“MB0”。结果如图 8-9 所示。

PLC_2：“程序编写”步骤参照“PLC-1”。

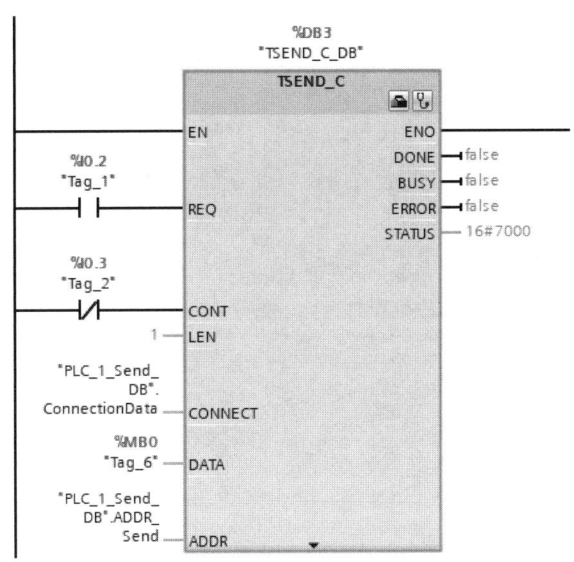

图 8-9 “TSEND_C_DB”块程序

（3）组态连接

PLC_1：右击“TSEND_C_DB”块，单击“属性”→“组态”→“连接参数”。在“伙伴”中选择“未指定”，将“伙伴地址”设置为“192.168.0.3”（与PLC_2的IP地址相同）。在“连接数据”中选择“新建”，自动生成“PLC_1_Send_DB”数据块，在“连接类型”中选择“TCP”，“连接ID（十进制）”为“1”，“本地端口”设置为“2000”，“伙伴端口”设置为“2000”（端口可设置为2000～5000），如图8-10所示。

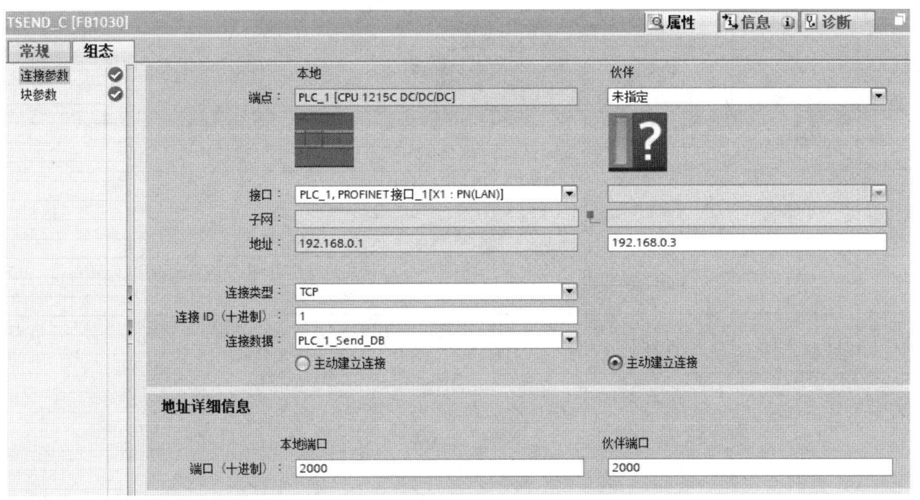

图 8-10 “TSEND_C_DB”块连接参数

右击“TRCV_C_DB”块，单击“属性”→“组态”→“连接参数”。在“伙伴”中选择“未指定”，在“连接数据”中选择“新建”，自动生成“PLC_1_Receive_DB”数据块，在“连接类型”中选择“TCP”，“连接ID（十进制）”改为“2”，“本地端口”设置为“4000”，“伙伴端口”设置为“4000”，如图8-11所示。

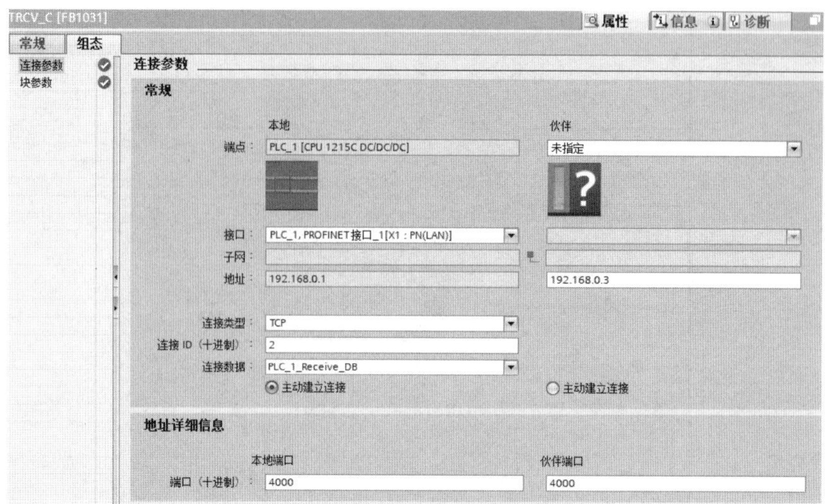

图 8-11　“TRCV_C_DB”块连接参数

PLC_2：“TRCV_C_DB”块中，“连接类型”设置为“TCP”，“伙伴地址”设置为“192.168.0.3”（与 PLC_1 的 IP 地址相同），“连接 ID”设置为“1”，“本地端口”设置为“2000”；“TSEND_C_DB”块中，“连接类型”设置为“TCP”，“伙伴地址”设置为“192.168.0.1”（与 PLC_1 的 IP 地址相同），“连接 ID”改为“2”，“本地端口”设置为“4000”，“伙伴端口”设置为 4000。

（4）“TSEND_C”指令（表 8-1）和“TRCV_C”指令（表 8-2）的参数

表 8-1　“TSEND_C”指令的参数

参数	声明	数据类型	说明
REQ	Input	Bool	在上升沿启动发送作业
CONT	Input	Bool	控制通信连接： 0：断开通信连接 1：建立并保持通信连接
LEN	Input	Udint	要通过作业发送的最大字节数。若在使用 DATA 参数具有优化访问权限的发送区，LEN 必须为 0
CONNECT	InOut	Variant	指定连接描述结构的指针： （1）设定连接 （2）组态连接
DATA	InOut	Variant	指向发送区的指针，该发送区包含要发送数据的地址和长度。传送结构时，发送端和输出端的结构必须相同
ADDR	InOut	Variant	UDP 需使用的隐藏参数。此时，将包含指向系统数据类型为 TADDR-Param 的指针。接收方的地址信息将存储在系统数据类型为 TADDR-Param 的数据块中
COM_RST	InOut	Bool	重置连接： 0：不相关 1：重置现有连接
DONE	Output	Bool	状态参数： 0：发送作业尚未启动或仍在进行 1：发送作业已成功执行，此状态仅显示一个周期
BUSY	Output	Bool	状态参数： 0：发送作业尚未启动或已完成 1：发送作业尚未完成。无法启动新发送作业
ERROR	Output	Bool	状态参数： 0：无错误 1：建立连接、传输数据或终止连接时出错
STATUS	Output	Word	指令的状态

表 8-2　“TRCV_C”指令的参数

参数	声明	数据类型	说明
EN_R	Input	Bool	启用接收功能
DATA	InOut	Variant	指向接收区的指针
RCVD_LEN	Output	Udint	实际接收到的数据量

其余参数与“TSEND_C”指令的参数相同。

（5）通信实验

选中项目树中的“PLC_1”，单击“编译”，没有错误后，单击“下载”→“开始搜索”，搜索相应地址的设备，将程序下载到该设备中。用相同的方法将“PLC_2”中的程序下载到相应的设备中。单击“启用/禁用监视”按钮，启动监视功能，利用 PLC_1 的发送模块给 PLC_2 发送数据（如 16#01）：在“TSEND_C”中，右击“DATA”→“修改”→“修改操作数”，在弹出的“修改”窗口中，“修改值”设置为“01”；利用 PLC_2 的发送模块给 PLC_1 发送数据（如 16#02），观察 PLC_1 和 PLC_2 中的接收模块的相应数值变化。实验结果如图 8-12 所示。

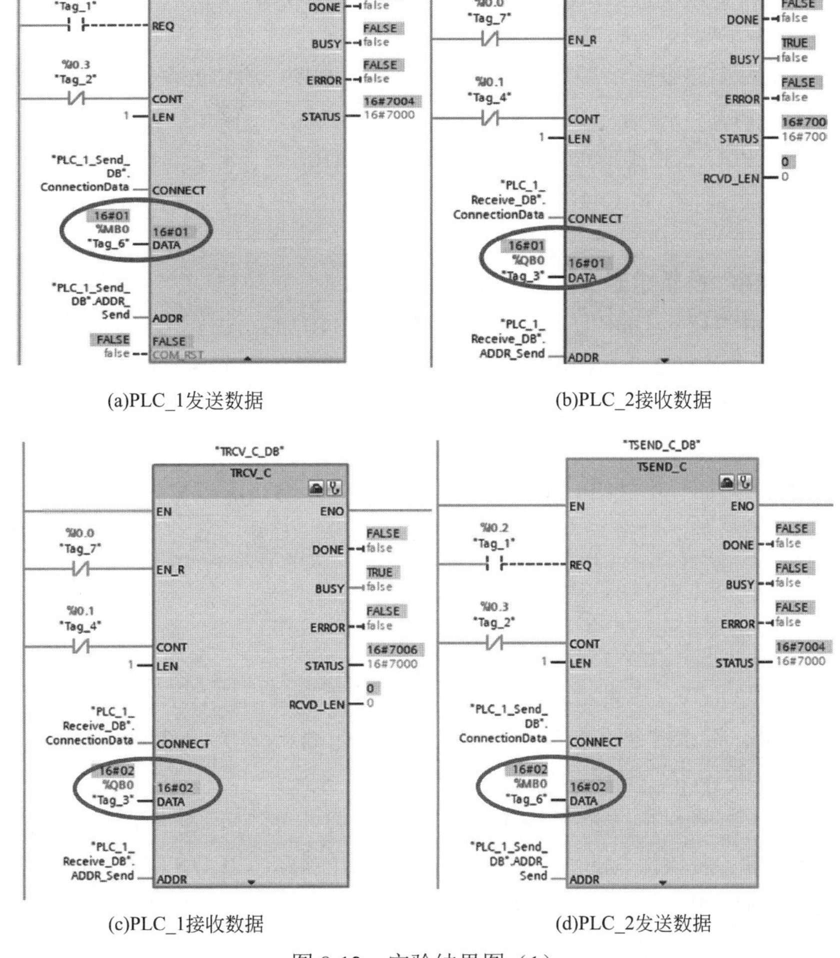

(a)PLC_1发送数据　(b)PLC_2接收数据

(c)PLC_1接收数据　(d)PLC_2发送数据

图 8-12　实验结果图（1）

8.2.2 S7-1200 PLC 之间的 ISO-on-TCP 通信

ISO-on-TCP 是面向消息的协议，在 TCP/IP 中定义了 ISO 传输的属性。ISO 传输协议的优势是通过数据包来进行数据传输。使用 ISO-on-TCP 进行数据传输时，传输关于消息长度和消息结束的标志，可以知道何时接收到了整条消息。ISO-on-TCP 利用 TSAP（传输服务访问点）将消息路由至适当接收方（而非 TCP 中的某个端口）。

S7-1200 PLC 之间也可以使用 ISO-on-TCP 进行通信，方法步骤可以参照 S7-1200 PLC 之间的 TCP 通信，“连接类型”要修改为“ISO-on-TCP”，要注意“本地端口”“伙伴端口”和“连接 ID（十进制）”等细节的设置，需要彼此一一对应。

8.2.3 S7-1200 PLC 之间的 UDP 通信

UDP 是非面向连接的通信，在发送数据之前，不需要建立通信连接，在进行数据传输时，需要指定 IP 地址和端口号作为通信断点，在数据传输的过程中具有延迟时间短、数据传输效率高等优点，但数据的传输无须伙伴方的应答，不能保证数据传输的安全性，适合对可靠性要求不高的应用程序，如音频和多媒体应用。

8.2.1 节通过使用 TCP 进行了简单的通信，在实际工程中，通信过程往往比较复杂。本节使用 UDP 建立通信，由 PLC_1 控制与 PLC_2 相连的电动机的启动与停止，控制要求是：PLC_1 发出启动命令（I0.1），PLC_2 控制的第一台电动机启动（M10.1），延迟 3s，第二台（M10.2）和第三台（M10.3）电动机启动；PLC_1 发出停止命令（I0.2），PLC_2 控制的第二台和第三台电动机停止，延迟 2s，第一台电动机停止。

（1）S7-1200 PLC 设备组态

创建一个新项目“1200-UDP”，双击项目树中的“添加新设备”，添加一块“CPU 1212C DC/DC/DC”，选择“6ES7 212-1AE40-0XB0”的型号，默认的名称为“PLC_1”，查看默认的 IP 地址为 192.168.0.1，默认的子网掩码为 255.255.255.0。勾选“启用系统存储器字节”和“启用时钟存储器字节”。

用同样的方法再添加一块“CPU 1212C DC/DC/DC”，默认的名称为“PLC_2”。修改 IP 地址为 192.168.0.3，默认的子网掩码为 255.255.255.0。勾选“启用系统存储器字节”和“启用时钟存储器字节”。

（2）编写程序

PLC_1：双击项目树中“程序块”，双击“Main”。在“指令”选项中选择“通信”→“开放式用户通信”，将“TRCV_C”指令拖放到程序段 1 中，在弹出的对话框中单击“确定”，生成“TRCV_C_DB”块。将该指令的“EN_R”添加一个常闭触点，“CONT”添加一个常闭触点，程序编写如图 8-13 所示。

将“TSEND_C”指令拖放到程序段 2 中，在弹出的对话框中单击“确定”，生成“TSEND_C_DB”块。将该指令的“REQ”添加一个常开触点，“CONT”添加一个常闭触点，程序编写如图 8-14 所示。

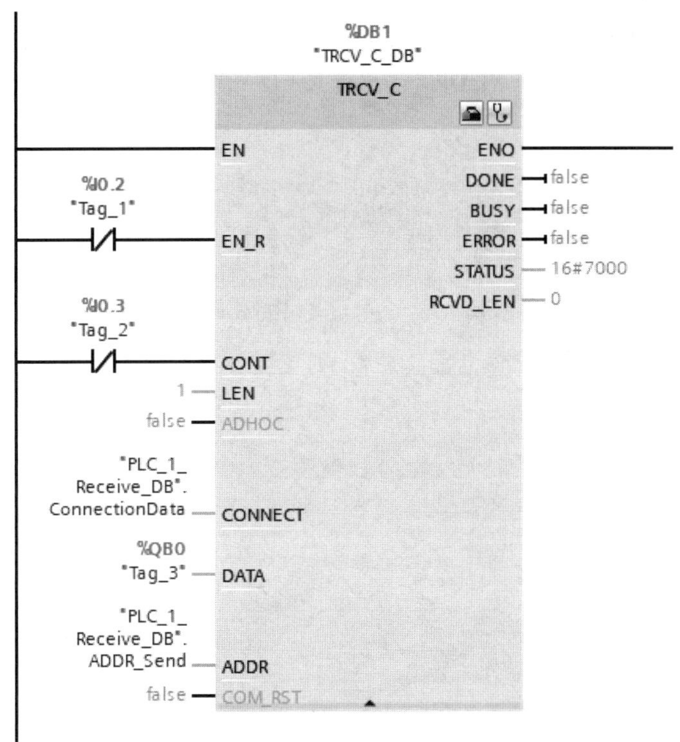

图 8-13　“TRCV_C_DB”块程序

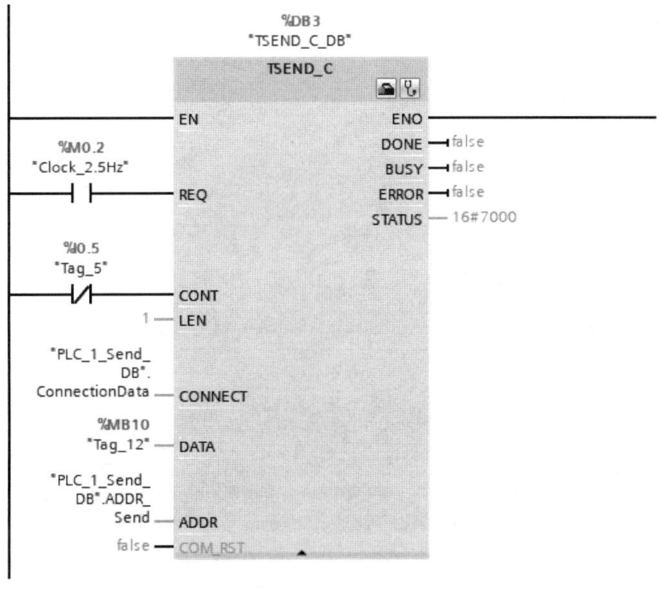

图 8-14　“TSEND_C_DB”块程序

PLC_2：程序的编写步骤参见“PLC_1”。

（3）组态连接

PLC_1：右击“TRCV_C_DB”块，单击“属性”→“组态”→“连接参数”来设置其属性。在“伙伴”中选择“未指定”，在“连接数据”中选择“新建”，自动生成“PLC_1_Receive_DB”数据块，在“连接类型”中选择“UDP”，“连接 ID（十进制）”改为“1”，本地端口设置为 3400。如图 8-15 所示。

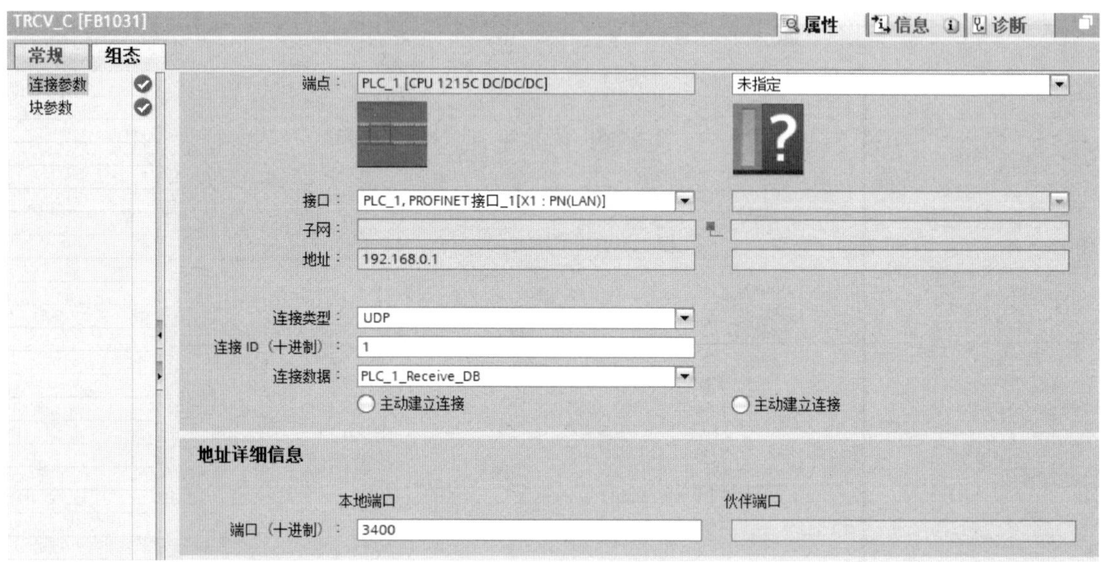

图 8-15　TRCV-C-DB 块连接参数

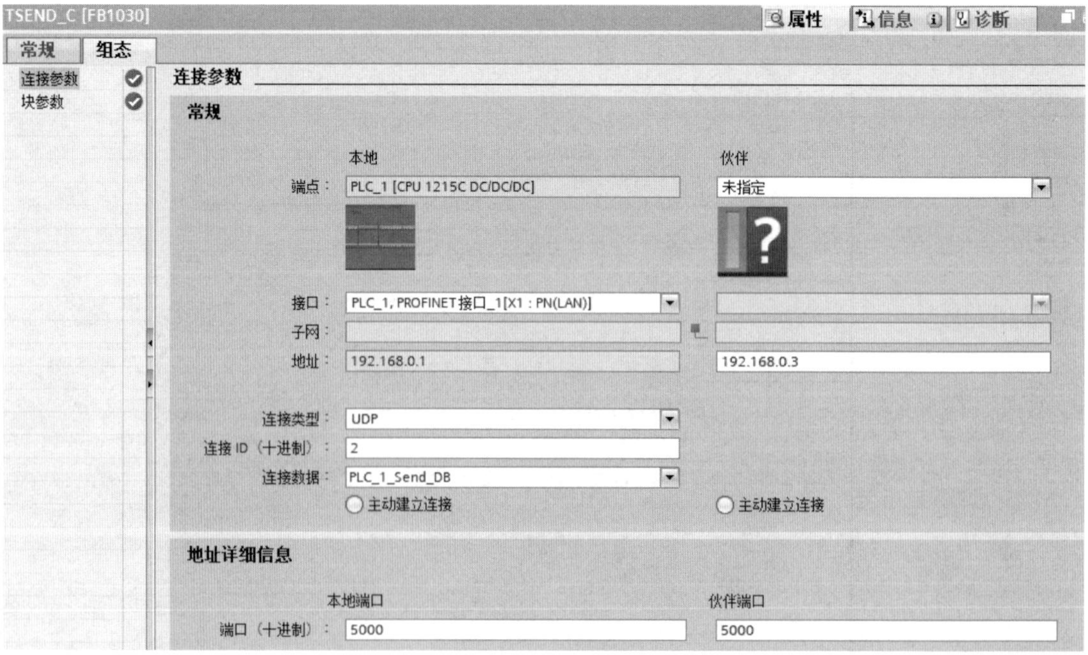

图 8-16　“TSEND_C_DB”块连接参数

右击“TSEND_C_DB”块，单击“属性”→“组态”→“连接参数”。在“伙伴”中选择“未指定”，将伙伴地址设置为 192.168.0.3（与 PLC_2 的 IP 地址相同）。在“连接数据”中选择“新建”，自动生成“PLC_1_Send_DB”数据块，在“连接类型”中选择“UDP”，“连接 ID（十进制）”改为“2”，“本地端口”设置为“5000”，“伙伴端口”设置为“5000”，如图 8-16 所示。

PLC_2：“TRCV_C_DB”块中，“连接类型”为“UDP”，“连接 ID”为“1”，“本地端口”设置为“5000”；“TSEND_C_DB”块中，“连接类型”为“UDP”，“伙伴地址”设置为“192.168.0.1”(与 PLC_1 的 IP 地址相同)，“连接 ID”改为“2”，“本地端口”设置为“3400”，“伙伴端口”设置为“3400”。

（4）PLC_1 控制与 PLC_2 相连的电动机启动和停止的程序编写

在实际的控制工程中，并不是简单地实现两者之间的通信，根据工程的要求，在实现两者能够通信的前提下，往往要设计更复杂的程序。按照本节的工程要求，设计 PLC_1 控制与 PLC_2 相连的电动机启动和停止的程序：PLC_1 的开关 I0.1 闭合，第一台电动机先启动（M10.1），延时 3s 后，第二台和第三台电动机启动（M10.2、M10.3），开关 I0.2 断开，第二台和第三台电动机先停止，延时 2s 后，第一台电动机停止，如图 8-17 所示。

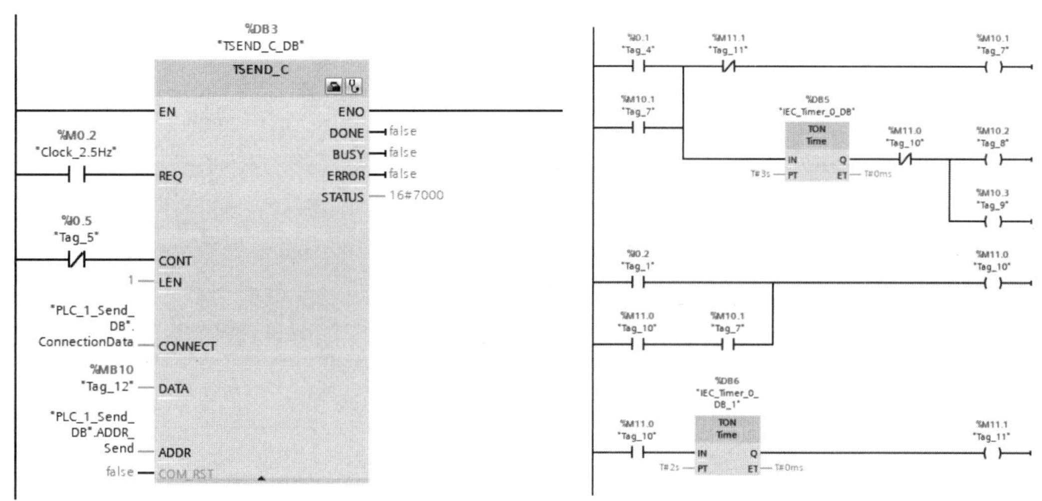

图 8-17　PLC_1 控制与 PLC_2 相连的电动机的启动和停止的程序

（5）通信实验

UDP 通信是无法进行仿真运行的，需要通过实际的 PLC 进行测试。选中项目树中的“PLC_1”，单击“编译”，没有错误后，单击“下载”→“开始搜索”，搜索相应地址的设备，将程序下载到设备中。用相同的方法将 PLC_2 中的程序下载到相应的设备中。单击“启用/禁用监视”按钮，启动监视功能。按下 PLC_1 的开关 I0.1，观察到 PLC_2 控制的第一台电动机启动，延迟 3s，第二台和第三台电动机启动（“TRCV_C_DB”块显示的数据为“16#0E”），如图 8-18（a）所示；按下 PLC_1 的开关 I0.2，观察到 PLC_2 控制的第二台和第三台电动机停止，延迟 2s，第一台电动机停止（“TRCV_C_DB”块显示的数据为“16#00”），如图 8-18（b）所示。

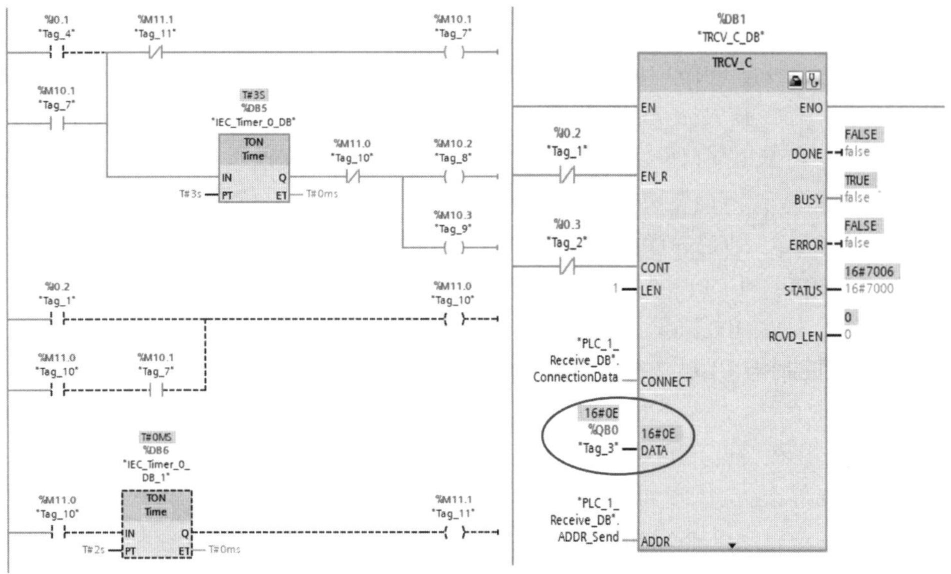

（a）PLC_1 控制与 PLC_2 相连的电动机启动（3s 后）→电机启动后 PLC_1（左）与 PLC_2（右）的状态

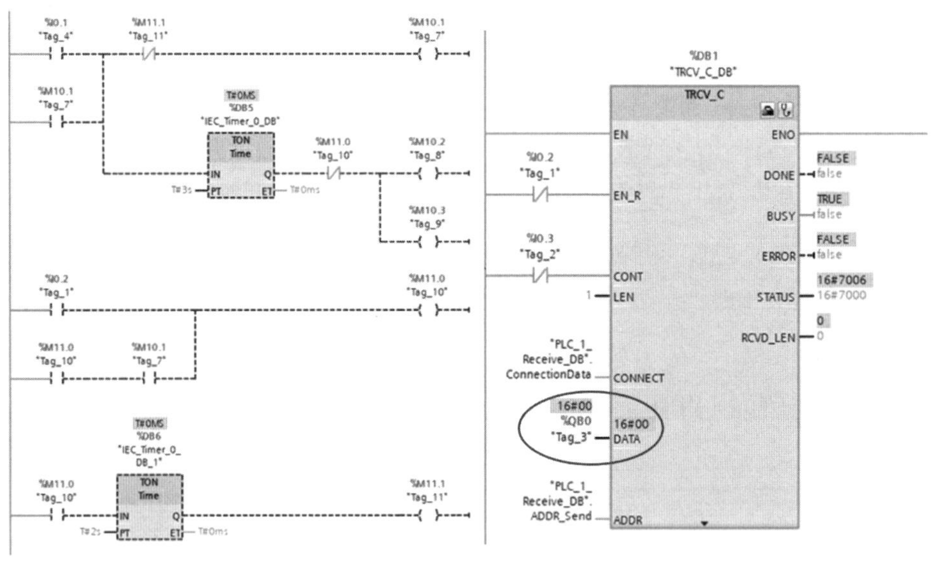

（b）PLC_1 控制与 PLC_2 相连的电动机启动（2s 后）→电机停止后 PLC_1（左）与 PLC_2（右）的状态

图 8-18　实验结果图（2）

8.2.4　S7-1200 PLC 与 S7-200 SMART 之间的 UDP 通信

S7-200 SMART 是一种通用型的模块式中小型 PLC，易于实现分布式的配置以及具有性价比高、电磁兼容性强、抗振动冲击性能好等优点，在工业控制领域被广泛应用。S7-200 SMART 可以使用以太网通信处理器建立 TCP、ISO-on-TCP 和 UDP 静态连接，使用 AG-SEND 和 AG-RCV 编程。但这种通信的硬件成本较高，现在一般使用 CPU 集成的 PROFINET 接口通信，双方都需使用开放式用户通信和 UDP、TCP 和 ISO-on-TCP。用博途软件对 S7-1200 PLC 进行编程，用 STEP 7-MicroWIN SMART 软件对 S7-200 SMART 进行编程。本节介绍了 S7-1200 PLC 与 S7-200 SMART 之间的 UDP 通信。

（1）组态与编程

① S7-1200 PLC 的组态与编程　S7-1200 PLC 的程序编写步骤与上节大体相同，需要注意的是“TSEND_C_DB”块和“TRCV_C_DB”块连接参数设置要与 S7-200 SMART 的程序相对应。本实验中“TSEND_C_DB”块连接参数设置：“连接类型”为“UDP”，“连接 ID（十进制）”为“2”，“本地端口”和“伙伴端口”为“4400”，“伙伴地址”为“192.168.0.4”。“TRCV_C_DB”块连接参数设置：“连接类型”为“UDP”，“连接 ID”为“1”，“本地端口”为“3300”。结果如图 8-19 所示。

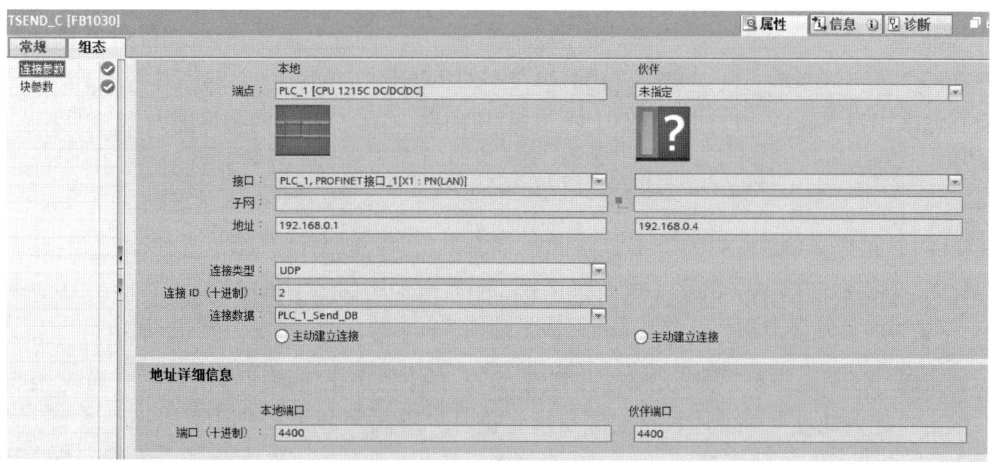

(a)“TSEND_C_DB”块连接参数

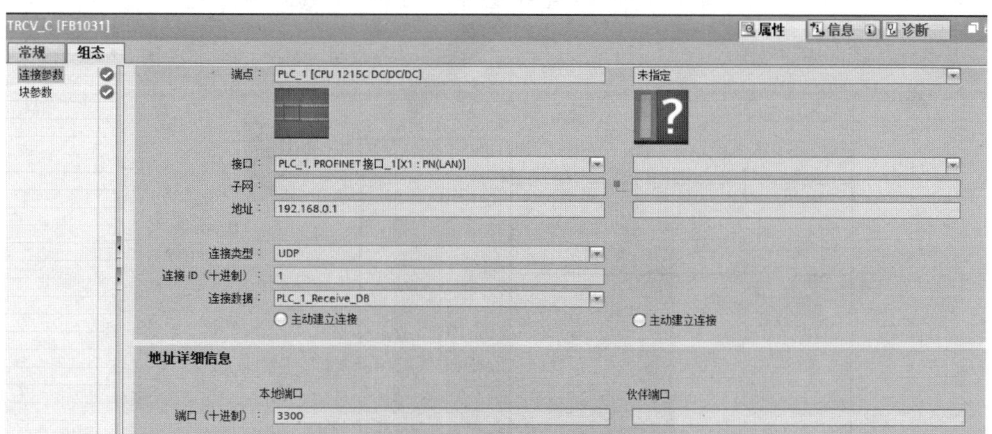

(b)“TRCV_C_DB”块连接参数

图 8-19　S7-1200 PLC 连接参数

② S7-200 SMART 的组态与编程　打开软件，单击“视图”→“组件”→“通信”，在弹出的“通信”窗口中，“通信接口”选择如图 8-20 所示，单击“查找 CPU”找到相应地址的 CPU（本实验所用的 S7-200 SMART 的 IP 地址为 192.168.0.4），单击“确定”。

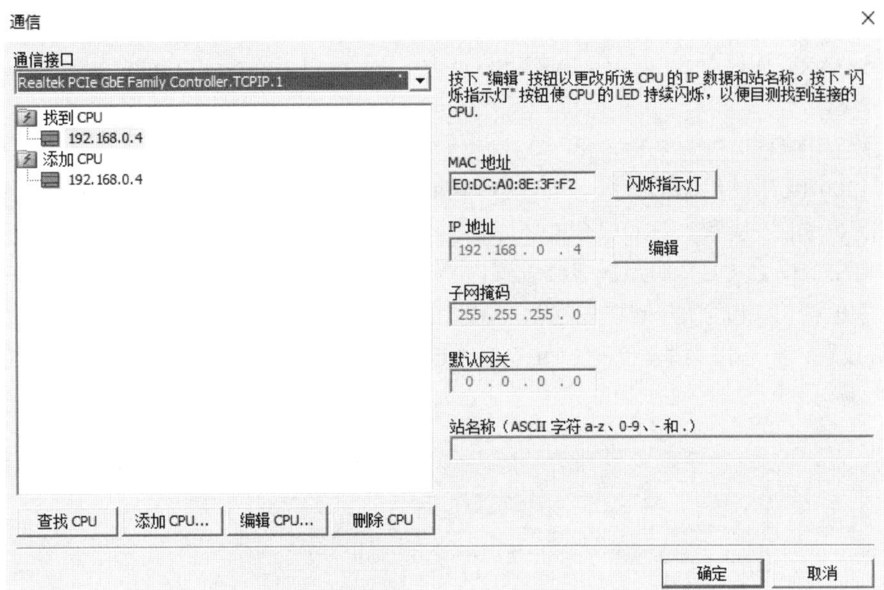

图 8-20　S7-200 SMART 的 IP 地址

单击“视图”→“组件”→“项目树”→“库”→“Open User Communication[v1.0]”，将“UDP_CONNECT”“UDP_SEND”“UDP_RECV”指令添加到主程序“Main”中。右击程序块后单击“库存储器”，多次单击“建议地址”后再单击“确定”。指令库“Open User Communication[v1.0]”需要容量为 50 字节的全局 V 存储器，指定该库可使用的全局 V 存储器的地址，单击“建议地址”以使用程序交叉引用定位具有所需大小的未使用块。

③ UDP_CONNECT 程序编写　“UDP_CONNECT”指令只需要连接 ID 和本地端口即可创建连接。在“EN”和“Req”参数处各添加一个常闭触点，“ConnID”设置为“1”，“LocPort”设置为“3300”，结果如图 8-21 所示。

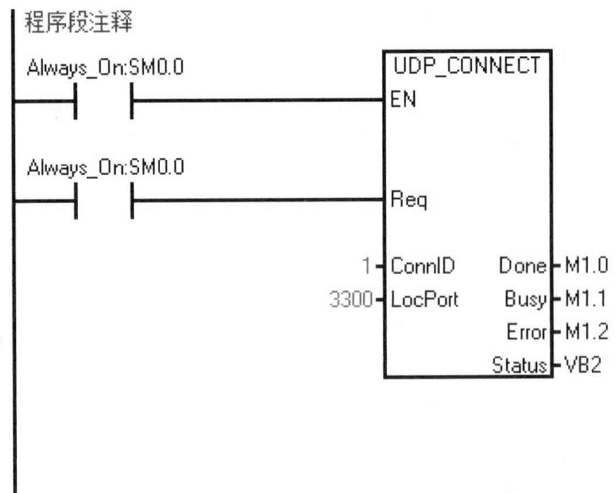

图 8-21　UDP_CONNECT 程序

④ UDP_SEND 程序编写　“UDP_SEND”指令将来自请求的缓冲区的位置（DataPtr）的请求字节数（DataLen）传输到通过 IP 地址（IPaddr1～IPaddr4）和端口（RemPort）指定的设备。在 EN

和 Req 参数处各添加一个常开触点；“ConnID”设置为“1”；“DataLen”设置为“1”；“DataPtr”为对应指令的地址，使用指针寻址方式，设置为“&VB100”；“IPaddr1”“IPaddr2”“Paddr3”“IPaddr4”分别设置为“192”“168”“0”“1”（与 S7-1200 PLC 的 CPU 地址相同）；“RemPort”设置为“3300”，结果如图 8-22 所示。

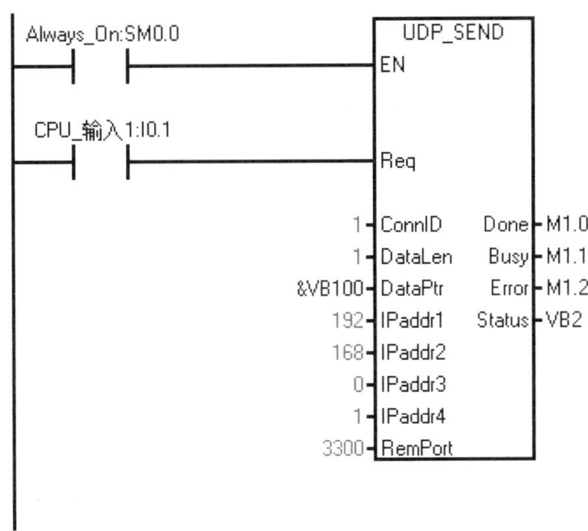

图 8-22　UDP_SEND 程序

⑤UDP_RECV 程序编写　在“EN”参数处添加一个常开触点；“ConnID”设置为“2”，“Length”为 S7-200 SMART 接收的存储在&VB200 中的字节数，设置为“VW4”；“IPaddr1”～“IPaddr4”为发送消息的远程设备 IP 地址，并未指定要接收哪个数据的 IP 地址，只是反馈 IP 地址的信息，根据收到的数据，IP 地址是变化的，分别设置为“VB10”“VB11”“VB12”“VB13”；“RemPort”为对应的那一个端口的端口号，设置为“VW15”。结果如图 8-23 所示。

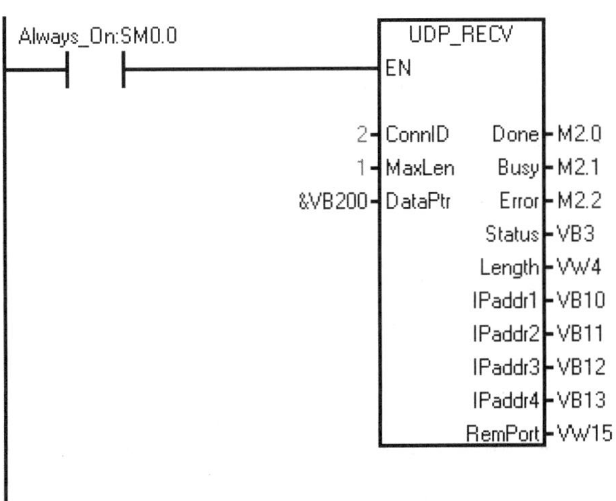

图 8-23　UDP_RECV 程序

（2）S7-200 SMART 的“UDP_CONNECT”（表 8-3）“UDP_SEND”（表 8-4）“UDP_RECV”（表 8-5）指令的参数

表 8-3 “UDP_CONNECT”指令参数

参数	声明	数据类型	描述
EN	IN	Bool	使能输入
Req	IN	Bool	如果 Req=TURE，CPU 启动连接操作 如果 Req=FALSE，输出显示连接的当前状态
ConnID	IN	Word	CPU 使用 ID 为其他指令标识该连接
LocPort	IN	Word	本地设备上的端口号
Done	OUT	Bool	当连接操作完成且没有错误时，指令位置 Done 输出
Busy	OUT	Bool	当连接操作正在进行时，指令位置 Busy 输出
Error	OUT	Bool	当连接操作完成但有错误时，指令位置 Error 输出
Status	OUT	Byte	如果指令位置 Error 输出，Status 输出显示错误代码 如果指令位置 Busy 或 Done 输出，Status 为零

表 8-4 “UDP_SEND”指令参数

参数	声明	数据类型	描述
ConnID	IN	Word	连接 ID 是此发送操作所用连接的编号
DataLen	IN	Word	要发送的字节数（1～1024）
DataPtr	IN	Dword	指向待发送数据的指针（如&VB100）
IPaddr1 … IPaddr4	IN	Byte	这些是 IP 地址的四个 8 位字节
RemPort	IN	Word	远程设备的端口号

表 8-5 “UDP_RECV”指令参数

参数	声明	数据类型	描述
ConnID	IN	Word	CPU 将连接 ID 用于此接收操作
MaxLen	IN	Word	要接收的最大字节数
DataPtr	IN	Bool	指向接收数据存储位置的指针
Length	OUT	Word	实际接收的字节数
IPaddr1 … IPaddr4	OUT	Byte	发送消息的远程设备 IP 地址的四个 8 位字节
RemPort	OUT	Word	发送消息的远程设备的端口号

（3）通信实验

① 将 S7-1200 PLC 的程序下载到设备中：选中项目树中的“PLC_1”，单击“编译”，没有错误后，单击“下载”→“开始搜索”，搜索相应地址的设备，将程序下载到设备中，单击“启用/禁用监视”按钮，启动监视功能。

② 将“S7-200 SMART”的程序下载到设备中：单击“编译”按钮，没有错误后，单击“下载”按钮，在弹出的“通信接口”窗口中搜索对应的 IP 地址，将其下载到设备中，单击“启用/禁用监视”按钮，启动监视功能。

③ 打开 S7-200 SMART 的“状态图表”：单击“视图”→“组件”→“项目树”→“状态图表”，在“地址”栏分别填入“VB100”和“VB200”，单击“启用/禁用监视”按钮，启动监视功能。

④ S7-200 SMART 给 S7-1200 PLC 发送数据（在状态图表 VB100 中的“当前值”栏写入“16#01”，单击“写入”按钮，按下 S7-200 SMART 的 I0.1），查看 S7-1200 PLC 能否接收到；按下 S7-1200 的 I0.3 给 S7-200 PLC SMART 发送数据（16#02），在 VB200 中查看 S7-200 SMART 是否能够接收到。实验结果如图 8-24 所示。

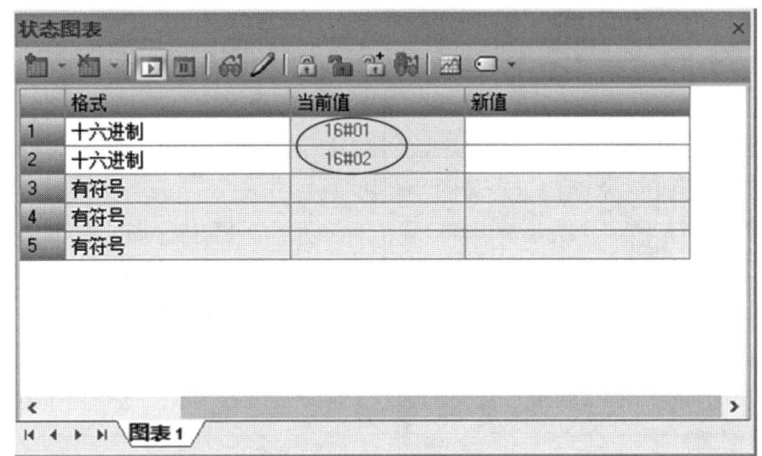

	格式	当前值	新值
1	十六进制	16#01	
2	十六进制	16#02	
3	有符号		
4	有符号		
5	有符号		

(a)S7-200 SMART发送与接收数据

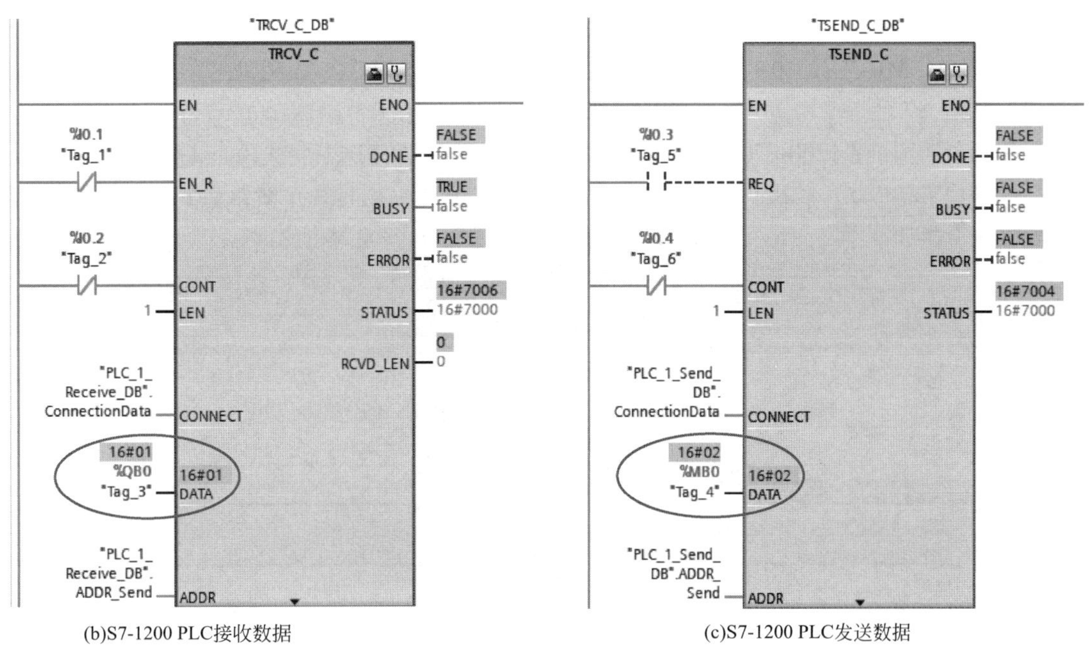

(b)S7-1200 PLC接收数据　　　　(c)S7-1200 PLC发送数据

图 8-24　实验结果图（3）

8.2.5　三台 S7-1200 PLC 之间的 UDP 通信

要实现三台 S7-1200 PLC 之间的 UDP 通信，需要对每一台的 S7-1200 PLC 进行程序编写和组态连接，方法步骤与 8.2.1 节大体一致，要注意三台 S7-1200 PLC 之间“连接类型”“伙伴地址”“IP 地址”“连接 ID（十进制）”“本地端口”等细节的设置，需要彼此一一对应。

8.3 基于以太网的 S7 通信

8.3.1 S7-1200 PLC 与 S7-200 SMART 之间的 S7 通信

尽管实现 S7-1200 PLC 的 CPU 与其他 S7-200/400/1200/1500 PLC 的 CPU 之间通信的方法有很多，但最常用、最简单的是 S7 通信。S7 协议是面向连接的协议，在接收方和发送方进行数据交换之前，需要与通信伙伴建立连接，具有较高的安全性，适用于西门子各型号 PLC 间通信，不能用于与其他品牌 PLC 通信，是西门子产品的特有协议。

基于连接的通信分为两类：一类是基于客户端（Client）/服务器（Server）的单边通信；另一类是基于伙伴（Partner）/伙伴（Partner）的双边通信。S7-1200 PLC 只支持单边通信，客户端（Client）/服务器（Server）模式是常用的通信方式，只需要在客户端一侧进行编程，调用“PUT”“GET”指令。“PUT”指令用于写入数据，“GET”指令用于读取数据；服务器一侧是通信的被动方，只需要准备好被访问的数据，不需要进行任何的编程。客户端能够写、读服务器的存储区，故单边通信实际上可以双向传输。

S7 通信在实际工程中应用广泛，本节通过 S7 协议来实现 S7-1200 PLC 与 S7-200 SMART 之间的通信，控制要求：S7-1200 PLC 的 CPU 控制 S7-200 SMART 的电动机启动与停止，开关 I0.1 控制 3 台电动机（M10.1、M10.2、M10.3）依次启动，第四次按下开关 I0.1 后，3 台电动机停止。

（1）创建 S7 连接

创建一个新项目“1200-S7”，添加一块“CPU 1212C DC/DC/DC”，默认的名称为“PLC_1”，其 IP 地址为 192.168.0.1。勾选“启用系统存储器字节”和“启用时钟存储器字节”。单击“以太网地址”→“添加新子网”，自动生成子网“PN/IE_1”，如图 8-25 所示。

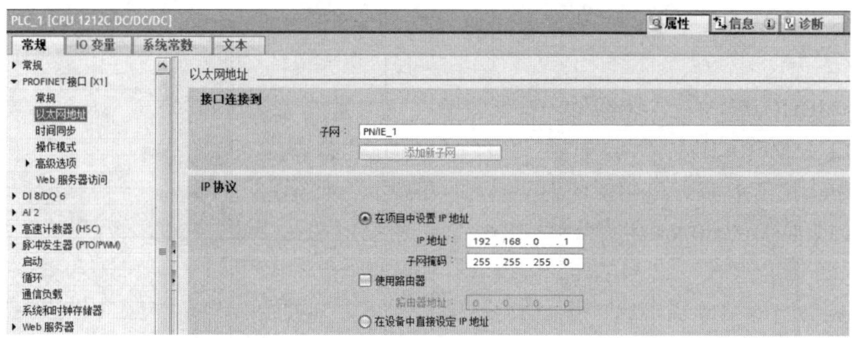

图 8-25 生成子网图

单击“网络视图”→“连接”，选择“S7 连接”。选中 CPU 右击，单击“添加新连接”，弹出一个名为“创立新链接”的窗口，连接类型为“S7 连接”，“本地 ID（十六进制）”为 100，单击“添加”，在下方“信息栏”显示“S7_连接_1 已添加到 PLC_1、PROFINET 接口_1 [X1:PN(LAN)]”，再单击“关闭”。

选中“网络视图”中的“S7_连接_1”，选中“巡视”窗口的“属性”→“常规”，设置“伙伴”（S7-200 SMART）的以太网端口的 IP 地址为 192.168.0.4，如图 8-26 所示。单击“本地 ID”，可以看到 ID 是一个固定的符号（w#16#100），在进行程序的编写时需要正确填写。

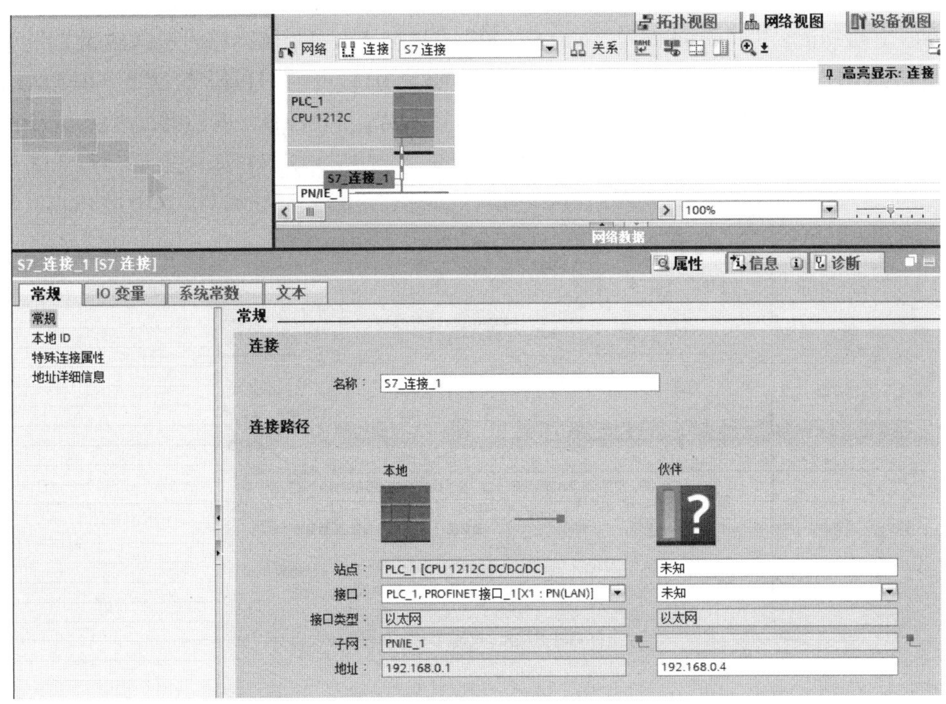

图 8-26 设置伙伴 IP 地址图

（2）编写程序

① 创建 DB（数据块），用于存储发送和接收的数据：在“项目树”中，单击“PLC_1”→“程序块”→双击“添加新块”，选择类型为“全局 DB”的数据块，单击“确定”，生成“数据块_1”。双击打开“数据块_1”，在“名称”栏分别填写“发送”和“接收”，在“数据类型”栏填写“Byte”。右击项目树中的“数据块_1”→“属性”，取消勾选“优化的访问块”。进行此操作后会发现“数据块_1”中增加了“偏移量”一栏，在后续编程时可以直接在指令中访问里面的数据，如图 8-27 所示。

数据块_1

	名称	数据类型	偏移量	起始值	保持
1	▼ Static				
2	■ 发送	Byte	0.0	16#0	
3	■ 接收	Byte	1.0	16#0	

图 8-27 数据块_1

② PUT/GET 程序编写：双击项目树中“程序块_1”→“Main”。在“指令”选项中选择“通信”→“S7 通信”，将“GET”指令拖放到程序段 1 中，在弹出的对话框中单击“确定”，生成“GET_DB”块。在“REQ”添加一个常开触点，在上升沿时激活数据交换功能，“ID”设置为“w#16#100”，“ADDR_1”（远程设备接收数据的区域）和“RD_1”（本地设备要发送数据的区域）用 DB（数据块）进行绝对寻址，设置为“P# DB1.DBX1.0 BYTE 1”（绝对寻址 DB1 数据块 偏移量 1.0 数据类型 BYTE），相当于 S7-200 SMART 的 VB1，如图 8-28 所示。将“PUT”指令拖放到程序段 2 中，在弹出的对话框中单击“确定”，生成“PUT_DB”块。“REQ”在上升沿

时激活数据交换功能，“ID”设置为“w#16#100”，“ADDR_1”（远程设备接收数据的区域）和“SD_1”（本地设备要发送数据的区域）用 DB（数据块）进行绝对寻址，设置为“P# DB1.DBX0.0 BYTE 1”（绝对寻址 DB1 数据块 偏移量 0.0 数据类型 BYTE），相当于 S7-200 SMART 的 VB0，如图 8-29 所示。

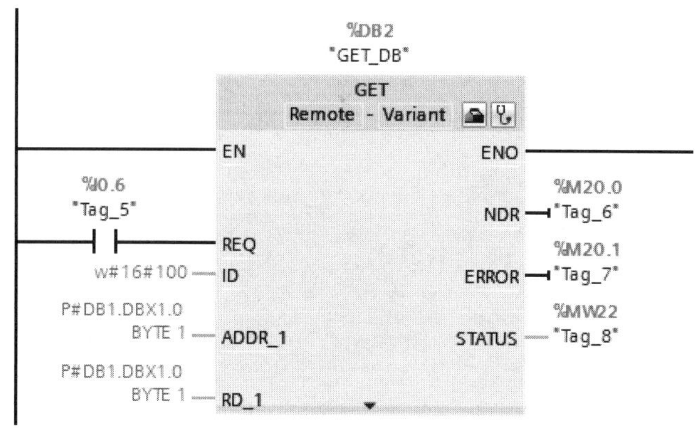

图 8-28　GET 程序

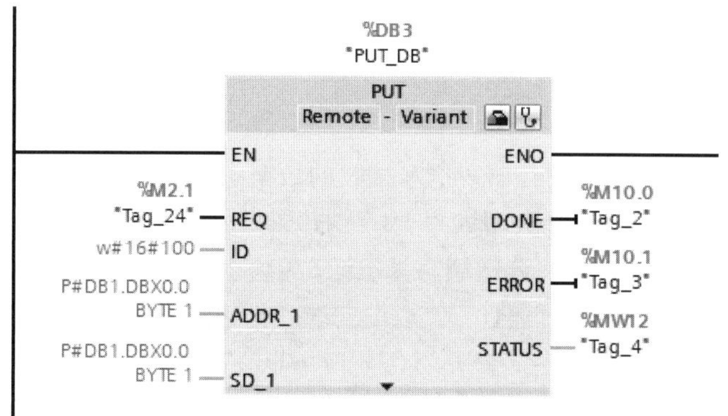

图 8-29　PUT 程序

将数据块_1（DB1）接收的数据传送到 PLC 的 QB0 中，将 MB10 存储区中的数据传送到数据块_1（DB1）发送指令中，如图 8-30 所示。

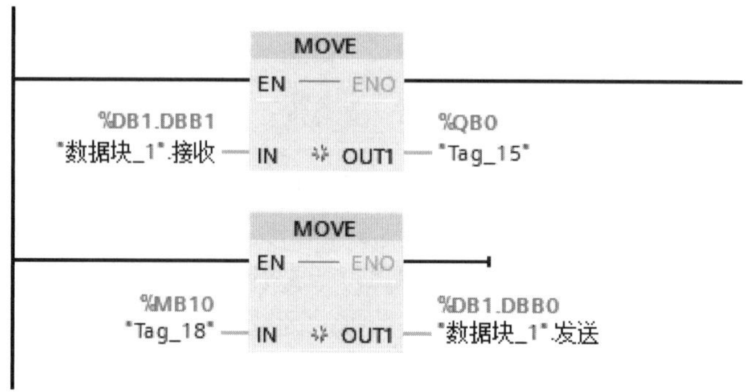

图 8-30　数据传送

③ 控制要求：S7-1200 PLC 的 CPU 控制 S7-200 SMART 的电动机启动与停止，第一次按下开关 I0.1，第一台电动机（M10.1）启动，第二次按下开关 I0.1，第二台电动机（M10.2）启动，第三次按下开关 I0.1，第三台电动机（M10.3）启动，第四次按下开关 I0.1，3 台电动机停止运转。程序如图 8-31、图 8-32 所示。

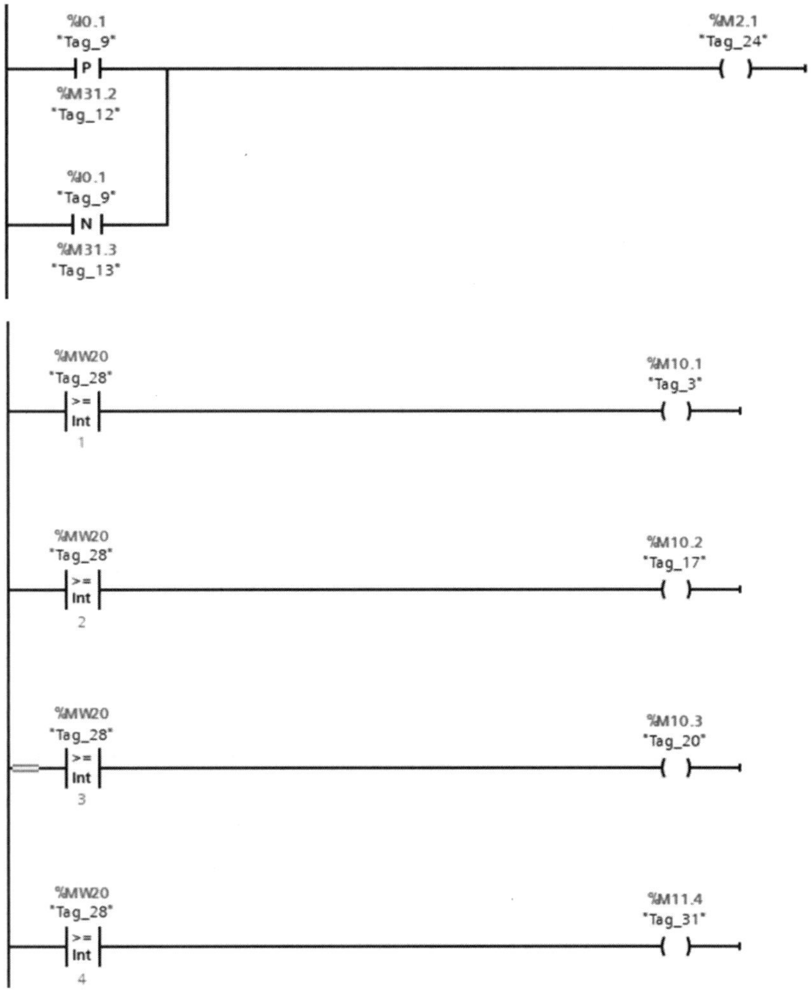

图 8-31　S7-1200 PLC 的 CPU 控制 S7-200 SMART 的电动机启停（1）

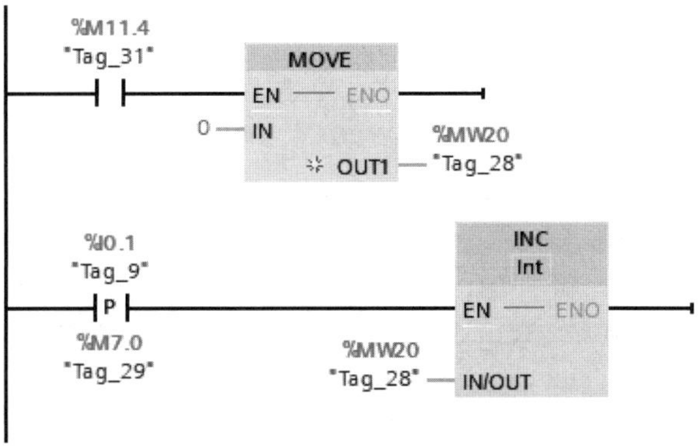

图 8-32　S7-1200 PLC 的 CPU 控制 S7-200 SMART 的电动机启停（2）

④ S7-200 SMART程序编写：S7-200 SMART是通信中的被动方，不用编写其S7通信程序，需要准备好被访问的数据。程序如图8-33所示。

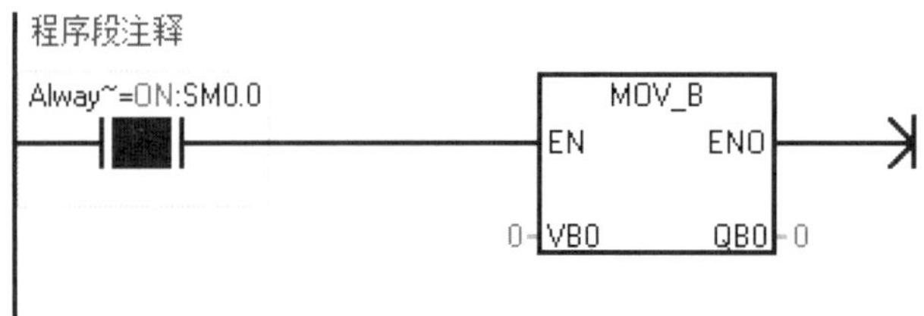

图8-33　S7-200 SMART程序

（3）“PUT”（表8-6）和“GET”（表8-7）指令参数

表8-6　“PUT”指令参数

参数	声明	数据类型	说明
REQ	Input	Bool	控制参数Request，在上升沿时激活数据交换功能
ID	Input	Word	用于指定与伙伴CPU连接的寻址参数
ADDR_1	InOut	Remote	指向伙伴CPU上用于写入数据的区域的指针 指针Remote访问某个数据块时，必须始终指定该数据块
RD_1	InOut	Variant	指向本地CPU上包含要发送数据的区域的指针

表8-7　“GET”指令的参数

参数	声明	数据类型	说明
REQ	Input	Bool	控制参数Request，在上升沿时激活数据交换功能
ID	Input	Word	用于指定与伙伴CPU连接的寻址参数
ADDR_1	InOut	Remote	指向伙伴CPU上待读取区域的指针 指针Remote访问某个数据块时，必须始终指定该数据块
SD_1	InOut	Variant	指向本地CPU上用于输入已读数据的区域的指针

（4）通信实验

① 将S7-1200 PLC的程序下载到设备中：选中项目树中的“PLC_1”，单击“编译”，没有错误后，单击“下载”→“开始搜索”，搜索相应地址的设备，将程序下载到设备中，单击“启用/禁用监视”按钮，启动监视功能。

② 将S7-200 SMART的程序下载到设备中：单击“编译”按钮，没有错误后，单击“下载”按钮，在弹出的“通信接口”窗口中单击“查找CPU”，搜索对应的IP地址，将其下载到设备中，单击“启用/禁用”监视按钮，启动监视功能。

③ 打开S7-200 SMART的状态图表：单击“视图”→“组件”→“项目树”→“状态图表”，在“地址”栏分别填入“VB0”和“VB1”，单击“启用/禁用监视”按钮，启动监视功能。

④ 依次按下开关I0.1，观察3台电动机是否依次启动，第四次按下开关I0.1时，3台电动机是否全部停止。结果如图8-34～图8-37所示。

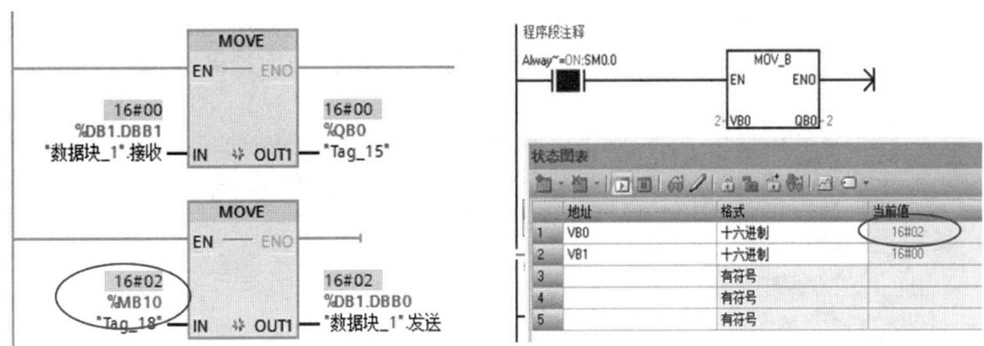

图 8-34　第一次按下开关 I0.1

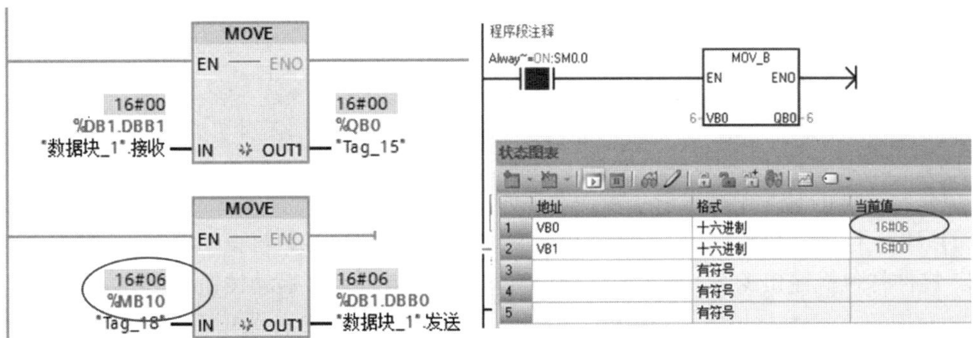

图 8-35　第二次按下开关 I0.1

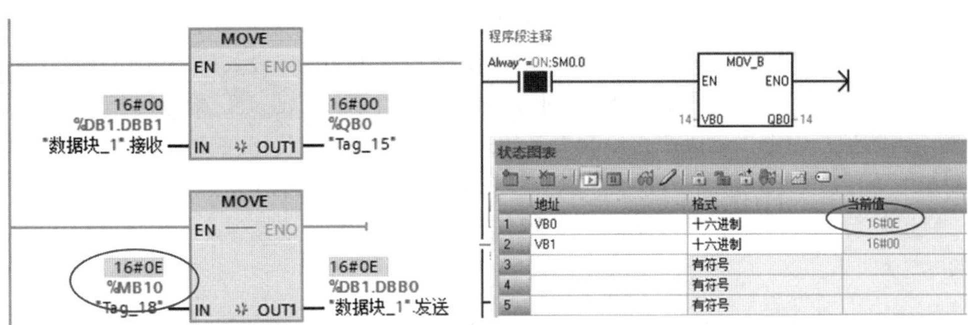

图 8-36　第三次按下开关 I0.1

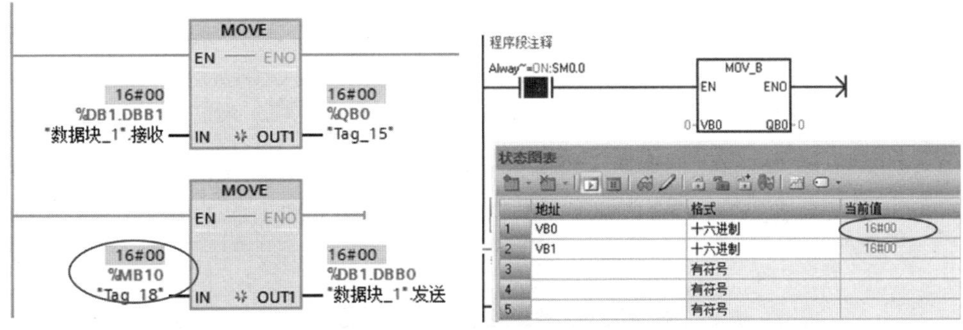

图 8-37　第四次按下开关 I0.1

⑤ S7-200 SMART 给 S7-1200 PLC 发送信息：在状态图表中“VB1”的“当前值”栏中填入“16#02”，单击“写入”按钮，观察 S7-1200 PLC 是否接收到数据。结果如图 8-38 所示。

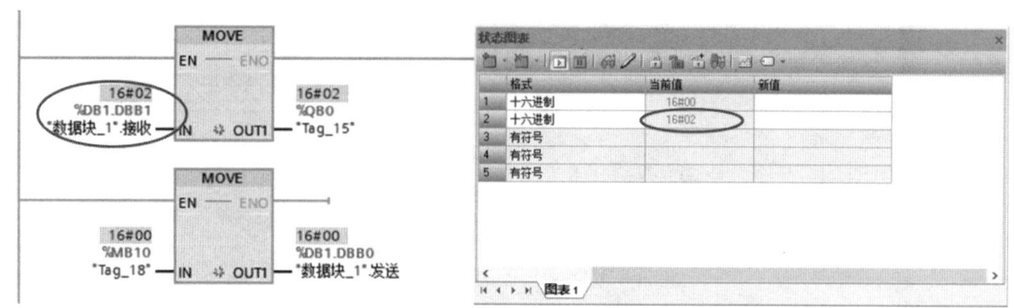

图 8-38　S7-200 SMART 给 S7-1200 PLC 发送信息

8.3.2　S7-1200 PLC 之间的 S7 通信

本节实验实现的是一个常见的工程作业，工程背景可以描述为：在控制室内控制机房中物件打包机的启停，按下启动按钮，当传送带传送两个物件后，物件打包机自动进行一次动作，按下停止按钮，物件打包机停止工作。在控制室内设有启动、停止按钮，启动按钮对应数字量输入 I0.1，停止按钮对应数字量输入 I0.2。本次实验假设物件打包机感应到物件的频率为 0.5Hz，即每经过两组频率为 0.5Hz 的周期后，物件打包机进行一次动作。

首先单击“设备和网络”添加两台对应型号的设备，在第一台设备中，单击“设备组态”→“PROFINET 接口[X1]”，在“接口连接到任务”窗口内，进行子网属性设置，在选择“添加新子网”后，“子网”更新为“PN/IE_1”，在“IP 协议任务”窗口设置第一台 PLC 的 IP 地址，在“PROFINET 任务”窗口内，勾选“自动生成 PROFINET 设备名称”，单击第一台 PLC 的“设备组态”→“防护与安全”→“连接机制”，勾选“允许来自远程对象的 PUT/GET 通信访问”。同理，对第二台 PLC 设备进行一致的设置，“子网”同样选择“PN/IE_1”，但注意两台 PLC 设备的 IP 地址不要冲突。单击“网络视图”→“连接”，选择“S7 连接”，此步完成后，网络视图结果如图 8-39 所示。

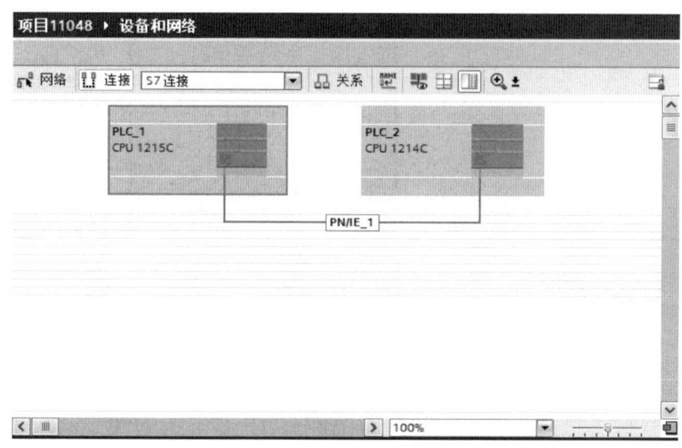

图 8-39　网络视图结果

如果需要在第一台设备中编写程序，则在“网络视图”中右击第一台PLC的“CPU”，单击“添加新连接”后，在“工作”窗口左侧单击需要进行通信的PLC设备，即单击“PLC_2”，记录“本地ID”为“100”，方便后期实验调试，勾选“主动建立连接”，单击“添加”。单击“网络视图”→“连接”，查看PLC_1与PLC_2的“本地ID”是否都为“100”，如图8-40所示。单击“网络视图”中连接两台PLC的网线上显示的“S7_连接_1”，可查看配置的伙伴与本地的组态信息，如图8-41所示。

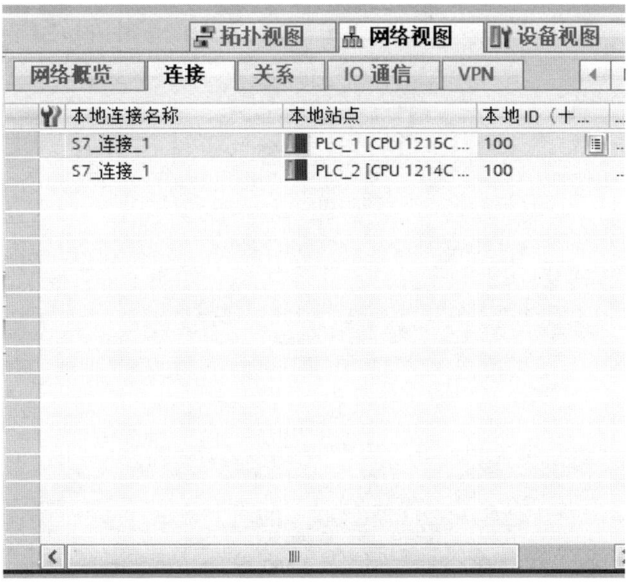

拓扑视图　网络视图　设备视图

网络概览　连接　关系　IO 通信　VPN

本地连接名称	本地站点	本地 ID（十...
S7_连接_1	PLC_1 [CPU 1215C ...	100
S7_连接_1	PLC_2 [CPU 1214C ...	100

图8-40　本地ID

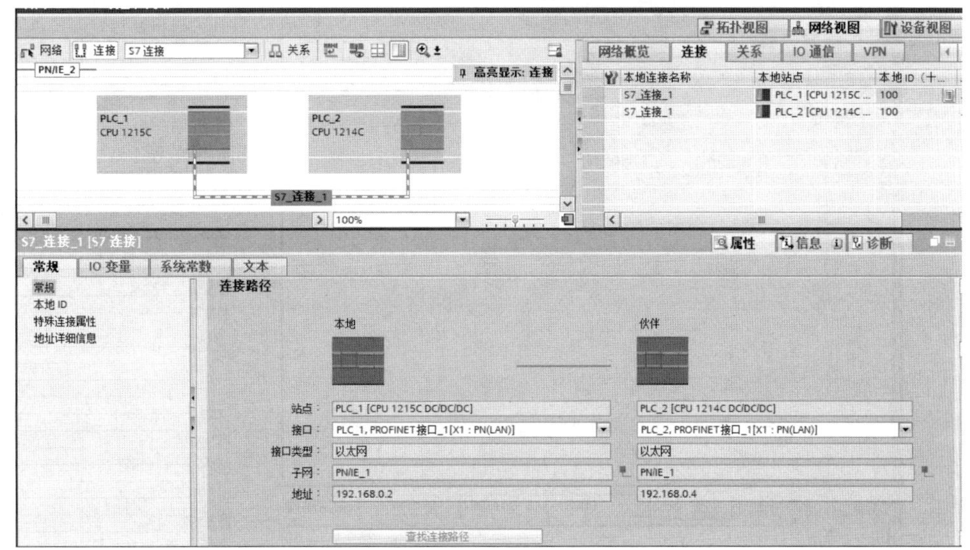

图8-41　伙伴与本地的组态信息

在第一台PLC中，单击“程序块”→“Main”，然后单击“指令”→“通信”→“S7通信”，添加“PUT”与“GET”程序模块，第一台PLC程序如图8-42所示。在第一台PLC中，单击“添加新块”→“数据块”→“手动”，编号为“3”，单击“确定”，在数据块 DB3 中，添加两组数据，第一行数据名称为“发送”，数据类型为“Word”，第二行数据名称为“接收”，数据类型同样设置为“Word”，然后右击“数据块_1[DB3]”，单击“属性”，取消勾选“优化块的访问”，完成该步骤之后编译程序，数据块 DB3 中会弹出“偏移量”一栏，操作结果如图 8-43 所示。

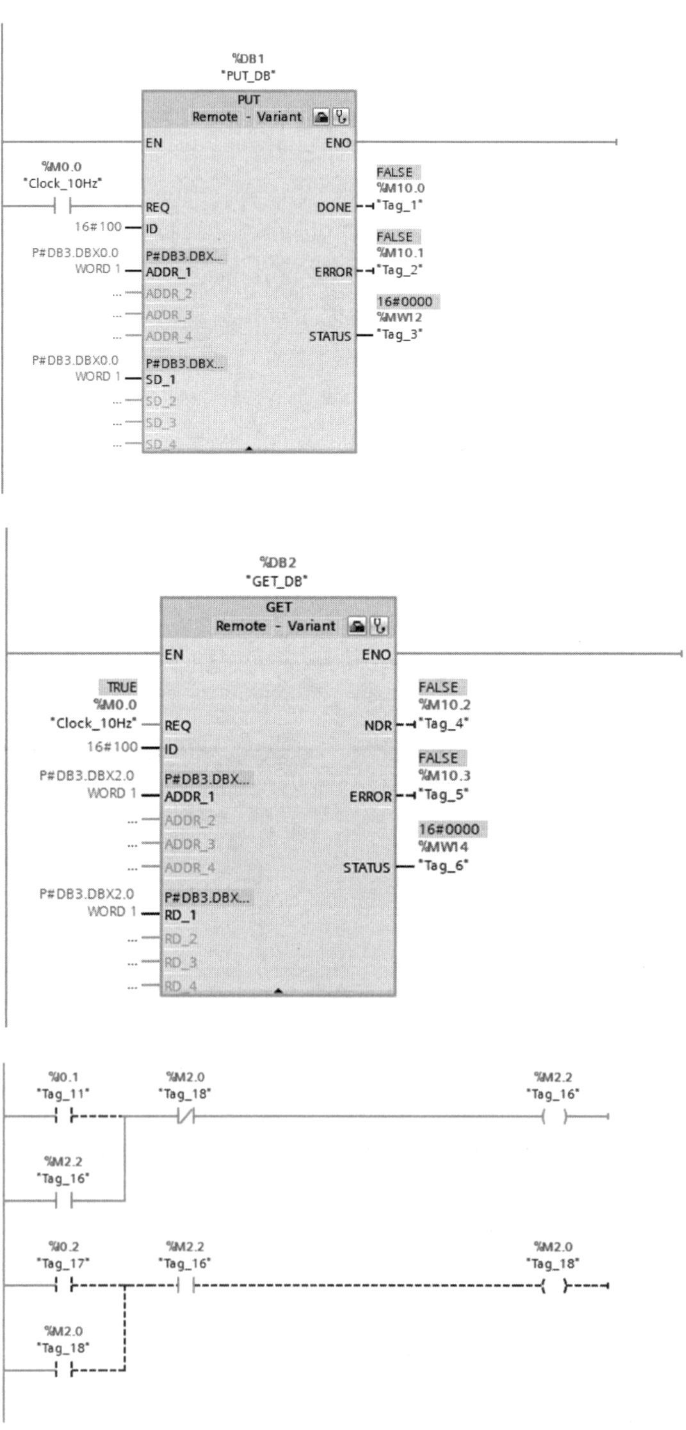

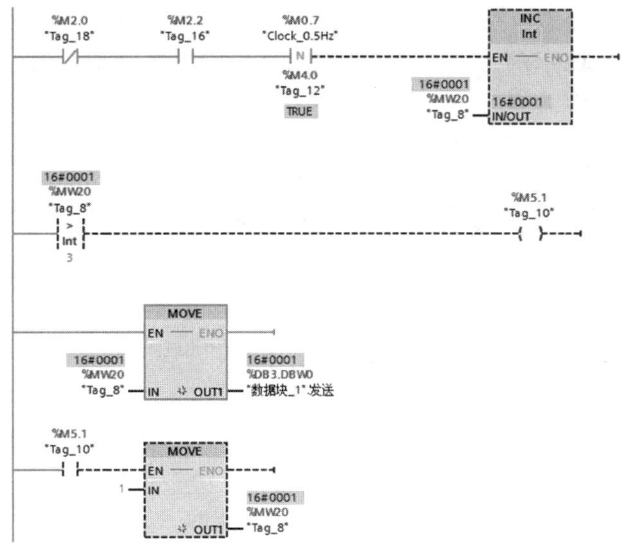

图 8-42　第一台 PLC 程序

数据块_1

		名称	数据类型	偏移量	起始值	保持	可从 HMI/...	从 H...
1		▼ Static				☐	☐	☐
2		■ 发送	Word	0.0	16#0	☐	☑	☑
3		■ 接收	Word	2.0	16#0	☐	☑	☑

图 8-43　数据块_1[DB3]

在第二台 PLC 中，单击“程序块”→“Main”，单击“添加新块”→“数据块”→“手动”，编号为“3”，单击“确定”，在数据块 DB3 中，同样添加两组数据，与第一台 PLC 不同之处在于第一行数据名称为“接收”，数据类型为“Word”，第二行数据名称为“发送”，数据类型同样设置为“Word”，同样右击“数据块_1[DB3]”，单击“属性”，取消勾选“优化块的访问”。操作结果如图 8-44 所示。

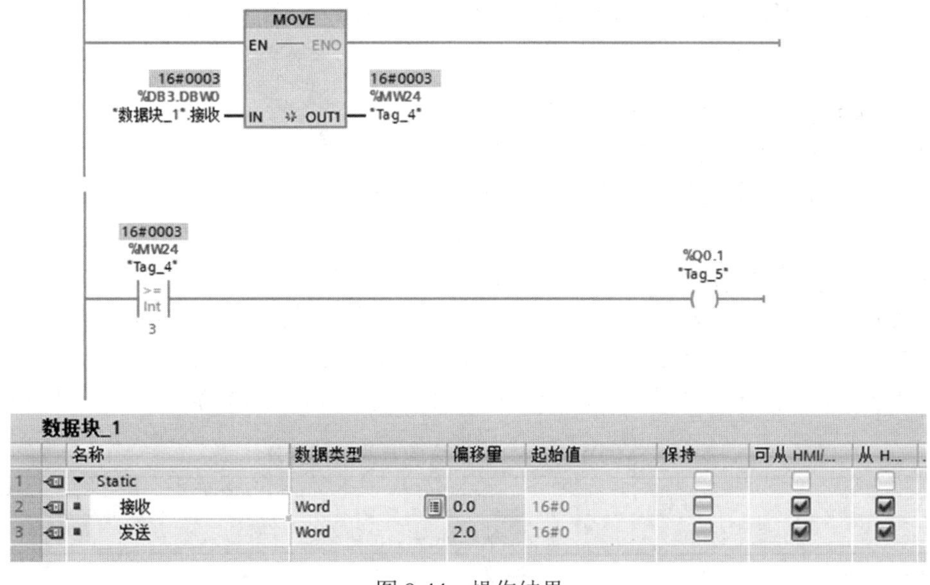

数据块_1

		名称	数据类型	偏移量	起始值	保持	可从 HMI/...	从 H...
1		▼ Static				☐	☐	☐
2		■ 接收	Word	0.0	16#0	☐	☑	☑
3		■ 发送	Word	2.0	16#0	☐	☑	☑

图 8-44　操作结果

将 PLC_1 与 PLC_2 的组态分别下载，按下 PLC_1 的 I0.1，PLC_2 的 Q0.1 将以两组频率为 0.5Hz 的周期时间间隔进行通断动作，按下 I0.2，PLC_2 的 Q0.1 可在任意时间停止导通，再次按下 I0.1，物件打包机将会继续工作。

8.4 MODBUS RTU 通信

MODBUS 是一种报文传输协议，已经成为工业领域通信协议的业界标准，现在是工业电子设备之间常用的连接方式。

MODBUS 通信协议根据传输网络类型的不同，分为串行链路上的 MODBUS 协议和基于 TCP/IP 的 MODBUS TCP。

串行链路上的 MODBUS 协议是一个采用请求-响应方式的主从协议。在同一时刻，只有一个主站连接于总线，一个或多个从站连接于同一条串行总线。MODBUS 通信总是由主站发起，从站在没有收到来自主站的请求时，不会发送数据。从站之间不会互相通信。

对于串行连接，有 MODBUS RTU 和 MODBUS ASCII 两种报文传输方式。MODBUS RTU 常采用 RS-485 作为物理层，采用二进制报文数据进行通信；MODBUS ASCII 使用 ASCII 字符，ASCII 格式使用纵向冗余校验和。

S7-1200 PLC 采用 RTU 模式，在 MODBUS 网络上，主站没有地址，从站地址范围为 0～247，0 为广播地址。当 RS-232 模块作为 MODBUS RTU 的主站时，只能与一个从站通信；当 RS-485 模块或 RS-422/485 模块作为 MODBUS RTU 的主站时，至多可与 32 个从站通信。

本节实验使用 DB9 头进行连接，串口通信可分为 RS-232 通信、RS-422 通信以及 RS-485 通信。主要介绍 RS-485 通信，RS-485 通信占用 DB9 头的 3、8 端口，端口 3 为正，端口 8 为负，是一种基于半双工的通信方式，不允许同时接发数据，安全稳定。

8.4.1 S7-1200 PLC 与温度模块进行 MODBUS RTU 通信

（1）MODBUS RTU 通信基础

MODBUS RTU 通信参数主要为波特率、数据长度、校验方式以及停止位。例如，波特率设置为 9600 bit/s，数据长度设置为 8，校验方式为偶校验，停止位设置为 1。这组参数所代表的含义为：每秒给出 9600 个位，每 8 位二进制数据组合成为 1 个字节，每个字节由 1 位二进制位作为停止位，多个字节组成的数据包进行数据传输，且校验方式为偶校验。MODBUS RTU 协议规定的数据传输格式如表 8-8 所示。解析数据写入格式如表 8-9 所示，含义为给站号为 1 的从机写入数据地址为 0001H 的数据 0002H，且校验方式为偶校验。解析数据读取格式如表 8-10 所示，含义为读取站号为 1 的从机的数据 0002H，且数据地址为 0001H，校验方式为偶校验。

表 8-8 MODBUS RTU 协议规定的数据传输格式

设备地址	功能码	数据格式	CRC 校验 L	CRC 校验 H
8bit	8bit	N×8bit	8bit	8bit

表 8-9　解析数据写入格式

设备地址	功能码（写）	数据地址	数据	CRC 校验
0x01	06	0001H	0002H	CRC1 CRC2

表 8-10　解析数据读取格式

设备地址	功能码（读）	数据地址	数据	CRC 校验
0x01	03	0001H	0002H	CRC1 CRC2

（2）S7-1200 PLC 与温度模块进行 MODBUS RTU 通信

S7-1200 PLC 通过扩展一个 CM 1241 通信模块（含 RS-485 串口）与 MODBUS 通信仪表（温度模块）进行连接，直接与通信仪表进行通信，PLC 给通信仪表发送通信命令，通信仪表根据接收到的命令回传命令，在 PLC 上得到相应的温度。

（3）参数设置

在博途软件中生成一个名为“MODBUS RTU 通信”的项目，添加一块“CPU 1212C DC/DC/DC”，默认的名称为“PLC_1”。修改 IP 地址为 192.168.0.111。勾选“启用系统存储器字节”和“启用时钟存储器字节”。

在 CPU 的左侧添加一个通信模块，在右侧“目录”中选择“通信模块”→“点到点”→“CM 1241（RS-422/485）”，选择与添加的通信模块相同的型号，本实验的通信模块型号为 6ES7 241-1CH32-0XB0，将其拖拽到 CPU 左侧 101 位置，如图 8-45 所示。双击添加的通信模块，在下方“巡视”窗口能查看到与之相关的参数信息，如“协议”为“自由口”，“操作模式”为“半双工（RS-485）2 线制模式”，“波特率”为“9.6kbps”（9.6kb/s），“奇偶校验”为“无”等信息，一般系统默认的参数就是所需要的参数，如图 8-46 所示。

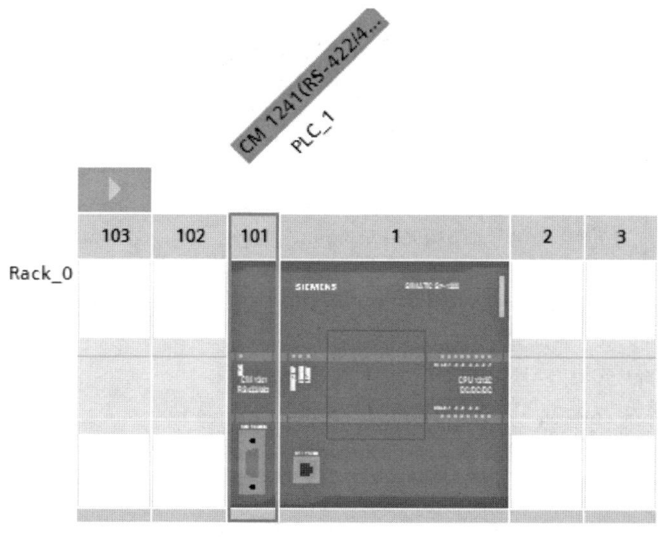

图 8-45　CPU 添加通信模块图

（4）程序编写

双击“Main[OB1]”，在“指令”选项中选择“通信”→“通信处理器”→“MODBUS”，将“MB_COMM_LOAD”指令拖放到程序段 1 中，在弹出的对话框中单击“确定”，生成一个名为“MB_COMM_LOAD_DB”的数据块。程序的编写如图 8-47 所示。

CM 1241 (RS422/485)_1 [Module]　属性　信息　诊断

常规 | IO 变量 | 系统常数 | 文本

- 常规
- RS422/485 接口
  - 常规
  - 端口组态
  - 组态传送消息
  - 组态所接收的消息

端口组态

协议

协议：自由口

操作模式

- ○ 全双工（RS-422）4 线制模式，点到点
- ○ 全双工（RS-422）4 线制模式，多点主站
- ○ 全双工（RS-422）4 线制模式，多点从站
- ◉ 半双工（RS-485）2 线制模式

接收线路初始状态

- ◉ 无
- ○ 与 R(B)>R(A)>=0V 的偏差

断路

- ○ 无断路检查
- ○ 启用断路检查

波特率：9.6 kbps

奇偶校验：无

数据位：8 位/字符

停止位：1

图 8-46　通信模块参数信息

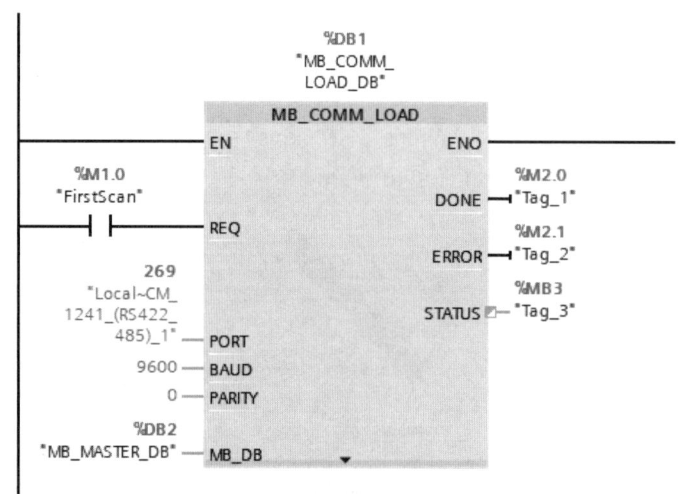

图 8-47　“MB_COMM_LOAD_DB”数据块的程序

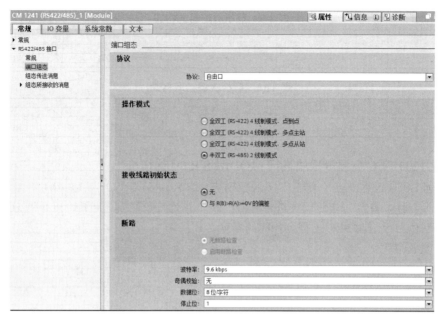

双击项目树中的“添加新块”，选择“数据块（DB）”，生成一个名为“数据块_1[DB3]”的数据块，双击新生成的数据块，“名称”设置为“回传数据”，“数据类型”设置为“Int”，右击数据块后单击“属性”，取消勾选“优化访问块”，数据块中会增加“偏移量”一栏，结果如图 8-48 所示。

数据块_1

	名称	数据类型	偏移量	起始值	保持	可从 HMI/...	从 H...	在 HMI ...	设定值	注释
1	▼ Static									
2	■ 回传数据	Int	...	0	☐	☑	☑	☑	☐	

图 8-48　数据块_1[DB3]

将“MB_MASTER”指令拖放到程序段 2 中，在弹出的对话框中单击“确定”，生成一个名为“MB_MASTER_DB”的数据块。要读取温度模块的数据，对应的“MODE”为“0”，MODBUS 功能码为“03”（见表 8-11），MODBUS 起始地址为十进制的 40001，对应的数据地址为十六进制的 0000H，本实验需要的数据地址为 0001H，对应的 MODBUS 起始地址为十进制的 40002。程序的编写结果如图 8-49 所示。

表 8-11　MODE 参数

MODE	MODBUS 功能码	数据长度	操作和数据	MODBUS 地址
0	01	1～2000 1～1992	读取输出位： 1～1992（或 2000）个位/查询	1～9999
0	02	1～2000 1～1992	读取输入位： 1～1992（或 2000）个位/查询	10001～19999
0	03	1～125 1～124	读取保持寄存器： 1～124（或 125）个字/查询	40001～49999 或者 400001～465535
0	04	1～125 1～124	读取输入字： 1～124（或 125）个字/查询	30001～39999
1	05	1	写入输出位： 1 个位/查询	1～9999
1	06	1	写入保持寄存器： 1 个字/查询	40001～49999 或者 400001～465535
1	15	2～1968 2～1960	写入多个输出位： 2～1960（或 1968）个位/查询	1～9999
1	16	2～123 2～122	写入多个保持寄存器： 2～122（或 123）个字/查询	40001～49999 或者 400001～465535
2	15	2～1968 2～1960	写入一个或多个输出位： 1～1960（或 1968）个位/查询	1～9999
2	16	2～123 2～122	写入一个或多个保持寄存器： 2～122（或 123）个字/查询	40001～49999 或者 400001～465535
11	11	0		
80	08	1	通过读取错误代码（0x0000）检查从站状态： 1 个字/查询	
81	08	1	通过诊断代码 0x0000A 复位从站的事件计数器： 1 个字/查询	
3～10、12～79、82～2555			预留	

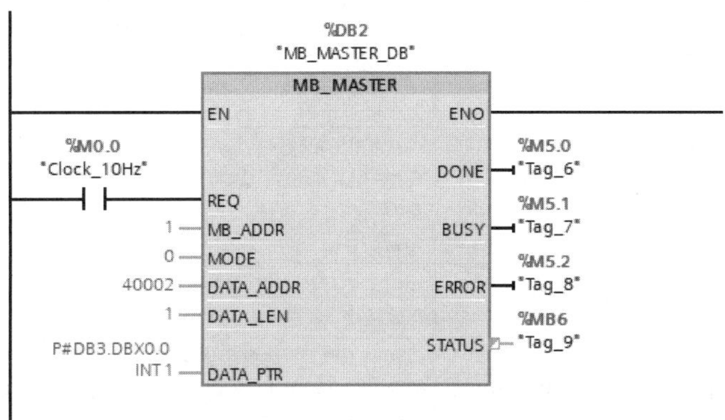

图 8-49

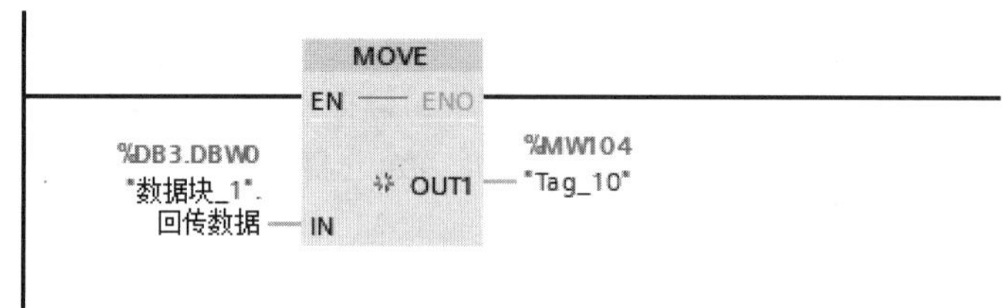

图 8-49 “MB_MASTER_DB”数据块的程序

（5）“MB_COMM_LOAD”（表 8-12）和“MB_MASTER”（表 8-13）指令参数

表 8-12 “MB_COMM_LOAD”指令参数

参数	声明	数据类型	说明
REQ	Input	Bool	在上升沿执行命令
PORT	Input	Port	通信端口的 ID： 在设备组态中插入通信模块后，端口 ID 就会显示在 PORT 框连接的下拉列表中；也可以在变量表的“常数”(Constant) 选项卡中引用该常数
BAUD	Input	Udint	波特率选择： 300、600、1200、2400、4800、9600、19200、38400、57600、76800、115200 所有其他值均无效
PARITY	Input	Uint	奇偶校验选择： 0—无 1—奇校验 2—偶校验
MB_DB	Input	MB-BASE	“MB_MASTER”或“MB_SLAVE”指令的背景数据块的引用在程序中插入“MB_SLAVE”或“MB_MASTER”之后，数据块标识符会显示在 MB_DB 框连接的下拉列表中

表 8-13 “MB_MASTER”指令参数

参数	声明	数据类型	说明
REQ	Input	Bool	请求输入： 0—无请求 1—请求将数据发送到 MODBUS 从站
MB_ADDR	Input	Uint	MODBUS RTU 站地址： 默认地址范围：0～247 扩展地址范围：0～65535 值“0”已预留，用于将消息广播到所有 MODBUS 从站。只有 MODBUS 功能代码 05、06、15 和 16 支持广播
MODE	Input	Usint	模式选择 指定请求类型：读取、写入或诊断
DATA_ADDR	Input	Udint	从站中的起始地址： 指定 MODBUS 从站中供访问的数据的起始地址可在 MODBUS 功能表中找到有效地址
DATA_LEN	Input	Uint	数据长度： 指定要在该请求中访问的位数或字数。可在 MODBUS 功能表中找到有效长度
DATA_PTR	InOut	Variant	指向 CPU 的数据块或位存储器地址，从该位置读取数据或向其写入数据。对于数据块，必须使用“标准-与 S7-300/400 兼容”访问类型进行创建

（6）通信结果

温度模块与扩展模块接线如图 8-50（a）所示。

选中项目树中的“PLC_1”，单击“编译”，没有错误后，单击“下载”→“开始搜索”，搜索相应地址的设备，将程序下载到设备中，单击“启用/禁用监视”按钮，启动监视功能，温度显示如图 8-50(b)所示，本次实验的温度为 26.26℃。

(a)温度模块与扩展模块接线图　　(b)温度显示

图 8-50　通信结果

8.4.2　S7-1200 PLC 与变频器进行 MODBUS RTU 通信

（1）VD20 台达变频器预备知识

通过查阅 VD20 台达变频器使用说明书，使用 RS-485 通信需要进行参数码的配置，如表 8-14 所示，变频器参数如表 8-15 所示。

表 8-14　RS-485 参数

参数码	配置值	含义
P00	03	主频率输入、通信输入（RS-485）
P01	03	运转指令由通信输入控制，键盘 STOP 键有效
P88	01	RS-485 通信地址
P89	01	数据传输速度，9600bit/s
P92	04	MODBUS RTU 模式，数据格式＜8,E,1＞

表 8-15　变频器参数

定义	参数地址	功能说明	
对驱动器的命令	2000H	Bit0～1	00B—无功能 01B—停止 10B—启动 11B—JOG 启动
		Bit2～3	保留
		Bit4～5	00B—无功能 01B—正方向指令 10B—反方向指令 11B—改变方向指令
		Bit6～15	保留
	2001H	频率指令	

通过表 8-14 中参数码 P92 确定了本次实验 RS-485 通信配置的参数。通过表 8-15 的参数地址可以在 PLC 程序中输入对应的十六进制字符，即可控制变频器的频率、启停及其转速方向。通过查阅手册可知，台达变频器以十进制 0～5000 对应 0～50Hz。例如，通过 PLC 控制变频器正方向启动，Bit15～0 依次为 0000 0000 0001 0010，即 12H；同理，停止 Bit15～0 为 0000 0000 0000 0001，即 01H，40Hz 对应十进制 4000，转化为十六进制 0FA0H，20Hz 对应十进制 2000，转化为十六进制 07D0H。台达变频器的通信网口与 PLC 扩展模块的硬件接线如图 8-51 所示。

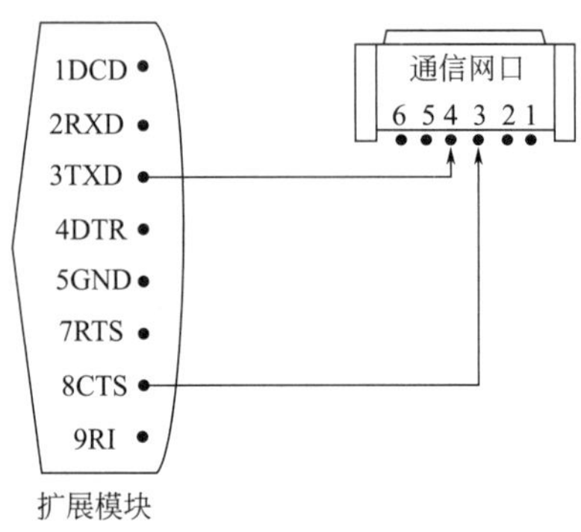

图 8-51　台达变频器的通信网口与 PLC 扩展模块硬件接线

（2）台达变频器与 PLC 进行 MOTBUS 通信

单击“硬件目录”→“通信模块”→“点到点”→“CM 1241（RS-422/485）”，选择对应的通信模块硬件型号“6ES7 241-1CH32-0XB0”，添加至组态中。双击添加的通信模块进行参数设置，单击“常规”→“端口组态”，“操作模式”选择“半双工（RS-485）2 线制模式”，“波特率”设置为“9.6kbps”，“奇偶校验”选择“偶检验”，“数据位”设置为“8 位/字符”，“停止位”设置为“1”，其他参数默认即可。单击“系统常数”记录下硬件标识符的参数，本次实验硬件标识符的参数是 269。同时进入“设备组态”，单击“常规”→“系统和时钟存储器”，勾选“启用系统存储器字节”和“启用时钟存储器字节”。

单击“Main”，然后单击“通信”→“通信处理器”→“MODBUS”，添加“MB_COMM_LOAD”程序段以及两个“MB_MASTER”程序段。“MB_COMM_LOAD”程序段的作用是将 PLC 与 RS-422/485 模块建立起通信，该程序段的通信模块选择在组态中添加的 RS-422/485 模块，观察是否与记录下的硬件标识符一致，波特率设置为 9600bit/s，奇偶校验为 2（偶校验），数据块设置为对应的“MB_MASTER”程序段的“DB2”。需要注意的是，第二个“MB_MASTER”程序段最好通过粘贴第一个“MB_MASTER”程序段来建立，原因为在于本节实验中，变频器对应两个写入数据的程序段，一个用于控制启停，另一个用于控制频率。

单击“MB_MASTER”后，按下 F1 查看引脚帮助，单击参数说明的“MODE”。这里着重于介绍 MODBUS 地址的使用方法，比如给从机变频器写入预期的频率，对应的“MODE”为“1”，MODBUS 功能码为“06”，其对应的 MODBUS 起始地址为十进制的 40001。前文介绍，台达变频器频率地址为十六进制的 2001H，将其转化为十进制等于 8193，因此，起始地址就变成 48194。同理，控制变频器启停的地址为十六进制的 2000H，因此控制启停的起始地址变为 48193。

单击“添加新块”→“数据块”，第一行命名为“启停”，“数据类型”为“Word”，第二行命名为“频率”，“数据类型”同为“Word”。右击刚才建立的“数据块_1”，单击“属性”，取消勾选“优化块的访问”，编译后，出现“偏移量”一栏，如图 8-52 所示。在起始地址为 48193 的“MB_MASTER”程序段中，数据块输入的为所建立的数据块偏移量为 0.0 的数据（启停），本节建立的数据块为“数据块_1[DB3]”，表示方法为 P#DB3.DBX0.0 WORD1；在起始地址为 48194 的“MB_MASTER”程序段中，数据块输入的为所建立的数据块偏移量为 2.0 的数据（频率），表示方法为 P#DB3.DBX2.0 WORD1。本次实验设计 I0.0 为启动按钮，I0.1 为停止按钮，I0.2 代表修改频率。首先启动监视，右击“MW106”→“修改”→“修改操作数”，给存储器 MW106 写入 16#0012，同理给存储器 MW108 写入 16#0001，假设设置频率为 20Hz，给存储器 MW110 写入 16#07D0，按下 I0.0，变频器进入启动状态。按下 I0.2,频率达到 20Hz，按下 I0.1,频率降低为 0，变频器停止工作。程序如图 8-53 所示。

1200变频器modbus5_V15.1 ▸ PLC_1 [CPU 1215C DC/DC/DC] ▸ 程序块 ▸ 数据块_1 [DB3]

保持实际值　快照　将快照值复制到起始值中　将起始值加载为实际值

数据块_1

名称	数据类型	偏移量	起始值	监视值	保持	可从 HMI/...	从 H...	在 HMI ...	设定值	注释
▼ Static										
启停	Word	0.0	16#0	16#0012	☐	☑	☑	☑	☐	
频率	Word	2.0	16#0	16#07D0	☐	☑	☑	☑	☐	

图 8-52　数据块_1[DB3]

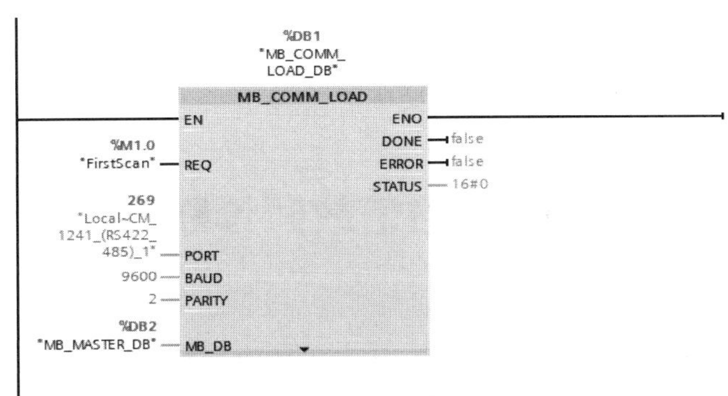

图 8-53

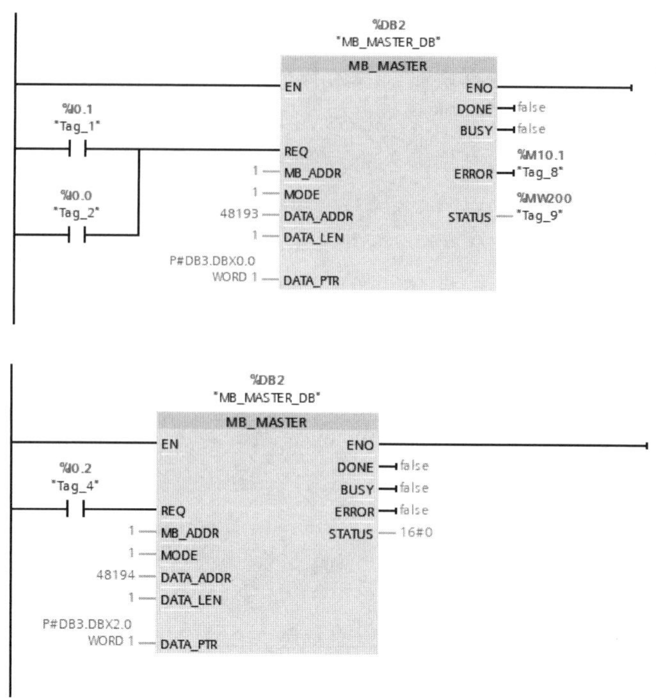

图 8-53　变频器与 PLC 通信梯形图

8.5　通信故障诊断

PLC 技术已经广泛应用于各个控制领域，在实际的应用过程中，由于各种原因不可避免地会出现各种各样的故障，常见的故障分布如图 8-54 所示。

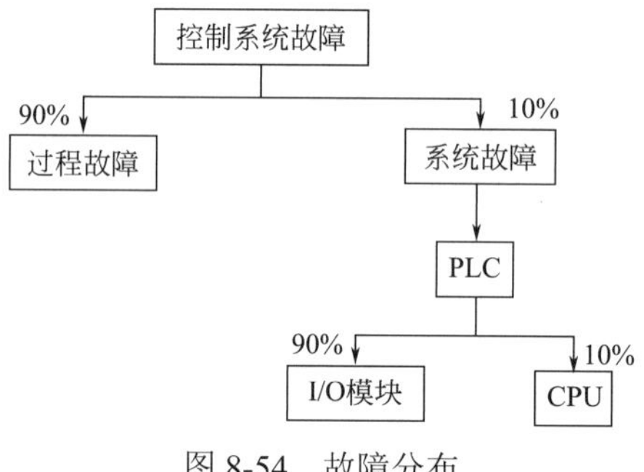

图 8-54　故障分布

8.5.1　与故障诊断有关的中断组织块

当一个故障出现或编程发生错误时，CPU 将会调用对应的中断组织块，在对应中断 OB 中编写程序对故障或错误的编程进行处理。如果未对调用的中断 OB 进行编程，CPU 则进入“STOP”

模式。这个调用会在 CPU 的诊断缓冲区中显现出来，用户可以在对应的中断 OB 中编写如何处理这种错误的程序，其响应流程如图 8-55 所示。

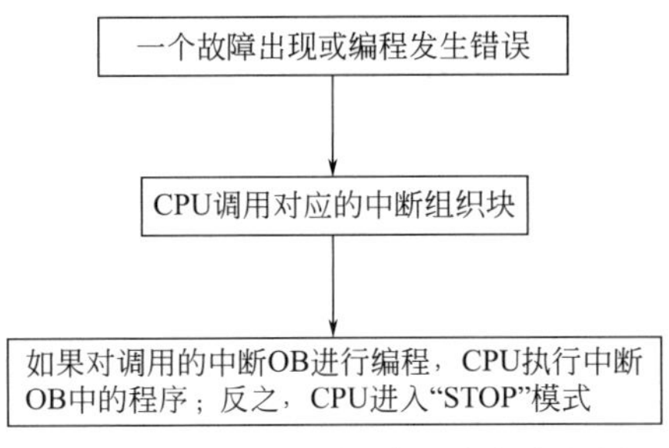

图 8-55　中断组织块编程响应流程图

CPU 会根据检测到的错误，调用适当的中断组织块，如表 8-16 所示。

表 8-16　处理错误的中断组织块

错误	OB 号	错误类型	优先级
异步错误	OB80	时间错误	26
	OB81	电源错误	26/28
	OB82	诊断中断	
	OB83	插入/取出模块中断	
	OB84	CPU 硬件故障	
	OB85	优先级错误	
	OB86	机架故障或分布式 I/O 的站故障	
	OB87	通信错误	
同步错误	OB121	编程错误	同引起错误的 OB 的优先级
	OB122	I/O 访问错误	

异步错误没有独立的处理程序，当操作系统检测到一个异步错误时，将启动相应的中断 OB，见表 8-17。

表 8-17　处理异步错误的中断组织块

错误类型	举例	中断组织块
时间错误	循环时间超出	OB80
电源错误	后备电源失效	OB81
诊断中断	有诊断功能的模块发出诊断请求	OB82
插入/取出模块中断	模块的插/拔	OB83
CPU 硬件故障	MPI 接口、C-BUS 接口或分布式 I/O 接口故障	OB84
优先级错误	未下载的 OB 启动事件	OB85
机架故障或分布式 I/O 的站故障	S7-400 PLC 从站故障	OB86
通信错误	电缆不识别	OB87

同步错误的出现与执行用户程序错误有关，如果程序中有不正确的地址区、错误的编码或错误的地址，都会出现同步错误，操作系统将调用 OB121、OB122。当系统出现与编程有关的错误，

如调用的函数没有下载到 CPU 中、BCD 编码错误等，系统调用 OB121；当系统出现与 I/O 访问有关的错误，如访问 I/O 模块时，出现读错误，系统调用 OB122。处理同步错误的 OB 优先级与检测到引起错误的 OB 优先级一致。因此，中断发生时，OB121 和 OB122 可以访问累加器和其他存储器中的内容，用户程序可以利用它们来处理错误。

8.5.2 使用 LED 诊断故障

当 PLC 自身发生故障或外围设备发生故障时，可用 PLC 上具有诊断指示功能的发光二极管（LED）的颜色变化来诊断。查找故障的最基本工具便是 LED。往往使用 LED 三种颜色来提示相关状态：LED 显示为绿色，表示正常运行，如正常通电；LED 显示为黄色，表示特殊的运行状态，如强制时；LED 显示为红色，表示出错（ERROR），如 CPU 的内部错误、组态错误等。此外，有维护请求时橙色 MAIN（维护）LED 常亮。

（1）CPU 的 LED

用 LED 提供 CPU 的 I/O 模块的运行状态或 I/O 信息，CPU、LED 组合的意义如表 8-18 所示。

表 8-18　CPU、LED 组合的意义

描述	STOP/RUN（黄/绿）	ERROR（红）	MAIN（橙）
断电	熄灭	熄灭	熄灭
启动、自检测、固件更新	黄色/绿色交替闪烁	—	熄灭
STOP 模式	黄色常亮	—	—
RUN 模式	绿色常亮	—	—
拔出存储卡	黄色常亮	—	闪烁
出错	黄色或绿色常亮	闪烁	—
维护请求	黄色或绿色常亮	—	常亮
硬件故障	黄色常亮	常亮	熄灭
LED 检测或 CPU 固件有问题	黄色/绿色交替闪烁	闪烁	闪烁

（2）信号模块的 LED

CPU 和每块数字量信号模块（DSM）为每点 DI、DO 提供 LED，点亮对应点为 1 状态，熄灭对应点为 0 状态。模拟量信号模块（ASM）为每个 AI、AO 通道也提供 LED，绿色表示通道被组态激活，红色表示通道处于错误状态。此外，DSM 和 ASM 还有 DIAG（诊断）LED，绿色表示正常，红色表示不可用，信号模块 LED 的组合意义如表 8-19 所示。

表 8-19　信号模块 LED 的组合意义

描述	DIAG（红/绿）	I/O 通道（红/绿）
现场侧电源消失	红色闪动	红色闪动
没有组态或没有进行更新	绿色闪动	熄灭
模块被正确组态	绿色常亮	绿色常亮
错误的状态	红色闪动	—
I/O 错误（诊断被激活）	—	红色闪动
I/O 错误（诊断被禁止）	—	绿色常亮

8.5.3　STEP 7 故障诊断

STEP 7 调试工具见表 8-20。

表 8-20　STEP 7 调试工具

<table>
<tr><th colspan="2">系统故障</th><th colspan="2">过程故障</th></tr>
<tr><td rowspan="4">模块信息</td><td>诊断缓冲区</td><td colspan="2">使能外设输出（修改输出）</td></tr>
<tr><td>中断堆栈</td><td colspan="2">监视/修改变量</td></tr>
<tr><td>块堆栈</td><td colspan="2">监视块（块状态）</td></tr>
<tr><td>局部堆栈</td><td rowspan="3">参考数据</td><td>交叉参考</td></tr>
<tr><td colspan="2" rowspan="2">硬件诊断</td><td>I/Q/M/T/C 分配表</td></tr>
<tr><td>程序结构</td></tr>
</table>

当发生系统故障时，CPU 进入“STOP”状态，可以通过“模块信息”工具中的“诊断缓冲区”“中断堆栈”“块堆栈”“局部堆栈”和“硬件诊断”工具给出错误的原因和中断位置的详细信息。通过对中断组织块进行编程，出现的错误信息可被程序评估，并且可以避免使 CPU 进入“STOP”状态的条件出现。

一般地，通过“模块信息”能诊断出的常见故障见表 8-21。

表 8-21　“模块信息”能诊断出的常见故障

序号	故障	显示信息
1	被调用的程序块未下载	FC 不存在
2	访问了不存在的 I/O 地址	地址访问错误
3	输入了非 BCD 码值	BCD 码转化错误
4	访问了不存在的数据块	DB 不存在
5	访问了不存在的数据块地址	访问地址长度出错

8.5.4　UDP 通信故障诊断

如果按照 8.3.2 节的步骤完成操作后，PLC 与 PLC 之间无法成功完成通信，可以尝试重启 CPU，再次进行通信，如果仍然不能成功通信，可以借助“NetAssist”软件来进行故障排查。“NetAssist”是一款用来调试端口通信的软件，主要功能是检测通信端口能否成功打开并工作。

安装好“NetAssist”软件后，首先进行接收模块的故障检查，打开该软件进行参数设置，“协议类型”选择“UDP”，“本地主机地址”选择上位机以太网地址，本次实验为 192.168.0.2，“本地主机端口”设置为 PLC 接收模块组态好的端口，本次实验为 3400，“接收设置”与“发送设置”都选择“HEX”形式（十六进制），设置“远程主机”的地址与端口，本次实验为 192.168.0.1：3400。输入“01”，单击“发送”，如果 PLC 接收模块的程序段没有问题，那么 PLC 可以接收到上位机发送的数据。软件参数设置如图 8-56 所示，PLC 接收数据梯形图如图 8-57 所示。

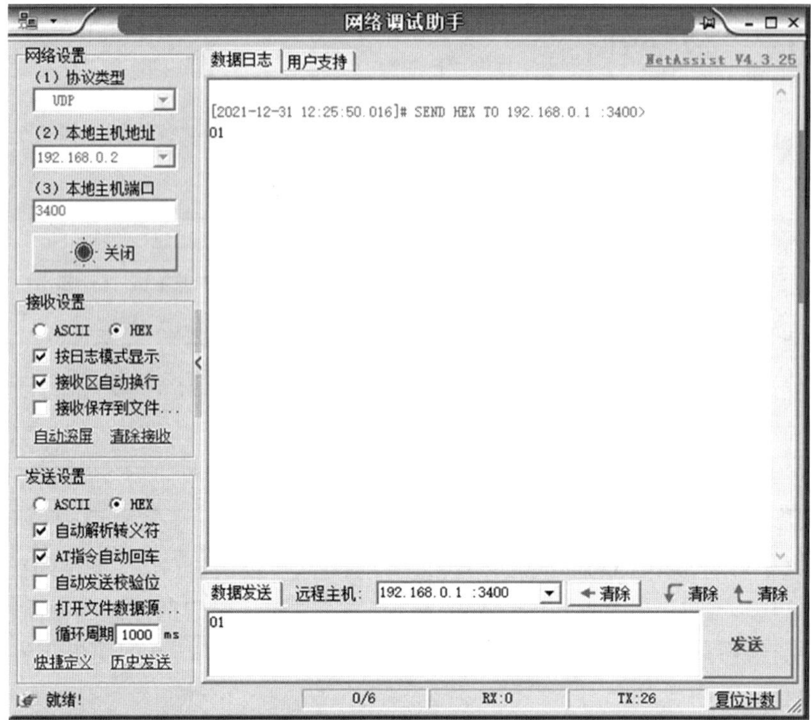

图 8-56　软件参数设置

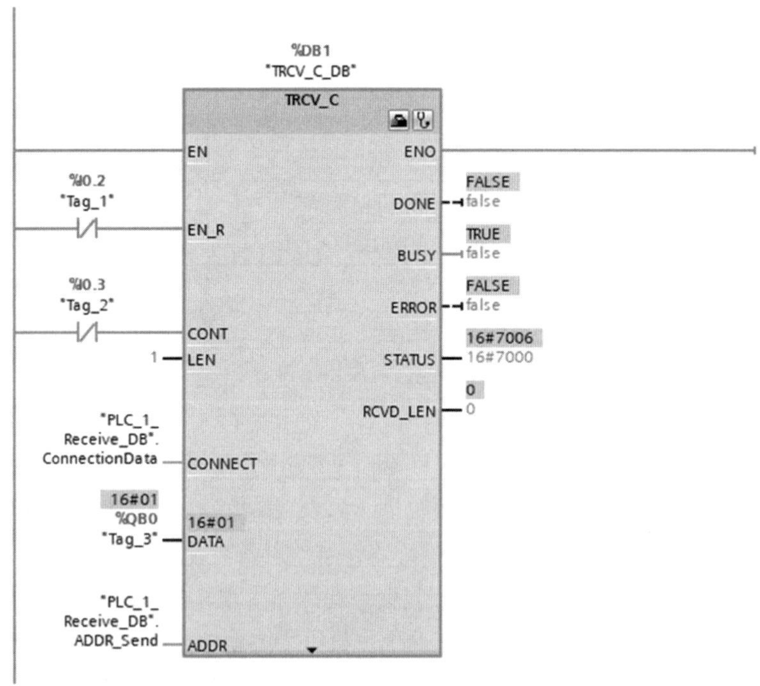

图 8-57　PLC 接收数据梯形图

然后进行 PLC 发送模块的检测，打开“NetAssist”，参数设置除了端口选择 PLC 发送模块组态好的端口外，其他部分保持一致，打开端口，在博途软件中启动 CPU 进行监视，通过发送模块的程序段发送 01（十六进制），如果 PLC 发送程序段没有问题，那么“NetAssist”界面会接收到 01。PLC 发送数据梯形图如图 8-58 所示，“NetAssist”界面成功接收数据如图 8-59 所示。

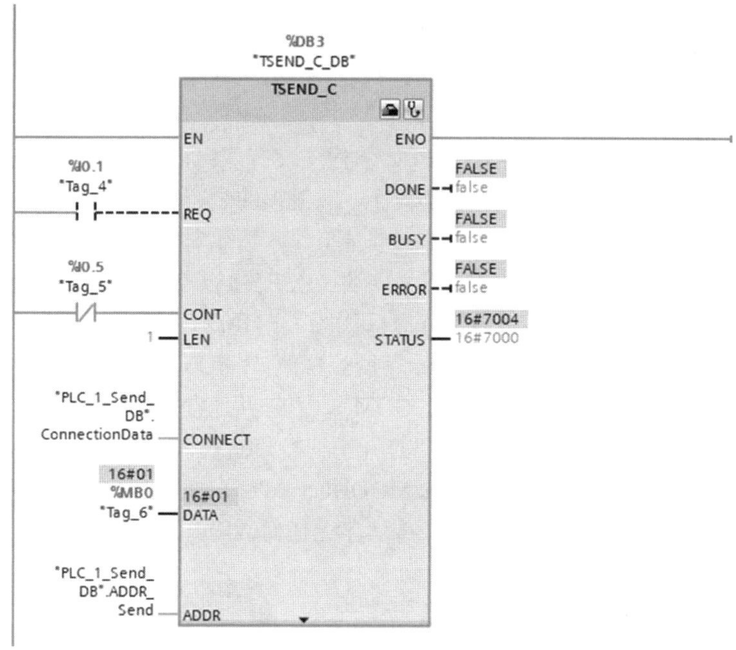

图 8-58　PLC 发送数据梯形图

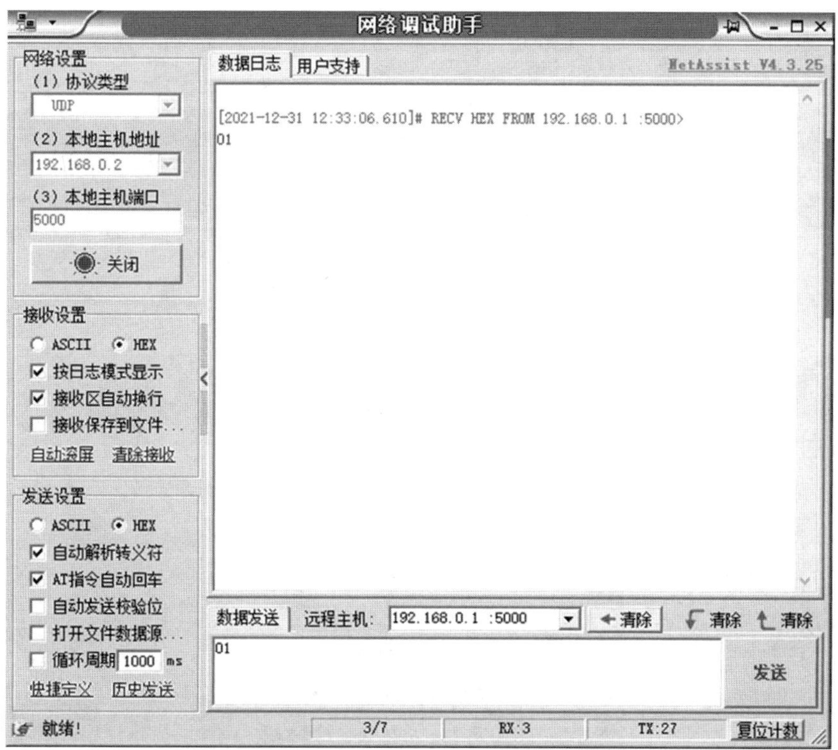

图 8-59　“NetAssist”接收数据界面

完成以上两步故障排查并解决对应的故障后，再次重启两台 CPU，PLC 与 PLC 之间的 UDP 通信成功。

8.5.5　MODBUS RTU 温度计故障排查

如果按照 8.4.1 节的步骤完成操作，且 PLC 主程序没有任何报错，但无法完成 PLC 与温度模块的 MODBUS RTU 通信，那么需要对 PLC 程序、温度模块进行逐一排查，寻找故障点。

首先进行 PLC 程序的故障排查，事先做好准备工作，下载安装 Commix 计算校验软件，然后将 DB9 头接到 PLC 扩展模块的通信网口上，另一端接入 RS-485 转 USB 接口上，如图 8-60 所示，完成接线后，将图 8-49 所示程序做修改，修改后如图 8-61 所示，编译并下载后，单击“启用/禁用监视”，然后打开提前下载好的 Commix 计算校验软件，“串口”选择为对应的“COM3”口（进入“设备管理器”→“端口”来确定对应的 COM 口），其他参数的设定如图 8-62 所示，完成 Commix 计算校验软件的参数设置后，单击“打开串口”，输入“01”（任意成对数据），按下回车键。如果返回数据为对应 PLC 程序设计的 MODBUS RTU 功能码，本次实验为“01 03 00 01 00 01 D5（CR1） CA（CR2）”，即可确定 PLC 程序无任何故障。

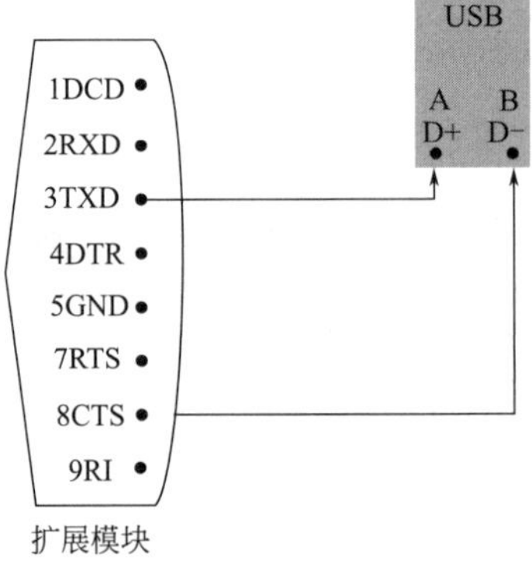

图 8-60　扩展模块与 USB 硬件接线图

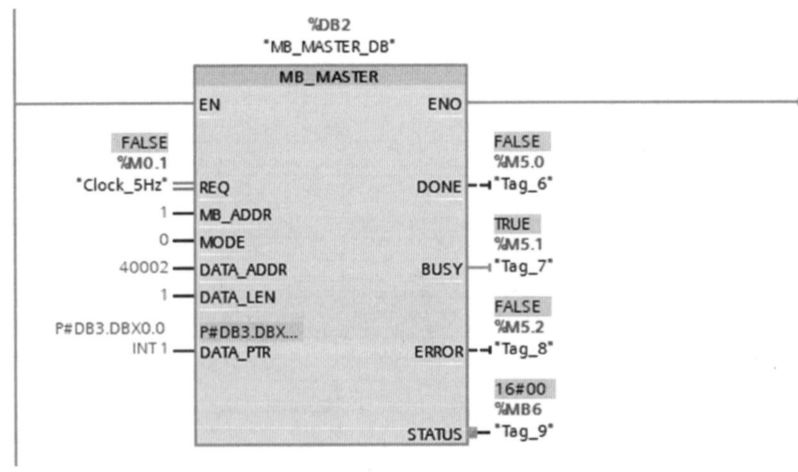

图 8-61　PLC 程序梯形图

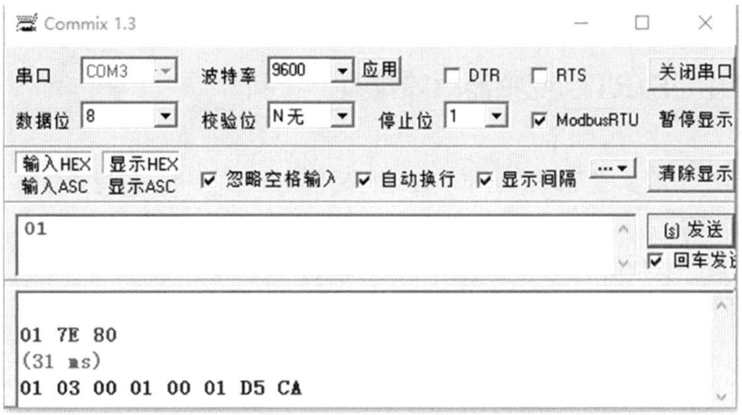

图 8-62　Commix 计算校验软件参数界面

接下来进行温度模块的检验，将温度模块 A、B 对应接入到 USB 口，如图 8-63 所示，打开 Commix 计算校验软件，单击“打开串口”，输入 PLC 设计的功能码“01 03 00 01 00 01”，按下回车键，如果温度模块反馈了相应的温度功能码，那么可以确定温度模块无故障，如图 8-64 所示。

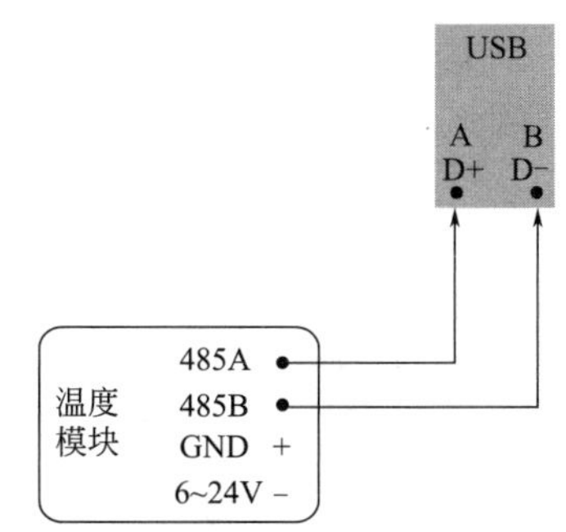

图 8-63　温度模块与 USB 硬件接线图

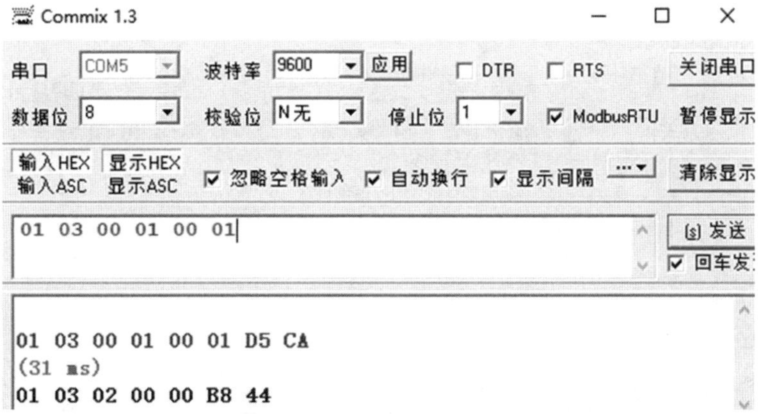

图 8-64　Commix 计算校验软件反馈界面（1）

完成以上两步排查并解决对应的故障点后，将排除故障所修改的程序段复原，即可实现温度模块与 PLC 的正常通信。

8.5.6 MODBUS RTU 变频器故障排查

如果按照 8.4.2 节的步骤完成了操作，且运行后程序没有报错，但变频器与 PLC 不能成功建立 MODBUS RTU 通信，那么需要对 PLC 程序与变频器进行一一排查。

首先对 PLC 程序进行错误排查，本次排查以变频器的启动故障为例。将 PLC 负责变频器启停的程序段（图 8-53）进行修改，修改后如图 8-65 所示。将 DB9 头接到 PLC 扩展模块的通信网口上，另一端接入 RS-485 转 USB 接口上，然后打开 Commix 计算校验软件，“串口”选择对应的“COM3”口，“波特率”选为“9600”，偶校验，“数据位”选为“8 位”，“停止位”设置为“1”。单击“打开串口”，输入“00”（任意成对数据），按下回车键，如果 PLC 反馈的功能码涵盖的信息地址为 H2000，即功能码为“01 06 20 00 00 00 82（CR1） 0A（CR2）”，那么说明 PLC 负责变频器启停的程序段无故障，操作结果如图 8-66 所示。

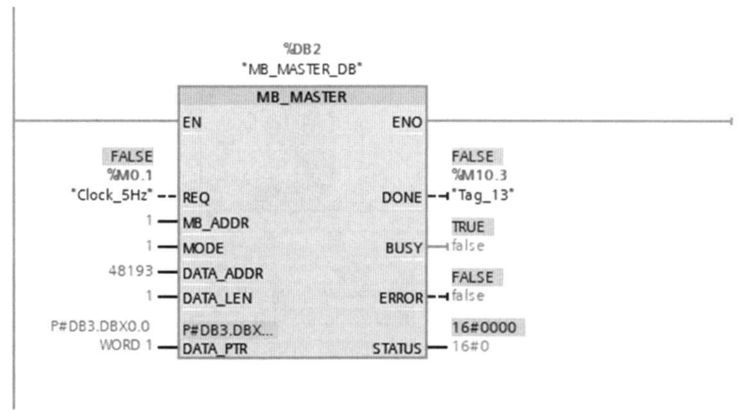

图 8-65　PLC 控制变频器启停程序梯形图

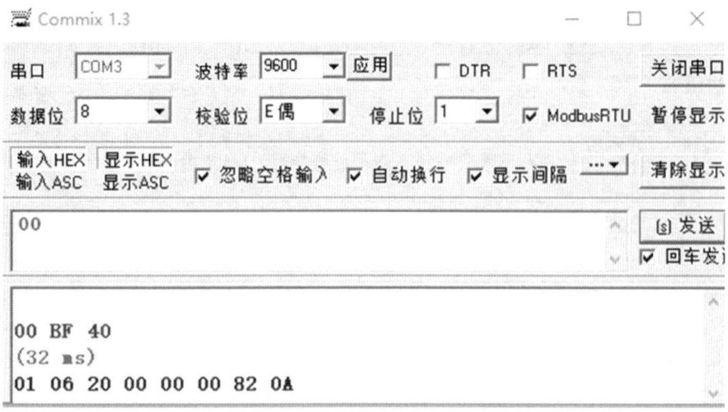

图 8-66　Commix 计算校验软件反馈界面（2）

如果确定不是 PLC 程序的问题，那么需要继续对变频器进行故障排查。首先将变频器的通信网口对应接入 USB 端口，如图 8-67 所示，完成接线后，打开 Commix 计算校验软件，参数设置不变，单击“打开串口”，输入涵盖控制变频器启停的功能码，即“01 06 20 00 00 12”，按下回车键，如果变频器启动，说明变频器接线以及参数设置无故障，Commix 计算校验软件反馈变频器启动界面如图 8-68 所示。输入涵盖控制变频器停止的功能码，即“01 06 20 00 00 01”，按下回车键，如果变频器停止工作，那么变频器通信无故障，Commix 计算校验软件反馈变频器停止界面如图 8-69 所示。

完成以上故障排查并处理完故障后，恢复 PLC 程序段的修改，继续进行实验，即可实现 PLC 与变频器的 MODBUS RTU 的通信。

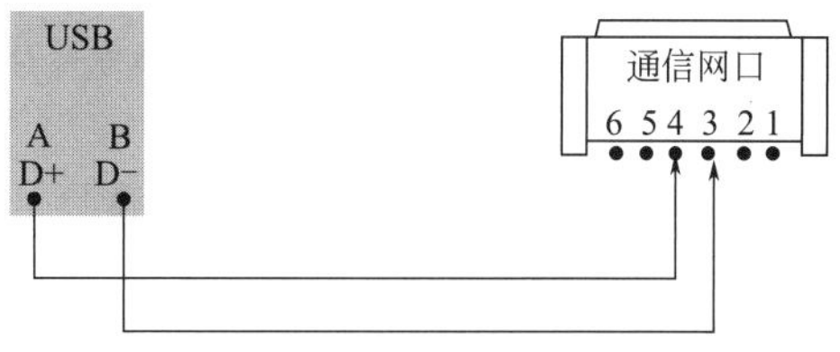

图 8-67　通信网口与 USB 硬件接线图

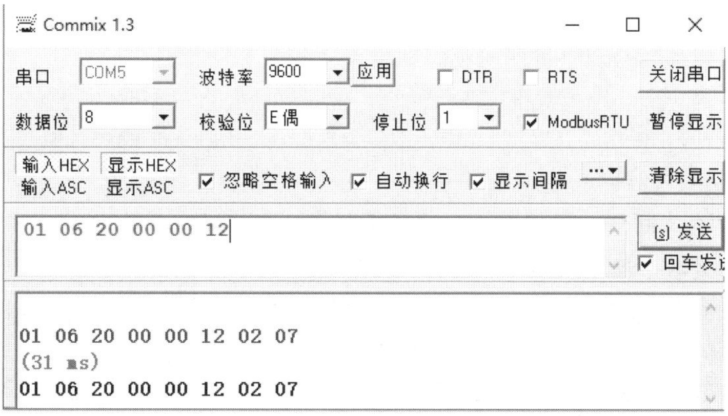

Commix 1.3
串口 COM5　波特率 9600　应用　DTR　RTS　关闭串口
数据位 8　校验位 E偶　停止位 1　ModbusRTU　暂停显示
输入HEX　显示HEX　输入ASC　显示ASC　忽略空格输入　自动换行　显示间隔　清除显示
01 06 20 00 00 12　发送　回车发送
01 06 20 00 00 12 02 07
(31 ms)
01 06 20 00 00 12 02 07

图 8-68　Commix 计算校验软件反馈变频器启动界面

Commix 1.3
串口 COM5　波特率 9600　应用　DTR　RTS　关闭串口
数据位 8　校验位 E偶　停止位 1　ModbusRTU　暂停显示
输入HEX　显示HEX　输入ASC　显示ASC　忽略空格输入　自动换行　显示间隔　清除显示
01 06 20 00 00 01　发送　回车发送
01 06 20 00 00 01 43 CA
(31 ms)
01 06 20 00 00 01 43 CA

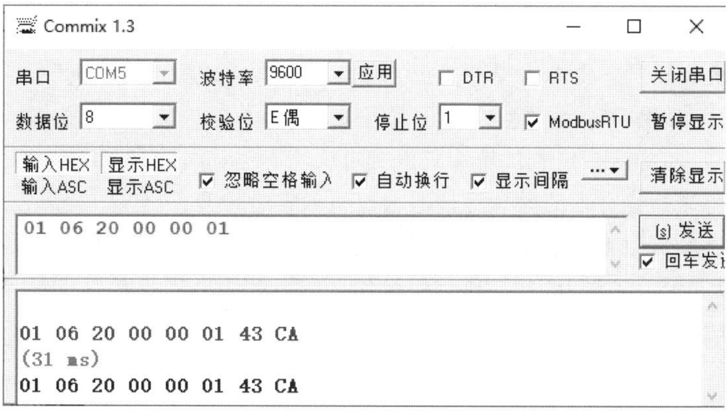

图 8-69　Commix 计算校验软件反馈变频器停止界面

习 题

1. 判断下列说法是否正确：

（1）在异步通信中，奇偶校验位是非必要的。

（2）RS-485 是在 RS-422 的基础上进行改造的，两者都采用半双工通信的方式。

（3）与串行通信相比，并行通信传输速率快，成本低，可广泛使用。

（4）在 OSI 模型中，与用户直接交互的分层为应用层和物理层。

（5）所有的网络系统都具有 OSI 模型中的七层。

（6）UDP 和 TCP 都是面向连接的通信。

（7）PROFINET 能同时用一条工业以太网电缆满足 IT（集成化领域）、RT（自动化领域）和 IRT（运动控制领域）的要求，它们不会互相影响。

（8）S7 协议是面向连接的协议，是西门子产品的特有协议。

2. 简述以太网各站发生冲突时采取的控制策略。

3. 简述奇偶校验位的作用。

4. 简述开放式用户通信的优点和指令“TSEND_C”、指令“TRCV_C”的作用。

5. 简述 TCP 和 UDP 通信的优势。

6. 简述开放式用户通信的设备组态、程序编写、组态连接的过程。

7. 在编写 TCP 通信和 ISO-on-TCP 通信的程序过程中，组态连接需要注意哪些细节？

8. 简述指令“PUT”“GET”中 ID、ADDR_1、RD_1（SD-1）参数的含义及编写注意点。

9. 简述 S7 通信的特点。

10. S7-1200 PLC 支持哪一种通信连接的方式？简述该通信方式的内容。

11. 在 S7-1200 PLC 之间以 S7 连接的方式进行 PROFINET 通信时，安全属性方面需要注意什么？

12. 简述 MODBUS RTU 的主要通信参数以及参数所代表的含义。

13. 什么是全双工通信和半双工通信？分析其优缺点。

14. 简述 MODBUS RTU 协议规定的数据的传输格式，并分析每组数据包含的通信信息。

15. 某系列变频器的频率地址对应十六进制 2100H，如想使用 PLC 通过 MODBUS 通信协议改变该变频器的频率，则“MB_MASTER”程序模块中的起始地址为多少？

16. CPU 在什么情况下调用中断组织块？

17. 当发生系统故障时，CPU 进入“STOP”状态，可以通过“模块信息”工具中的哪种方法给出错误的原因和中断位置的详细信息？

18. 如何使用 Commix 计算校验软件诊断出现的故障类型？

19. 若想使用博途软件自带的时钟存储器，应该做哪种设置？

20. 某温度传感器作为 1 号从站，该时刻温度为十六进制 0002H，且温度数据地址为十六进制的 0001H，如果想使用 PLC 通过 MODBUS 通信协议读取该温度传感器此时的温度，那么对应的 MODBUS 的通信格式是什么？

参考答案

第9章 基于 S7-1200 PLC 的系统设计实例

 本章要点

- ◆ 掌握 PLC 程序如何采集并处理模拟量信号。
- ◆ 掌握 PLC 程序如何处理系统报警等异常情况。
- ◆ 掌握 PLC 如何采集并处理涡轮流量计数据。
- ◆ 掌握如何编写紧急停止 PLC 程序。
- ◆ 掌握如何编写定时灌溉 PLC 程序。
- ◆ 掌握如何编写定量灌溉 PLC 程序。
- ◆ 掌握如何编写定时定量切换灌溉 PLC 程序。
- ◆ 掌握如何编写智能灌溉 PLC 程序。

本章重点是熟悉基于 S7-1200 的系统设计实例，通过实例进一步掌握 S7-1200 的使用方法。

9.1 实训平台介绍

实训平台基于农业灌溉系统进行设计，可以满足学生硬件连接、软件编程和系统调试等多方面的需求。

实训平台包括以下主要硬件设备：

① 水箱：在水箱中注满水，水泵从水箱中抽水，水经过电磁阀、流量计再回到水箱，在满足系统持续运行的条件下，达到最小的用水量。

② 水泵：使水可以在管路中循环。

③ 电磁阀：系统由独立的 4 路管道构成，可以通过电磁阀分别控制。

④ 流量计：每路独立的管道上都配备流量计，可以单独计量。

⑤ 液位开关：水箱中装有液位开关，当水箱液位超低时进行报警，保护系统。

⑥ 压力开关：管道中装有压力开关，当管道压力超高时进行报警，保护系统。

⑦ PLC 等控制设备：编程实现系统的各种控制。

⑧ 触摸屏：通过触摸屏进行人机交互，可以在触摸屏上输入参数，也可以在上面监视运

行状态。

⑨ 空气温湿度传感器：可以采集空气的温度和湿度。

⑩ 土壤温湿度传感器：可以采集土壤的温度和湿度。

具体硬件如图 9-1 所示。

图 9-1 实训平台

1—水箱；2—水泵；3—电磁阀；4—流量计；

5—空气温湿度传感器；6—土壤温湿度传感器

9.2 空气温湿度检测实验

（1）实验目的

① 了解空气温湿度传感器的工作原理和 PLC 编程。

② 掌握 PLC 程序如何采集并处理空气温湿度传感器数据。

（2）实验设备

实训平台。

（3）实验原理

① 空气温湿度传感器的基本参数：

a. 直流供电：10～30V DC。

b. 输出信号：电流输出 4～20mA。

c. 温度测量范围：-40～+80℃。

d. 湿度测量范围：0～100%RH。

e. 温度测量精度：±0.5℃（25℃）。

f. 湿度测量精度：±3%RH（5%～95%RH，25℃）。

g. 响应时间：测量湿度时响应时间≤8s，测量温度时响应时间≤25s。

② 数据处理过程：通过模拟量输入模块将空气温度和湿度两个模拟量输入值转换成数字值，并且将它们传输到 PLC 主单元，且与 PLC 主单元进行实时数据交互。

（4）实验内容

① 硬件连接：该传感器接线说明请参考 9.10.1 节。

② 软件编写：

a. 硬件组态：

- CPU：CPU 1215C DC/DC/DC。
- AI 模块：SM 1231 AI4。
- 定义模拟量通道：电流型，电流范围 4～20mA，如图 9-2 所示。

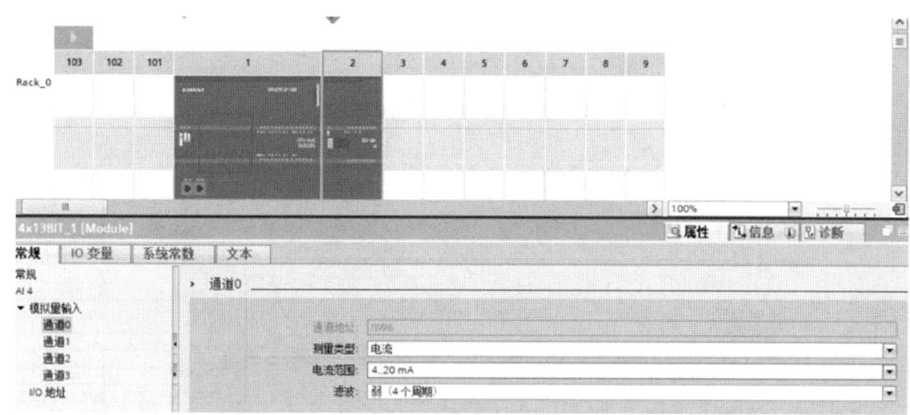

图 9-2　模拟量通道设置

- 定义通道变量名：通道 0 的名称为空气温度，通道 1 的名称为空气湿度，如图 9-3 所示。

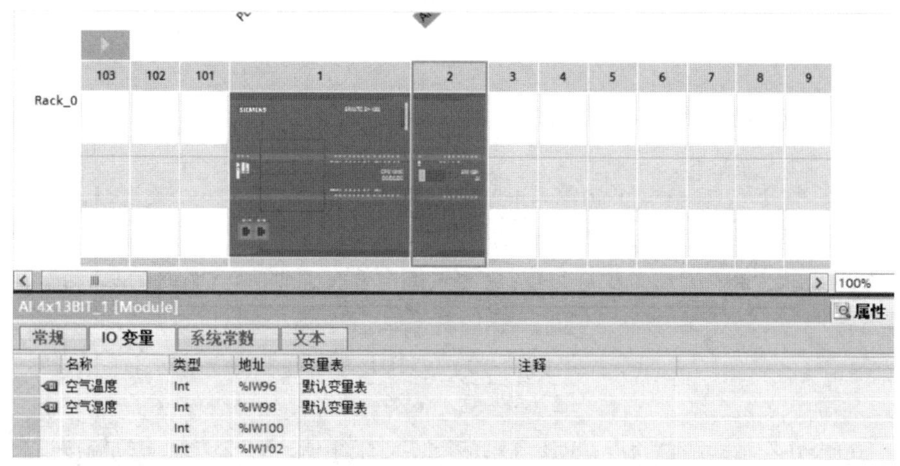

图 9-3　定义通道变量名

b. 程序：

- 空气温度检测：空气温度检测程序如图 9-4 所示。

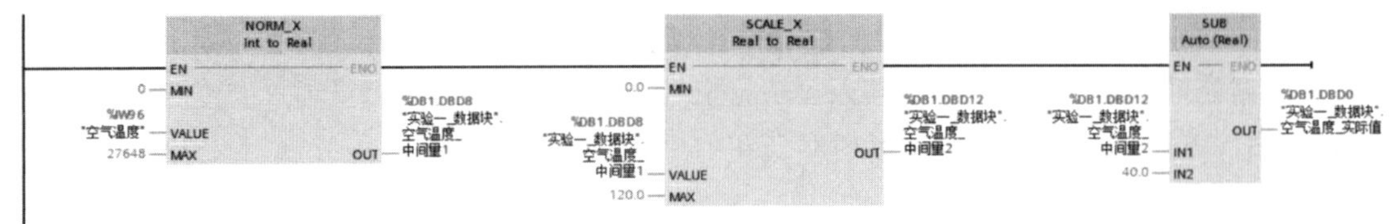

图 9-4 空气温度检测程序

• 空气湿度检测：空气湿度检测程序如图 9-5 所示。

图 9-5 空气湿度检测程序

③ 计算方法解释：空气温湿度传感器的输出信号是电流信号（4～20mA），经过模拟量输入模块 SM 1231 AI4 转换为数字量 0～27648，对应关系如图 9-6 所示。

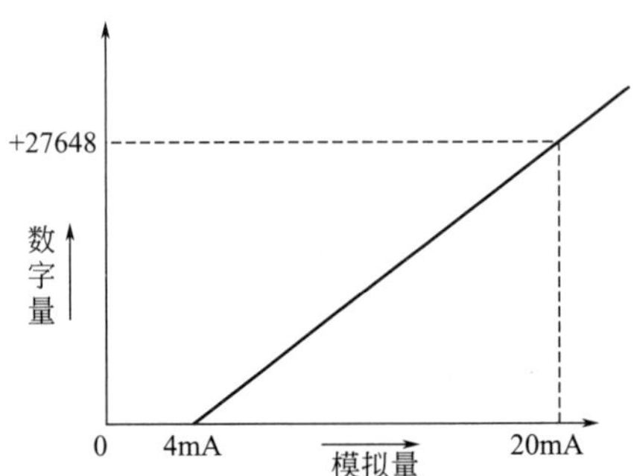

图 9-6 模拟量、数字量对应关系

空气温湿度传感器的量程是–40～80℃，0%～100%RH。

计算公式如下：

$$\frac{80-(-40)}{27648-0}=\frac{\text{Temp}-(-40)}{\text{VD1}-0}$$

式中，80-（-40）表示温度总跨度；Temp 表示温度实时采集值；VD1 表示空气温湿度传感器温度数字量。

$$\frac{100\%-0}{27648-0}=\frac{\text{RH}}{\text{VD2}-0}$$

式中，100%-0 表示湿度总跨度；RH 表示湿度实时采集值；VD2 表示空气温湿度传感器湿度数字量。

例如：当空气温湿度传感器输出的温度信号为 20mA，输出的湿度信号为 20mA 时，计算温湿度实时采集值。

20mA 对应数字量 27648，4mA 对应数字量为 0。

根据公式：

实时温度采集值 Temp=27648×120/27648−40=80（℃）。

实时湿度采集值 RH=27648×100%/27648=100%。

9.3　空气温度报警实验

（1）实验目的

学习并掌握 PLC 程序如何处理空气温度超高或超低等异常情况。

（2）实验设备

实训平台。

（3）实验原理

① 空气温度传感器的基本参数：

a. 直流供电：10～30V DC。

b. 输出信号：电流输出 4～20mA。

c. 温度测量范围：−40～+80℃。

d. 温度测量精度：±0.5℃（25℃）。

e. 响应时间：≤25s。

② 数据处理过程：通过模拟量输入模块将空气温度的模拟量输入值转换成数字值，并且将它们传输到 PLC 主单元，且与 PLC 主单元进行实时数据交互。

（4）实验内容

① 硬件连接：空气温度传感器接线说明请参考 9.10.1 节。

② 软件编写：

a. 硬件组态：

- CPU：CPU 1215C DC/DC/DC。
- AI 模块：SM 1231 AI4。
- 定义模拟量通道：电流型，电流范围 4～20mA，如图 9-2 所示。
- 定义通道变量名：通道 0 的名称为空气温度，如图 9-3 所示。

b. 程序：

- 空气温度检测：空气温度检测程序如图 9-7 所示。

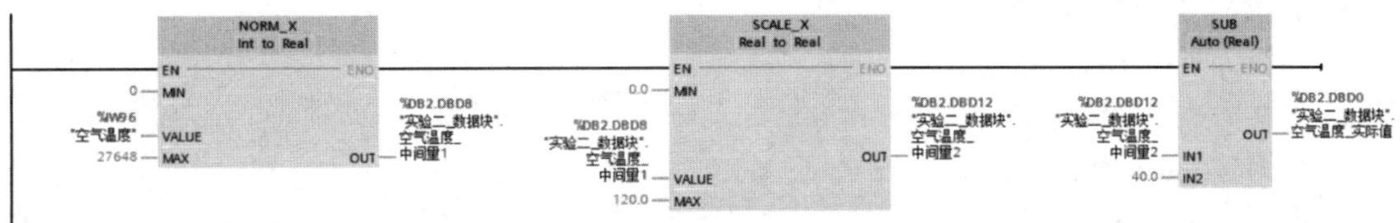

图 9-7　空气温度检测程序

• 空气温度超高超低报警：空气温度超高超低报警程序如图 9-8 所示。

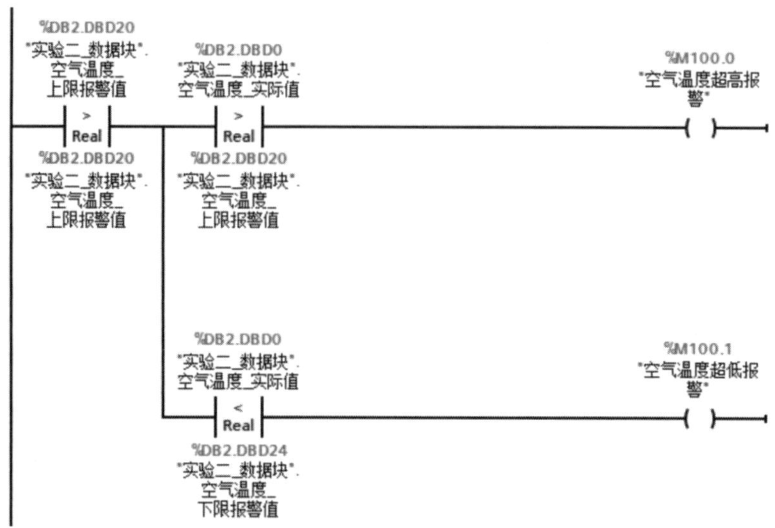

图 9-8　空气温度超高超低报警程序

空气温度上限报警值＞空气温度下限报警值，报警有效。

当空气温度＞空气温度上限报警值时，空气温度超高报警。

当空气温度＜空气温度下限报警值时，空气温度超低报警。

9.4　涡轮流量计流量采集实验

（1）实验目的

① 了解涡轮流量计的工作原理和 PLC 编程。

② 掌握 PLC 如何采集并处理涡轮流量计数据。

（2）实验设备

实训平台。

（3）实验原理

① 涡轮流量计的基本参数：

a. 直流供电：24V DC。

b. 输出信号：脉冲信号。

c. 口径大小：DN15。

d. 连接方式：螺纹连接。

e. 压力等级：6.3MPa。

f. 测量量程：0.6～6m^3/h。

g. 本体材质：316 不锈钢。

h. 仪表系数：815.2 P/L。

② 原理介绍：流体流经传感器壳体，由于叶轮的叶片与流向有一定的角度，流体的冲力使叶片具有转动力矩，克服摩擦力矩和流体阻力之后叶片旋转。在力矩平衡后转速稳定，在一定的条件下，转速与流速成正比。由于叶片有导磁性，当它处于信号检测器（由永久磁钢和线圈组成）的磁场中时，旋转的叶片切割磁感线，周期性地改变着线圈的磁通量，从而使线圈两端感应出电脉冲信号，此信号经过放大器的放大整形，形成有一定幅度的、连续的矩形脉冲波，可远传至 PLC，经过 PLC 处理后得出瞬时流量或总量。

（4）实验内容

① 硬件连接：涡轮流量计接线说明请参考 9.10.3 节。

② 软件编写：

a. 硬件组态：

- CPU：CPU 1215C DC/DC/DC。
- 配置高速计数器，如图 9-9～图 9-11 所示。

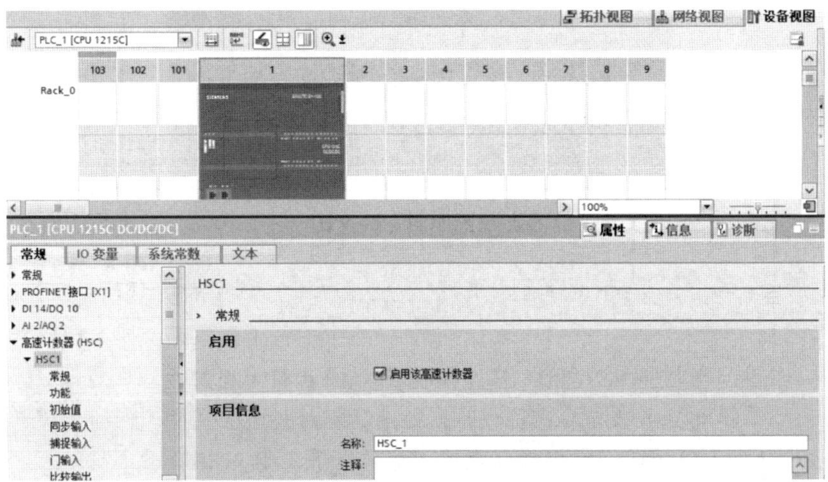

图 9-9　配置高速计数器硬件组态 1

图 9-10　配置高速计数器硬件组态 2

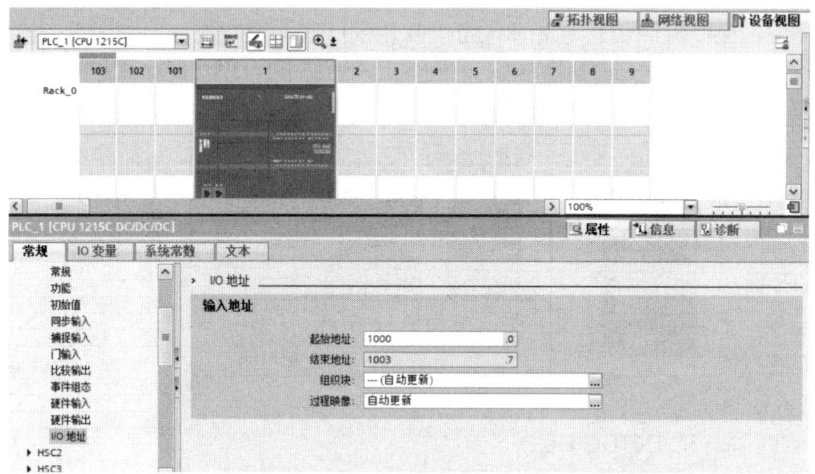

图 9-11　配置高速计数器硬件组态 3

b. 程序：

• 屏开/关机操作：屏开/关机操作程序如图 9-12 所示。

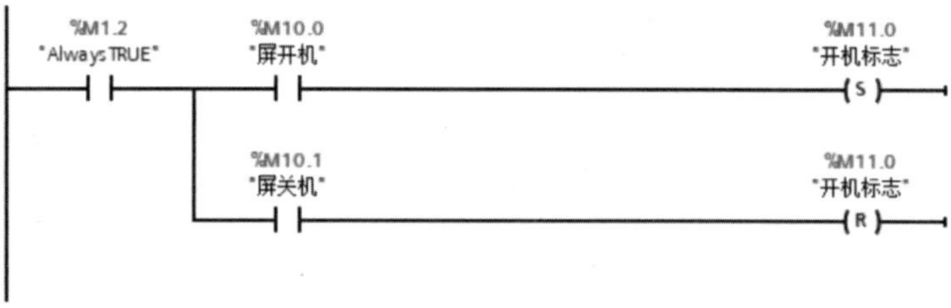

%M1.2 "AlwaysTRUE"
%M10.0 "屏开机"
%M11.0 "开机标志" S
%M10.1 "屏关机"
%M11.0 "开机标志" R

图 9-12　屏开/关机操作程序

如果上位机的开/关机按钮没有选择自复位，那么程序如图 9-13 所示。

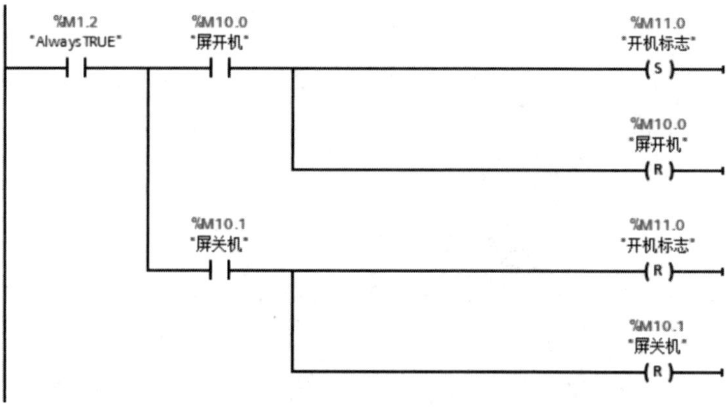

%M1.2 "AlwaysTRUE"
%M10.0 "屏开机"
%M11.0 "开机标志" S
%M10.0 "屏开机" R
%M10.1 "屏关机"
%M11.0 "开机标志" R
%M10.1 "屏关机" R

图 9-13　上位机没有自复位按钮的屏开关机操作程序

• 强制关机条件：系统第一个扫描周期复位开机标志，防止系统上电自动运行；按下急停按钮，证明系统需要人为地强制关机，复位开机标志；系统出现水箱液位超低报警、管道压力超高报警等异常情况时，复位开机标志，防止系统损坏。强制关机程序如图 9-14 所示。

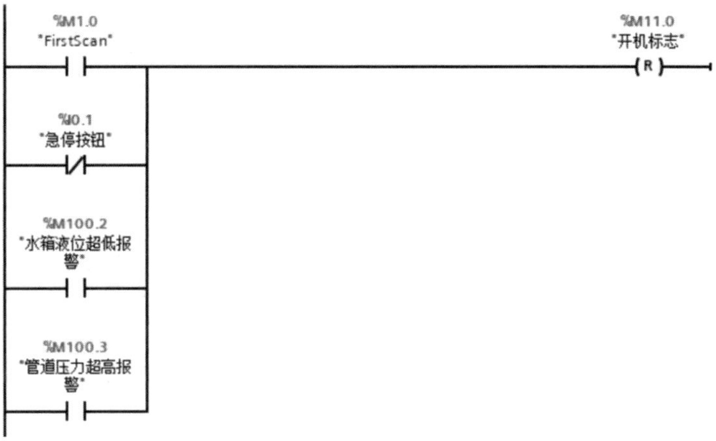

%M1.0
"FirstScan"
%M11.0
"开机标志"
R
%I0.1
"急停按钮"
%M100.2
"水箱液位超低报警"
%M100.3
"管道压力超高报警"

图 9-14　强制关机程序

• 1#电磁阀打开、水泵启动：1#电磁阀打开后延时 3s 水泵启动。1#电磁阀打开、水泵启动程序如图 9-15 所示。

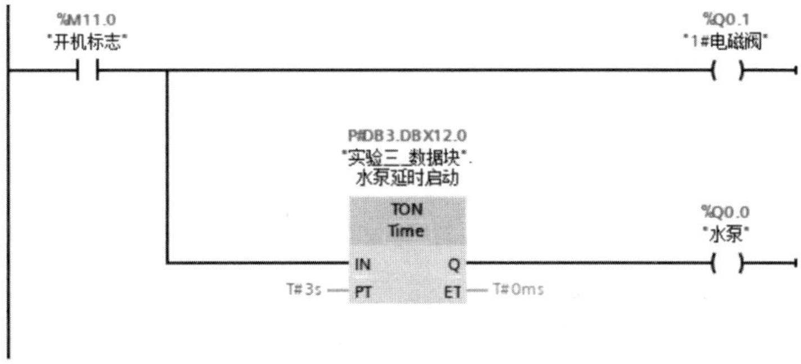

%M11.0
"开机标志"
%Q0.1
"1#电磁阀"
P#DB3.DBX12.0
"实验三_数据块".
水泵延时启动
TON
Time
%Q0.0
"水泵"
IN
Q
T#3s
PT
ET
T#0ms

图 9-15　1#电磁阀打开、水泵启动程序

• 高速计数口 HSC_1 参数设定：高速计数口 HSC_1 参数设定程序如图 9-16 所示。屏累计流量清零按钮（M20.0）可以将累计流量清零，下次运行时从 0 开始累计。

%DB100
"CTRL_HSC_0_DB"
CTRL_HSC
EN
ENO
BUSY
False
257
"Local~HSC_1"
HSC
STATUS
16#0
False
DIR
%M20.0
"屏累计流量清零按钮"
CV
False
RV
False
PERIOD
0
NEW_DIR
0
NEW_CV
0
NEW_RV
0
NEW_PERIOD

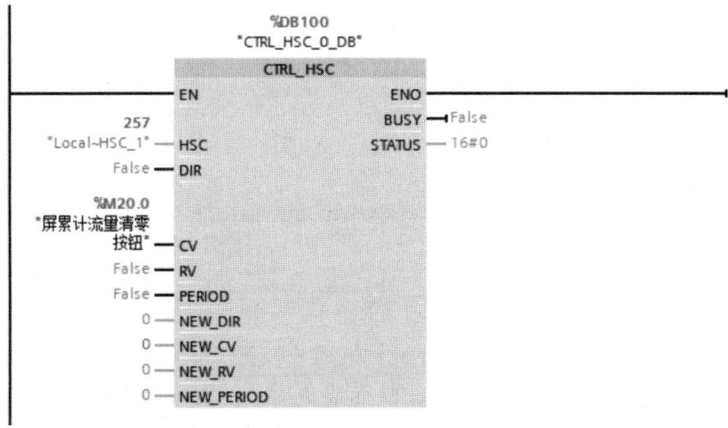

图 9-16　高速计数口 HSC_1 参数设定程序

• 累计流量计算：累计流量计算程序如图 9-17 所示。

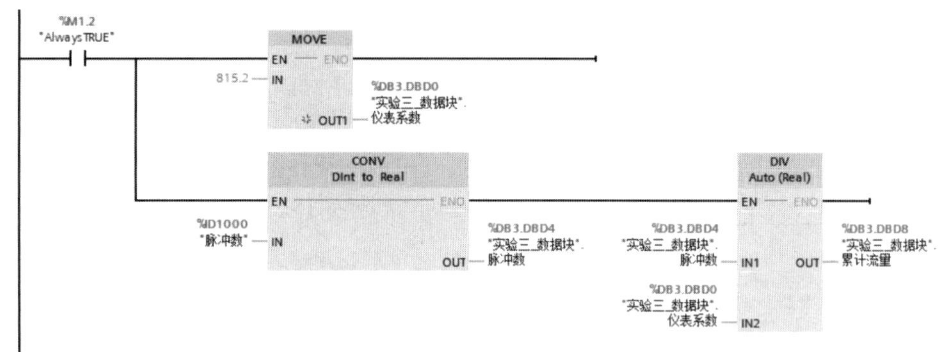

图 9-17　累计流量计算程序

• 系统报警：水箱液位超低信号、管道压力超高信号均需延时 3s 后，再触发报警信号，防止误报警。系统报警程序如图 9-18 所示。

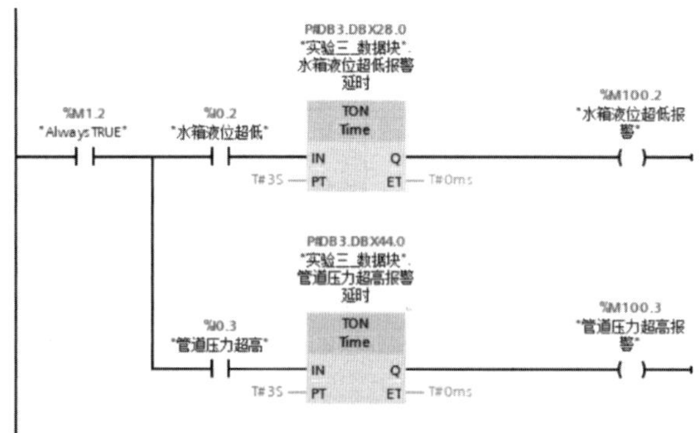

图 9-18　系统报警程序

9.5　实训平台紧急停止实验

（1）实验目的

① 了解实训平台工作过程中如遇紧急情况如何处理。

② 掌握如何编写实训平台紧急停止 PLC 程序。

（2）实验设备

实训平台。

（3）实验原理

① 安装紧急停止旋钮的原因：当触摸屏突然失效、按键失灵失效时，或者当水泵、电磁阀等执行器失控时，可以立即按下紧急停止旋钮，从而避免事故的发生，保护设备和现场人员。

② 紧急停止旋钮的使用方法：此旋钮只需直接向下压下，就可以快速地让整台设备立即停止或者释放一些执行器。要想再次启动设备，必须释放此旋钮，也就是只需顺时针方向旋转大约 45°

后松开，按下的部分就会弹起。

③ 软件编写：

a. 硬件组态：可以参照前面任意实验的硬件组态。

b. 程序：紧急停止实验的程序如图 9-19、图 9-20 所示。

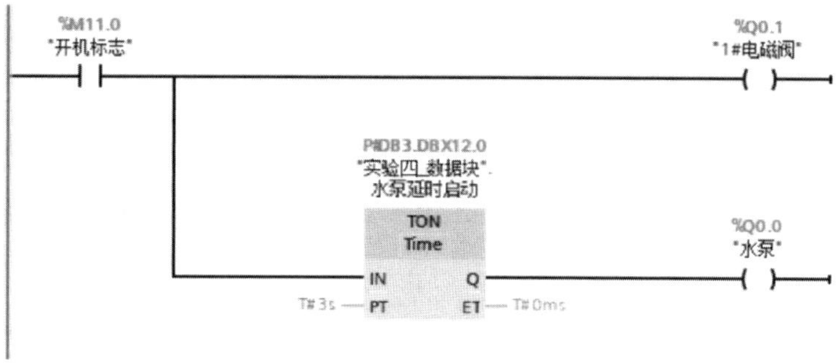

图 9-19　紧急停止实验程序 1

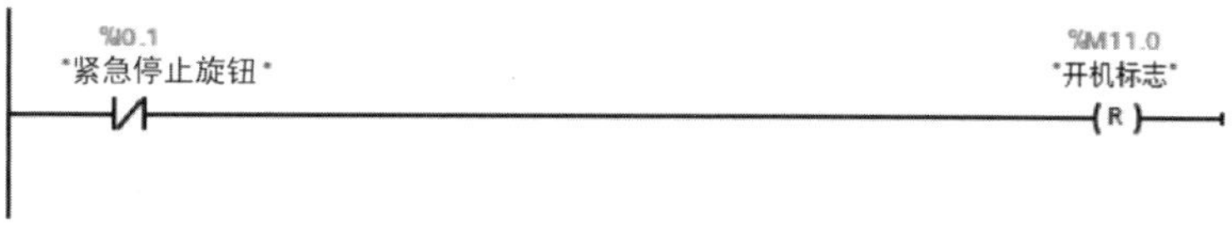

图 9-20　紧急停止实验程序 2

注：紧急停止旋钮一般选择常闭触点，这样可以防止在线路断线的情况下急停失效

9.6　定时灌溉实验

（1）实验目的

学习并掌握如何编写定时灌溉 PLC 程序。

（2）实验设备

实训平台。

（3）实验内容

① 硬件连接：可参考 9.4 节。

② 软件编写：

a. 硬件组态：可以参考 9.4 节的“硬件组态”。

b. 程序：

- 屏开/关机操作：只有当设定的运行时间大于 0 时，才具备开机条件。屏开/关机操作程序如图 9-21 所示。
- 强制关机：强制关机程序如图 9-14 所示。
- 1#电磁阀打开、水泵启动：1#电磁阀打开、水泵启动程序如图 9-15 所示。

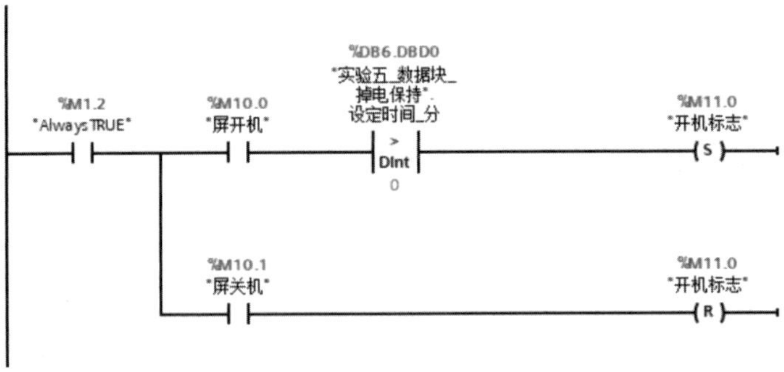

图 9-21　屏开/关机操作程序

• 系统运行计时：使用系统自带的 1Hz 时钟作为秒计时的条件，当秒计时达到 60 后，分计时加 1，秒计时从 0 开始继续计时。系统运行计时程序如图 9-22 所示。

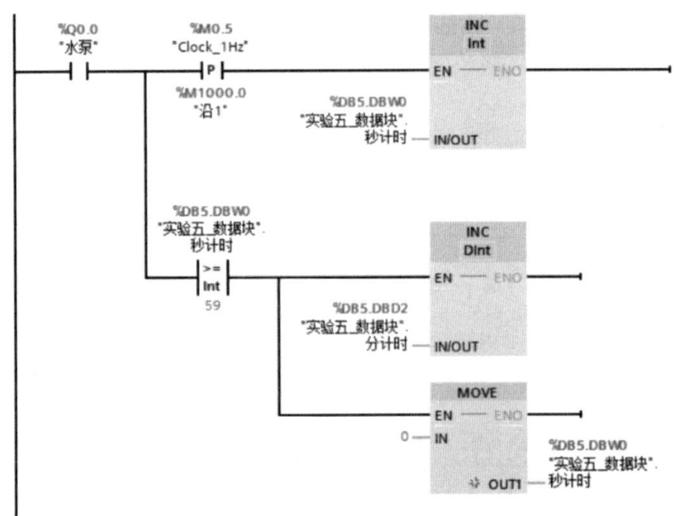

图 9-22　系统运行计时程序

• 到达设定时间自动关机：当系统运行时间大于等于设定时间后，复位开机标志，同时将秒计时和分计时清零。到达设定时间自动关机程序如图 9-23 所示。

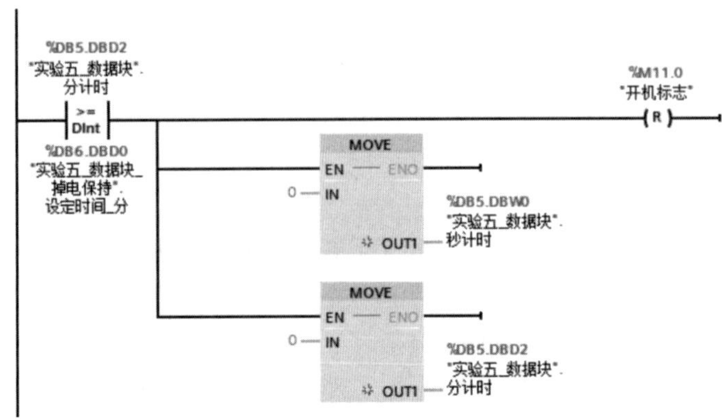

图 9-23　到达设定时间自动关机程序

• 屏计时清零：可以通过操作上位机画面上的“屏计时清零按钮”，将当前系统运行时间强制清零。屏计时清零程序如图 9-24 所示。

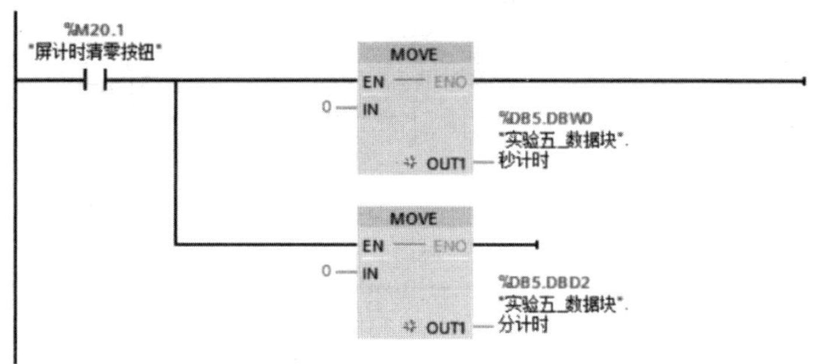

图 9-24　屏计时清零程序

• 系统报警：系统报警程序如图 9-18 所示。

注：设定时间所在的数据块，一定要勾选“保持”，否则系统掉电后，参数不能保存，如图 9-25 所示。

图 9-25　设定参数需勾选“保持”

9.7　定量灌溉实验

（1）实验目的

学习并掌握如何编写定量灌溉 PLC 程序。

（2）实验设备

实训平台。

（3）实验内容

① 硬件连接：可参考 9.4 节。

② 软件编写：

a. 硬件组态：可以参考 9.4 节的“硬件组态”。

b. 程序：

• 屏开关机操作：只有当设定的累计流量大于 0 时，才具备开机条件。屏开关机操作程序如图 9-26 所示。

• 强制关机：强制关机程序如图 9-14 所示。

• 1#电磁阀打开、水泵启动：1#电磁阀打开、水泵启动程序如图 9-15 所示。

• 高速计数口 HSC_1 参数设定：高速计数口 HSC_1 参数设定程序如图 9-16 所示。

• 累计流量计算：累计流量计算程序如图 9-17 所示。

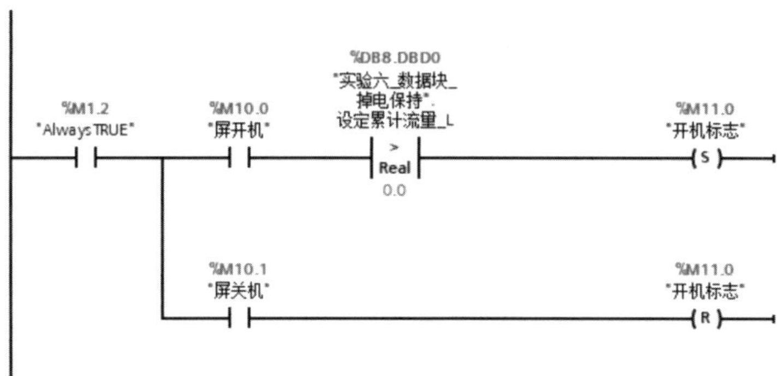

图 9-26　屏开关机操作程序

• 到达设定累计流量自动关机：当系统运行累计流量大于等于设定累计流量后，复位开机标志，同时将运行累计流量清零。到达设定累计流量自动关机程序如图 9-27 所示。

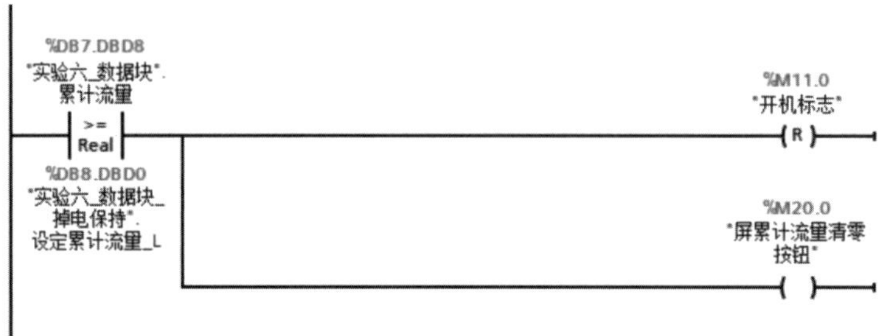

图 9-27　到达设定累计流量自动关机程序

• 系统报警：系统报警程序如图 9-18 所示。

9.8　定时定量切换灌溉实验

（1）实验目的

学习并掌握如何编写定时定量切换灌溉 PLC 程序。

（2）实验设备

实训平台。

（3）实验内容

① 硬件连接：可以参考 9.4 节。

② 软件编写：

a. 硬件组态：可以参考 9.4 节的“硬件组态”。

b. 程序：

• 定时/定量模式切换：定时/定量模式切换程序如图 9-28 所示。

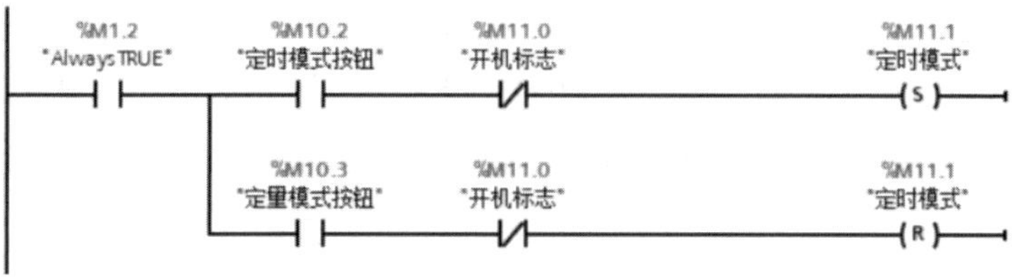

%M1.2
"AlwaysTRUE"
%M10.2
"定时模式按钮"
%M11.0
"开机标志"
%M11.1
"定时模式"
S
%M10.3
"定量模式按钮"
%M11.0
"开机标志"
%M11.1
"定时模式"
R

图 9-28　定时/定量模式切换程序

• 模式切换时系统状态清零：切换为定时模式的头一个扫描周期，将系统运行时间清零；切换为非定时（定量）模式的头一个扫描周期，将系统累计流量清零。模式切换时系统状态清零程序如图 9-29 所示。

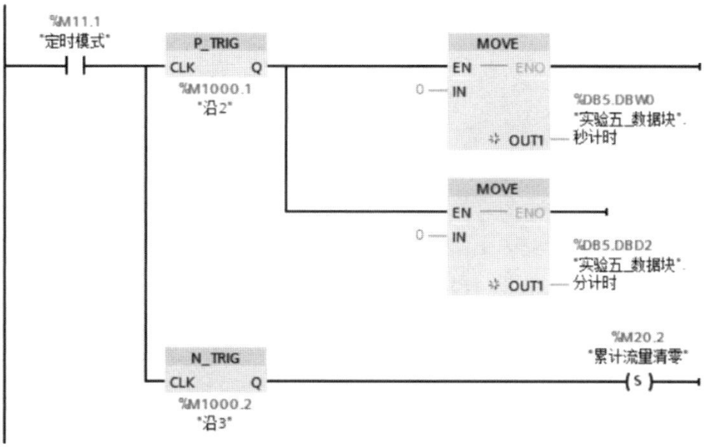

%M11.1
"定时模式"
P_TRIG
CLK
Q
%M1000.1
"沿2"
MOVE
EN
ENO
0
IN
%DB5.DBW0
"实验五_数据块".
OUT1
秒计时
MOVE
EN
ENO
0
IN
%DB5.DBD2
"实验五_数据块".
OUT1
分计时
N_TRIG
CLK
Q
%M1000.2
"沿3"
%M20.2
"累计流量清零"
S

图 9-29　模式切换时系统状态清零程序

• 屏开/关机操作：不同的模式需要具备不同的开机条件。屏开/关机操作程序如图 9-30 所示。

%M1.2
"AlwaysTRUE"
%M10.0
"屏开机"
%M11.1
"定时模式"
%DB6.DBD0
"实验五_数据块_
掉电保持".
设定时间_分
>
DInt
0
%M11.0
"开机标志"
S
%DB10.DBD4
"实验七_数据块_
掉电保持".
设定累计流量_L
%M11.1
"定时模式"
>
Real
0.0
%M10.1
"屏关机"
%M11.0
"开机标志"
R

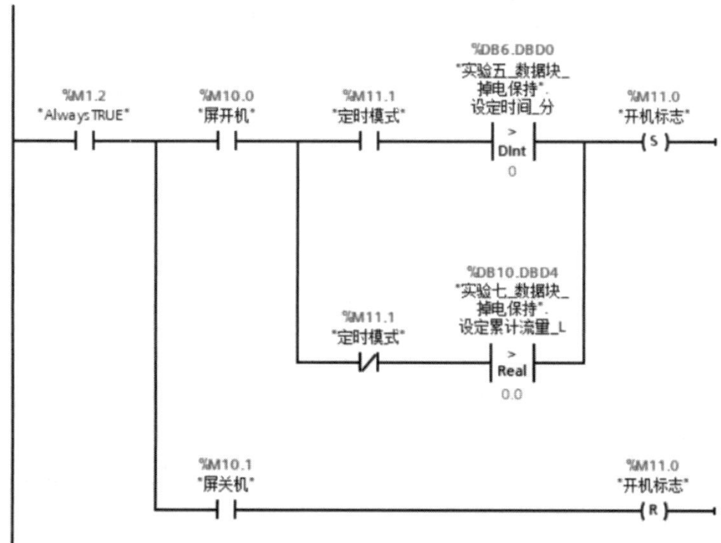

图 9-30　屏开/关机操作程序

- 强制关机：强制关机程序如图 9-14 所示。
- 1#电磁阀打开、水泵启动：1#电磁阀打开、水泵启动程序如图 9-15 所示。
- 系统运行计时：定时模式下，记录系统运行时间。系统运行计时程序如图 9-31 所示。

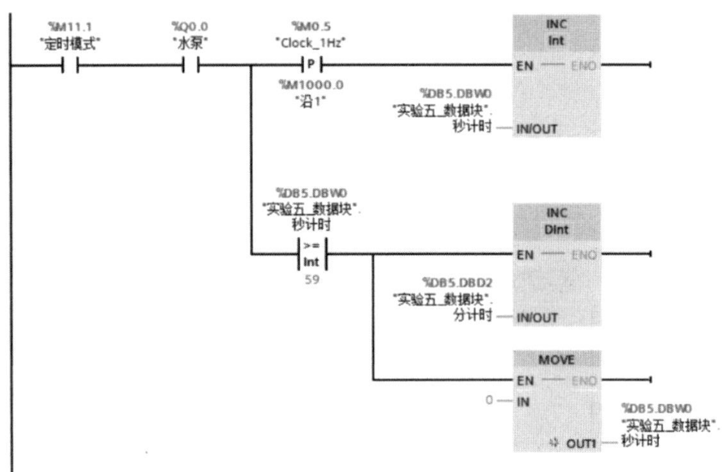

图 9-31　系统运行计时程序

- 到达设定时间自动关机：到达设定时间自动关机程序如图 9-32 所示。

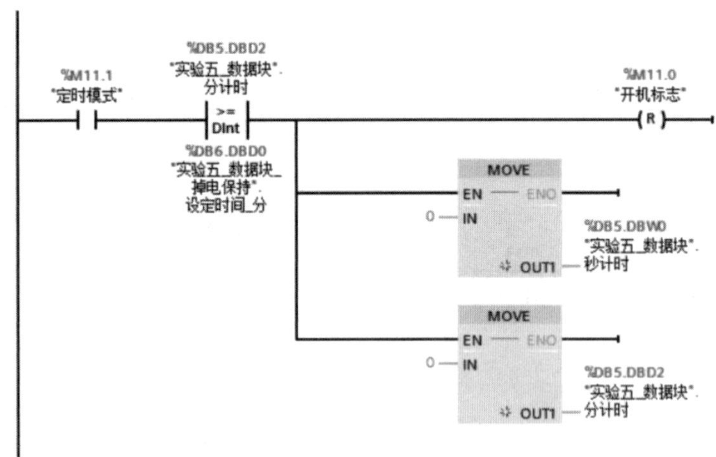

图 9-32　到达设定时间自动关机程序

- 屏计时清零：屏计时清零程序如图 9-24 所示。
- 高速计数口 HSC_1 参数设定：高速计数口 HSC_1 参数设定程序可参考图 9-16。
- 累计流量计算：非定时（定量）模式下，记录系统运行累计流量。累计流量计算程序如图 9-33 所示。
- 到达设定累计流量自动关机：到达设定累计流量自动关机程序如图 9-34 所示。

%M11.1
"定时模式"
MOVE
EN
ENO
815.2
IN
OUT1
%DB3.DBD0
"实验三_数据块".
仪表系数
CONV
DInt to Real
EN
ENO
%ID1000
"脉冲数"
IN
OUT
%DB3.DBD4
"实验三_数据块".
脉冲数
DIV
Auto (Real)
EN
ENO
%DB3.DBD4
"实验三_数据块".
脉冲数
IN1
OUT
%DB3.DBD8
"实验三_数据块".
累计流量
%DB3.DBD0
"实验三_数据块".
仪表系数
IN2

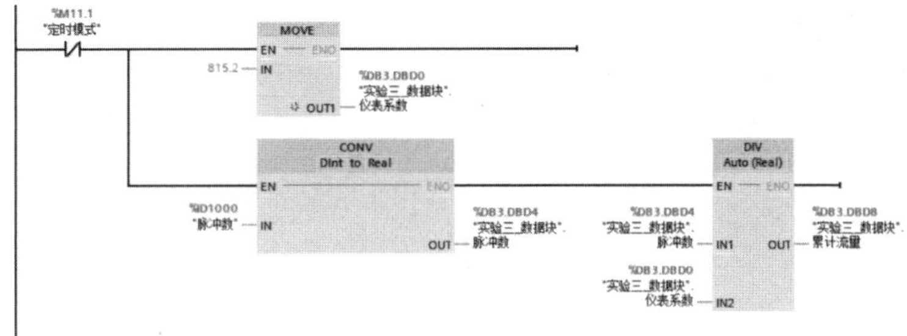

图 9-33　累计流量计算程序

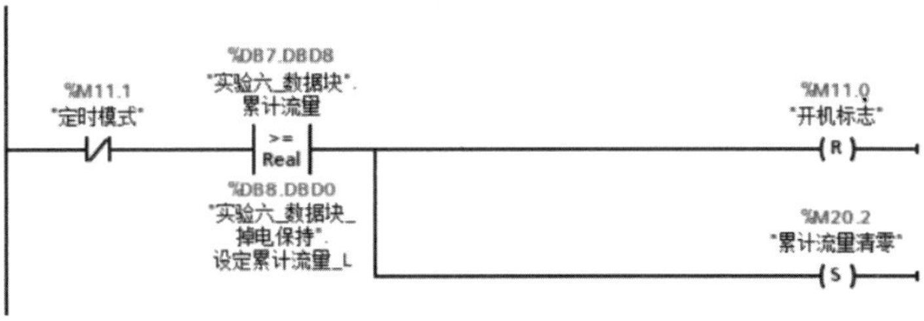

%M11.1
"定时模式"
%DB7.DBD8
"实验六_数据块".
累计流量
>=
Real
%DB8.DBD0
"实验六_数据块_
掉电保持".
设定累计流量_L
%M11.0
"开机标志"
R
%M20.2
"累计流量清零"
S

图 9-34　到达设定累计流量自动关机程序

- 累计流量清零：累计流量清零程序如图 9-35 所示。

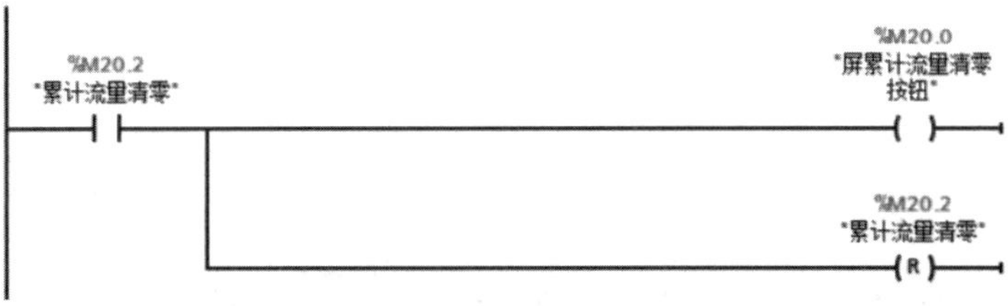

%M20.2
"累计流量清零"
%M20.0
"屏累计流量清零
按钮"
%M20.2
"累计流量清零"
R

图 9-35　累计流量清零程序

- 系统报警：系统报警程序可参考图 9-18。

9.9　智能灌溉实验

（1）实验目的

学习并掌握如何编写智能灌溉 PLC 程序。

（2）实验设备

实训平台。

（3）实验内容

① 硬件连接：传感器接线说明请参考 9.10.2 节。

② 软件编写：

a. 硬件组态（图 9-36）：

- CPU：CPU 1215C DC/DC/DC。

- AI 模块：SM 1231 AI4。
- 定义模拟量通道：电流型，电流范围 4～20mA。
- 启用 HSC_1，HSC_2，HSC_3 高速计数口。

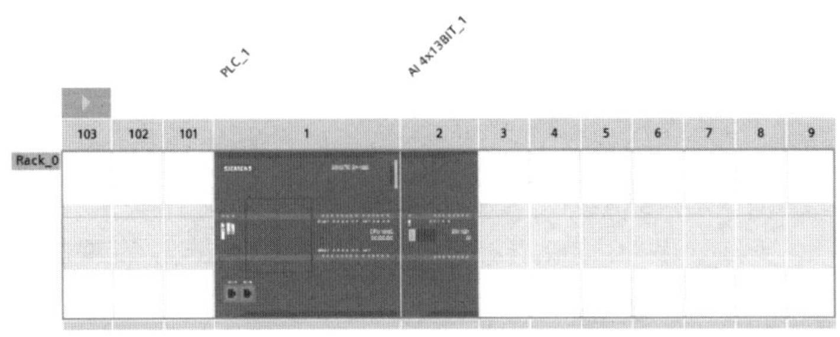

图 9-36　硬件组态

- 建立硬件地址表，如图 9-37 所示。

名称	数据类型	地址	保持	从 H...	从 H...	在 H...	注释
空气温度	Int	%IW96	☐	☑	☑	☑	
空气湿度	Int	%IW98	☐	☑	☑	☑	
土壤温度	Int	%IW100	☐	☑	☑	☑	
土壤湿度	Int	%IW102	☐	☑	☑	☑	
1#管路流量计	Bool	%I0.0	☐	☑	☑	☑	
2#管路流量计	Bool	%I0.2	☐	☑	☑	☑	
3#管路流量计	Bool	%I0.4	☐	☑	☑	☑	
急停按钮	Bool	%I0.6	☐	☑	☑	☑	
水箱液位下限	Bool	%I0.7	☐	☑	☑	☑	
管路压力上限	Bool	%I1.0	☐	☑	☑	☑	
水泵	Bool	%Q0.0	☐	☑	☑	☑	
1#电磁阀	Bool	%Q0.1	☐	☑	☑	☑	
2#电磁阀	Bool	%Q0.2	☐	☑	☑	☑	
3#电磁阀	Bool	%Q0.3	☐	☑	☑	☑	
1#流量计脉冲数	DInt	%ID1000	☐	☑	☑	☑	
2#流量计脉冲数	DInt	%ID1004	☐	☑	☑	☑	
3#流量计脉冲数	DInt	%ID1008	☐	☑	☑	☑	
<新增>			☐	☑	☑	☑	

图 9-37　硬件地址表

b. 程序：程序一共包括 5 个子程序，分别是管路 1、管路 2、管路 3、模拟量转换、故障报警，如图 9-38 所示。

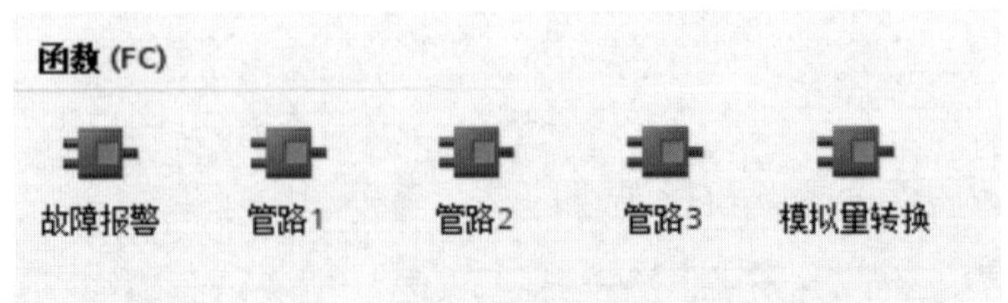

图 9-38　系统包含子程序

- 管路 1、2、3 分别对应 3 条灌溉支路，程序功能相似，程序可参考 9.8 节。
- 模拟量转换程序是 2 个传感器、4 个采集值的采集程序，程序可参考 9.2 节。
- 故障报警包括液位超低、压力超高、空气温度超高、空气温度超低、空气湿度超高、空气湿度超低、土壤温度超高、土壤温度超低、土壤湿度超高、土壤湿度超低 10 种。程序可参考 9.3 节和 9.4 节中报警程序。

- 系统总启动、总停止：系统总启动程序如图 9-39 所示。

图 9-39　系统总启动

系统总停止程序如图 9-40 所示。

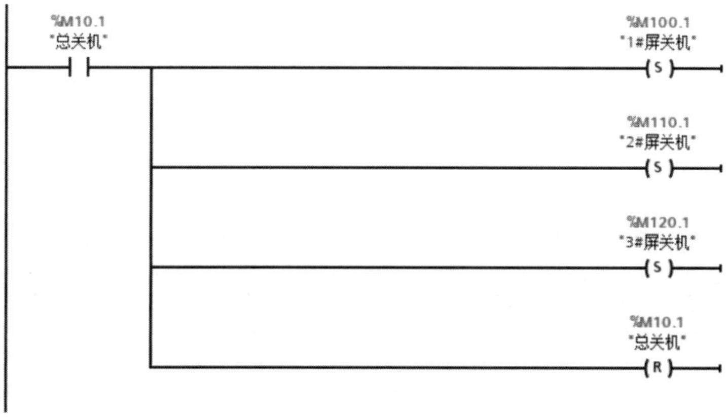

图 9-40　系统总停止

任意一路电磁阀导通，延时 3s 后，水泵启动。水泵启动程序如图 9-41 所示。

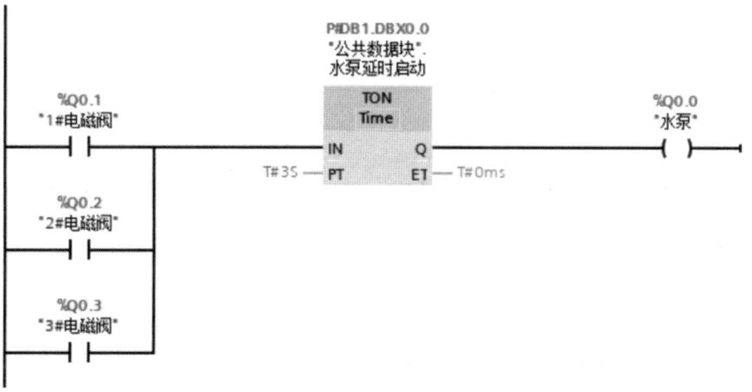

图 9-41　水泵启动程序

9.10　附录

9.10.1　空气温湿度传感器说明书

（1）概述

该传感器采用壁挂防水壳，多用于室外及现场环境恶劣的场合。探头有多种类型可选，适用于不同现场，广泛适用于通信机房、仓库楼宇以及自控等需要温度监测的场所。采用标准工业接口 4～20mA/0～10V/0～5V 模拟量信号输出，可接入现场数显表、PLC、变频器、工控主机等设备，安全可靠，美观，安装方便。

（2）功能特点

采用进口的测量单元，测量精准。采用专用的模拟量电路，使用范围宽。10～30V 宽电压范围供电，规格齐全，安装方便。可同时适用于四线制与三线制接法。

（3）主要技术指标（表 9-1）

表 9-1　主要技术指标

直流供电（默认）	10～30V DC	
最大功耗	电流输出	1.2W
	电压输出	1.2W
精度（默认）	湿度	±3%RH（5%～95%RH，25℃）
	温度	±0.5℃（25℃）
传感器电路工作温湿度	-40～+60℃，0～80%RH	
探头工作温度	-40～ + 80℃	
探头工作湿度	0～100%RH	
长期稳定性	湿度	≤1%RH/y
	温度	≤0.1℃/y
响应时间	湿度	≤8s
	温度	≤25s（1m/s 风速）
输出信号	电流输出	4～20mA
	电压输出	0～5V/0～10V
负载能力	电压输出	输入电阻≤250Ω
	电流输出	电阻≤600Ω

（4）接线

① 电源接线：宽电压 10～30V 直流电源输入。针对 0～10V 输出型设备只能用 24V 供电。

② 输出接口接线：设备标配是 2 路独立的模拟量输出，可同时适应三线制与四线制。

（5）具体接线（表 9-2）

表 9-2　接线说明

项目	线色	说明
电源（10～30V DC）	棕色	电源正
	黑色	电源负

续表

项目	线色	说明
输出	蓝色	温度信号正
	绿色	温度信号负
	黄色	湿度信号正
	白色	湿度信号负

（6）接线方式举例（图 9-42、图 9-43）

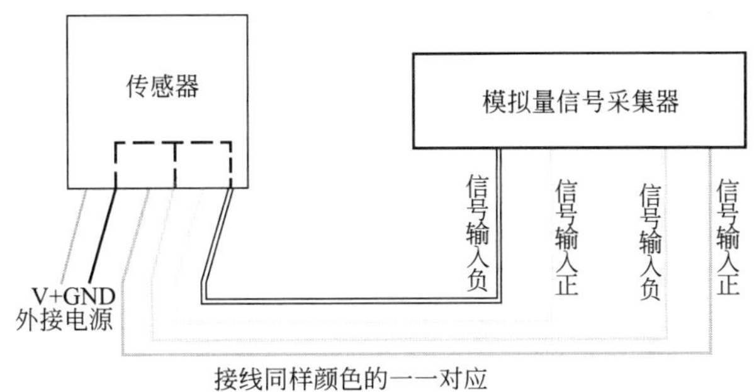

图 9-42　四线制接法示意图

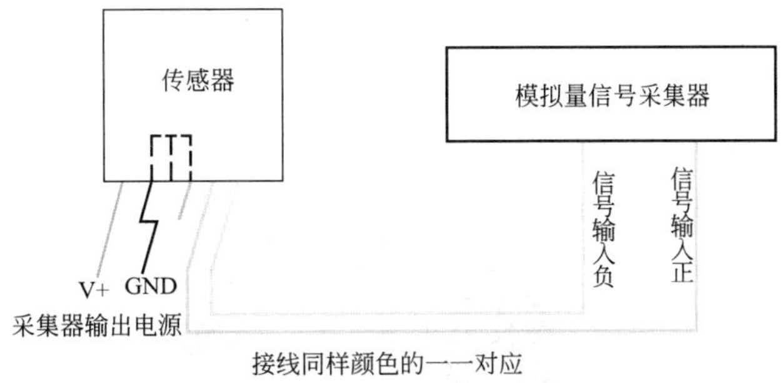

图 9-43　三线制接法示意图

（7）常见问题及可能原因

问题：无输出或输出错误。

可能的原因：

① 量程对应错误导致 PLC 计算错误，量程请查阅主要技术指标。

② 接线方式不对或者接线顺序错误。

③ 供电电压不对（针对 0～10V 型均为 24V 供电）。

④ 传感器与采集器之间距离过长，造成信号紊乱。

⑤ PLC 采集口损坏。

⑥ 设备损坏。

9.10.2　土壤温度水分传感器说明书

（1）概述

本传感器适用于土壤温度以及水分的测量，经过与进口原装高精度传感器比较和土壤实际烘干称重法标定，精度高，响应快，输出稳定。受土壤含盐量影响较小，适用于各种土质。可长期埋入土壤中，耐长期电解，耐腐蚀，抽真空灌封，完全防水。

（2）功能特点

本传感器广泛适用于科学实验、节水灌溉、温室大棚、花卉蔬菜、草地牧场、土壤速测、植物培养、污水处理、粮食仓储及各种颗粒物含水量和温度的测量。

（3）主要技术指标（表9-3）

表9-3 主要技术指标

直流供电（默认）	12～30V DC	
最大功耗	1.2W	
精度（默认）	水分	±3%RH
	温度	±0.5℃（25℃）
存储环境	-40～80℃	
输出信号	4～20mA，线性输出	
响应时间	<1s	
取样电阻	<100Ω	

（4）使用方法

① 速测方法（图9-44）：选定合适的测量地点，避开石块，确保钢针不会碰到坚硬的物体，按照所需测量深度刨开表层土，保持下面土壤原有的松紧程度，紧握传感器垂直插入土壤，插入时不可左右晃动，一个测点的小范围内建议多次测量求平均值。

图9-44 速测方法

② 埋地测量法（图9-45）：垂直挖直径>20cm的坑，按照测量需要，在既定的深度将传感器钢针水平插入坑壁，将坑填埋严实，稳定一段时间后，即可进行连续数天、数月乃至更长时间的测量和记录。

图 9-45　埋地测量法

（5）注意事项

① 测量时钢针必须全部插入土壤里。

② 避免强烈阳光直射到传感器体上而导致温度过高。野外使用时注意防雷击。

③ 勿暴力折弯钢针，勿用力拉拽传感器出线，勿摔打或猛烈撞击传感器。

④ 传感器防护等级为 IP68，可以将传感器整个泡在水中。

⑤ 由于在空气中存在射频电磁辐射，不宜长时间在空气中处于通电状态。

（6）接线

具体线色以现场收到的实际产品为准，参考如表 9-4、表 9-5 所示的两种。

表 9-4　线色 1

项目	线色	说明
电源（12～30V DC）	红色	电源正
	黑色	电源负、温度信号负、水分信号负
输出	棕色	水分信号正
	蓝色	温度信号正

表 9-5　线色 2

项目	线色	说明
电源（12～30V DC）	棕色	电源正
	蓝色	电源负、温度信号负、水分信号负
输出	黑色	水分信号正
	灰色	温度信号正

（7）接线方式举例（图 9-46、图 9-47）

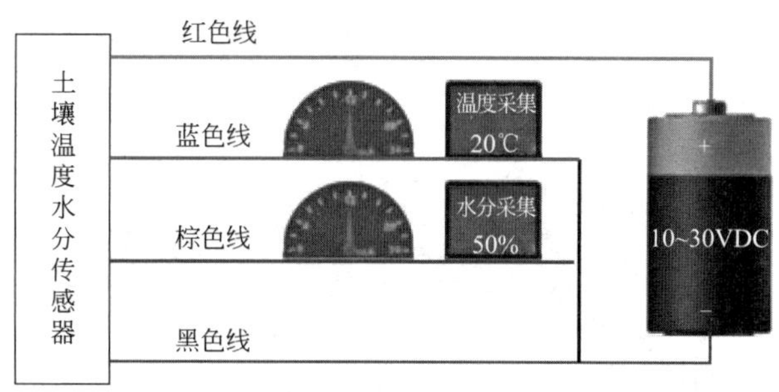

图 9-46　三线制 4～20mA 电流输出线色 1 使用方案图

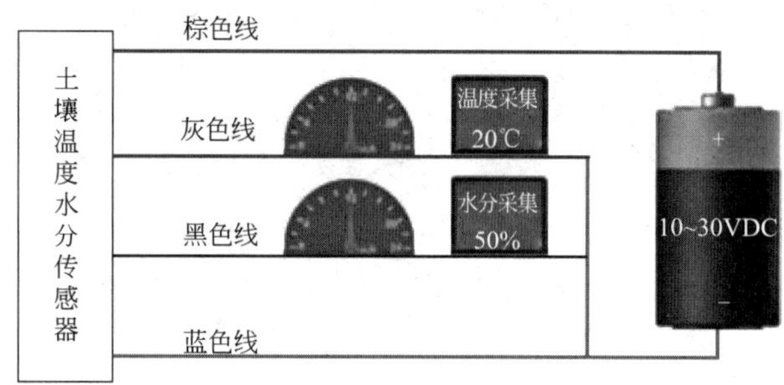

图 9-47　三线制 4～20mA 电流输出线色 2 使用方案图

（8）常见问题及可能原因

问题：无输出或输出错误。

可能的原因：

① 量程对应错误导致 PLC 计算错误，量程可查阅主要技术指标。

② 接线方式不对或者接线顺序错误。

③ 传感器与采集器之间距离过长，造成信号紊乱。

④ PLC 采集口损坏。

9.10.3　液体涡轮流量计说明书

（1）概述

其为硬质合金轴承止推式，不仅保证精度、耐磨性能提高，而且具有结构简单、牢固以及拆装方便等特点。

流体流经液体涡轮流量计壳体，由于叶轮的叶片与流向有一定的角度，流体的冲力使叶片具有转动力矩，克服摩擦力矩和流体阻力之后叶片旋转。在力矩平衡后转速稳定，在一定的条件下，转速与流速成正比。由于叶片有导磁性，当它处于信号检测器(由永久磁钢和线圈组成)的磁场中，旋转的叶片切割磁感线，周期性地改变着线圈的磁通量，从而使线圈两端感应出电脉冲信号，此信号经过放大器放大整形，形成有一定幅度的、连续的矩形脉冲波，可远传至 PLC，显示出流体的瞬时流量或总量。

（2）功能特点

① 高精确度，一般可达+1%R、+0.5%R，高精度型可达+0.2%R。

② 重复性好，短期重复性可达 0.05%～0.2%，如经常校准或在线校准可得到极高的精确度。

③ 输出脉冲频率信号，适用于总量计量及与计算机连接，无零点漂移，抗干扰能力强。

④ 液体涡轮流量计范围宽度，中大口径可达 1∶20，小口径为 1∶10。

⑤ 结构紧凑轻巧，安装维护方便，流通能力大。

⑥ 适用于高压测量，仪表表体上不必开孔，易制成高压型仪表。

⑦ 液体涡轮流量计可制成插入型，适用于大口径测量，压力损失小，价格低，可不断流取出。

（3）主要技术指标（表 9-6）

表 9-6　主要技术指标

直流供电（默认）	24V DC
输出信号	NPN 低电平脉冲输出
连接方式	螺纹连接
耐压等级	6.3MPa
测量量程	0.6～6m^3/h
本体材质	316 不锈钢
口径	DN15

（4）接线方式

该流量计有红色、黑色、黄色、屏蔽网 4 根线。

接线方式如下：

① 屏蔽网接放大器外壳，另一端接显示仪表线路地线。

② 红色接放大器电源输出（1 号焊脚），另一端接显示仪表+24V 输入。

③ 黑色接放大器电源输出（2 号焊脚），另一端接显示仪表-24V 输入。

④ 黄色接放大器电源输出（3 号焊脚），另一端接显示仪表信号输出。

（5）使用和调整

① 使用时，应保持被测液体清洁，不含纤维和颗粒等杂质。

② 液体涡轮流量计在开始使用时，应先将其内部注满液体，然后再开启出口阀门，严禁液体涡轮流量计处于无液体状态时受到高速流体的冲击。

③ 液体涡轮流量计的维护周期一般为半年。检修清洗时，请注意勿破坏测量腔内的零件，特别是叶轮。装配时请看好导向件及叶轮的位置关系。

④ 在液体涡轮流量计安装前，先与显示仪表或示波器接好连线，通电源，用口吹或手拨叶轮，使其快速旋转观察有无显示，当有显示时再安装液体涡流流量计，若无显示，应检查有关各部分排除故障。

9.10.4　电磁阀使用说明书

（1）产品用途

电磁阀是自动控制中的开关元件，在液体介质温度不高的情况下（低于 50℃）可适应一般性的腐蚀性液体介质；具有优良的耐腐蚀性能，耐酸（浓度≤15%）、碱、盐、气体、水等的腐蚀。

产品性能均符合《工业过程控制系统用电磁阀》标准规定。

（2）工作原理

电磁阀主体采用 PVC 材质。流体介质与其他零件隔绝。

线圈通电，动铁芯吸合，阀杆组件向上运动，副阀口（阀芯中孔）打开，流体从副阀口（阀芯中孔）泄压，阀芯受流体的作用打开主阀口，流体从主阀口流出，电磁阀正常开启工作。线圈断电，动铁芯受弹簧力作用复位，阀杆组件向下运动，副阀口（阀芯中孔）关闭，阀芯受流体及弹簧作用关闭主阀口，电磁阀关闭。

电磁阀为先导式活塞结构，超大先导孔，不易堵塞，密封性能优异，启闭迅速。

（3）主要技术指标（表 9-7）

表 9-7　主要技术指标

产品名称	UPVC 电磁阀
阀体材质	聚氯乙烯（PVC）
工作介质	液体（酸、碱）、气体
工作压力	0.01～0.6 MPa
工作形式	隔膜先导式
介质温度	0～60℃
额定电压	220V AC、24V DC
电压误差	±10%

（4）安装使用注意事项

① 电磁阀应水平安装。

② 电磁阀应安装在无滴水的环境中，以免线圈长期受潮。

③ 电磁阀应安装在振动较小的地方。

④ 电磁阀在安装时，应握住阀体进行安装，切勿扳动线圈用力。

⑤ 安装前应将管路清理干净，对于易结晶的流体介质，使用后需要对电磁阀进行清洗，以免影响正常工作。

⑥ 安装时阀体箭头必须与介质流向一致。

⑦ 安装使用前应检查电源是否与标识相符，流体介质是否适合弱酸、碱性环境。

⑧ 本产品没有安装防爆装置，因此不适用于爆炸性场所。

⑨ 电压必须稳定，电压波动范围±10%。

⑩ 电压千万不要接错，ES 线圈接错会马上烧掉。

⑪ 线圈千万不要短路。

⑫ 介质温度一定不能大于 80℃。

⑬ 如为 24V DC 低电压，开关电源的额定电流必须在 3A 以上。

⑭ 开关频率不能过快（1.5s 开、1.5s 关是极限）。

习　题

1. 所选空气温度传感器为电压型，0～10V 对应-40～80℃，程序如何编写？

2. 所选空气温度传感器为电流型，4～20mA对应-40～80℃，在编写程序硬件组态时，模拟量通道选为电流型，电流范围选为0～20mA，这时模拟量转换的程序应该如何编写？

3. 简述上位机画面的按钮选择自复位和非自复位时，对程序编写的影响。

4. 液体涡轮流量计有NPN和PNP型，简述接线方式的区别。

5. 简述高速计数指令CTRL_HSC各引脚的含义。

6. 高速计数口的脉冲数怎么获得？怎么清零？

7. 紧急停止旋钮如果选择常开触点，简述其弊端。

8. 简述报警信号延时一段时间再触发报警的意义。

9. 用其他指令来编写系统运行时间记录程序。

10. 设定参数在数据块中如何做到掉电保持？

参考答案

参考文献

[1] 张桂香, 张桂林. 电气控制与 PLC 应用[M]. 2 版.北京：化学工业出版社, 2018.

[2] 赵江稳, 吕增芳, 杨国生, 等. 电气控制与 PLC 综合应用技术[M]. 2 版. 北京：中国电力出版社, 2021.

[3] 潘欢, 薛丽, 宋娟.电气控制与可编程逻辑控制器——传统低压电器与西门子 S7-1500 PLC 控制方法[M]. 北京：清华大学出版社, 2019.

[4] 王永华. 现代电气控制及 PLC 应用技术[M]. 6 版. 北京：北京航空航天大学出版社, 2020.

[5] 廖常初. S7-1200 PLC 编程及应用[M]. 3 版. 北京：机械工业出版社, 2017.

[6] 廖常初. S7-1200 PLC 编程及应用[M]. 4 版. 北京：机械工业出版社, 2021.

[7] 廖常初. 跟我动手学 S7-300/400 PLC[M]. 2 版. 北京：机械工业出版社, 2016.

[8] 崔坚. TIA 博途软件-STEP7 V11 编程指南[M]. 北京：机械工业出版社, 2017.

[9] 姜建芳. 西门子 S7-300/400 PLC 工程应用技术[M]. 北京：机械工业出版社, 2012.

[10] 赵春生. 西门子 S7-1200 PLC 从入门到精通[M]. 北京：化学工业出版社, 2021.

[11] 北岛李工. 西门子 S7-200 SMART PLC 应用技术——编程、通信、装调、案例[M]. 北京：化学工业出版社, 2020.

[12] 廖常初. S7-300/400 PLC 应用技术[M]. 4 版. 北京：机械工业出版社, 2016.

[13] 廖常初. S7-1200/1500 PLC 应用技术[M]. 北京：机械工业出版社, 2018.

[14] 西门子（中国）有限公司. S7-1200 可编程控制器系统手册[M]. 2019.

[15] 西门子（中国）有限公司. 深入浅出西门子 S7-1200 PLC[M].北京:北京航空航天大学出版社, 2009.

[16] https://www.ad.siemens.com.cn/.西门子（中国）技术支持与服务官网.

[17] https://www.gkket.com/thread-13924-1-1.html/.工控课堂.